PFLANZENPHYSIOLOGISCHE PRAKTIKA
BAND I

ÜBUNGEN ZUR STOFFWECHSELPHYSIOLOGIE DER PFLANZEN

VON

DR. K. PAECH
PROFESSOR AN DER
UNIVERSITÄT TÜBINGEN

UND

DR. W. SIMONIS
DOZENT AN DER
TIERÄRZTL. HOCHSCHULE HANNOVER

MIT 39 ABBILDUNGEN

SPRINGER - VERLAG

BERLIN · GÖTTINGEN · HEIDELBERG

1952

ISBN-13: 978-3-642-88551-8   e-ISBN-13: 978-3-642-88550-1
DOI: 10.1007/ 978-3-642-88550-1

Vorwort.

Als an uns der Wunsch herangetragen wurde, in der Reihe der
,,Pflanzenphysiologischen Praktika" ein Bändchen mit Versuchen zum
Stoffwechsel zusammenzustellen, zögerten wir nicht lange, zuzusagen;
denn wir hatten uns gerade einige Semester gemeinsam bemüht, pflanzenphysiologische Übungen auszubauen, die wenigstens einigermaßen den
neuzeitlichen Formen des Unterrichts entsprachen. Außer den zu jenen
Zeiten enormen Materialschwierigkeiten bereitete uns auch die Frage nach
Anweisungen für einfache, aber nicht einfältige, moderne, aber doch nicht
ausgefallen spezialisierte, also kurz für lehrreiche Versuche manches Kopf-
zerbrechen. Für zell- und entwicklungsphysiologische Versuche lagen
zwar die modernen Praktika von STRUGGER und RUGE vor, mit denen
nun unser Bändchen enger zusammengeschlossen wird. Für Stoffwechsel-
versuche, vor allem für solche, die über das Laboratorium hinaus in die
normale Umgebung der Pflanzen zielen, fehlten breiter angelegte Prak-
tikumsanweisungen, die auf den jetzigen Stand unserer physiologischen
Kenntnisse zugeschnitten waren.

Wir haben versucht, nicht nur die Anforderungen, die an pflanzenphysiologische Übungen an deutschen Hochschulen gestellt werden, zu
erfüllen, sondern auch solche Versuche einzuschließen, die von den Schü-
lern in den Oberklassen der höheren Schulen ausgeführt werden können
und sollten. Wenn wir auch den Rahmen der einzelnen Versuchsgruppen
nicht zu eng gezogen haben, so fanden sich doch allmählich soviele ,,Prak-
tikumsversuche", daß wir auswählen mußten. In erster Linie wurden
alle mehr ökologisch ausgerichteten Versuche weggelassen, die den Umfang des Buches über Gebühr ausgeweitet hätten. Entscheidend bei unserer Wahl war meistens die Eignung eines bestimmten Versuches für
die Erlernung und Einübung der Versuchstechnik an kausal aufgeklärten
Vorgängen. Manchmal muß natürlich eine gewisse Vereinfachung und
Vergröberung der Versuchsdurchführung gegenüber den Originalangaben
in Kauf genommen werden. Solche Abänderungen gehen dann aus dem
Text hervor.

Die meisten Versuche sind in eigenen Übungen mit Studenten er-
probt worden. Nur verhältnismäßig wenige wurden in dem guten Glau-
ben, daß sie in der vorgefundenen Form tatsächlich für ,,Übungen" geeignet sind, anderen Praktikumsvorschriften oder der Originalliteratur
entnommen. In dieser Hinsicht boten die früher viel verwendeten
Praktika von DETTMER, PRINGSHEIM, BRAUNER und auch die kleine

Anweisung von STOCKER manche Fingerzeige. Bei anderen Versuchen griffen wir auf Erfahrungen zurück, die bei physiologischen Übungen in Göttingen und Leipzig gesammelt worden waren.

Gewisse Kenntnisse der Chemie und Physik müssen vorausgesetzt werden. Sollte die Notwendigkeit oder das Bedürfnis bestehen, die chemischen und physikalischen Grundlagen der Versuchsanstellung genauer kennen zu lernen, so verweisen wir auf die gebräuchlichen Lehr- und Handbücher dieser Disziplinen.

Leider ist durch die räumliche Trennung von uns beiden während der Ausarbeitung des Manuskriptes und durch einen längeren Auslandsaufenthalt des einen von uns während der Drucklegung die wünschenswerte enge Zusammenarbeit gestört worden, und manche Unebenheiten unseres Praktikums gehen zu Lasten dieser zu Beginn der Arbeit nicht vorauszusehenden Umstände. Wir hoffen jedoch, daß diese Nachteile dem Gebrauch und Nutzen des Bändchens nicht in stärkerem Maße abträglich sind.

Wir sind uns bewußt, daß auch sonst dieser Leitfaden bei weitem nicht alle vielseitigen und mannigfaltigen Wünsche, die bei der Durchführung stoffwechselphysiologischer Versuche mit Pflanzen im Praktikum auftauchen, befriedigen kann. Da der Stoffwechsel sich immer deutlicher als die Grundlage für weite Gebiete der Ökologie, Genetik und Entwicklungsphysiologie erweist, dürfte auch von diesen Seiten mehr Interesse an der praktischen Beschäftigung mit den Inhaltsstoffen und Stoffumsetzungen bestehen, ganz abgesehen von der zentralen Bedeutung des Stoffwechsels für viele Zweige der angewandten Botanik. Wir sind deshalb für jede Kritik an der vorliegenden Ausführung unseres Praktikums und für Rat zu Verbesserungen sehr dankbar.

Schließlich möchten wir auch an dieser Stelle Herrn Professor Dr. E. BÜNNING, in dessen Institut wir einen großen Teil der Übungen durchführten, die diesem Band die Grundlage und Rechtfertigung geben, für sein Wohlwollen aufrichtig danken. Dem Verlag danken wir für großes Verständnis und Entgegenkommen bei der Herstellung des Buches.

Tübingen und Hannover, Januar 1952.

K. Paech. W. Simonis.

Inhaltsverzeichnis.

I. Einführung und Vorbereitung.

A. Allgemeines.

Bei der Abfassung dieses stoffwechselphysiologischen Praktikum hat als oberster Gesichtspunkt gegolten, das Technische und Handwerkliche in den Vordergrund zu rücken. Nicht physiologische Kenntnisse sollen erarbeitet werden — diese müssen als Frucht der Vorlesungen vorausgesetzt werden — sondern das experimentelle Arbeiten soll gelernt und geübt werden. Die knappen theoretischen Einleitungen vor jedem Abschnitt sollen nur Anhaltspunkte für das Repetieren des Stoffgebietes geben.

Ein stoffwechselphysiologisches Anfängerpraktikum kann weniger als ein zellphysiologisches oder entwicklungsphysiologisches zugleich auch in die modernsten Forschungsmethoden einführen und damit etwa ein Manual für selbständig Arbeitende abgeben; dazu sind die Mittel und Verfahren, mit denen der Fortschritt der chemisch-physiologischen Forschung erkämpft werden muß, zu diffizil und für Anfänger zu empfindlich. Eine Äpfelsäurebestimmung im Gemisch des Pflanzensaftes, der Nachweis von Zwischenprodukten der Photosynthese, der Einsatz radioaktiver Isotope oder von biochemischen Mutanten der Mikroorganismen müßten bis zur Unkenntlichkeit vergröbert werden, wenn sie in den Rahmen eines „Praktikums" gezwängt werden sollten. Andere Methoden bedürfen einer so langen und speziellen Vorarbeit und Schulung, daß sie aus diesem Grunde für Übungen ungeeignet sind, besonders wenn diesen nur ein halber oder ein ganzer Tag pro Woche zur Verfügung steht. Deshalb wurde z. B. das Arbeiten mit der Warburg-Barcroft'schen Manometer-Apparatur nicht mit aufgenommen. Wir hoffen jedoch, daß Studenten, die die hier zusammengestellten einfachen Versuche sorgfältig und mit Verständnis durchgearbeitet haben, sich leicht auch mit schwierigeren Versuchsanstellungen vertraut machen können. Sofern in einem Institut von Assistenten oder Doktoranden mit komplizierteren Apparaten oder feineren Methoden gearbeitet wird, ist es für die Praktikanten immer lehrreich, sie dabei einmal zuschauen, oder noch besser, einmal daran teilnehmen zu lassen. Vorsicht ist dabei am Platze, denn vor ungeübten Händen ist nichts sicher!

Die Fähigkeit zu selbständigem Arbeiten wird gefördert und geschult, wenn bei allen sich bietenden Gelegenheiten auf allgemeine Punkte und Fragen des systematischen Experimentierens hingewiesen wird. Es ist wenigstens am Anfang nicht überflüssig, darauf aufmerksam zu machen, daß in jedem Versuch nur ein Faktor variiert werden darf. Die übrigen Bedingungen müssen konstant gehalten werden und müssen optimal sein, wenn die Abhängigkeit des Vorganges von dem zu studierenden Faktor eindeutig hervortreten soll (Gesetz der begrenzenden Faktoren oder des Minimumfaktors). Es sollte auch die Aufmerksamkeit darauf gelenkt werden, daß ein Prozeß häufig die Funktion eines anderen sein kann, also von dem Fortschreiten des anderen abhängig ist, z. B. vom Altern der Pflanzen oder Organe. Blatt ist nicht gleich Blatt, sondern es kann wichtig sein, ob man junge, noch wachsende oder ausgewachsene Blätter bei Stoffwechselversuchen benutzt. Auch ist immer wieder darauf hinzuweisen, daß gegenüber Versuchen an leblosem Material sich die Pflanzen oder ihre Organe während des Versuches noch dauernd weiter verändern, daß Enzymprozesse ablaufen, Wundreaktionen eintreten usw., die bei der Versuchsanstellung stets mit zu überlegen und zu berücksichtigen sind. Die geeignete Bezugsgröße sowie die Auswahl und Zusammenstellung gleichwertiger Portionen als Versuchs- und Kontrollmaterial sind andere wichtige Elemente des physiologischen Arbeitens, die nicht in einem besonderen Versuch, sondern nebenher bei möglichst vielen Versuchen erkannt werden müssen. Die Berechnung der Versuchsergebnisse soll sich auf soviele Dezimalstellen beschränken, die nach der Größe der Fehler bei der Wägung, Messung oder Titration noch im Bereiche des Beobachteten liegen.

B. Organisatorisches.

Es hat sich als zweckmäßig erwiesen, für physiologische Übungen Gruppen zu **3** Praktikanten (notfalls auch 2 oder 4) zu bilden, die gemeinsam einen Versuch durchführen, wobei sie möglichst selbst die verschiedenen Arbeiten und Funktionen verteilen sollen. Man ist oft überrascht zu erleben, wie wenig eine solche Zusammenarbeit im Anfang klappt. Meist ist es am besten, wenn nur einer das Protokoll führt, das erst nach den Praktikumsstunden von den anderen Angehörigen der Gruppe übernommen bzw. ausgearbeitet wird. Ein festes Schema für Protokolle zu geben, haben wir uns versagt, weil eine für alle Versuche geeignete Form kaum zu finden wäre, und weil eine detaillierte Vorschrift für Protokolle die Schulung der Denk- und Beobachtungsgabe der Praktikanten nicht fördert. Das Protokollschreiben ist zudem überall eine sehr individuell gestaltete Komponente des Experimentierens.

Die Angaben über den Zeitbedarf vor den Versuchen beziehen sich auf Dreiergruppen, wobei je nach Geschick und Übung der Praktikanten mit recht beträchtlichen Schwankungen zu rechnen ist. Es ist stets besser, reichlicher Zeit zu lassen als zu hetzen. Bei diesen Zeitangaben ist das Herstellen von Lösungen im allgemeinen außer Betracht gelassen worden, weil diese meist nicht an jedem Praktikumstage neu angesetzt werden müssen. Unter „Vorbereitung" beim Zeitbedarf soll nur darauf aufmerksam gemacht werden, wie lange vorher man an den Versuch denken muß.

Obwohl überall versucht worden ist, die Angaben so präzise, wie es bei Berücksichtigung eines ungleichmäßig vorgebildeten und geübten

Teilnehmerkreises möglich ist, zu fassen, bleibt der Improvisation überall noch genügend Spielraum. Zu einer gewissen Improvisation soll sogar manchmal angeregt werden, da in vielen höheren Schulen auch die einfachsten Apparate und Geräte nicht vorhanden sind. Und doch sollte man deswegen nicht von vornherein aufgeben, auch dort schon die ersten Grundlagen für physiologisches Experimentieren zu legen.

Nach unseren Erfahrungen haben sich stoffwechselphysiologische Praktika an der Hochschule hauptsächlich in zwei Formen als günstig herausgestellt: entweder es stehen ein oder zwei Halbtage pro Woche für einen Kursus zur Verfügung oder das physiologische Arbeiten wird mit einem „großen Praktikum“ verbunden oder auch in einem ein- oder mehrwöchigen Kursus durchgehend ausgeführt. Im ersten Falle werden die Teilnehmer zunächst einmal zum Einarbeiten alle an den gleichen Versuch gesetzt. Von der zweiten Woche ab wechseln dann die Versuche reihum. Sie müssen so ausgewählt sein, daß sie, abgesehen von den Vorbereitungen, an einem Halbtag durchgeführt werden können. Bei der etwas freizügigeren Arbeit im Laufe eines Großpraktikums können auch länger dauernde Versuche vorgenommen werden. Für diesen Fall hat es sich als praktisch erwiesen, jeder Gruppe bei Kursbeginn eine Grundausrüstung mit den notwendigsten Geräten und Glassachen zu übergeben, die etwa auf je einem Tragbrett vorbereitet und von Semester zu Semester ergänzt für je eine Gruppe getrennt aufbewahrt wird. Dazu erhält jede Gruppe für die einzelnen Versuche die nötigen Zusatzgeräte, die auch wieder für jeden Versuch gesondert aufbewahrt werden. Auf diese Weise wird den Lehr- und Hilfskräften bei der Vorbereitung viel Zeit gespart, wodurch der einmalige Mehrbedarf an Glassachen usw. weitgehend aufgewogen ist.

Neben den vor jedem Versuch besonders angeführten Geräten und Reagenzien empfiehlt es sich, verschiedene allgemeine Materialien in einem Schubfach oder Kasten im Praktikumsraum vorrätig zu halten, z. B. Löffel, Spatel, Glasstäbe verschiedener Länge (und Dicke), Reagenzgläser, Pipetten, kleine Erlenmeyer, Kork- und Gummistopfen, die auf die gängigen Reagenzgläser und Erlenmeyer passen, Glasrohre, Gummischlauch, Bindfaden, Draht. Auch einige Brenner, Dreifuße und Stative mit verschiedenen Muffen, Klemmen und Ringen können oft außer der Reihe gebraucht werden, um eine Versuchsanordnung etwas zu erweitern oder zu verändern. Eine Zange und ein Korkbohrer sollten ebenfalls vorhanden sein. Als selbstverständlich gilt ein angemessener Vorrat an destilliertem Wasser und Filtrierpapier.

C. Technisches.

Das Versuchsmaterial ist so angegeben, daß die meisten Versuche unabhängig von der Jahreszeit durchgeführt werden können. Dazu ist allerdings erforderlich, daß manche Objekte im Sommer auf Vorrat gesammelt werden, z. B. Laub für die Aschenanalysen, und daß in einem bescheidenen Gewächshaus verschiedene Pflanzen im Winter kultiviert werden können, z. B. *Helodea* und Stecklinge für den Potometerversuch.

Es empfiehlt sich, die Praktikanten so weit wie möglich auch zur Vorbereitung des Materials, z. B. zum Verdunkeln von Pflanzen, zur Anzucht von Keimlingen, mit heranzuziehen, weil auch dabei nicht alle Handgriffe und Vorkehrungen so selbstverständlich bekannt sind, daß sie nicht doch einmal erläutert und ausgeführt werden sollten.

Die Reagenzien sollten in jedem Falle „reinst" sein. Dort, wo „pro analysi" Qualität unerläßlich ist, wird es besonders angegeben. Bei allen Lösungen sind, soweit nicht anders angegeben, wäßrige gemeint. Wenn Alkohol erforderlich ist, z. B. zu Indikatorlösungen oder als Alkohol-Äthergemisch, genügt im allgemeinen vergällter Alkohol. Besser als der mit „Holzgeist" vergällte ist der mit Petroläther bzw. Petrolbenzin vergällte. Brennspiritus ist nur zum Reinigen geeignet. Sollte der mit Holzgeist vergällte Alkohol störend gelb gefärbt sein, so kann er durch Ausschütteln mit Holzkohle, Absitzenlassen und Filtrieren durch doppeltes Filter entfärbt werden (nicht entgällt!).

Wenn Leitungswasser für physiologische Versuche verwendet werden soll, darf es nicht gechlort sein.

Für Normallösungen wird die Verwendung von „Fixanal"-Ampullen empfohlen, die von der Firma Riedel-De Haën in Selze bei Hannover hergestellt und durch Chemikalienhandlungen vertrieben werden. Auch MERCK'sche Normallösungen sind natürlich vorteilhaft. Auf jeden Fall ist es unpraktisch, Lösungen bestimmter Normalität durch Einwägen einer Urtitersubstanz herzustellen.

Für eine erste Orientierung über die Acidität einer Lösung, beim Abstumpfen von Säuren und Basen und beim Neutralisieren ist es sehr nützlich, ein Heftchen mit MERCK'schem Universalindikatorpapier zur Hand zu haben.

D. Arbeitshinweise.

Kultur höherer Pflanzen.

Bei der Kultur höherer Pflanzen ist zunächst ein *Keimbett* für die Samen erforderlich. Falls sie nicht in gesiebte Gartenerde eingelegt oder ausgesät werden können — dabei die Samen etwa so hoch mit Erde bedecken, wie sie groß sind — kommen zwei Ankeimmethoden in Frage. Samen auf feucht gehaltenes Filtrierpapier in Petrischalen auslegen. Dabei auf Unterschiede zwischen Licht- und Dunkelkeimern achten. Bei neuen Aussaaten stets neues Filtrierpapier in gesäuberte Petrischalen einlegen, da keimungshemmende Stoffe aus den Samen in das Filtrierpapier wandern können. Sind gerade gewachsene Wurzeln erforderlich, wird ein Keimbett aus Torfmull oder Laubholzsägemehl benutzt. Nadelholzsägemehl schädigt das Wurzelwachstum im allgemeinen wegen seines Harzgehaltes. Durch Auskochen mit viel Wasser kann es jedoch verwendbar gemacht werden. Das ausgekochte Sägemehl kann nach Verwendung als Keimbett getrocknet und für erneuten Gebrauch aufbewahrt werden. Das Keimbett wird folgendermaßen bereitet: Das trockene Mehl in einem Holzkasten oder einer Tonschale mit Wasser befeuchten und zwischen den Händen verreiben, bis es gleichmäßig feucht aber nicht zu naß ist. Nach lockerem Einfüllen in genügend tiefe Töpfe — die Wurzeln sollen z. B. für Versuch 42 12—15 cm lang werden! — die Oberfläche unter schwachem Druck glätten. Darauf mit einem Stab senkrechte Löcher von etwa 12 cm stechen und in jedes Loch oberflächlich einen Samen stecken. Samen einige Stunden in Wasser von 25—30° vorquellen, dann so einlegen, daß die Wurzel gleich nach unten durchbrechen kann. Bei *Vicia faba*

muß z. B. die breite Seite des etwas keilförmigen Samens nach unten zeigen.
Samen locker mit feuchtem Sägemehl bedecken.

Zur Kultur selbst sind geeigneter Boden, Wasserkultur (vgl. unten) oder
Sand, sowie Kulturgefäße erforderlich. Als *Kulturgefäße* haben sich, abgesehen
von den in landwirtschaftlichen Versuchen vielfach verwendeten, für unsere
Zwecke allerdings reichlich großen Mitscherlichgefäßen, weiß glasierte Steingut-
töpfe gut bewährt (1—2 Liter). Für kurzfristige, nicht zu stark bewässerte Kulturen ist eine besondere Durchlüftung, abgesehen von Sonderfällen, nicht erforderlich. Bei Abschluß der Gefäße mit einer Paraffinschicht [1] usw. kann das nötige
Wasser durch eine mit zahlreichen Löchern versehene, ringförmig gebogene Glasröhre zugeführt werden. Der Ring liegt dem Boden des Gefäßes an, das Ende
der Glasröhre ragt über die Oberfläche des Bodens hinaus. Die Dränage des
Gefäßes wird durch Einbringen einer Schotterschicht am Boden des Gefäßes
erhöht.

Sollen Kulturversuche mit bestimmten Nährstoffgaben in *Sandkulturen* angesetzt werden, so muß besonderer Quarzsand, z. B. Hohenbockaer Quarzsand,
oder See- bzw. Flußsand verwendet werden. Der Sand ist vor dem Gebrauch
— je nach dem Verwendungszweck — nicht nur gut mit Wasser auszuwaschen,
sondern auch zum Entfernen von Calcium- und anderen Salzen gründlich mit Salzsäure zu durchmischen und anschließend mit Wasser, Regenwasser oder Aqua
dest. zu spülen. Sind im Sand Humusbeimischungen enthalten, muß er in
kleineren Portionen ausgeglüht werden. Für manche Zwecke genügt aber schon
gut gewaschener Flußsand, der z. B. nur ganz geringe Mengen von Stickstoff-
salzen enthält und N-Mangelerscheinungen noch deutlich in Erscheinung treten
läßt.

Ist der Sand vorbereitet, werden die erforderlichen *Nährsalze* zugesetzt. Die
im Mörser gut verriebenen Salze werden dem Boden in kleinen Portionen trocken
zugesetzt und gründlich durchgemischt. Sollen aus bestimmten Gründen die
Nährsalze in flüssiger Form zugefügt werden, so werden konzentrierte Stammlösungen der Nährsalze angesetzt. Dabei darauf achten, daß vollständige
Lösung und kein Bodensatz auftritt. Wenn die Pflanzen sich bereits in den
Böden befinden, nicht zu große Portionen von Nährlösung zugeben. Durch
nachträgliches Bewässern für gute Verteilung in den Kulturgefäßen sorgen.

Beim *Pikieren* der Pflanzen dafür sorgen, daß die Keimlinge nicht zu hoch
und nicht zu tief, fest in die Kulturgefäße eingesetzt werden. Würzelchen dabei
vorsichtig von anhaftendem Boden oder Sägemehl befreien (Abspülen!). Angießen
nicht vergessen! Pflanzen häufiger kontrollieren und Unkraut aus den Gefäßen
entfernen! Pflanzen später anbinden und bei tarierten Gefäßen das Gewicht
der Stäbe berücksichtigen.

Bei *Wasserkulturen* höherer Pflanzen benutzt man als Kulturgefäße die oben
genannten glasierten Tontöpfe, aber auch Weck- und Einmachgläser. Diese
vor Algenwachstum durch Umkleidung mit innen schwarzem, außen weißem
Papier (Temperatur!) schützen. Die Gefäße sind zuzudecken. Als Deckel kommen solche aus Holz oder Pappe in Frage. Sie sind zur Aufnahme der Keimlinge
am Rande auszuschneiden und zum späteren Einbringen von Stützen für die
Pflanzen in der Mitte zu durchbohren und zu paraffinieren. Bei Versuchen mit
Spurenstoffen glasierte Gefäße benutzen oder nichtglasierte paraffinieren. Zur
Durchlüftung Lösung umrühren! Besser ist das gleichzeitige Hineindrücken
von Frischluft in alle Gefäße durch eine kleine Durchlüftungspumpe (Aquarien-
durchlüftung), die täglich eine gewisse Zeit lang angestellt wird. Auch aus
einer Preßluftbombe kann täglich für eine kurze Zeit Luft durch die Nährlösungen geperlt werden.

Feuchte Kammer.

Eine feuchte Kammer wird für verschiedene Versuche zum Erreichen hoher
Luftfeuchtigkeit benötigt. Als solche dient je nach der erforderlichen Größe eine
mit feuchtem Filtrierpapier ausgekleidete Petrischale, eine verschließbare Glasschale, deren Boden mit Wasser bedeckt ist, oder eine Glasglocke auf einem

---

[1] Paraffin-Vaselinegemisch, Verhältnis 3 : 1.

Teller oder in einer Glaswanne (Entwicklerschale). Der Boden der Wanne ist wieder mit Wasser bedeckt und die Glasglocke mit feuchtem Filtrierpapier ausgekleidet.

Sterilisieren und Überimpfen.

Ausführliche Anweisungen finden sich z. B. bei A. JANKE, vgl. auch RUGE, Praktikum [1]. Steriles Arbeiten ist für viele Untersuchungen an Mikroorganismen und niederen Pflanzen, manchmal auch bei Versuchen mit höheren Pflanzen, erforderlich. Zu diesem Zweck müssen alle Versuchsgefäße, die benutzten Lösungen und Kulturmedien und auch die die Versuchsorganismen oder Organe umgebende Atmosphäre keimfrei gemacht (sterilisiert) werden. Hierfür gibt es verschiedenste Methoden: Auskochen, Sterilisieren in Dampf, in Heißluft, in der Kälte mit Desinfektionsmitteln, d.h. mit Chemikalien, oder durch Filtration. Hier sei nur auf das sterile Arbeiten durch Auskochen und auf die Dampfsterilisation hingewiesen. Werden sterile Metallgefäße oder -gegenstände benötigt, so werden sie ausgekocht. Zugeben von 1% Soda erhöht den Siedepunkt, so daß nach dem Einbringen der zu sterilisierenden Apparate in kochende Flüssigkeit nur kurze Zeit zum Abtöten aller Keime benötigt wird. Nährlösungen und Nährböden werden im allgemeinen im Dampf sterilisiert. Wegen der Resistenz von Sporen ist es jedoch erforderlich, das Sterilisieren der Nährböden in bestimmten Zeitabständen zu wiederholen: Die resistenten Sporen (Nährböden hierfür bei 25 bis 30° halten) keimen zwischen den Dampfeinwirkungen aus und sind dann leicht abzutöten. Es genügt 3 maliges Sterilisieren von 20—30 Minuten in Abständen von 24 Stunden. Gelatineböden jedoch nur einmal oder höchstens zweimal erhitzen. Vor dem Sterilisieren müssen manche Nährböden durch Filtration geklärt werden. Die zu filtrierende Lösung muß dabei unter Umständen durch einen heißes Wasser enthaltenden doppelwandigen Trichter (Heißwassertrichter) gegossen werden, oder auch im Dampftopf filtriert werden. Bei dem Abfüllen in die trocken vorsterilisierten Kulturgefäße, z. B. Reagenzgläser, darauf achten, daß der Rand der Gefäße nicht mit dem Nährmedium in Berührung kommt, weil sonst der Wattestopfen, der das Reagenzglas verschließen soll, am Rande festklebt. Nach dem Füllen Petrischalen mit Deckel, Erlenmeyer und Reagenzgläser mit fest gedrehten Wattestopfen verschließen.

Zum Beimpfen wird vorher die Arbeitsfläche mit Alkohol keimfrei gemacht und das erforderliche Gerät — Bunsenbrenner, Impfnadeln, Kulturen, zu beimpfende Gefäße, — bereitgestellt. Beim Impfen selbst Ausgangskultur, Erlenmeyer oder Reagenzröhrchen mit der linken Hand festhalten und mit zwei Fingern und der inneren Fläche der rechten Hand den Wattepfropfen herausziehen und diesen abflammen. Daumen und Zeigefinger halten die Impfnadel. Zu impfende kleine Proben der Kultur entnehmen und in das zu beimpfende Gefäß übertragen, rasch beimpfen, abflammen und wieder schließen. Über Stich-, Strich- und Schüttelkultur vgl. die oben angegebene Literatur. Die einzelnen Kulturen genau beschriften, sei es mit einer auch in der Hitze nicht abwischbaren Tinte oder durch Holzplättchen mit den erforderlichen Aufzeichnungen. Möglichst nicht nur Zahlen aufschreiben (Verwechslungsgefahr!).

Zur p_H-Messung.

Die Definition und Umrechnung der Wasserstoffionenkonzentration auf einen bestimmten p_H-Wert wird als bekannt vorausgesetzt [2]. Hier nur einige Hinweise zur Anwendung. p_H-Messungen können kolorimetrisch und elektrometrisch vorgenommen werden. Für eine erste Prüfung empfiehlt sich das Indikatorpapier von MERCK. Für eine etwas genauere rasche Untersuchung, die auch im Gelände sehr brauchbar ist, kann das Folienkolorimeter nach WULFF (LAUTENSCHLÄGER,

---

[1] JANKE, A.: Arbeitsmethoden der Mikrobiologie. Dresden und Leipzig: Steinkopf 1946. — RUGE, U.: Übungen zur Wachs- und Entwicklungsphysiologie der Pflanze. Berlin: Springer 1943.

[2] KORDATZKI, W.: Taschenbuch der praktischen p_H-Messung. 4. Aufl. München 1949. — JANKE, A.: s. 1.; S. auch Gebrauchsanweisungen bei den verschiedenen p_H-Meßgeräten.

München) gut verwendet werden. Durch Vergleich von Kontrollfolien mit Indikatorfolien, die für kurze Zeit in die zu prüfende Lösung gehalten werden, ist es möglich, auch noch Unterschiede von 0,2 p_H-Einheiten ganz gut zu erkennen. Auch Farbstofflösungen dienen vielfach als geeignete p_H-Indikatoren (vgl. Tab. S. 237), können aber nicht immer verwendet werden (z. B. gefärbte oder später weiter zu verwendende Lösungen!). Eine genaue Messung ist nur elektrometrisch mit einer Elektrodenkette, mit dem Ionometer von LAUTENSCHLÄGER oder dem Pehavi von HARTMANN und BRAUN möglich. Besonders dann, wenn die zu prüfende Lösung nicht mit Chemikalien verunreinigt werden darf, wird die Glaselektrode benutzt.

Ansetzen von Pufferlösungen.

Puffergemische sind Systeme von Lösungen, die einen wohl definierten p_H-Wert besitzen, und diesen bei Zugabe von H- bzw. OH-Ionen und auch bei Verdünnung der Lösungen mehr oder weniger lange aufrechterhalten können. Als Puffer werden Gemische einer schwachen Säure mit einem entsprechenden Salz oder bei basischen p_H-Bereichen Salzgemische benutzt, da diese den geforderten Puffereigenschaften am ehesten entsprechen. Der einzustellende p_H-Wert wird von dem *Mischungsverhältnis* der beiden Puffersubstanzen, die „Pufferungskapazität", d.i. die Menge der maximal ohne p_H-Verschiebung abgefangenen H-Ionen, wird von der *Konzentration* der Pufferlösung bestimmt.

Es gibt sehr verschiedenartige Puffer, von denen einige im Anhang S. 237 aufgeführt sind. Wichtig ist, daß die als Puffer verwendeten Substanzen nicht das zu untersuchende System angreifen, schädigen oder sonst verändern. So darf z. B. bei der Untersuchung von Phosphat wirkungen auf Fermentabläufe kein Phosphatpuffer benutzt werden. Zur Herstellung von Pufferlösungen nimmt man CO_2-freies Wasser und bewahrt die Lösung durch Aufsetzen eines Gummistopfens mit einem Natronkalk- oder Kalilaugeröhrchen CO_2-sicher auf (vgl. Abb. 1). 0,1 nHCl, 0,1 n Acetat, ebenso Citrat können schon nach einigen Wochen verpilzt sein. Es wird deshalb empfohlen, sofern nicht lebende Organismen oder empfindliche Fermentsysteme untersucht werden, den Lösungen ein Thymolkriställchen zuzusetzen. Am besten öfter frisch ansetzen!

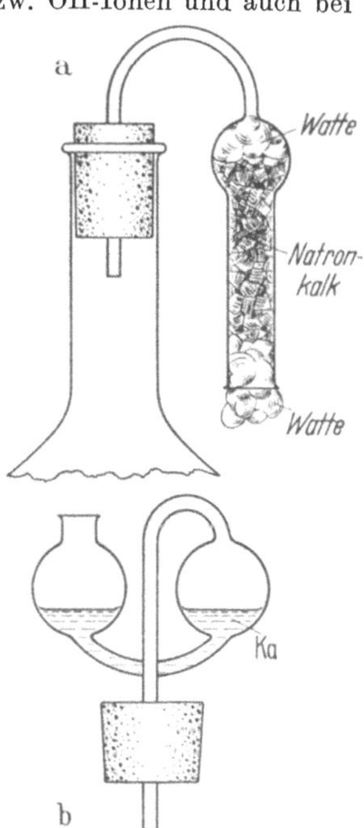

Abb. 1. *a* Natronkalkrohr, *b* Kalilaugenaufsatz als Schutz von Flüssigkeiten vor CO_2-Zutritt.

Abtrennen eines Extraktes aus Pflanzenbrei.

Alkoholische Extrakte lassen sich meist durch Filtrieren auf einem Faltenfilter aus nicht zu dichtem Filtrierpapier in kurzer Zeit abtrennen. Extrakte mit wäßrigen Lösungen, z. B. mit dem Säuregemisch bei der Ascorbinsäureextraktion (s. S. 189), laufen wegen der gequollenen kolloiden Bestandteile des Pflanzenmaterials nicht oder nur außerordentlich langsam durch Filter. Sie werden am besten quantitativ durch scharfes Zentrifugieren abgetrennt. Dazu bedarf es aber einer elektrischen Zentrifuge mit hinreichend großen Gläsern (etwa 50 ccm). Wenn diese nicht zur Verfügung steht, muß der Extrakt abgesaugt werden. Die gewöhnliche Anordnung mit einem einfachen Filter auf der Nutsche würde auch nicht zum Ziele führen, da das Filter sehr bald verstopft ist und der Extrakt höchstens ganz langsam durchtropft. Man verwendet deshalb als Filterauflage

Filtrierpapierbrei, den man sich durch feines Zerreiben von gut angefeuchtetem Filtrierpapier in einer Schale herstellt. Der Brei wird auf die mit einem Filter bedeckte Nutsche in ungefähr 5 mm hoher Schicht aufgetragen und mit einem umgekehrten Glasstopfen während des Ansaugens fest gedrückt. Das abgelaufene Wasser aus der Saugflasche ausgießen und dann mit dem Absaugen des Extraktes beginnen, der nun meist rasch und klar durchläuft.

Herstellen einer Dialysierhülle.

In ein weites langes Reagenzglas (z. B. 15—20 cm lang, Durchmesser 2 bis 4 cm), zur Not auch in einen passenden Meßcylinder (z. B. 100 ccm), wird soviel von einer käuflichen Kollodiumlösung gegossen und durch Drehen des Gefäßes verteilt, daß die Wände *lückenlos* von einer dünnen Schicht überzogen sind. Nach Verdunsten des Lösungsmittels und Erstarren der Kollodiumhaut wird diese vorsichtig am oberen Rand gelockert und durch Eingießen von Wasser zwischen Glas und Kollodium abgelöst. Die entstandenen Schläuche werden vor der Benutzung angefeuchtet, nach dem Einfüllen der zu dialysierenden Flüssigkeit mit einem nicht zu dünnen Faden (Gefahr des Durchschneidens!) zugebunden und in ein größeres Gefäß, dessen Wasser öfter erneuert wird oder durchfließt, eingehängt. (s. Vers. 128).

Herstellung von Lösungen.

1. Fehlingsche Lösung.

Lösung I: 34,64 g kristallisiertes Kupfersulfat mit aqua dest. auf 500 ccm auffüllen.

Lösung II: 173,0 g Natrium-Kalium-Tartrat (Seignettesalz) + 51,6 g Natronlauge, reinst, mit aqua dest. auf 500 ccm auffüllen. (Diese Vorratsflasche mit einem Gummistopfen verschließen, weil wie bei jeder Laugeflasche ein eingeschliffener Glasstopfen sich bald festfressen würde!).

Von den beiden Lösungen werden unmittelbar vor dem Gebrauch gleiche Teile gemischt, weil sich die Mischung nicht hält.

2. Lugolsche Lösung (Jod-Jodkalium).

2 g Kaliumjodid und 1 g Jod in 300 ccm aqua dest. lösen.

3. Bereitung und Einstellung einer 0,1n Na-Thiosulfatlösung (s. Vers. 93, 117).

Thiosulfatlösungen sind erfahrungsgemäß mindestens in den ersten Wochen nach Herstellung nicht titerbeständig. Man wägt deshalb nicht die Menge für einen genauen Titer ein, sondern nimmt eine angenäherte Konzentration und stellt den genauen Titer gegen eine exakt herstellbare Titerlösung ein (Kaliumjodat). 25 g kristallisiertes Natriumthiosulfat pro analysi ($Na_2S_2O_3 \cdot 5\,H_2O$; $M = 248,2$) in 1 Liter ausgekochtem destilliertem Wasser lösen. Zur Stabilisierung des Thiosulfats 0,1 g Na_2CO_3 zusetzen. Zur längeren Aufbewahrung muß die Lösung in den Eisschrank gestellt werden.

Einstellung des Titers. Etwa 100 mg Kaliumjodat p. a. werden auf einer analytischen Waage *genau* eingewogen und in einem Erlenmeyerkolben in ungefähr 200 ccm aqua dest. gelöst, dazu wird ungefähr 1 g Kaliumjodid gelöst und mit 5 ccm verdünnter Salzsäure angesäuert. Dann sofort Thiosulfatlösung, die sich in einer Glashahnbürette befindet, zulaufen lassen, bis die Jodkalium-Jodat-Lösung nur noch schwach gelb gefärbt erscheint. Darauf 2 ccm einer 0,5%igen Stärkelösung zusetzen und die nunmehr blaue Lösung bis zur völligen Entfärbung weiter titrieren. Diese Titration mit einer neuen Menge Jodat noch ein bis zweimal wiederholen. Die Berechnung des Normalfaktors erfolgt auf Grund der Gleichung, daß 1 ccm einer genau 0,1n Thiosulfatlösung 3,567 mg Kaliumjodat entspricht. Wenn z mg KJO_3 eingewogen waren und a ccm Thiosulfat zur Titration des freigesetzten Jodes verbraucht worden sind, dann ist der Titer (Faktor):

$$n = \frac{z \cdot 0,1}{a \cdot 3,567}.$$

Der Titer muß an jedem Tage, an dem man die Thiosulfatlösung benutzt, neu ermittelt werden.

Umgang mit Waagen.

Abgesehen von dem Umgang mit Analysenwaagen, vgl. KOHLRAUSCH oder WESTPHAL, Physikalisches Praktikum, erfordert auch das Wägen mit der *Torsionswaage* [1] eine besondere Einweisung der Praktikanten. Beim Transport sorgfältig auf vorheriges Arretieren der Waage achten. Vor Inbetriebnahme genau justieren (Libelle!). Null-Punkt korrigieren (Temperaturabhängigkeit der Waage). Wägegut stets in arretiertem Zustand an die Waage hängen. Durch Zusatzgewichte und ungefähres vorheriges Einstellen des voraussichtlichen Gewichtes vermeiden, daß die Waagebalken zu stark nach einer Seite ausschlagen. Ruhiges und überlegtes Arbeiten erhöht die Gebrauchsdauer der Torsionswaagen erheblich. Bei Arbeiten im Freiland ist als Wind-, Staub- und Feuchtigkeitsschutz ein Gehäuse für die Waage zweckmäßig, das möglichst vorne mit einer Tür versehen sein sollte.

Bestimmung von Blattflächen.

Zur Bestimmung der Blattflächen gibt es verschiedene Methoden. Flache Blätter können auf Millimeter- oder Zeichenpapier gelegt werden, worauf der Rand mit einem spitzen Bleistift umfahren wird. Beim *Abzeichnen* auf Millimeterpapier ergibt sich der Flächenwert unmittelbar durch Auszählung der Quadrate, sonst kann die Fläche planimetrisch bestimmt (s. u.) oder mit einer Schere genau ausgeschnitten und dann gewogen werden. Aus dem gleichen Papier Vergleichsquadrate bestimmter Größe ausschneiden und wiegen. Daraus das Gewicht von 1 cm^2 des Papiers und mit diesem Umrechnungswert die Blattfläche errechnen. Statt des Abzeichnens können mit lichtempfindlichem Papier *Lichtpausen* hergestellt werden. Hierfür werden ebene Blätter auf das Glas von gewöhnlichen Kopierrahmen gelegt, mit einem Blatt lichtempfindlichen Papieres bedeckt, verschlossen, dem Sonnenlicht ausgesetzt und später entwickelt, wobei der für das bestimmte Papier geeignete Entwickler verwendet werden muß. Am besten Papier benutzen, das in Leitungswasser entwickelt werden kann. Bei sehr kleinen Blättern empfiehlt es sich, die Blätter mit Hilfe eines Vergrößerungsapparates zu vergrößern, abzuzeichnen oder zu kopieren. Die Flächenbestimmung erfolgt dann wiederum durch Ausschneiden und Wiegen oder durch Planimetrieren der Pause.

Bei Nadeln oder bei reduzierten Blatt- bzw. Sproßsystemen ist die Blattflächenbestimmung oft schwierig. Es muß auf die Spezialliteratur verwiesen werden. Hier kann die Fläche oft nur errechnet oder auf dem Weg über eine Volumbestimmung bzw. durch Längen- und Breitenmessung wenigstens annähernd festgestellt werden.

Das *Planimetrieren* der Pausen erfolgt mit einem der gebräuchlichen Planimeter (z. B. A. Ott, Kempten; Hoff, Pfronten, Mayer, Hörmann & Cie, Pfronten/Allg.). Die Blättchen werden mit einem, an einem Hebel angebrachten Stift umfahren. Der Hebel ist mit einem Rädchen verbunden, das die umfahrene Fläche integriert. Die Größe dieses Integrals ergibt sich aus der Differenz der Werte, die vor und nach dem Umfahren der Fläche an dem mit Noniusmaßstab versehenen Rädchen abgelesen wird. Bei kleinen Flächen mehrmals umfahren und Mittelwert bilden. Bei kleinen nebeneinander gelegenen Flächen, die ohnehin gemeinsam für einen Wert später verwendet werden sollen, Flächen durch Striche verbinden und gemeinsam umfahren.

Berechnen von Vergrößerungen.

Zur Längenbestimmung von mikroskopischen Präparaten und zur Berechnung von Vergrößerungen wird auf den Objekttisch des Mikroskopes ein Objektmikrometer gelegt, dessen Skalaabstände bekannt sind (die ganze Länge

---

[1] Torsionswaagen werden z. B. von Hartmann und Braun, Frankfurt/Main, oder von Sauter, Ebingen/Württ. geliefert.

100 Teilstriche, beträgt vielfach 0,5 cm oder 0,1 cm). Mit dem Objektmikrometer wird ein Okularmikrometer bei den verschiedenen Vergrößerungen verglichen. Anzahl der Teilstriche des Objektmikrometers mit einer bestimmten
Anzahl von Okularmikrometerteilstrichen in Beziehung setzen und so eichen.
Das sofortige Notieren des Verhältnisses in ein Protokollheft (nicht auf Zettel!)
erspart den Praktikanten Arbeit. Bei Benutzung von Zeichenapparaten wird
die Länge einiger Teilstriche des Objektmikrometers auf die Zeichnung mit übertragen. Das Verhältnis der Teilstrichlänge auf der Zeichnung zu der des Objektmikrometers selbst gibt unmittelbar die Vergrößerung.

Temperaturmessungen.

Bei vielen physiologischen Versuchen ist eine wiederholte Bestimmung der
Versuchstemperatur unerläßlich. Hierfür werden Quecksilber- oder Alkohol-
Thermometer, für feinere Bestimmungen Thermonadeln (z. B. Vers. 89) oder
auch manometrisch wirkende Thermometer benutzt. Bei Gebrauch mehrerer
Thermometer Vergleich und Eichung vor den Messungen nicht vergessen. Bei
Messungen im Freiland Thermometer zweckmäßig neben die zu untersuchenden
Pflanzenteile hängen, dabei Thermometer vor der direkten Strahlung schützen.

Photozellen[1] und Thermoelemente.

Bei der Messung von „Lichtintensitäten" müssen zwei Größen unterschieden
werden: Die *Beleuchtungsstärke* und die *Bestrahlungsstärke*. Die Beleuchtungsstärke ist ein Maß für die Helligkeit, die das menschliche Auge auf einer Fläche
feststellt. Die Bestrahlungsstärke dagegen ist ein Maß für die gesamte Energie,
die auf die gleiche Fläche auftrifft. Man sagt, daß die Beleuchtungsstärke 1 Lux
herrscht, wenn 1 m² einer weißen Fläche von einer Hefnerkerze im senkrechten
Abstand von 1 m beleuchtet wird. Sie läßt sich annähernd durch geeignete Photozellen in Verbindung mit einem Lux-meter messen. Darauf achten, daß die
Photozellen nur die unbedingt nötige Zeit der zu messenden Strahlung ausgesetzt werden. Sie zeigen oft einen „Ermüdungseffekt": der Photostrom sinkt
mit der Dauer der Bestrahlung etwas ab. Die empfindlichen Meßinstrumente sind

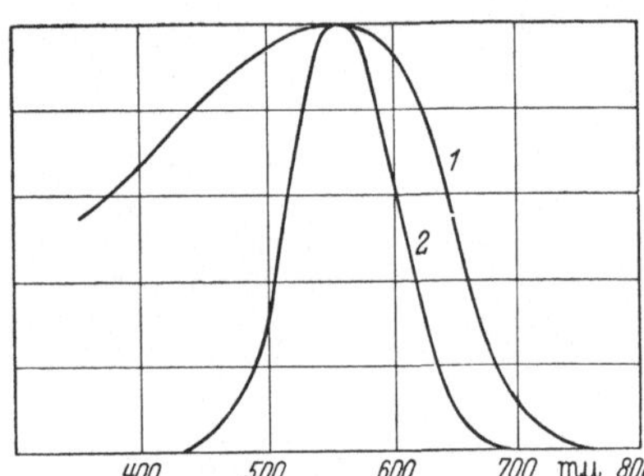

Abb. 2. Spektrale Empfindlichkeit der
Selen-Photozelle (*1*),
Mittlere Empfindlichkeit des Auges (*2*).
(Nach B. Lange).

sorgfältig zu behandeln. Dafür Sorge tragen, daß zuerst stets der unempfind-
lichste Bereich — Opalglasfilter vorsetzen! — eingeschaltet wird. Die Bestrahlungsstärke mißt man dagegen in Watt/cm² oder in Kal/cm² Min.. Hierfür muß
man ein alle Energie absorbierendes Strahlungsmeßgerät von bestimmter Fläche
verwenden und den gemessenen Wert auf cm² umrechnen. Die Bestrahlungsstärke ist ein objektives Maß, die Beleuchtungsstärke ein psychologisches Maß;
sie ändert sich mit der unterschiedlichen Empfindlichkeit des menschlichen
Auges für verschiedene Wellenlängen und gibt trotz gleicher Bestrahlungsstärke
für verschiedene Wellenlängen unterschiedliche Werte (vgl. Abb. 2). Nur die
Messung der Bestrahlungsstärke ermöglicht die physikalisch exakte Feststellung
der auf einen Standort auftreffenden Strahlungsenergie. Man benutzt hierfür
Thermoelemente. Diese müssen wegen ihrer relativ geringen Empfindlichkeit

---

[1] Loewe, F., Optische Messungen des Chemikers und des Mediziners. Dresden
u. Leipzig: Steinkopf 1949. — Lange, B., Die Photoelemente und ihre Anwendung. 2. Aufl. Leipzig 1940. — Lange, B.: Photoelemente, Photozellen,
Photowiderstände und Thermozellen. Prospekt 1949.

an ein entsprechendes Meßinstrument (z. B. Spiegelgalvanometer) angeschlossen werden, dessen Handhabung im Freiland aber schwierig ist. Die Thermoelemente werden deshalb dann meistens durch geeignete Photozellen ersetzt, die aber in Verbindung mit in Lux geeichten Meßinstrumenten zunächst nur die Beleuchtungsstärke messen. Darum ist eine besondere Eichung der Photozelle unerläßlich. Weiter ist wohl zu unterscheiden zwischen der Bestrahlungsstärke im gesamten sichtbaren Spektrum und ihrer Verteilung auf die einzelnen Bereiche des Spektrums (Lichtqualität). Schließlich ist bei derartigen Messungen stets zu überlegen, ob direkt auffallende Strahlen oder diffuses Licht gemessen werden soll.

Spektroskop.

In einigen Versuchen wird ein einfaches Spektroskop gebraucht. Hierfür eignet sich z. B. ein recht vielseitig verwendbares Handspektroskop von Winkel-Zeiß, Göttingen, mit Vergleichsspektrum und eichbarer Wellenlängenskala. Das Spektroskop kann an einem Stativ befestigt werden.

Optische Filter.

Häufig ist die Benutzung von Filtern zur Absorption von Strahlung erforderlich (vgl. Anhang). Als Filter kommen Flüssigkeiten in planparallelen Küvetten, Gelatinefarbfilter, Glasfilter oder für besondere Zwecke Interferenzfilter in Frage. Für Praktikumszwecke sind Flüssigkeits- oder Glasfilter besonders geeignet. Eine Zusammenstellung findet sich S. 240. Oft ist für einen bestimmten Spektralbereich das Hintereinanderschalten von zwei oder mehr Filtern erforderlich, von denen jedes nur einen Teil der einfallenden Strahlung absorbiert. Dabei ist zu beachten, daß die Lichtintensität durch mehrere Filter natürlich stärker geschwächt wird. Wärmestrahlung über 1,1 μ wird durch Wasser in planparallelen Küvetten je nach der Dicke der Wasserschicht weitgehend absorbiert. Sonst sind zur Absorption von Infrarot- und Wärmestrahlung auch Glasfilter von SCHOTT (z. B. BG 21) geeignet. Solche Glasfilter müssen aber unter Umständen zur Ableitung der aufgenommenen Wärmestrahlung noch besonders gekühlt werden. Zur Absorption von UV-Strahlung vgl. Anhang und Praktikum von STRUGGER.

II. Mineralstoffhaushalt.

A. Mineralstoffbedarf[1].

Grundlagen. Mit Hilfe von Wasser- und Sandkulturen läßt sich feststellen, welche Mineralstoffe für die höheren und niederen Pflanzen zum Wachstum und zur vollständigen Entwicklung erforderlich sind. Dabei werden bekanntlich die in größeren Mengen benötigten Salze als Nährstoffe (Mg, Ca, K, N, S, P und Fe), die nur in ganz geringen Mengen erforderlichen als Spurenstoffe bezeichnet. Einige weitere Elemente wie z. B. Si sind nur für bestimmte Pflanzengruppen (Diatomeen) erforderlich (s. S. 242). Zu den Spurenstoffen kommen infolge der Verbesserung der Methoden fortlaufend noch weitere hinzu. Sie wurden früher infolge der in den benutzten Salzen noch vorhandenen Verunreinigungen zunächst nicht entdeckt. Vor allem handelt es sich dabei um Bor, Kupfer, Zink und Mangan (Vers. 4—7). Sind diese Elemente nicht zugegen, können Mangelkrankheiten verschiedener Art (Urbarmachungskrankheit bei Cu-Mangel, Herz- und Trockenfäule bei Bormangel usw.) auftreten. Dabei ist ihre Wirkung auf verschiedene Pflanzen und ganze Pflanzengruppen durchaus nicht gleich. Bei-

---

[1] SCHEFFER, F., Agrikulturchemie, Teil a: Boden. Stuttgart: Enke 1944. — HOAGLAND, D. R.: Lectures on the Inorganic Nutrition of Plants. Mass.: Waltham 1948. — „Mineralstoffwechsel" in: Fortschr. d. Bot. Bd. 1—12.

spielsweise sei die besondere Notwendigkeit von Cu für bestimmte Steinobstsorten, die von Mo für bestimmte Bakterien und der Bedarf von Zn bei gewissen Pilzen (s. S. 18) hervorgehoben.

Die Bedeutung der Spurenelemente liegt u. a. in ihrer Beteiligung als Aktivatoren an enzymatischen Umsetzungen oder als wirksame Bestandteile von Fermenten. Die Nährstoffe hingegen sind vor allem für den Aufbau von neuer Körpersubstanz (z. B. N, S, P) oder für die Aufrechterhaltung bestimmter Ionengleichgewichte (z. B. K und Ca; s. Quellung) in Zelle und Plasma erforderlich. Abgesehen davon können sie noch die gleiche Funktion wie die Spurenelemente ausüben, z. B. Mg und K. Ist eine vollständige Nährlösung zugegen, so wird eine Steigerung bestimmter Nährsalze zunächst eine Erhöhung der Erträge hervorrufen. Die Zunahme verlangsamt sich aber in dem Maße, in dem ein anderes Salz, jetzt etwa ein Spurenelement, oder andere Faktoren den Zuwachs beschränken. Erst eine Änderung dieser Faktoren ist fähig, eine weitere Erhöhung der Erträge hervorzurufen. (Gesetz vom Minimum; Vers. 3.)

Beim Ansetzen von Nährlösungen ist darauf zu achten, daß die Konzentration den Pflanzen angepaßt sein muß und nicht zu hoch sein darf. Bei niederen Pflanzen sollen die Konzentrationen für die Nährlösungen wesentlich niedriger liegen als bei höheren Pflanzen. Auch Spurenelemente in stärkerer Konzentration gegeben, **rufen** oft schädigende Wirkungen hervor. Abgesehen davon, hängt die Güte einer Nährlösung von der möglichst langen Aufrechterhaltung eines geeigneten p_H ab. Die Pflanzen besitzen nämlich für bestimmte Salze ein ausgesprochenes Wahlvermögen derart, daß entweder ein Salz besonders stark oder von einem Salz oft nur ein Ion im Austausch gegen H· oder OH'-Ionen aufgenommen wird (physiologisch basische bzw. saure Salze; s. S. 28). Hierdurch kommt es leicht zu Änderungen im Gehalt der die Nährlösung zusammensetzenden Salze und als Folge davon manchmal zu Verschiebungen des p_H-Wertes. Es ist daher eine sehr gute Pufferung der Nährlösungen erforderlich. Diese Verhältnisse lassen sich im einzelnen nur durch genaue Untersuchungen bestimmter Nährlösungen im Laufe der Kultur bestimmter Pflanzen nachweisen. Infolgedessen sind schon sehr viele Nährlösungen ausprobiert worden, von denen einige in den Versuchen und im Anhang (s. S. 241) näher angegeben sind. Nach dem Vorangehenden ist es verständlich, daß häufigeres Erneuern der Lösungen auf das Pflanzenwachstum günstig wirkt. Für weitere Salzwirkungen sei auf den Abschnitt C S. 26 verwiesen.

1. Notwendigkeit bestimmter Nährsalze.

Prinzip der Methode. Die Notwendigkeit bestimmter Nährsalze für das Wachstum und die Entwicklung der Pflanzen läßt sich am einfachsten mit Hilfe von Nährsalzmangelversuchen in Wasserkultur zeigen. Am einfachsten geht man von einer Nährlösung aus, die alle als notwendig erkannten Nährsalze enthält und läßt jeweils eines der Elemente weg, um durch das Fehlen dieses Elementes die Art seiner Wirkung auf die Pflanze festzustellen. Solche Mangelversuche lassen sich statt an höheren Pflanzen (Vers. 1) ebenso gut auch an niederen Organismen, etwa Pilzen (Vers. 2), im Winter oft sogar besser, durchführen. Im Anhang S. 241 sind einige vollständige Nährlösungen[1] und in den Tabellen s. u. S. 14 Mangellösungen angegeben. Es muß bei den letztgenannten besonders darauf geachtet werden, daß die Gesamtmenge (Äquivalentverhältnis) der zugegebenen Salze gegenüber

---

[1] KNOP, Landw. Versuchsstat. **30**, 293 (1884). — Weitere Nährlösungen vgl. in HONCAMP, Handbuch der Pflanzenernährung und Düngerlehre. Bd. 1, Berlin (1931).

der Kontrolle möglichst gleich bleibt, daß p_H und Pufferung nicht zu stark verändert werden, und daß jeweils nur ein Element, das als Anion oder Kation gegeben wurde, wegfällt. Das entsprechende andere Element muß dann in Form eines anderen Salzes zugefügt werden.

Versuch 1.

Mangelkulturen höherer Pflanzen.

Versuchsmaterial: Körner von *Zea mays*[1], *Pisum*, Stecklinge von *Tradescantia*.

Geräte und Reagenzien: 6 Wasserkulturgefäße (s. Einleitung S. 5). Bei 2 Liter-Kulturgefäßen mindestens 12 Liter Aqua dest., Meßzylinder 1000 cm³, Rollflaschen oder Erlenmeyer für die Stammlösungen, Handwaage mit Gewichtssatz, Petrischalen mit Filtrierpapier, Watte, Hornlöffel.

Stammlösungen von folgenden Salzen (pro analysi):

$Ca(NO_3)_2 \cdot 4H_2O$ 10,0%	$CaSO_4 \cdot 2H_2O$. 5,0%	KCl 10,0%
KNO_3 . . . . 10,0%	$FeCl_3 \cdot 6H_2O$. 5,0%	$NaNO_3$ 10,0%
KH_2PO_4 . . . 2,5%	$MgSO_4 \cdot 7H_2O$. 5,0%	$NaH_2PO_4 . 2H_2O$ 2,5%

Zeitbedarf: Ankeimen 4—5 Tage; Ansetzen 4 Std.; Kultur 4—6 Wochen.

Ausführung: Bei diesem und den folgenden Versuchen besonders auf peinliche Sauberkeit achten! Mit glasdestilliertem Wasser (für genaues Arbeiten unbedingt erforderlich) und Salzen pro analysi arbeiten. Zunächst die zum Versuch vorgesehenen Pflanzen anziehen, Maiskörner oder Pisum-Samen auf feuchtem Fließpapier anquellen (24 Std.) und dann in feuchtes, nicht zu nasses Sägemehl stecken (s. S. 4). Haben die Wurzeln eine Länge von etwa 6 cm erreicht, werden gleichmäßige Keimlinge ausgesucht. Für *Tradescantia*-Stecklinge gleich lange Sproßspitzen abschneiden, die älteren Blätter bis auf das jüngste voll ausgebildete entfernen, und die Stecklinge ebenso wie die Keimpflanzen weiterbehandeln. Da die *Tradescantia*-Sprosse weniger Reservestoffe besitzen als Keimpflanzen mit Samen, zeigen sie häufig eher Mangelerscheinungn. Beim Ansetzen der Mangelkulturen vorgesehene Gefäße einschließlich der Deckel gründlichst säubern und mit Etiketten mit leserlicher Aufschrift versehen. Nährlösungen am besten als Stammlösungen der einzelnen Salze ansetzen (s. oben unter Gerät). Nicht die Salze einzeln in die Kulturgefäße einwiegen. Von den Stammlösungen die in der Tab. S. 14 angegebenen Mengen unter Umrechnung auf die gesamte Lösungsmenge in Kulturgefäße geben und mit destilliertem Wasser soweit auffüllen, daß unter dem Deckel noch ein gewisser Luftraum bleibt. Höhe markieren. Beim Bepflanzen der Kulturgefäße darauf achten, daß die zunächst noch an den Keimlingen befindlichen Samen nicht mit der Nährlösung in Berührung kommen. Sie

---

[1] Für Mais besser die Nährlösung nach Zinzadze (s. S. 241) benutzen, da er in der hier verwendeten leicht chlorotisch wird.

bleiben vielmehr möglichst oberhalb der Deckel (Fäulnis, Schimmelpilze!) und werden entfernt, sobald sich die ersten grünen Blätter entfaltet haben, damit die Speicherstoffe den Ausgang des Experiments nicht stören! Die Keimlinge, bzw. die Stecklinge werden mit Watte umwickelt und damit in den Einkerbungen bzw. Löchern der Deckel befestigt. Die Wurzeln sollen gut in die Nährlösung tauchen, die Stecklinge aber nur mit dem untersten Stengelteil in die Lösung reichen. Später bilden beide Adventivwurzeln. Die größeren Pflanzen an Glas- oder Holzstäbe binden, die durch ein Loch in der Mitte des Deckels gesteckt werden können. Zur Belüftung s. S. 5. Schließlich ist darauf zu achten, daß das durch Verdunstung verloren gegangene Wasser der Nährlösung in gewissen Zeitabständen ersetzt werden muß. Die Kulturen in einem hellen Raum, möglichst im Gewächshaus, so aufstellen, daß die Gefäße selbst vor Lichtzutritt geschützt sind. Durchsichtige Gefäße mit innen schwarzem, außen weißem Papier umhüllen. Dafür sorgen, daß die Temperatur in den Gefäßen möglichst gleichmäßig ist bzw. nicht zu hoch ansteigt.

Auswertung: Es treten, sofern sauber gearbeitet wurde, die in allen einschlägigen Lehrbüchern beschriebenen Mangelerscheinungen an den Pflanzen nach einigen Wochen auf.

Nährlösung für Mangelkulturen nach KNOP.

Salze	Kontrolle	$-$N	$-$P	$-$K	$-$Ca	$-$Mg
$Ca(NO_3)_2$ (10%) . . .	10,0 [1]	2C,0 $CaSO_4$	10,0	12,5 .	—	10,0
KNO_3 (10%)	2,5	—	2,5	2,5 $NaNO_3$	2,5	2,5
KCl (10%)	1,2	3,7	2,5	—	1,2	1,2
KH_2PO_4 (2,5%) . . .	10,0	10,0	—	10,0 NaH_2PO_4	10,0	10,0
$MgSO_4$ (5%)	5,0	5,0	5,0	5,0	5,0	5,0 $CaSO_4$
$FeCl_3$ (5%)	1 Tr[2]	1 Tr.[2]	1 Tr.	1 Tr.	1 Tr.	1 Tr.
H_2O	971,3	961,3	980,0	970,0	971,3	971,3

Versuch 2.

Nährsalzmangel bei Schimmelpilzen.

Versuchsmaterial: Kultur von *Penicillium glaucum* und *Aspergillus niger*.

Geräte und Reagenzien: 6 Erlenmeyerkolben 200—250 cm³ für die Kulturen, Flaschen für die Stammlösungen, Watte, Dampftopf, Impfnadeln, Fettstift. Halbanalysenwaage (Genauigkeit etwa 10 mg). Salzlösungen: 1% $MgSO_4 \cdot 7 H_2O$, 1% KH_2PO_4, 1% $CaSO_4 \cdot 2 H_2O$, 1% $MgCl_2$, 1% KCl, 1% NaH_2PO_4. (alle Salze pro analysi). Rohrzucker, Asparagin.

Zeitbedarf: Vorkultur 8 Tage bei Zimmertemperatur, 5 Tage bei 30°. Ansetzen: 4 Std., Kultur: 10—14 Tage bei 28—30° C.

---

[1] in cm³.   [2] Tropfen.

Ausführung: Zunächst eine Schimmelpilzkultur vorbereiten (s. Vers. 180). Dann Stammlösungen der Nährsalze ansetzen (s. unter Geräte) und davon (s. Tab.) in die sorgfältig gesäuberten Erlenmeyer geben. Abgesehen von den Nährsalzen benötigen die Pilze als Heterotrophe noch eine Quelle organischer C-Verbindungen (s. hierzu Vers. 180). Erlenmeyerkolben gut mit einem Fettstift beschriften oder besser mit einem beschrifteten Holzschild versehen und im Dampftopf (s. S. 6) an drei aufeinander folgenden Tagen sterilisieren. Anschließend Gefäße mit Sporen von *Penicillium* oder *Aspergillus* beimpfen. Zum Impfen s. S. 6, ferner Vers. 180. Kulturen bei etwa 28—30° stehen lassen. Nach kurzer Zeit (10 bis 14 Tagen) zeigen sich sehr deutliche Wachstumsunterschiede. Am Ende des Versuches das Trockengewicht (wie in Vers. 180) des bei den verschiedenen Nährlösungen gebildeten Pilzmyzels bestimmen.

	Vollständige Lösung	−Mg	−K	−S	−P	ohne Nährsalze
Rohrzucker .	2,5 g	2,5 g	2,5 g	2,5 g	2,5 g	2,5 g
Asparagin .	0,25 g	0,25 g	0,25 g	0,25 g	0,25 g	0,25 g
1% $MgSO_4$.	5,0 cm³	5,0 cm³	5,0 cm³	5,0 cm³	5,0 cm³	—
		1% $CaSO_4$		1% $MgCl_2$		
1% KH_2PO_4	5,0 cm³	5,0 cm³	5,0 cm³	5,0 cm³	5,0 cm³	—
			1% NaH_2PO_4		1% KCl	
H_2O	40,0 cm³	40,0 cm³	40,0 cm³	40,0 cm³	40,0 cm³	50,0 cm³

2. Gesetz vom Minimum[1].

Prinzip der Methode: Der Ertrag der Pflanzen steigt zunächst mit der Menge der zugeführten Düngergaben, jedoch auch dann nur solange, wie alle Faktoren, die den Ertrag der Pflanzen beeinflussen, in genügender Menge vorhanden sind. Ist das nicht mehr der Fall, gerät also ein Faktor ins Minimum, so begrenzt dieser den Ertrag. Um dies zu zeigen, wird bei Gefäßkulturen ein Faktor, z. B. der K-Gehalt des Bodens, unter Beibehaltung der anderen Nährsalzgaben erhöht. Von einer gewissen Kaligabe an steigt der Ertrag der Pflanzen dann nicht weiter an. Erst bei Erhöhung des jeweiligen Minimumfaktors, in diesem Fall des N, ist eine weitere Ertragssteigerung möglich.

Bei der Versuchsanordnung muß eine ungleiche Gesamtsalzmenge in den verschiedenen Gefäßen, auch eine gewisse Änderung der Pufferung im Boden in Kauf genommen werden.

Versuch 3.

Ertrag bei steigenden N- und K-Gaben.

Versuchsmaterial: Hafer.

Geräte und Reagenzien: Vegetationsgefäße, gereinigter Flußoder Seesand für Gefäßkulturen (s. S. 5), Wägegläschen, Petrischalen,

---

[1] MITSCHERLICH, E. A.: Landwirtsch. Jb. **56**, 71 (1921). Weitere Literatur s. B. HUBER: Pflanzenphysiologie, 3. Aufl. 1949.

Filtrierpapier, Tafelwaage, Analysenwaage, einige Bechergläser zum
Aufheben der Nährsalzgaben.

Nährsalze, s. Tabelle unten.

Zeitbedarf: Vorkeimen 3—4 Tage, Ansetzen 4 Std., Kultur 10 bis
12 Wochen.

Ausführung: Hafer in Petrischalen auf Filtrierpapier vorkeimen,
bis die Keimwurzeln hervorgebrochen sind. Dann 3 Reihenversuche
in Kulturgefäßen vorbereiten, die sich untereinander durch verschiedene Stickstoffgaben unterscheiden. Außer einer Grunddüngung
von $CaH_4(PO_4)_2$ und CaO, sowie bestimmten Spurenelementen, die
jedes Gefäß erhält, werden in jeder Reihe steigende KCl-Gaben zugesetzt. Folgende Verteilung der Nährsalze erwies sich als zweckmäßig:

Reihe	NH_4NO_3	KCl					
A	0,033 [1]	0,005	0,014	0,145	0,36	1,20	2,87
B	0,242	wie Reihe A					
C	0,479	wie Reihe A					

In jeder Reihe für die verschiedenen KCl-Gaben möglichst 2 Gefäße
ansetzen. Salze einzeln abwägen und mit dem gewogenen Kultursand
(s. S. 5), jedes Gefäß für sich, gut durchmischen und einfüllen. In
jedes Gefäß eine Anzahl der vorgekeimten Haferkörner, der Größe der
Gefäße entsprechend, einpflanzen, gut wässern und im Gewächshaus
oder auch im Freien unter gleichen Lichtbedingungen aufstellen. Auch
nach dem Anwachsen für gleichmäßige Feuchtigkeitszufuhr sorgen.
Gefäße durchwiegen und beim Schossen des Hafers die Pflanzen anbinden!

Auswertung: Es ergeben sich nach einer Kulturzeit von etwa
10—12 Wochen erhebliche Unterschiede der Pflanzen in Hinsicht auf
Wachstum, Größe und Bestockung. In der A-Reihe ist bei den höheren
KCl-Gaben kaum ein verstärktes Wachstum zu beobachten. Erst die
erhöhten N-Gaben der B-Reihe verursachen einen deutlichen Anstieg.
In der C-Reihe ist die Wachstumsintensität zwar noch weiter, aber nicht
mehr stark angestiegen, weil jetzt andere Faktoren als der Stickstoff
ins Minimum geraten sind und das Wachstum begrenzen.

3. Bedeutung der Spurenelemente [2]

Prinzip der Methode. Eine Zusatzlösung bestimmter Salze in großer
Verdünnung (HOAGLANDsche A—Z-Lösung, s. Anhang S. 243 bzw. einzelne dieser Salze) zu Wasser- oder Sandkulturen mit „vollständiger"

---

[1] In g pro kg Sandboden. Grunddüngung pro kg Boden: $0,375$ g $CaH_4(PO_4)_2$,
0,15 g CaO, dazu Spurenelemente (Anhang S. 243).

[2] SCHARRER, K.: Biochemie der Spurenelemente. Berlin: Parey 1941. —
HOAGLAND: O. R. Lectures on the Inorganic Nutrition of Plants, Waltham,
Mass. 1948.

Nährlösung ruft bei höheren und niederen Pflanzen erhöhtes Wachstum hervor. Nährsalze und Spurenelemente müssen pro analysi Präparate sein. Es ist auf peinlichste Sauberkeit zu achten!

Versuch 4.

Die Wirkung von Spurenelementen auf höhere Pflanzen.

Versuchsmaterial: Maiskeimlinge.

Geräte und Reagenzien: Einige Wasserkulturgefäße (s.S.5). Einige Erlenmeyer oder Rollflaschen.

Paraffin, vollständige Nährlösung nach ZINZADZE S. 241, HOAGLAND-sche A—Z-Lösung bzw. Lösung der wichtigsten Spurenelemente (Anhang S. 243).

Zeitbedarf: Ankeimen 6—8 Tage. Ansetzen 4 Std. Kultur etwa 6 Wochen.

Ausführung: Gefäße mit reiner, verdünnter Salzsäure reinigen und zweimal mit glasdestilliertem Wasser nachspülen. Nur Gefäße verwenden, die vollständig emailliert oder glasiert sind (ohne abgesprungene Stellen). Für das Ansetzen der Lösungen nur glasdestilliertes Wasser verwenden. Nährlösungen in derselben Weise wie in Versuch 1 herstellen. Auch beim Ansetzen dieser Ausgangslösungen darauf achten, daß die hierzu benutzten Glasgefäße aus dem besten zur Verfügung stehenden Laboratoriumsglas gefertigt sein müssen (Abgabe von Spurenelementen durch das Glas). Um ja ganz sicher zu gehen, werden die vorgesehenen Gefäße gleichmäßig innen mit einer dünnen Schicht Paraffin ausgekleidet. Paraffin verflüssigen, Glasgefäße warmstellen, wenig Paraffin, das beim Umschütteln an der Glaswand erstarrt, in die Gefäße einfüllen. In solchen Gefäßen auch Ausgangslösung für die Spurenelemente ansetzen (s. Anhang S. 243).

Nährlösung in die Wasserkulturgefäße füllen und zu der Hälfte von ihnen noch die geringe Menge der Spurenelementlösung hinzufügen. Auf 1 Liter Nährlösung nur 1 cm³! Bepflanzen der Kulturgefäße mit Keimlingen wie in Versuch 1. Auf besonders sorgfältiges Abspülen der Wurzeln und Reinigen von Sägemehl ist natürlich zu achten.

Versuch 5.

Wachstum von Tomaten bei verschiedenen Kupfergaben.

Versuchsmaterial: Tomaten-Keimpflanzen.

Geräte und Reagenzien: 6 gut glasierte Vegetationsgefäße (Gefäße für das Ansetzen der Nährlösungen aus Jenaer Geräteglas, besser noch paraffinieren.) Nährlösung nach KNOP. Salze pro analysi s.S. 14. Kupfersulfatlösung, 0,1 g $CuSO_4 \cdot 5\,H_2O$ auf ein Liter Wasser. Glasdestilliertes Wasser!

Zeitbedarf: Anzucht 14 Tage; Ansetzen 2 Std. Kulturen 6 bis 8 Wochen.

Ausführung: Beim Ansetzen der Wasserkulturen die gleichen Vorsichtsmaßregeln wie in Vers. 4 anwenden. Abzuwägende Salze nicht mit Messing- oder Kupferschalen in Berührung bringen. Zwei Gefäße ohne weiteren Zusatz belassen, in die beiden nächsten pro Liter 1 cm³ und in die restlichen beiden 5 cm³ Kupfersulfatlösung geben. Die Samen können in Gartenerde gesät werden, die Wurzeln müssen dann aber beim Umpflanzen sehr sorgfältig unter fließendem Leitungswasser von anhaftender Erde befreit und dann in glasdestilliertem Wasser nachgespült werden. Bei den so angesetzten 3 Reihen zeigen sich bei sauberem Arbeiten erhebliche Unterschiede im Wachstum.

Versuch 6.

Spurenelementwirkung auf Pilze. Wirksamkeit von Zn.

Versuchsmaterial: Sporen einer rasch wachsenden Pilzkultur (s. Vers. 180).

Geräte und Reagenzien: 6 (12) Erlenmeyer (Jenaer Geräteglas) 250 cm³, Impfnadeln, Sterilisiereinrichtung (s. S. 6).

Zeitbedarf: Ansetzen 2—3 Std.; Sterilisieren 3 Tage, Beimpfen 30 Min., Kultur je nach Temperatur 2—3 Wochen (s. Vers. 2).

Nährlösung	Zusatzlösung 1	Zusatzlösung 2
0,2 g NH_4NO_3 0,05 g KH_2PO_4 0,05 g $MgSO_4$ 1,0 g lösliche Stärke 100 cm³ Aqua dest.	0,15 g $FeSO_4$ 0,03 g $CuSO_4$ 0,02 g $MnSO_4$ 1000 g H_2O von dieser Lösung 1 cm³ zu 100 cm³ Nährlösung geben	1,2 g $ZnSO_4$ auf 100 cm³ H_2O zu 100 cm³ Nährlösung werden je 0,3; 1,0 u. 10,0 cm³ zugegeben

Alle Salze pro analysi

Ausführung: Vorbedingung ist unbedingt sauberes Arbeiten! Zwei Erlenmeyer werden mit 100 cm³ der angegebenen Nährlösung gefüllt. In zwei weitere wird zu der Nährlösung auf je 100 cm³ 1 cm³ der Zusatzlösung 1 hinzugefügt. In weitere Erlenmeyer kommen 0,3 bzw. 1,0 und 10 cm³ der Zusatzlösung 2 zur Nährlösung hinzu und in 2 letzte werden je 1 cm³ von Zusatzlösung 1 und 2 gegeben. Kolben verschließen und 3 mal sterilisieren (s. S. 6). Dann Kolben beimpfen und das Fortschreiten des Wachstums beobachten.

Auswertung: Beide Zusatzlösungen zeigen im Thermostaten bei etwa 30° schon nach 10—14 Tagen gegenüber den Kontrollen verbessertes Wachstum und größere Stoffproduktion. Besonders die Zn-Wirkung ist deutlich. Auch hier beachten, daß größere Mengen von Metallen in der Nährlösung schädigend wirken können (Hemmung von Fermenten!).

Versuch 7.

Notwendigkeit von Bor[1].

Versuchsmaterial: Tomaten, Zuckerrüben, (Beta-Rüben), Spinat, Kartoffeln (aus Samen anziehen s. u.).

---

[1] Vgl. K. SCHARRER: s. S. 16. — RICHTER, O.: Verh. Naturf. Verein, Brünn **74**, 56 (1943).

Geräte und Reagenzien: Vegetationsgefäße s. S. 5, Petri-schalen. Filtrierpapier (weitgehend aschefrei).

Nährlösung v. d. CRONE, s. S. 241, Glas dest. Wasser, Paraffin. Dazu H_3BO_3 p. a. (5 mg/Liter).

Zeitbedarf: Ankeimen 8 Tage; Ansetzen 4 Std. Kultur 6—8 Wochen.

Ausführung: Samen (keine Stecklinge, B-Gehalt!) in paraf-finierten Petrischalen auf reinstem Filtrierpapier mit glasdestillier-tem Wasser zum Keimen auslegen. Vegetationsgefäße (s. S. 5) mit Nährlösung nach v. d. CRONE beschicken, dazu in die eine Hälfte der Gefäße noch 5 mg Borsäure pro Liter geben. Deckel der Wasserkultur-gefäße ebenfalls paraffinieren. Die Keimpflänzchen mit ihren Würzel-chen sorgfältig in die (ausparaffinierten) Löcher der Deckel stecken. Mehrere Wochen kultivieren. Beim Ansetzen darauf achten, daß die Borgaben nicht versehentlich zu hoch gewählt werden! 10 mg/Liter wirkt bereits schädlich! Ferner berücksichtigen, daß in den gewählten Nährsalzen (selbst p. a.!) Bor enthalten sein kann. Solche Salze nicht verwenden (die Verunreinigungen sind auf den p. a.-Reagenzien ange-geben). Bei *Vicia* macht sich B bereits in einer Verdünnung von 1 zu 250 000 bemerkbar!

Auswertung: Bei sauberem Arbeiten zeigt sich bei den Kul-turen mit Bor eine sehr deutliche Wachstumsförderung gegenüber den Kontrollen (Kartoffeln, Spinat). Kleinbleiben, Gelbwerden und Ab-fallen der Blätter unterbleibt (Tomaten), keine Trockenfäule der Beta-Rüben. Die Wachstumsförderung ist besonders deutlich in Kulturen, deren Ca-Gehalt heraufgesetzt ist.

B. Aschenuntersuchung.

Grundlagen. Nach dem Verbrennen der getrockneten Pflanzenorgane bleibt stets ein Anteil unverbrennbarer Mineralstoffe zurück. Obwohl die Art und Menge der in der Asche vorgefundenen Mineralbestandteile nichts über die Not-wendigkeit dieser Elemente für das Gedeihen der betreffenden Pflanze und über den Zustand aussagen, in dem diese Elemente in den Zellen vorhanden waren, ist eine genaue Aschenanalyse doch für die Lösung mancher physiologischer und praktisch-landwirtschaftlicher Fragen unerläßlich. „Die Konzentration der Nähr-stoffe im Medium, sei es im Boden oder in einer Nährlösung, beeinflußt das Wachs-tum der Pflanze nur in dem Grad, in welchem die betreffenden Nährionen wirk-lich in die Wurzel aufgenommen und von hier aus in die grünen Teile verbreitet werden". (LUNDEGÅRDH 1945). Aschenanalysen von Wurzeln und oberirdischen Organen werden deshalb heute regelmäßig der Beurteilung des Düngerbedürf-nisses von Böden zugrunde gelegt (NEUBAUER-Analyse).

Der Aschengehalt ist einerseits stark abhängig von der Eigenart der Pflanze, wie eine Aschenbestimmung an verschiedenen Pflanzenarten ergibt, die auf dem gleichen Boden unter sonst gleichen Bedingungen gewachsen sind. Andererseits sind jedoch die Menge und Zusammensetzung der Asche bei der gleichen Pflanzen-art nicht konstant, sie schwanken vielmehr sehr mit den Verhältnissen, unter denen die Pflanzen wachsen. Besonders aschearm sind mycotrophe und Hoch-moorpflanzen. Aschereich sind Pflanzen von nährstoffreichen Böden. Der Asche-gehalt der Blätter nimmt zum Herbst hin zu, die Sonnenblätter sind aschereicher als die Schattenblätter, in der Rinde und Borke sind mehr Mineralstoffe enthalten als im Holz.

Eine genaue qualitative Analyse der Asche bringt bei den meisten Pflanzen eine unerwartet große Anzahl von Elementen einschließlich der Edelmetalle und seltenen Erden zutage. Die meisten Elemente treten jedoch in so geringen Spuren auf, daß ihr Nachweis im Rahmen eines allgemeinen physiologischen Praktikums nicht möglich ist. Auch die *quantitative* Aschenanalyse fällt nicht in den Rahmen dieses Praktikums.

1. Aschengehaltsbestimmung.

Prinzip der Methode. Von dem bei 105° getrockneten und im Exsiccator aufbewahrten Pflanzenmaterial wird eine bestimmte Menge abgewogen, wenn nötig zerkleinert (bei Samen, Rinde und Holz mit Hilfe einer Schrotmühle vor dem Abwägen) und in einer Porzellanschale bei dunkler Rotglut verbrannt, bis die Asche nach dem Erkalten völlig weiß oder höchstens schwach grau gefärbt ist. Die Veraschung von Pflanzenmaterial muß in Porzellanschalen vorgenommen werden, weil sich Kohleteilchen mit Platin legieren würden und weil z. B. auch Phosphorsalze Platin angreifen. Bei zu hohen Temperaturen, etwa bei Verwendung eines Gebläses, treten Verluste an leicht verdampfenden Carbonaten, Chloriden und teilweise Phosphaten ein. Ein Teil des Schwefels geht unvermeidlich als SO_2 verloren, ebenso wird durch die trockne Veraschung der Stickstoff nicht erfaßt. Diese Elemente können durch „feuchte Veraschung", etwa nach KJELDAHL zur N-Bestimmung, nachgewiesen werden (s. S. 176).

Versuch 8.

Aschengehalt von Blättern, Rinde und Holz[1].

Versuchsmaterial: 10 g getrocknete Blätter (Sonnen- und Schattenblätter oder Frühjahrs- und Herbstblätter getrennt!) von *Fagus, Tilia* oder *Populus*; 10 g Rinde bzw. Borke vom gleichen Baum, 20 g geraspeltes Holz (Sägemehl) von einem Baum der gleichen Art.

Geräte und Reagenzien: Dreifuß, Drahtdreieck, Bunsen-, Teklu- oder Pilzbrenner, flache Porzellanschale etwa 100 cm³, Wägegläschen, Magnesiastäbchen oder Platindraht, konz. NH_4NO_2-Lösung[2].

Zeitbedarf: 1—2 Std.

Ausführung: Porzellanschale auf Ring oder Drahtdreieck etwas schräg stellen und zur schwachen Rotglut erhitzen! Das zerkleinerte Material abwägen und nur in kleinen Portionen mit Porzellanlöffel oder Spatel eintragen! Warten, bis jeweils eine Portion verascht ist! Große Mengen auf einmal führen zu Kohleklumpen, die schwer veraschen. Das Schrägstellen der Schale erlaubt den Abzug der Verbrennungsgase und Zutritt von Sauerstoff. Enge Tiegel sind deshalb unzweckmäßig. Gelegentlich mit Magnesiastäbchen oder Platindraht vorsichtig umrühren, vorher Flamme wegnehmen, damit keine Ascheteilchen weggeblasen werden! Sollten sich feste schwarze Klumpen gebildet haben, so läßt man erkalten, befeuchtet mit etwas Alkohol und zerreibt mit einem

---

[1] Zweckmäßig mit Vers. 9 verbinden. — [2] Analysenwaage.

dicken abgerundeten Glasstab, dunstet den Alkohol ab und versetzt mit einigen Tropfen konz. Ammoniumnitrit oder -Nitrat-Lösung. Ammoniumnitrit und -Nitrat sind in der Hitze völlig flüchtig, sie fördern wegen ihres hohen Sauerstoffgehaltes die Verbrennung. Wenn die Asche weiß oder nur noch schwach grau aussieht, erkalten lassen, die Asche ohne Verluste in einem Wägegläschen sammeln und wägen! Die Trockensubstanz soll auf 10 mg, die Asche auf 1 mg genau gewogen werden.

Um den Gehalt an Reinasche zu bestimmen, muß man die unverbrannten Kohleteilchen abziehen und die als Karbonat gebundene Kohlensäure austreiben. Man übergießt die gewogene eine Hälfte der Asche mit 10%iger Salpetersäure, erhitzt kurz und sammelt die unlöslichen Kohleteilchen auf einem bei 110° getrockneten Filter, das man dann erneut trocknet und wägt. Den CO_2-Gehalt bestimmt man, indem man die andere Hälfte der Asche in ein Kölbchen gibt, in dessen Stopfen sich Ableitungsrohr und ein kleiner Tropftrichter befinden. Das Ableitungsrohr führt in ein Gefäß mit $Ba(OH)_2$ bekannten Titers (s. S. 221). Nach Zugabe von etwas Schwefelsäure (25%) aus dem Tropftrichter erhitzt man gelinde zum Austreiben des freigesetzten CO_2. Vor Beendigung des Erhitzens Tropftrichter öffnen, da sonst Barytlauge zurückgesaugt wird! Durch Zurücktitrieren des nichtverbrauchten Baryts bestimmt man das ausgetriebene CO_2 (1 cm³ n-Lauge entspricht 22 mg CO_2).

Auswertung. Das Gewicht der Asche wird in Prozent der Trockensubstanz ausgedrückt und gibt den Gehalt an Rohasche. Dieser beträgt für Blätter der Bäume im Frühjahr 3—6%, im Herbst 5—17%, für Kräuter, z. B. *Hyoscyamus, Nicotiana* bis 20%. Rinde enthält ebenfalls viel Asche, 5—10%. Im Holz hingegen findet sich selten mehr als 1% Asche.

2. Bestimmung der Alkalität der Asche.

Prinzip der Methode. Für bestimmte Zwecke, z. B. zur Untersuchung des Säureumsatzes der Pflanzen, ist es notwendig, den Überschuß der alkalischen Anteile der Asche, z. B. Ca, K, Mg, über die sauren Bestandteile, z. B. Phosphat, Sulfat, zu kennen. Man bezeichnet dies als die Alkalität der Asche und versteht darunter die Gesamtmenge der nach Austreiben des CO_2 von einer Mineralsäure gebundenen alkalischen Bestandteile der Asche ausgedrückt in cm³ Normallauge für 100 g Pflanzentrockensubstanz.

Versuch 9.

Alkalität der Asche von Blättern.

Versuchsmaterial: 1 g Blattasche (s. Vers. 8).

Geräte und Reagenzien: Becherglas oder Erlenmeyer 250 cm³, Bürette 10 oder 25 cm³, Wasserbad. 250 cm³ 0,1 n Schwefelsäure, 250 cm³ 0,1 n Natronlauge, 30% Wasserstoffsuperoxyd, gesättigte alkoholische Lösung von Methylorange. 2 Erlenmeyer 100 cm³, Analysenwaage.

Zeitbedarf: 1 Std.

Ausführung: 0,5 g Pflanzenasche (genau gewogen!) mit 100 cm³ 0,1 n Schwefelsäure im Becherglas oder Erlenmeyer übergießen, einen Tropfen Wasserstoffsuperoxyd zugeben, auf dem siedenden Wasserbad etwa 10 Min. erhitzen und nach Zugabe von einem Tropfen Methylorange mit 0,1 n Natronlauge zurücktitrieren. Das Ganze wird mit einer gleichen Menge Asche wiederholt. Den Ausgangstiter der Säure bestimmen, indem 10 cm³ der benutzten Schwefelsäure mit 0,1 n Natronlauge gegen Methylorange titriert werden.

Auswertung: Ein Beispiel: Beim Zurücktitrieren waren als Mittel aus den beiden Bestimmungen 25,3 cm³ 0,1 n Natronlauge verbraucht worden. Der Titer der verwendeten Schwefelsäure war 0,098 n. Die Blätter von *Populus* (Herbst!) hatten 17,1% vom Trockengewicht Asche. Zum Auflösen der Asche verwendet 100 cm³ 0,098 n H_2SO_4 = 9,8 cm³ n Säure. Zurücktitriert 25,3 cm³ 0,1 n NaOH entspricht 2,53 cm³ n Säure. 0,5 g Asche hatte also verbraucht 9,8 — 2,53 = 7,27 cm³ n Säure.

100 g Blatt-Trockensubstanz entsprechen 17,1 g Asche, also verbraucht die Asche von 100 g Trockensubstanz 17,1 × 14,54 cm³ n Säure. Sie enthielt somit einen Überschuß an alkalischen Anteilen, die 248,6 cm³ n Lauge entsprechen. Dieser Wert ist die Aschenalkalität der untersuchten Blätter.

3. Qualitativer Nachweis einiger Aschenelemente.

Prinzip der Methode. Die vollständige Analyse der Pflanzenasche kann im Rahmen eines Praktikums nicht durchgeführt werden. Anweisungen dafür sind z. B. in KLEINS Handbuch der Pflanzenanalyse Bd. II zu finden. Die wichtigsten Aschenelemente werden nach den in der analytischen Chemie üblichen Methoden nachgewiesen. Es ist nicht zweckmäßig, zu solchen Nachweisen nur die Asche von einem einzigen Pflanzenteil zu verwenden, da in jedem Organ gewisse Elemente vorherrschen und andere soweit zurücktreten, daß sie nur mit speziellen Methoden nachgewiesen werden können. Phosphor findet sich reichlich in Speicherorganen, in Braunalgen ist Jod so reichlich enthalten, daß es bequem sichtbar gemacht werden kann.

Versuch 10.

Nachweis von Phosphat.

Versuchsmaterial: Asche von Getreidekörnern, Kürbissamen oder Keimlingen, Blattstielen und Blättern der Roßkastanie, Äpfeln.

Geräte und Reagenzien: Reagenzgläser, verdünnte (10%) Salpetersäure, Ammoniaklösung, Ammoniummolybdatlösung (1 g Ammoniummolybdat in 12 cm³ Salpetersäure, spez. G. 1,18, gelöst), „Magnesia-Mixtur" (25 cm³ konz. $MgSO_4$-Lösung + 2 cm³ konz. NH_4Cl-Lösung + 15 cm³ aqua dest.).

Zeitbedarf: ½ Std.

Ausführung: Die Asche mit verd. Salpetersäure aufnehmen! Einen Teil dieser Lösung mit der gleichen Menge Molybdatlösung versetzen. Nach einiger Zeit, rascher bei gelindem Erwärmen entsteht ein zitronengelber Niederschlag aus abgerundeten würfelförmigen oder oktaedrischen Kristallen von Phosphoammonium-Molybdat. Auch Arsensäure gibt diesen Niederschlag, deshalb Vorsicht bei Ruderalpflanzen! Chlorionen stören, deshalb die Asche nicht mit HCl aufnehmen.

Phosphorsäure kann auch als Ammonium-Magnesium-Phosphat nachgewiesen werden. Die in Salpetersäure aufgenommene Asche mit Ammoniak alkalisch machen und mit einigen Tropfen Magnesia-Mixtur versetzen! Es entsteht ein Niederschlag von charakteristischen Kristallen („Sargdeckel").

Erwärmen beschleunigt den Ausfall des Niederschlags. Der Nachweis ist sehr empfindlich und zuverlässig.

Wasserlösliches Phosphat kann man in Abkochungen von Blättern und Blattstielen der Roßkastanie oder in Apfelwein und Apfelsaft mit der Molybdat-Methode nachweisen.

Versuch 11.

Nachweis von Sulfat.

Versuchsmaterial: besonders Asche von meristematischen Geweben und Holz.

Geräte und Reagenzien: verdünnte (10%) Salzsäure, Bariumchloridlösung (etwa 10%), Reagenzgläser, Trichter, Filter.

Zeitbedarf: $\frac{1}{4}$ Std.

Ausführung: Aufnehmen der Asche mit heißer verdünnter Salzsäure, filtrieren, Zusatz von Bariumchloridlösung! Fällt ein weißer Niederschlag, der in Säuren unlöslich ist, so ist Sulfat in der Asche vorhanden.

Versuch 12.

Nachweis von Jod in Braunalgen.

Versuchsmaterial: „Stengel"stücke von *Laminaria*, Asche von *Laminaria, Fucus, Desmarestia*.

Geräte und Reagenzien: 1%iger Stärkekleister, Kaliumnitritlösung (20%), Salzsäure (25%), Schwefelsäure (10%), konz. Salpetersäure, Kaliumnitrit in Substanz, Reagenzgläser.

Zeitbedarf: $\frac{1}{2}$ Std.

Ausführung: Thallusstücke der Braunalgen, möglichst von dem stengelförmigen Teil, im Reagenzglas mit einigen Kubikzentimeter Stärkekleister übergießen, einige Tropfen Kaliumnitritlösung und einige Tropfen Salzsäure zugeben. Das freigesetzte Jod färbt die Stärke blau.

Asche von *Laminaria* oder anderen Braunalgen mit etwas Stärkekleister, einem Körnchen Kaliumnitrit und einem Tropfen 10%iger Schwefelsäure versetzen. Der Kleister färbt sich blau, wenn Jod in der Asche vorliegt.

Mikrochemischer Nachweis (nach TUNMANN). Laminaria-Schnitt auf dem Objektträger in einen Tropfen Wasser bringen, in dem etwas Weizenstärke eingetragen ist, mit einem Deckglas bedecken und vom Rande her 1—2 Tropfen konzentrierte Salpetersäure einwirken lassen. Statt Salpetersäure kann auch Ferrichlorid verwendet werden. Das durch diese Reagenzien frei gesetzte Jod färbt die Stärkekörner blau.

Versuch 13.

Nachweis von Eisen.

Versuchsmaterial: beliebige Pflanzenasche, Samen von *Sinapis alba.*

Geräte und Reagenzien: Reagenzgläser, verdünnte (2%) Lösung von gelbem Blutlaugensalz (K-Ferrocyanid), Kaliumrhodanidlösung (verdünnt), Salzsäure (10%), Salpetersäure (10%), Mikroskop, Objektträger, Deckgläser.

Zeitbedarf: Vorbereitung 2 Tage, Ausführung 1 Std.

Ausführung: Asche mit verd. Salzsäure aufnehmen und mit Lösung von gelbem Blutlaugensalz versetzen. Bei Anwesenheit von Eisen tritt blaue Färbung oder blauer Niederschlag auf (Berlinerblau). Die mit Salpetersäure aufgenommene Asche mit einigen Tropfen Kaliumrhodanid versetzen. Bei Eisenanwesenheit blutrote Färbung von Eisenrhodanid. Kontrolle mit der Salpetersäure auf Abwesenheit von Eisen! Salzsäure enthält oft soviel Eisen, daß damit die Reaktion schon positiv ausfällt! Die Berlinerblau-Reaktion eignet sich auch für den histochemischen Nachweis von Ferriverbindungen, weil das Berlinerblau in unlöslicher Form am Orte seiner Entstehung liegen bleibt. Dünne Schnitte in einen Tropfen der Lösung von gelbem Blutlaugensalz legen und einen Tropfen verdünnte Salzsäure hinzufügen. Blaufärbung oder bei geringen Mengen von Eisensalzen blaugrüne Färbung zeigt Eisensalze an. Auf Ferroverbindungen wird in gleicher Weise mit rotem Blutlaugensalz geprüft.

Lokalisierte Eisenspeicherung in Samen kann man nach einem Versuch von MOLISCH folgendermaßen nachweisen. Aus angequollenen (1 Tag) Samen von *Sinapis alba* wird der Embryo aus der Testa herausgequetscht und 24 Std. in 2%ige Lösung von gelbem Blutlaugensalz gelegt. Nach Abspülen der Embryonen werden auf dem Objektträger einige Tropfen verd. Salzsäure zu ihnen hinzugefügt. In wenigen Minuten treten das Gefäßbündelnetz der Kotyledonen und die Leitbündel der Radicula durch kräftige Blaufärbung hervor. Längere Einwirkung der Salzsäure setzt aus dem gelben Blutlaugensalz Ferrocyanwasserstoffsäure frei, die sich an der Luft zu Berlinerblau oxydiert und den Eisennachweis fälschen würde!

Versuch 14.

Nachweis von Magnesium.

Versuchsmaterial: Asche von beliebigen grünen Organen, auch von *Aspergillus-* oder *Penicillium*-Mycel nach dem Auswaschen.

Geräte und Reagenzien: Reagenzgläser, Objektträger, Mikroskop, NH_4-Oxalat oder Carbonat, 10% HCl, Ammoniak, 1% Na_2HPO_4-Lösung.

Zeitbedarf: ½ Std., Nachbeobachtung nach 24 Std.

Ausführung: Die Pflanzenasche in wenig Salzsäure aufnehmen, mit Ammoniak alkalisch machen, durch Zusatz von Ammoniumoxalat oder Carbonat das Calcium ausfällen, abfiltrieren. Das Filtrat etwas eindampfen, wieder mit Ammoniak alkalisch machen und einen Teil mit Natriumphosphatlösung versetzen. Bei Anwesenheit von Magnesium fällt entweder sofort ein kristalliner weißer Niederschlag oder nach Reiben der inneren Glaswand mit einem Glasstab evtl. erst nach Stehen-lassen (bis 24 Std.). Man kann den Nachweis auch mikrochemisch führen. Ein Tropfen des eingedampften Filtrats wird auf einen Objektträger gebracht. Daneben einen Tropfen der Natriumphosphatlösung setzen und beide Tropfen durch Glasstab in Berührung bringen, dann den Objektträger mit den Tropfen nach unten über den Hals der Ammoniakflasche halten. Nach wenigen Minuten scheiden sich bei Anwesenheit von Magnesium die charakteristischen Kristalle von Ammonium-Magnesium-Phosphat ab (s. S. 23).

Versuch 15.
Spektroskopischer Nachweis von Kalium, Lithium, Calcium.

Versuchsmaterial: beliebige Asche, für Lithium Asche amerikanischer Tabake.

Geräte und Reagenzien: einfaches Spektroskop[1], Magnesiastäbchen oder Platindraht, reine Salze der nachzuweisenden Elemente (möglichst Chloride!). Bunsenbrenner, Uhrgläser, Salzsäure p. a.

Zeitbedarf: 1 Std.

Ausführung: Der mit nichtleuchtender Flamme brennende Bunsenbrenner wird vor dem Schlitz des Spektroskopes aufgestellt. Zunächst mit den reinen Salzen, die in etwas Wasser gelöst werden, das Magnesiastäbchen befeuchten und in die Flamme halten, um sich von der Farbe und Lage der Linien für die verschiedenen Metalle vertraut zu machen (Emissionsspektrum!). Die Pflanzenasche entweder in reinster Salzsäure auflösen oder mit wenig Wasser befeuchten und mit einem frischen Magnesiumstäbchen in die Flamme bringen.

Linien im Emissionsspektrum:

Natrium		589 mμ	gelb
Kalium	Doppellinie	770 mμ	rot
Lithium		671 mμ	rot
Calcium	Doppellinie	553 u. 619 mμ	grün u. orange

Literatur: MOLISCH, H.: Mikrochemie der Pflanze. 3. Aufl. Jena 1923. — BRAUNER, L.: Pflanzenphysiologisches Praktikum, 1. Teil. Jena 1929.

---

[1] Vgl. S. 11.

Versuch 16.

Nitrat-Nachweis.

Versuchsmaterial: Kraut von *Chenopodium album* oder Zuckerrübenblätter.

Geräte und Reagenzien: weites Reagenzglas, Handpresse[1], Porzellanschälchen, 100° Wasserbad. Diphenylamin-Schwefelsäure (0,1 g Diphenylamin gelöst in 10 cm³ reiner konz. Schwefelsäure).

Zeitbedarf: 1—1½ Std.

Ausführung: Die Blätter in einem zugestopften großen Reagenzglas ca. 15 Min. im kochenden Wasserbad erhitzen, um die Zellen abzutöten und die Gewinnung des Zellsaftes zu erleichtern. Mit Hilfe der Handpresse einige cm³ Saft auspressen! Den Saft in Porzellanschälchen auf die Hälfte des Volumens eindampfen, auskühlen lassen und am Rande des Schälchens 2 Tropfen Diphenylamin-Schwefelsäure zulaufen lassen! Bei Anwesenheit von Nitraten entsteht eine tiefblaue bis violette Färbung. Nitrit und andere Oxydationsmittel könnten ebenfalls färben, aber mit deren Anwesenheit im Pflanzensaft ist nicht zu rechnen, da sie alle schwere Zellgifte sind (z. B. H_2O_2). Die Diphenylaminprobe kann auch histochemisch angewendet werden.

C. Aufnahme und Wirkung der Nährsalze.

Grundlagen. Die Nährsalzaufnahme aus dem Boden geht bei höheren Pflanzen mit Hilfe der Wurzelhaare an den jungen wachsenden Wurzeln, vorwiegend durch Austauschadsorption austauschfähiger Anionen und Kationen an der Plasmaoberfläche vor sich. Diese trägt zumindest bei jungen Zellen eine negative Ladung, so daß Kationen leicht adsorbiert und durch Austausch gegen H-Ionen aufgenommen werden können (s. S. 27). Bei Anionen ist ein solcher Austausch wegen der negativen Ladung der Plasmaoberfläche wesentlich schwerer möglich, deshalb ist hier für die Absorption zusätzlich ein energieliefernder Vorgang, die Anionenatmung, nötig. Die Aufnahme der verschiedenen Ionen geht keineswegs gleichmäßig vor sich, die Pflanzen besitzen vielmehr ein Auswahlvermögen und können einige Ionen besonders intensiv andere nur spärlich der Umgebung entnehmen. Bei Nährlösungen, die nicht gut gepuffert sind, kann eine solche einseitige Ionenaufnahme entweder der Anionen (aus physiologisch basischen Salzen) oder der Kationen (aus physiologisch sauren Salzen) durch langsame Änderung des p_H-Wertes nach der basischen bzw. nach der sauren Seite hin beobachtet werden (s. S. 28). Die Ammoniumsalze sind z. B. physiologisch sauer; das NH_4-Ion wird besonders stark aufgenommen und gegen H-Ionen ausgetauscht. Die Aciditätsänderung ist aber wegen der ungleichen Aufnahme der zugehörigen Anionen bei den verschiedenen Ammoniumsalzen verschieden. Die Acidität nimmt in folgender Reihenfolge zu:

$$NO_3 < Cl < SO_4 < PO_4.$$

PO_4 wird also vergleichsweise am wenigsten, NO_3 am stärksten aufgenommen. Nitrate sind infolge der leichten NO_3-Aufnahme physiologisch basische Salze. Die Höhe der Änderung zur basischen Seite hin wird hier durch die Größe der Kationenaufnahme bestimmt. Die Nitrataufnahme nimmt in folgender Reihenfolge zu:

$$Ba < Ca < Mg < Li, Na, K.$$

---

[1] Vgl. Abb. 5 S. 54.

Starke Transpiration fördert die Mineralstoffansammlung in der Pflanze, deshalb enthalten Sonnenblätter entsprechend ihrer höheren Transpiration größere Salzmengen pro Blattfläche und Frischgewicht als Schattenblätter (s. S. 30).

Die Wirkungen der Mineralstoffe in der Pflanze sind sehr mannigfaltige (vgl. auch Abschnitt A Mineralstoffbedarf S. 11). Hier soll auf einige weitere Möglichkeiten hingewiesen werden. Für das normale Wachstum ist eine einseitige Ionenaufnahme meist schädlich — Änderung der Plasmastruktur durch Verschiebung der Ladungsverhältnisse der Makromoleküle durch einwirkende Ionen, Stabilisierung der Struktur durch mehrwertige Ionen, die Makromoleküle miteinander verknüpfen. Quellungseffekte; Fermentschädigungen. — Erst das Vorhandensein bestimmter Gegenionen (z. B. K:Ca oder K:Mg u. a.) in der Nährlösung läßt auf längere Zeit hinaus ein normales Wachstum zu. Dieser Ionenantagonismus kann an der Weiterentwicklung von Lebermoosen — als ein Beispiel von vielen — gezeigt werden (s. S. 29). Zum Ionenantagonismus bei zellphysiologischen Vorgängen vgl. STRUGGER, Praktikum, S. 105. Auch auf die Ausbildung der morphologischen und anatomischen Struktur haben bestimmte Salze einen ausschlaggebenden Einfluß. Die ökologische Gruppe der Halophyten zeigt z. B. besonders deutlich die Wirkung des Kochsalzes (Vers. 21). Aber auch andere Salze bzw. ihr Mangel bewirken Strukturänderungen: z. B. kann bei N-Mangel eine Ausbildung von Xeromorphosen beobachtet werden (Vers. 22). Dieser Einfluß der Salze auf die Struktur ist aber sicher eine sehr komplexe Erscheinung und oft nicht so sehr ein Zeichen einer direkten als vielmehr einer indirekten Beeinflussung des Stoffwechsels.

1. Salzaufnahme und Ionenantagonismus.

(Das Prinzip der Methode folgt bei den Versuchen.)

Versuch 17.

Ionenaustausch bei der Salzaufnahme[1].

Prinzip der Methode. Daß Wurzeln in der Lage sind, durch Ionenaustausch selbst aus dem Gestein Salze zu lösen, läßt sich nach dem Entlangwachsen von Wurzeln an Marmor durch dessen Korrosion zeigen.

Versuchsmaterial: *Phaseolus*-Samen.

Geräte und Reagenzien: 1 Marmorplatte, Blumentopf.

Zeitbedarf: Ansetzen ½ Std., Nachbeobachten 14 Tage.

Ausführung: Einen Blumentopf nur zur Hälfte mit feuchtem Sand füllen, darauf ein Stück einer auf der Oberfläche polierten Marmorplatte legen und dann den Blumentopf vollständig mit feuchtem Sand füllen. Je nach Größe des Topfes ein oder mehrere angequollene *Phaseolus*-Samen in den Sand legen und gut feucht halten. Haben sich die Bohnen gut entwickelt (nicht länger als 10 bis 14 Tage), Versuch abbrechen. Marmorplatte aus dem Boden nehmen, gut abspülen und trocknen.

Auswertung: Die Marmorplatte zeigt durch breite Korrosionsstreifen deutlich die Lage der an ihrer Oberfläche entlanggewachsenen *Phaseolus*-Wurzeln an. Bei zu langer Kultur zeichnen sich zu viele

---

[1] SACHS, J.: Handbuch der experimentellen Physiologie der Pflanzen. Leipzig: Engelmann (1865). — DETMER, W: Das Pflanzenphysiologische Praktikum. 2. Aufl. Jena: Fischer 1895. — CZAPEK, F.: Jb. f. wiss. Bot. **29**, 321 (1896).

Wurzeln ab. Die Wurzelhaare haben im Austausch gegen H-Ionen
Ca-Ionen aufgenommen: an der Oberfläche des Marmors entsteht durch
die H-Ionen in geringer Menge Kohlensäure. Hierdurch wird Kalzium-
karbonat unter Bildung von $Ca(HCO_3)_2$ gelöst, so daß noch mehr Ca-
Ionen für die Pflanzen verfügbar werden, und der Marmor in der Umgebung der Wurzeln korrodiert.

Versuch 18.

Wahlvermögen der Pflanze gegenüber bestimmten Ionen. Physiologisch saure und basische Salze [1].

Prinzip der Methode. Infolge der bevorzugten Aufnahme bestimmter Ionen im Austausch gegen H·, OH' oder HCO_3'-Ionen kommt es
im Boden bzw. in der Nährlösung zu einer Änderung der Wasserstoffionenkonzentration, wenn nicht dafür gesorgt wird, daß die Nährlösung
gut gepuffert ist (s. Grundlagen sowie Abschnitt A, S. 12). Diese unterschiedliche Aufnahme der Ionen läßt sich indirekt durch Kontrolle des
p_H-Wertes in der Gefäßkultur untersuchen. Erhöhung des p_H zeigt
eine vermehrte Aufnahme von Anionen aus physiologisch basischen
Salzen, Erniedrigung des p_H eine erhöhte Aufnahme von Kationen aus
physiologisch sauren Salzen an.

Versuchsmaterial: *Zea mays.*

Geräte und Reagenzien: Vegetationsgefäße für Wasserkultur
(s. S. 5). Ionometer (aushilfsweise Folienkolorimeter nach WULFF).
Einige Erlenmeyer.

Nährlösung A:			Nährlösung B:		
KH_2PO_4	0,25 g		K_2SO_4	0,25 g	
KNO_3	0,50 g		$CaSO_4$	0,25 g	
$Ca_3(PO_4)_2$	0,25 g		NH_4Cl	0,50 g	
$Mg(NO_3)_2$	0,50 g		$MgSO_4$	0,25 g	
$Fe_3(PO_4)_2$	0,02 g		$Fe_3(PO_4)_2$	0,25 g	
H_2O	1000 cm³				

Zeitbedarf: Ankeimen 8 Tage; Ansetzen 2—3 Std.; Kultur 4 bis
6 Wochen.

Ausführung: *Zea mays*-Körner ankeimen (s. S. 4) und Vegetationsgefäße für Wasserkultur wie Vers. 1 (s. S. 13) vorbereiten. In
die eine Hälfte der Gefäße Nährlösung A mit physiologisch basisch
wirkenden Salzen, in die andere Hälfte Nährlösung B mit physiologisch
sauren Salzen geben. Salze einzeln als Stammlösungen ansetzen. Die
Vegetationsgefäße mit gleichmäßig ausgesuchten guten Keimpflänzchen
bepflanzen und dann in Abständen von einigen Tagen die Wasserstoffionenkonzentration mit dem Ionometer überprüfen. Einige Wochen in
dieser Weise kultivieren. p_H-Werte, Aussehen und Wachstum der Kultur protokollieren.

Auswertung: In Nährlösung A zeigt sich bei einem Anfangs-p_H
von etwa 5,8 ein deutlicher Anstieg des p_H-Wertes. Die Lösung

---

[1] HILTNER, in HOHNKAMP: Handb. Pflanzenernährg. u. Düngerlehre Bd. 1,
Berlin 1931. — BORESCH: Handwörterbuch der Naturwissenschaften. 2. Aufl.
Bd. 9 (1934).

wird basischer, weil die Nitrat-Ionen und die Phosphat-Ionen im Austausch mit OH' stärker aufgenommen worden sind, als die entsprechenden Kationen. Bei Nährlösung B tritt umgekehrt ein deutlicher Rückgang des p_H im sauren Bereich im Verlauf der Kultur auf, weil hier besonders NH_4-, K- und Ca-Ionen im Austausch gegen H-Ionen aufgenommen werden. Das Wachstum des Mais ist zunächst normal, bei Erreichen extremer p_H-Werte wird es jedoch immer schlechter.

Versuch 19.

Ionenantagonismus und Lebensdauer von Moosen.

Prinzip der Methode. Viele Einsalzlösungen haben auf die Lebensvorgänge einen schädigenden Einfluß. Erst bei geeigneter Zugabe von Salzkombinationen werden solche Wirkungen einzelner Ionen völlig aufgehoben (Ionenantagonismus). An der Lebensdauer von Lebermoosen kann diese Beeinflussung abgelesen werden.

Versuchsmaterial: Thallusstücke von Lebermoosen, z. B. *Marchantia*, *Pellia*, *Lunularia*.

Geräte und Reagenzien: 6 Petrischalen, zwei 10 cm³ und zwei 20 cm³ Pipetten.

Lösungen von 1% KCl und 1% $MgCl_2$.

Zeitbedarf: Ansetzen 1—2 Std.; Kultur 1—3 Monate.

Ausführung: Es werden Petrischalen mit den im Schema angegebenen Flüssigkeiten gefüllt:

In jede Petrischale werden auf die Flüssigkeit einige Thallusstücke von *Marchantia* oder *Pellia* gelegt. Das Aussehen und das Wachstum der Thallusstücke wird von Zeit zu Zeit beobachtet. Sollte Pilz- oder Algenwachstum eintreten, werden die Lösungen erneuert.

Petrischale Nr.	Aqua dest. cm³	1% KCl cm³	1% $MgCl_2$ cm³
1	40	—	—
2	—	40	—
3	—	—	40
4	—	20	20
5	—	20	10
6	—	10	20

Auswertung: Nach wenigen Tagen zeigt sich, daß die Lebermoose in $MgCl_2$- bzw. in KCl-Lösungen absterben, während im destillierten Wasser und in den kombinierten Salzlösungen noch nach mehr als 2 Monaten die Moosstücke ein normales Aussehen zeigen und unter Umständen sogar noch wachsen (z. B. *Marchantia* und *Pellia*).

2. Salzaufnahme und morphologische Struktur.

Prinzip der Methode. Sonnenblätter enthalten mehr Salze als Schattenblätter. Das läßt sich dadurch zeigen, daß der Aschengehalt der Sonnenblätter größer als der der Schattenblätter ist. Dabei sind die Unterschiede des Aschengehaltes zwischen beiden Blattypen im Frühjahr viel geringer als im Spätsommer. Nur eine Entnahme im Herbst zeigt den erhöhten Aschengehalt der Sonnenblätter bezogen

auf die Blattzahl, das Frischgewicht oder die Blattfläche. Nicht auf
Trockengewicht umrechnen, da dieses bei Sonnenblättern ebenfalls erhöht ist. Genaue Analysen der Blätter würden auch Unterschiede in
der Menge der aufgenommenen Salze erkennen lassen.

Die Beeinflussung der Struktur durch NaCl läßt sich nicht nur bei
Halophyten, sondern auch bei manchen Glykophyten nachweisen.
Werden solche Pflanzen laufend mit unterschiedlichen Mengen von
Kochsalz gegossen, so bilden sie mehr oder weniger succulente Struk-
turen aus. Auch andere Salze können bei gesteigerter Zugabe eine Erhöhung der Succulenz hervorrufen. In diesem Fall liegt eine osmotische Salzwirkung vor. Zum genauen Nachweis einer spezifischen
Kochsalzwirkung bedarf es daher eigentlich noch des Vergleichs mit
äquimolekularen Mengen anderer Salze.

Durch Anzucht bei verschiedenen Stickstoffgaben läßt sich zeigen,
daß bei Stickstoffmangel gegenüber normal gezogenen Pflanzen Struk-
turveränderungen auftreten, die den bei Bodentrockenheit sich ent-
wickelnden Xeromorphosen in vieler Hinsicht gleichen (Vers. 22).

Versuch 20.

Salzgehalt von Sonnen- und Schattenblättern[1].

Versuchsmaterial: Sonnen- und Schattenblätter von *Fagus* oder
Acer, möglichst im Mai und im Juli bis September gesammelt.

Geräte und Reagenzien: Analysenwaage mit Gewichtssatz,
Porzellantiegel zum Veraschen (S. Vers. 8). Trockenschrank. Exsiccator.

Zeitbedarf: Versuchsdauer 2—3 Std. Trocknen 6—8 Std.

Ausführung: Zunächst ist festzustellen, ob zwischen den aus-
gewählten Sonnen- und Schattenblättern auch morphologische Unterschiede bestehen (vgl. RUGE, Vers. 117). Dann Blätter, mindestens je
20 Sonnen- und Schattenblätter, sorgfältig mit einem Pinsel oder Tuch
von allen Staubteilen befreien und Frischgewicht sowie die Blattfläche
(s. S. 9) bestimmen. Soll der Aschengehalt nur auf die Blattfläche
bezogen werden, so genügen, wegen der hier zu erwartenden großen
Unterschiede, weniger Blätter. Müssen bereits früher eingesammelte,
inzwischen aufbewahrte Blätter benutzt werden, so sollte auch deren
Frischgewicht und Blattfläche bekannt sein. Die Blätter werden im
Trockenschrank bei 105° zur Trockengewichtsbestimmung getrocknet.
Anschließend Veraschung (Versuch 8) vornehmen. Die erhaltene Ge-
samtasche ist auf ein Blatt, auf das Frischgewicht (%) und vor allem
auf die Blattfläche umzurechnen.

Auswertung: Bei Benutzung einer großen Anzahl von Blättern
betrug der Aschengehalt

bei *Fagus*[1] für Sonnenblätter　　4,19% des Frischgewichtes
　　　　　für Schattenblätter　　3,57%　 ,,　　　　　　　 ,,

---

[1] BÖTTICHER, R. und L. BEHLING: Flora **134**, 1 (1940).

bei *Acer platanoides* [1]

Sonnenblätter	4,14% des Frischgewichtes
Schattenblätter	3,5% ,, ,,

bei *Syringa vulgaris*

Sonnenblätter	91,4 mg/dm²
Schattenblätter	69,1 mg/dm².

Versuch 21.

Die Wirkung von steigenden NaCl-Gaben[2].

Versuchsmaterial: *Sinapis, Lepidium, Atriplex.*[3]

Geräte und Reagenzien: Vegetationsgefäße, s. S. 5. Gartenerde, gewaschene Steine oder Kies zum Austarieren. Tafelwaage, Gewichtssatz.

In 5 Liter-Gefäßen anzusetzen: NaCl-Lösung 0, 1, 2, 3%.

Zeitbedarf: Ansetzen 3 Std.; Kultur 8 Wochen.

Ausführung: Die Vegetationsgefäße, Inhalt etwa 1—4 Liter, werden mit gewaschenen Steinen oder Kies austariert, mit gut durchmischter Gartenerde gefüllt und auf gleiches Gewicht gebracht. Die Versuche können natürlich auch entsprechend Seite 5 in Sand angesetzt und eine Nährlösung bzw. Zusatzdüngung kann hinzugefügt werden. Direkt in die Gefäße aussäen und mit gleichen Mengen Regenwasser begießen. Nach Auflaufen der Samen und Ausbildung ihrer Keimblätter zwei Gefäße für jede Pflanzenart als Kontrolle benutzen, weiter nur mit Regenwasser gießen. Die übrigen erhalten die verschiedenen Salzlösungen. Je zwei Gefäße gleich behandeln. Begießen mit verschiedenen NaCl-Lösungen solange fortsetzen, bis folgende Höchstgaben an NaCl dem Boden zugefügt worden sind: Auf 1000 g Boden 3 g, d.h. es darf bei Begießen mit 10 g pro Liter nur 300 cm³ 1 proz. NaCl-Lösung nach und nach zugegeben werden. Entsprechend 300 cm³ 2proz. bzw. 3proz. Kochsalzlösung bei den höheren Konzentrationen. Es kann natürlich ebensogut die doppelte bzw. dreifache Menge einer 1proz. NaCl Lösung benutzt werden; dann aber auf entsprechende Wasser-Zugabe bei den mit weniger NaCl zu begießenden Kulturen achten. Die langsame Zugabe der Salze durch Begießen ist hier deshalb gewählt, weil unsere Erfahrungen gezeigt haben, daß bei dem Ansetzen mit voller Salzmenge das Wachstum der Keimpflanzen durch die Salze oft gehemmt wird. Auch die Keimung unterbleibt im salzreichen Medium oft vollständig.

Auswertung: Für verschiedene NaCl-Gaben wurde in einem bestimmten Versuch folgendes Ergebnis erzielt: *Sinapis*, 15. 3. bis 10. 5. 1949 Gewächshaus.

---

[1] BÖTTICHER, R. und L. BEHLING: Flora **134**, 1 (1940).
[2] LESAGE: Rev. gén. Bot. **2**, 54 (1890). — STOCKER, O.: Ergebn. d. Biolog. **3**, 265 (1928). — STEINER, M.: Ergebn. d. Biol. **17**, 151 (1939). — VAN EIJK, H.: Rec. Trav. Bot. Néerl. **36,** 561 (1939).
[3] *Atriplex* erträgt höhere Salzgaben als *Sinapis* und *Lepidium*.

Salz-lösung NaCl in %	Gesamte zugesetzte Salzmenge in g/1000 g Boden	Länge der Pflanze [1]	Anzahl der Blätter	Anzahl Palisaden-zell-schichten [2]	Wasser-gehalt pro Trocken-gewicht %	Trocken-gewicht pro Fläche g/dm²	Sukkulenz-grad g/dm²
0	0	29,3	5,2	1,7	465	0,12	0,55
1	2,3	22,8	4,7	1,8	535	0,16	0,84
2	4,6	11,9	3,5	2,4	600	0,17	1,04

Der Sukkulenzgrad (Bestimmung s. Versuch 28 S. 42) der untersuchten Pflanzen hat sich bei den hohen NaCl-Gaben also fast verdoppelt. (Bestimmung der Blattfläche s. Abschnitt I D S. 9).

Versuch 22.

Die Beeinflussung der morphologischen Struktur bei verschiedenen Stickstoffgaben [3].

Versuchsmaterial: Besonders geeignet verschiedene Cruciferen, z.B. *Sinapis*, aber auch *Helianthus* oder *Nicotiana*. Ungeeignet Leguminosen.

Geräte und Reagenzien: Vegetationsgefäße (s. S. 5), gewaschener Flußsand.

a) Grunddüngung, bezogen auf 1000 g Sand [4]

$$Ca_3(PO_4)_2 \quad . \quad 0,23 \text{ g} \qquad KCl \quad . \quad . \quad . \quad 0,37 \text{ g}$$
$$Fe_2(SO_4)_3 \quad . \quad 0,20 \text{ g} \qquad CaSO_4 \quad . \quad . \quad . \quad 0,25 \text{ g}$$
$$MgSO_4 \quad . \quad . \quad 0,25 \text{ g}$$

Beim erstmaligen Anfeuchten wird 1,5 cm³ einer 0,01 proz. Borsäurelösung auf 1000 g Sand, sowie 3 cm³ einer 0,01 proz. Manganchlorürlösung auf 1000 g Sand zugefügt.

b) Dazu die Stickstoffzusatzdüngung in steigenden Mengen NH_4NO_3

als N-Mangelkultur . . . .   0,02 g pro 1000 g Sand
als normale Kultur . . .   0,2 g   „   1000 g   „
als 2-normale Kultur . . .   0,4 g   „   1000 g   „

Zeitbedarf: Ansetzen 3 Std., Kultur 6—8 Wochen.

Ausführung: Ansetzen der Kulturen s. S. 13. Düngesalze in diesem Fall trocken zusetzen. Darauf achten, daß zunächst die N-arme Portion verarbeitet wird. Dann Vegetationsgefäße füllen und auf das gewünschte Gewicht bringen. Es ist für den gleichmäßigen Stand der Pflanzen in den verschiedenen Düngungsstufen zweckmäßig, zunächst die Samen in Gartenerde auszusäen und die Pflanzen in pikierfähigem Zustand in die Vegetationsgefäße in gewünschter Anzahl zu pflanzen. Unmittelbar nach dem Umpflanzen etwa absterbende Pflänz-

---

[1] Durchschnitt aus 10 Pflanzen.

[2] Bestimmt am 3. Blatt von unten.

[3] MOTHES, K.: Biol. Zbl. **52**, 193 (1932). — DYKYJ-SAJFERTOVA, O. und J. DYKYJ: Angew. Bot. **23**, 164 (1941). — MÜLLER-STOLL, W. R.: Planta **35**, 225 (1947). — SIMONIS, W.: Biol. Zbl. **67**, 77 (1948).

[4] Nährlösung nach ZINZADZE (entsprechend 500 g H_2O) s. Anhang S. 241.

chen ersetzen. Unterschiede im Wachstum und in der Struktur machen sich bald bemerkbar.

Die gleichen Ergebnisse lassen sich natürlich auch bei Wasserkulturen, s. Vers. 1, erzielen.

Auswertung: Je nach Pflanzenart sind bei N-Mangel folgende Strukturänderungen in verschieden starkem Ausmaß zu beobachten:

1. Zwergwuchs (Nanismus),

2. Erhöhung des Wurzelgewichts gegenüber dem Sproßgewicht.

3. Abnahme von Blattzahl und Verzweigungen.

4. Änderung der Dimensionsquotienten der Blätter:

$$\frac{\text{Trockengewicht}}{\text{Oberfläche}} \text{ (Hartlaubcharakter) erhöht.}$$

$$\frac{\text{Oberfläche}}{\text{Frischgewicht}} \text{ (Oberflächenentwicklung) verrringert.}$$

$$\frac{\text{Wassergehalt}}{\text{Oberfläche}} \text{ (Sukkulenzgrad) erhöht.}$$

5. Zellzahl/Blattfläche erhöht; Anzahl der Spaltöffnungen/Blattfläche erhöht; Länge der Nervatur erhöht.

Zur Bestimmung der Blattfläche s. S. 9; Messung des Sukkulenzgrades s. S. 42.

III. Wasserhaushalt.

A. Wassergehalt des Bodens und Pflanzenwachstum[1].

Grundlagen. Zur Untersuchung des Wasserhaushaltes der Böden können im Rahmen dieses Praktikums nur einige Hinweise gegeben werden, die zum Verständnis der Beziehungen der Pflanzen zum Bodenwassergehalt und bei Kulturversuchen notwendig sind. Die Angabe des Wassergehaltes, der auf das Bodentrockengewicht oder besser auf das Bodenvolumen bezogen wird, sagt über die in den verschiedenen Böden den Pflanzen zur Verfügung stehenden Wasservorräte nicht allzuviel, weil der eine Boden bereits bei niedrigem Wassergehalt vollständig gesättigt sein kann, während ein anderer viel mehr Wasser aufzunehmen vermag, als etwa seinem Trockengewicht entspricht. Es sind deshalb Angaben über die maximal von einem bestimmten Bodenvolumen aufnehmbare Wassermenge (maximale Wasserkapazität) erforderlich. Vor allem ist aber noch die Kenntnis der Wassermenge wichtig, die ein Boden gegenüber der Schwerkraft zurückzuhalten im Stande ist (Abtropfkapazität = minimale Wasserkapazität, s. S. 34). Die Wasserkapazität der Böden ist um so höher, je feinkörniger der Boden und je größer der Anteil der Kolloide, besonders der Humus- und Tonfraktion, am Gesamtboden ist. Auch Art und Menge der am Aufbau der Bodenkolloide beteiligten Kationen und die Art der Kolloide selbst sind für den Wasser-

---

[1] SIEGRIST, A.: Comm. Station Int. Geob. Med. et Alp. Nr. **9,** 16 (1930). — WIEGNER, G. und H. PALMANN: Anleitung zum agrikulturchem. Praktikum 2. Aufl. Berlin 1948.

zustand von erheblicher Bedeutung. Aus der Zusammensetzung und dem Aufbau des Bodens ergeben sich die (Kapillar-, Adsorptions- usw.) Kräfte, die mit den Wurzeln der Pflanzen um die Wasserbestände in Konkurrenz treten. Diese Bodensaugkräfte (s. S. 35) sind bei einem bestimmten Wassergehalt in verschiedenen Böden sehr verschieden. Auch sie nehmen mit fallender Korngröße zu.

Wesentlich für das Pflanzenwachstum ist weiter die Menge des in einem bestimmten Boden nicht ausnutzbaren Wassers. Sie wird durch den Welkungskoeffizienten gekennzeichnet, d. h. den Wassergehalt des Bodens, bei dem sich die Versuchspflanzen auch in einer feuchten Kammer nicht mehr aufsättigen können, sondern permanent welken. Der Welkungskoeffizient besitzt für verschiedene Pflanzen beim gleichen Boden einen recht ähnlichen Wert und nimmt bei verschiedenen Böden mit fallender Korngröße ebenfalls zu (s. S. 40).

1. Wassergehalt und Wasserkapazität des Bodens.

Prinzip der Methode. Die Wassergehaltsbestimmung erfolgt durch Wägen des frischen und trockenen Bodens. Als Bezugssystem wird das Trockengewicht oder das Bodenvolumen benutzt. Die minimale Wasserkapazität wird durch Wägung des nicht abtropfenden Wassers, die maximale Wasserkapazität durch Bestimmung des Sättigungsgewichtes der unter Wasser aufgesättigten Böden gemessen. Hier folgt nur die Bestimmung der erstgenannten Größe.

Versuch 23.

Wassergehalt und Wasserkapazität von Bodenmischproben.

Versuchsmaterial: Sandboden, Gartenerde, Lauberde, Komposterde, Moorboden.

Geräte und Reagenzien: 3 Porzellannutschen (Büchner-Trichter) etwa 250 cm³. Filtrierpapier, einige Petrischalen, 3 Tiegeldreiecke und 3 dazu passende Gefäße, Handwaage, Gewichtssatz. Aqua dest.

Zeitbedarf: 2 Tage.

Ausführung: 3 Porzellannutschen mit trockenen Filtrierpapierscheiben auslegen und wiegen (*a*). Filtrierpapier anfeuchten und erneut wiegen (*b*). Inzwischen Proben der gewünschten Erden — eine Praktikumsgruppe untersucht zweckmäßig 3 verschiedene Böden, eine zweite wiederholt den Versuch später zur Kontrolle — gut durchmischen, in naturfeuchtem Zustand in die Nutschen, nicht ganz bis zum Rand, einfüllen und mit dem Fuß eines Standzylinders (10 cm³) oder einem anderen Gerät mit ebener Bodenfläche festdrücken, und erneut wiegen (*c*). Die Nutschen auf Tiegeldreiecke setzen, die auf passende Gefäße gelegt werden. Nun vorsichtig Wasser auf die Bodenoberfläche geben, das nach dem Versickern mehrmals erneuert wird. Nutschen mit Petrischalen bedecken und 2 Stunden stehen lassen. Überflüssiges Wasser tropft ab. Anschließend Nutschenansatz innen und außen mit Filtrierpapier abtrocknen und Nutsche wiegen (*d*). Nutschen in Trockenschrank stellen (Nutschenansatz in Erlenmeyer- bzw. Glasgefäß) und bei 105° über Nacht trocknen. Nach Abkühlen nochmals wägen (*e*).

Auswertung: Wassergehalt und Wasserkapazität bei der Berechnung auf Trockengewicht beziehen und in % des Trockengewichtes angeben.

$$\text{Bodenfrischgewicht} \ldots\ldots\ldots\ldots F = c - b$$
$$\text{Bodensättigungsgewicht} \ldots\ldots\ldots S = d - b$$
$$\text{Bodentrockengewicht} \ldots\ldots\ldots\ldots T = e - a$$

$$\text{Wassergehalt}: \frac{\text{Bodenwassergehalt}}{\text{Trockengewicht}} \cdot 100 = \frac{F-T}{T} \cdot 100\,\% \text{ des Trockengewichts,}$$

$$\text{Wasserkapazität}: \frac{\text{Wassergehalt bei Sättigung}}{\text{Trockengewicht}} \cdot 100 = \frac{S-T}{T} \cdot 100\,\% \text{ des}$$

$$\text{Trockengewichts.}$$

2. Bodensaugkräfte und Nachleitvermögen.

(Prinzip der Methode folgt bei den Versuchen.)

Versuch 24.

Relative Messung von Bodensaugkräften[1].

Prinzip der Methode. Zur Messung von Bodensaugkräften kann folgendes Verfahren benutzt werden, das zwar, wie wir heute wissen, zu hohe Werte ergibt, das aber für Vergleichsmessungen von Böden mit verschiedenem Wassergehalt wegen seiner relativ einfachen Handhabung auch jetzt noch von Wert ist, und vor allem dem Anfänger die unterschiedlichen Saugkraftwerte verschiedener Böden vor Augen führt. Werden in einen Exsiccator zwei wäßrige Lösungen von verschiedenem Dampfdruck gebracht, etwa 0,2 und 0,4 mol. NaCl, so muß bei konstanter Temperatur so lange Wasserdampf von der Lösung niedriger Konzentration, also höheren Dampfdruckes, an die Lösung mit höherer Konzentration, also niedrigen Dampfdruckes, abgegeben werden, bis der Dampfdruck und damit auch die Saugkraft beider Flüssigkeiten gleich geworden ist. Wird in einen Exsiccator eine Lösung unbekannten Dampfdruckes gebracht, so kann dieser mit Hilfe einer Reihe von in Kapillaren befindlichen Lösungen verschiedenen, bekannten Dampfdrucks verglichen und bestimmt werden. Kapillaren mit Lösungen höheren Dampfdrucks geben Lösungsmittel an die zu untersuchende Lösung ab, Lösungen mit niederem Dampfdruck nehmen Lösungsmittel auf. In der Kapillare, deren Lösungsmenge unverändert bleibt, herrscht der Dampfdruck der unbekannten Lösung. Die Flüssigkeitsmenge in den Kapillaren ist dabei so klein, daß sie im Verhältnis zur Menge der unbekannten Lösung nicht ins Gewicht fällt. Soweit für Lösungen. Ursprünglich wurde angenommen, daß bei Böden dieselben Verhältnisse herrschten. In Wirklichkeit liegen aber verwickeltere Gesetzmäßigkeiten vor. Zusätzliche Oberflächenwirkungen auch der gröberen Bodenbestandteile in den Versuchsgefäßen täuschen zu hohe

---

[1] URSPRUNG, A. und G. BLUM: Jahrb. **72** (1930). — GRADMANN, H.: Jahrb. **69**, 1 (1928). — BEHR-NEGENDANK: Biol. Zbl. **59**, 235 (1939). — ELLENBERG, H.: Mitt. flor. soz. Arbeitsgem. Niedersachsen, Heft **5** (1939).

Saugkräfte vor. Das Verhältnis der Saugkräfte der verschiedenen Böden bleibt aber einigermaßen erhalten. Die Saugkräfte sind bei gleichem Bodenwassergehalt um so höher, je feinkörniger der Boden ist. Die unterschiedlichen Wirkungen auf die Pflanzen lassen sich bei der Messung des Welkungskoeffizienten (s. Versuch 26) bei den entsprechenden Böden beobachten.

Versuchsmaterial: Zwei Böden verschiedener Korngrößen, z.B. Mergel und Sand.

Geräte und Reagenzien: Eine Anzahl kleiner Petrischalen oder Pulverfläschchen 20 cm³. 7 Blockschälchen mit Deckel. Plastilin, gezogene Glaskapillaren. Pinzette, Bürette mit Stativ, Thermostat. Es genügt eine mit Isoliermaterial, Holzwolle usw. ausgelegte Kiste, in die ein inneres Gefäß zur Aufnahme der Proben gestellt werden kann. Mikroskop. Okularmikrometer. Wägegläschen. Analysenwaage. 3 mol. NaCl-Lösung.

Zeitbedarf: 24 Std. vor Versuch vorbereiten; 3 Tage.

Ausführung: 24 Stunden vor Versuchsbeginn werden zwei in ihrer Kornstruktur (vgl. Versuchsmaterial) unterschiedliche Böden von gröberen Bestandteilen gereinigt und in 3 Portionen geteilt: Die eine gut durchfeuchten, die zweite unverändert lassen, die dritte etwas ausbreiten, so daß sie oberflächlich austrocknen kann. Unmittelbar vor Versuchsbeginn jede Portion gut durchmischen und von jeder eine Probe zur Wassergehalts- und Trockengewichtsbestimmung, s. Vers. 23, entnehmen. Inzwischen an den Deckeln von 7 Blockschälchen Plastilinstreifen befestigen und NaCl-Lösungen verschiedener (s. u.) Konzentration herstellen. Je 10 cm³ genügen. Ferner Glaskapillaren aus nicht zu dünnwandigen Glasröhren über dem Bunsenbrenner nach starkem Erhitzen bis zur hellen Rotglut in einem Zug, nicht zu rasch, gleichmäßig ausziehen, und nach dem Erkalten in Stücke von etwa 1 cm Länge teilen. Nur gleichmäßig dicke Stücke benutzen. Für die Messung der feuchten Proben 6 Kapillaren mit Lösungen von 0 bis 0,5 mol, für die trocknen Proben entsprechend konzentriertere Lösungen von 0,5 bis 2,0 bzw. 3,0 mol benutzen. Für eine Kontrollösung eine Kapillarenserie von 0,3 bis 0,7 mol vorbereiten. Die Kapillaren vorsichtig, nicht vollständig füllen, so daß die Flüssigkeitsmenisken an den Enden deutlich zu sehen sind. Pinzette, Filtrierpapier! Gefüllte Kapillaren immer von gleicher Seite, mit Lösungen niedriger Konzentration beginnend, in den am Deckel angebrachten Plastilinstreifen eindrücken. Bodenprobe anschließend sofort in das entsprechende Schälchen einfüllen, nur kleines Luftvolumen freilassen. Den Rand des Blockschälchens mit Vaseline bestreichen und den Deckel, Plastilinstreifen mit Kapillaren natürlich nach unten, fest auf das Schälchen drücken. Die anderen Schälchen, desgl. eine Kontrollösung von 0,5 mol, ebenso vorbereiten. Jedes Schälchen mit Fettstift kennzeichnen. Lösungen in den Kapillaren im Protokoll vermerken! Unmittelbar darauf die Länge der Flüssigkeit in den Kapillaren aller Schälchen, ohne sie viel zu berühren oder zu erwärmen (Lampennähe vermeiden) unter dem Mikroskop ausmessen. Blockschälchen in den Thermostat stellen. Längenänderung der Kapillarflüssigkeit nach 24 Std. und 48 Std. feststellen. Die Kapillaren, bei denen sich diese nicht geändert hat, besitzen die gleiche Saugkraft wie der Boden. Sollte sich über der Kontrollösung die Flüssigkeitsmenge der 0,5 mol Kapillare infolge von Temperaturschwankungen etwas verändert haben, so sind diese Veränderungen bei den übrigen Kapillaren zu berücksichtigen und alle Kapillaren daraufhin zu korrigieren.

Auswertung: a) Kontrollmessung der Saugkraft bei einer 0,5 mol. NaCl-Lösung. 17,5° C.

Lösung in der Kapillare mol. NaCl	Abstand der Menisken in der Kapillare[1]		Differenz
	Versuchsbeginn	nach 48 Stunden	
0,3	70	67	—3
0,4	86	83	—3
0,5	82	81	—1
0,6	67	69	+2
0,7	78	83	+5

Temperatur bei Versuchsbeginn 17,5°, bei Versuchsende 16,9°. Die aufgetretene Differenz von —1 ist bei den Messungen zu berücksichtigen.

b) Unterschiede der Saugkräfte des Bodens bei einem tonigen Lehmboden gegenüber Sandboden.

Vorbehandlung	Toniger Lehmboden			Sandboden		
	Saugkraft		Wassergehalt %[3]	Saugkraft		Wassergehalt %
	mol. NaCl	Atm.[2]		mol. NaCl	Atm.	
angefeuchtet . . .	0,05	2,1	38	0,05	2,1	15
unbehandelt . . .	0,5	21,0	22	0,1	4,3	6,5
oberflächlich ausgetrocknet . . .	1,7	79	16	1,1	48	2,5

Die erhaltenen Werte sind absolut genommen erheblich zu hoch, aber sie zeigen deutlich die Unterschiede der Saugkräfte zwischen den beiden Böden.

Versuch 25.

Bodensaugkraftbestimmung, Tensiometermethode[4].

Prinzip der Methode. Neben der gebräuchlichen, aber mit gewissen methodischen Mängeln behafteten Kapillarmethode von URSPRUNG und BLUM (s. Vers. 24) wird zur Bestimmung der Bodensaugkraft in steigen-

---

[1] Teilstriche im Okularmikrometer.
[2] Umrechnung der mol. NaCl-Lösung auf Atm-Werte s. Anhang S. 244.
[3] Wassergehalt in % des Bodentrockengewichts. S. S. 34.
[4] GRADMANN, H.: s. S. 35. — FLEISCHHAUER-BINZ, E.: Planta 37, 565 (1949). Vgl. auch P. J. KRAMER: Plant and Soil Water Relationships. McGraw Hill Comp. New York 1949.

dem Maße die Tensiometermethode benutzt. Sie gestattet allerdings nur niedrige Bodensaugkräfte, die 1 Atm. nicht überschreiten, zu messen, gibt aber in der Größenordnung viel wahrscheinlichere (niedrigere) Werte. Der Kurvenverlauf der Werte und die Einordnung verschiedener Böden wird durch beide Methoden allerdings in gleicher Weise wiedergegeben. Bei der Tensiometermethode steht ein poröser Tonkörper, der in den zu untersuchenden Boden gebracht wird, mit einem Manometer in Verbindung (Abb. 3). Über diesen Tonzylinder setzt sich der eingestellte Unterdruck des Manometers mit den im Boden vorhandenen Saugkräften ins Gleichgewicht. Die Größe der Bodensaugkraft kann dann am Manometerstand abgelesen werden. Ein großer Vorteil dieser Methode besteht noch darin, daß die Bodensaugkraft laufend gemessen werden kann, die Methode also auch im Freiland für Versuche über längere Zeit hindurch brauchbar ist. Schließlich ist das Tensiometer für laufende Bestimmungen des Bodenwassergehaltes zu benutzen; denn zu jedem Bodenwassergehalt eines bestimmten Bodens gehört eine bestimmte Bodensaugkraft. Ist also bei einem zu untersuchenden Boden einmal zu einer Reihe von Bodenwassergehaltswerten die zugehörige Bodensaugkraft gemessen worden, so kann aus diesen Werten eine Eichkurve gewonnen werden, die auf Grund des Manometerstandes direkt den Bodenwassergehalt abzulesen gestattet. In der Versuchsanordnung folgen wir weitgehend den von FLEISCHHAUER-BINZ gemachten Erfahrungen.

Versuchsmaterial: Sandboden — Lehmboden — Tonboden.

Geräte und Reagenzien: 2 Tensiometer (s. Abb. 3); jedes Tensiometer besteht aus einem porösen Tonzylinder Z^1, Glasrohr G (80 cm lang, 5 mm lichte Weite), Glasrohr R = 50 cm lang, Y-Glasstück, Niveau-Gefäß N, kurzes Glasrohr A (ca. 6 cm), Druckschlauch, 1 Schlauchklemme, durchbohrter Gummistopfen auf den Tonzylinder passend. Isolierband. Stativ mit einigen Klemmen und Muffen. Trichter. Entwicklerschale (20 × 30 cm), Vegetationsgefäße. Analysenwaage, einige Wägegläschen. Quecksilber, ausgekochtes destilliertes Wasser. Paraffin-Vaselingemisch.

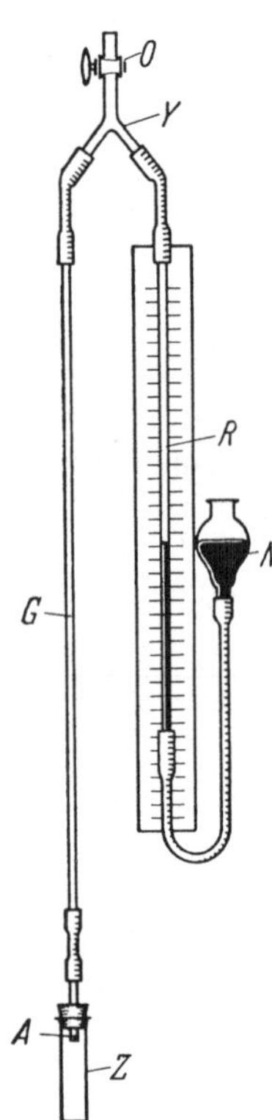

Abb. 3. Tensiometer nach FLEISCHHAUER-BINZ.

Z poröser Tonzylinder; A, G, R verschiedene Glasrohre, N Niveaugefäß, Y Y-Glasstück.

Zeitbedarf: Versuchsdauer etwa 1 Woche.

Ausführung: a) *Vorbereiten des Tensiometers*: Die Tonzelle mit ausgekochtem destillierten Wasser füllen und mit durchbohrtem

---

[1] Größe der Tonzellen etwa 2 cm ∅, 10 cm Höhe und 0,25 cm Wanddicke. Derartige Tonzellen sind von der Firma Mittelbach, Göttingen, zu beziehen.

Gummistopfen, in den zuvor ein kurzes Glasrohr (5 mm lichte Weite) gesteckt wurde, gut verschließen. Damit die Tonzelle am oberen Rande nicht zerbricht, dort schon vorher mit Isolierband fest umwickeln. Entsprechend der Abbildung Niveau-Gefäß mit dem Druckschlauch und dem Glasrohr R, desgleichen Glasrohr G mit Y-Stück und dieses mit R verbinden. G an die vorbereitete Tonzelle anschließen und das fertige Gerät an einem Stativ in eine Entwicklerschale stellen. In Niveau-Gefäß und Druckschlauch Quecksilber geben und dann durch O vollständig mit ausgekochtem, destillierten Wasser füllen. Schlauchklemme bei O schließen. Hinter dem Glasrohr R noch eine Skala zum späteren Ablesen der Druckunterschiede anbringen.

b) *Prüfung der Tonzellen*: Zunächst muß festgestellt werden, ob die verwendete Tonzelle ohne Lufteintritt einen Unterdruck von etwa 55 cm Hg aushält. Hierfür Niveau-Gefäß langsam senken, bis ein gewünschter Unterdruck, also hier 55 cm, erreicht ist. Steigen dabei Luftblasen im Verbindungsrohr G auf, ist die Tonzelle unbrauchbar und auszutauschen.

c) *Messung der Bodensaugkraft:* Den zu prüfenden, zunächst freilandfeuchten Boden in ein Vegetationsgefäß bringen, nicht zu viel Boden nehmen und wassergefüllte Tonzelle mit Ansatzrohr in den Boden eingraben. Bodenoberfläche mit gerade geschmolzenem Paraffin-Vaselingemisch übergießen. Verbindung der Tonzelle mit dem Manometer herstellen und durch Heben des Meniskus bei N durch den geöffneten Quetschhahn bei O etwa eingetretene Luftblasen aus dem Manometer entfernen. Dann Quetschhahn schließen.

Manometer auf einen vermuteten Unterdruck einstellen. Steigt in den folgenden Stunden der Hg-Meniskus im Manometer, so wird durch Senken des Meniskusgefäßes der Unterdruck um einige cm erhöht und dies so lange fortgesetzt, bis der Hg-Meniskus im Manometer fällt. Die zu messende Saugkraft liegt zwischen den beiden zuletzt bestimmten Werten.

Das Gleichgewicht hat sich nach einem, höchstens 2 Tagen eingestellt. Paraffinschicht von der Bodenoberfläche entfernen und Bodenprobe zur Wassergehaltsbestimmung des Bodens (s. S. 34) entnehmen.

In gleicher Weise zweites Tensiometer vorbereiten, den gleichen Boden benutzen, aber vorher seinen Wassergehalt durch Ausbreiten an der Luft verringern. Sonst wie oben verfahren. Nach Erreichen des Gleichgewichts von Tensiometerunterdruck und Bodensaugkraft Wert notieren und Versuch abbrechen; Bodenwassergehalt bestimmen.

In Anschluß an dieses erste Versuchspaar mit beiden Tensiometern einen zweiten Versuch, nun aber mit noch stärker ausgetrockneten Böden, vornehmen und wie beschrieben verfahren. Im Verlauf einer Woche kann so eine Reihe von Bodensaugwerten mit dem zugehörigen, aus den Wägedaten errechneten Bodenwassergehalt bestimmt werden. Die gefundenen Bodensaugkräfte in Abhängigkeit vom Bodenwassergehalt/Trockengewicht in ein Diagramm eintragen. Je eine Gruppe des Praktikums untersucht einen der oben genannten Böden.

Versuch 26.

Der Welkungskoeffizient[1].

Prinzip der Methode. Die Wasseraufnahme der Pflanzen aus einem langsam austrocknenden Boden ist in viel stärkerem Maße von der Bodenart als von der Pflanze selbst abhängig. Je feinkörniger der Boden, bei desto höherem Wassergehalt werden die maximalen Saugkräfte, bei denen die Pflanzen dem Boden noch Wasser entziehen können, erreicht. Das für die Pflanzen im Boden nicht ausnutzbare Wasser läßt sich dadurch bestimmen, daß Pflanzen in einem zu prüfenden Boden kultiviert und von einem gewissen Zeitpunkt an bis zum Welken nicht mehr gegossen werden. Der Versuch wird solange fortgesetzt, bis sich die welkenden Pflanzen auch in einer feuchten Kammer nicht mehr erholen können. Der Wassergehalt des Bodens in % des Bodentrockengewichts zu diesem Zeitpunkt ist dann der Welkungskoeffizient. Bei dem Vergleich verschiedener Naturrohböden ist es zweckmäßig, diese vor dem Versuch zu düngen (gleichmäßiges Wachstum!).

Versuchsmaterial: z. B. *Sinapis, Solanum lycopersicum, Helianthus, Triticum, Avena* und dazu verschiedene Böden: Sand, Lehm, Ton.

Geräte und Reagenzien: Vegetationsgefäße, Tafelwaage mit Gewichtssatz, Wägegläschen, Watte oder Zellstoff. Paraffin-Vaselin-Gemisch (3 : 1). Nährsalze für KNOPsche Nährlösung (s. S. 13).

Zeitbedarf: Ansetzen 2—3 Std., Kultur 4—6 Wochen, Austrocknen etwa 10 Tage.

Ausführung: Pflanzenmaterial in Schalen aussäen und nach Ausbildung der Primärblätter in die mit den entsprechenden Böden gefüllten Vegetationsgefäße pikieren. Nährstoffarme Rohböden zusätzlich düngen. Zum Ansetzen der Kulturen s. S. 4, Nährsalzmengen S. 13. Die Keimpflanzen zunächst für normales Wachstum in den verschiedenen Böden gut feucht halten, aber nicht stärker gießen, als der Wasserkapazität des Bodens entspricht, da sonst die Durchlüftung zu gering ist. Nach Erreichen der gewünschten Größe Bodenoberfläche mit gerade geschmolzenem Paraffin-Vaselingemisch bedecken, Wurzelhals der Pflanzen vorher mit Watte oder etwas Zellstoff schützen. So behandelte Pflanzen im Gewächshaus aufstellen, austrocken lassen, bis Welken eintritt. Dann Pflanzen über Nacht in feuchte Kammer stellen, um während dieser Zeit Wasseraufsättigung zu erzielen. Tritt diese ein, Pflanzen jetzt an schattigem Platz bis zum erneuten Welken aufstellen und abwarten, bis in der feuchten Kammer gerade keine Aufsättigung mehr möglich ist. Zu diesem Zeitpunkt Versuch abbrechen, 2 Bodenproben aus der Mitte des Topfes entnehmen, von Wurzeln befreien, in Wägegläschen füllen und das Frisch- und Trockengewicht bestimmen.

---

[1] BRIGGS, E. I. und H. L. SHANTZ: Bot. Gaz. **51,** 210 (1911), **53,** 20 (1912). — WALTER, H.: Grundlagen des Pflanzenlebens, Bd. 1 (1947). — Neuere Literatur vgl. KRAMER (s. S. 37).

Stets dafür sorgen, daß die Austrocknung genügend langsam vor sich geht, weil sonst zu hohe Welkungskoeffizienten gemessen werden.

Auswertung: Aus Frisch- und Trockengewicht der Böden zur Zeit des permanenten Welkens der Versuchspflanzen läßt sich der Welkungskoeffizient, der noch vorhandene Wassergehalt/Trockengewicht, des Bodens nach Vers. 23 bestimmen. 1. In gleichem Boden ist der Welkungskoeffizient auch bei verschiedenen Pflanzen sehr ähnlich. 2. Je kleiner die den Boden aufbauenden Korngrößen, desto größer ist der Welkungskoeffizient des betreffenden Bodens.

Gefunden wurden z. B. Feinsand 1—4%, sandiger Lehm 4—8%, Lehm 9—12%, toniger Lehm 13—16%. Unterhalb dieser Wassergehalte können die Pflanzen dem Boden kein Wasser mehr entziehen. Sie vermögen allerdings sehr verschieden lange in dem Zustand des permanenten Welkens zu verharren.

Versuchspflanze	Welkungskoeffizient		
	Sandboden	sandiger Lehm [1]	Lehm
Helianthus annus	1,3	4,8	11,3
Avena sativa	1,1	5,9	11,1
Solanum lycopersicum . .	1,1	6,9	11,7

B. Wassergehalt der Pflanzen.

Grundlagen. Der Wassergehalt der Pflanzen ist bei verschiedenen systematischen Gruppen, in verschiedenem Alter, bei einzelnen Organen und Entwicklungszuständen sehr großen Schwankungen unterworfen. Der Vergleich morphologisch verschiedener Blattypen gleichen Alters gibt bereits ein gutes Bild der Variationsmöglichkeiten (s. S. 42). Ebenso gibt der Sukkulenzgrad der Blätter (Wassergehalt/Blattfläche) eine Vorstellung von dem einer bestimmten Blattfläche maximal zur Verfügung stehenden Wassergehalt. Der Sukkulenzgrad, einer der sogenannten Dimensionsquotienten der Blätter, — weitere sind die Oberflächenentwicklung und der Hartlaubcharakter (s. Vers. 33) — unterscheidet sich in charakteristischer Weise nicht nur von Art zu Art bei verschiedenen Blattypen, sondern auch bei Blättern verschiedenen Alters (s. S. 42), und ist außerdem je nach den Außenbedingungen bei der Entwicklung des Blattes — Änderung der Wasserzufuhr, unterschiedlicher Ernährung oder Wechsel der Beleuchtungsdauer — erheblichen Schwankungen unterworfen.

Will man sich ein Bild von dem jeweiligen Wasserzustand einer Pflanze verschaffen, muß man die Höhe ihrer Wassersättigung bestimmen. Hierzu sind erforderlich: 1. der maximal mögliche Wassergehalt der Pflanze, 2. der zur Untersuchungszeit gerade vorhandene Wassergehalt und 3. der niedrigste Wassergehalt, den eine Pflanze, ohne Schaden zu nehmen, noch ertragen kann. Aus diesen 3 Größen läßt sich das gerade vorliegende Wassersättigungsdefizit (s. S. 43) berechnen und zu dem größtmöglichen, dem kritischen Sättigungsdefizit in Beziehung setzen. Aus der Division beider Größen ergibt sich die „Beanspruchung" der Pflanze im Zeitpunkt der Messung (s. S. 45). Die Werte für das kritische Defizit sind bei verschiedenen Pflanzen sehr unterschiedlich.

Eine andere Möglichkeit zur Feststellung des Wasserzustandes besteht in der Untersuchung der Hydratur der Pflanzen, unter der die relative Dampfspannung des Gewebes gegenüber der Umgebung zu verstehen ist. Ihre Messung erfolgt in Abschnitt C, Vers. 37; s. auch Vers. 52 u. 53.

---

[1] Das Mischungsverhältnis Sand: Lehm ist in den 3 Versuchen nicht genau das gleiche.

1. Wassergehalt und Sukkulenzgrad[1].

Prinzip der Methode. Der Wassergehalt von Blättern, Sprossen, Organen oder ganzen Pflanzen errechnet sich aus der Differenz von Frisch- und Trockengewicht der zu untersuchenden Pflanzen(-teile), läßt sich also leicht durch zweimalige Wägung bestimmen. Der Wassergehalt wird gewöhnlich auf Frisch- oder Trockengewicht bezogen.

Ist der Wassergehalt der Blätter im Zustand der Wassersättigung und die Fläche von bestimmten Blättern (deren Bestimmung s. S. 9) bekannt, kann der Sukkulenzgrad — Wassergehalt bezogen auf die doppelte Blattfläche, in g/dm^2 — unmittelbar angegeben werden.

Versuch 27.

Bestimmung des Wassergehaltes verschiedener Blattypen.

Versuchsmaterial: Blätter von *Syringa*, *Vicia faba*, *Rhododendron*, *Laurus*, *Sempervivum*, *Sedum maximum*, *Bryophyllum* oder *Kalanchoë*.

Geräte: Torsions- oder Analysenwaage mit Gewichtssatz, Exsiccator, kleine Petrischalen, Trockenschrank.

Zeitbedarf: $2 \times \frac{1}{2}$ Std. 1 Nacht.

Ausführung: Möglichst vergleichbare Blätter aussuchen, z. B. nur diesjährige oder nur vorjährige gleichen Entwicklungsstadiums; dabei auf gleiche Insertionshöhe achten. Blätter nach dem Abschneiden rasch ohne Stiel wiegen. Ist beim Einsammeln verschiedener Blattypen sofortiges Wiegen ausnahmsweise nicht möglich, müssen die Pflanzenteile durch Einlegen in wasserundurchlässigen Stoff oder in kleine Blechbüchsen an der weiteren Wasserabgabe gehindert werden. Nach dem Wiegen zur späteren Feststellung des Sukkulenzgrades (s. folg. Vers.) Blattfläche (s. S. 9) bestimmen. Dann Blätter 2 Stunden bei $105°$ im Trockenschrank trocknen. Anschließend erneut wiegen, wobei die Blätter, um nicht wieder Wasser aufzunehmen, im Exsiccator abkühlen müssen! Aus der Differenz von Frisch- und Trockengewicht ist der Wassergehalt zu berechnen und in % des Trockengewichts anzugeben.

Versuch 28.

Der Sukkulenzgrad der Blätter.

Versuchsmaterial: Blätter verschiedener Insertionshöhe von *Vicia faba*, *Helianthus*, *Bryophyllum*.

Geräte und Reagenzien: Feuchte Kammer (s. S. 5) zum Aufsättigen der Blätter, Erlenmeyerkolben $100 \, cm^3$, Gerät zur Blattflächenbestimmung s. S. 9, Torsionswaage, Trockenschrank. Kleine Petrischalen, Exsiccator.

Zeitbedarf: $\frac{1}{2}$ Std., 24 Std. warten, 4 Std.

---

[1] STOCKER, O.: Jb. wiss. Bot. **75**, 494 (1932). — HARDER, R. und H. v. WITSCH: Jb. wiss. Bot. **89**, 354 (1940). — MÜLLER-STOLL, W. R.: Planta **35**, 225 (1947). — v. DENFFER, D.: Jb. wiss. Bot. **89**, 543 (1941).

Ausführung: Die Änderung des Sukkulenzgrades läßt sich recht gut an Blättern derselben Pflanze von der Basis bis zur Spitze des Sprosses untersuchen. Pflanzen mit gut ausgebildeten Blättern aussuchen. Blätter von der Pflanze abschneiden und in einer feuchten Kammer zur Sättigung aufstellen. Nach 24 Stunden Blattspreite nach Abschneiden der Blattstiele zur Feststellung des Frischgewichtes wiegen. Messung der Blattfläche nach den Angaben S. 9. Nach Trocknen der Blätter im Trockenschrank bei 105° durch erneute Wägung das Trockengewicht und durch Abziehen vom Frischgewicht den Wassergehalt bestimmen und daraus mit Hilfe der Blattfläche den Sukkulenzgrad berechnen.

Auswertung: Der Sukkulenzgrad wurde mit der angegebenen Methode bei *Vicia faba* festgestellt:

Nummer des Blattes	3	4	5	6	7	8	9
Wassergehalt in g	0,189	0,475	0,562	0,499	0,443	0,294	0,210
Doppelte Blattfläche in dm²	0,108	0,317	0,432	0,419	0,384	0,338	0,254
Sukkulenzgrad: $\frac{\text{Wassergehalt}}{\text{Blattfläche}}$ g/dm²	1,75	1,49	1,30	1,24	1,15	0,87	0,83

2. Wassersättigungsdefizit[2].

Prinzip der Methode. Zur Bestimmung des Wassersättigungsdefizits ist die Kenntnis des anfänglichen Wassergehaltes der zu untersuchenden Pflanzen, Sprosse oder Blätter, sowie des Wassergehaltes bei voller Wassersättigung erforderlich. Die Wassergehalte werden durch Wägung der Frisch- und Trockengewichte bestimmt. Die Wassersättigung geschieht durch Einstellen der Blätter und Sprosse in feuchte Kammern. Durch Austrocknen ganzer Pflanzen oder der Blätter allein bis zu dem Punkt, den die Pflanzen nach der Wiederaufsättigung ohne Schaden noch ertragen können, wird der Wassergehalt beim kritischen Sättigungsdefizit bestimmt und daraus die Beanspruchung berechnet.

$$\text{Wassersättigungsdefizit} = \frac{\text{maximaler Wassergehalt} - \text{anfänglicher Wassergehalt}}{\text{maximaler Wassergehalt}} \cdot 100, \qquad (1)$$

$$\text{Beanspruchung} = \frac{\text{gemessenes Sättigungsdefizit}}{\text{kritisches Sättigungsdefizit}} \cdot 100 . \qquad (2)$$

---

[1] 1 ältestes, 9 jüngstes Blatt. Blatt 1 und 2 etwas vergilbt, daher nicht benutzt. Die Werte sind Mittelwerte aus jeweils 5 gleich inserierten Blättern. Die Blattfläche wurde planimetrisch bestimmt.

[2] STOCKER, O.: Planta **7**, 382 (1929). — ROUSCHAL, E.: Jb. Bot. **87**, 436 (1938). — HÖFLER, K., H. MIGSCH und W. ROTTENBURG: Forschungsdienst **12**, 50 (1941). — MÜLLER-STOLL, W. R.: Z. f. Bot. **29**, 161 (1935).

Versuch 29.
Bestimmung des Sättigungsdefizits.

Versuchsmaterial: Vergleiche Auswertung.

Geräte und Reagenzien: Torsionswaage, einige Bechergläser, feuchte Kammer, Messer, Trockenschrank.

Zeitbedarf: 48 Std.

Ausführung: Die Pflanzenteile, abgetrennte Blätter gleichen Alters oder kleine Sprosse, möglichst rasch auf der Torsionswaage (s. S. 9) wiegen, die Stiele unter Wasser etwas verkürzen und nach dem Abtrocknen zurückwiegen. Blätter in Bechergläser unter feuchte Kammer, möglichst in ein helles Nordzimmer — nicht verdunkeln!, kein direktes Sonnenlicht! — stellen und Aufsättigung abwarten. Die vollständige Sättigung mit Wasser dauert mindestens 24 Stunden. Nach dieser Zeit das erstemal, nach weiteren 12 Stunden erneut wiegen. Wägung bis zur annähernden Gewichtskonstanz wiederholen, dann Proben im Trockenschrank bei 105° trocknen. Trockengewicht bestimmen.

Auswertung: Die Differenz zwischen dem Gewicht nach Aufsättigung und dem Trockengewicht entspricht dem Wassergehalt bei Wassersättigung, die Differenz zwischen dem Frischgewicht vor der Aufsättigung und dem Trockengewicht dem anfänglichen Wassergehalt. Fehlerquellen: Vergilben der Blätter bei Untersuchungen im Spätsommer und Herbst, zu starke Gewichtserhöhung infolge Streckungswachstums, geringe Gewichtsabnahme durch Atmung, Vernachlässigung eines möglichen Unterschiedes in der Aufsättigung zwischen Blattspreite und Blattstiel und erhöhte Aufsättigung durch das Abschneiden im Vergleich zu bewurzelten Pflanzen. Infolge der großen Unterschiede im Sättigungsdefizit hat sich die Methode aber trotzdem recht gut bewährt Einige Ergebnisse:

1. Sättigungsdefizit gleicher Arten an zwei verschiedenen Standorten[1].

	Sättigungsdefizit in % am	
	Standort I	Standort II
Teucrium chamaedrys . .	44,7	26,1
Coronilla varia	38,8	25,4
Stachys recta	34,6	16,4
Euphorbia cyparissias . .	19,8	12,8

2. Sättigungsdefizit der in verschiedener Bodenfeuchtigkeit vorkultivierten Pflanzen.

	Sättigungsdefizit in %	
Wasserkapazität des Bodens	80%	30%
Trifolium incarnatum . .	4,3	11,2
Nasturtium officinale . . .	7,1	14,9
Vicia faba	8,5	38,9

[1] Untersuchungen im Kraichgau an Xerophytenstandorten nach MÜLLER-STOLL. Bodenwassergehalt in der fraglichen Zeit (VIII. 1932) an Station I Kalkboden 1,9—3,4%, II Löslehm 5,8—10,2% des Bodenvolumens.

3. Steht gerade kein geeignet vorkultiviertes Pflanzenmaterial zur Verfügung, beliebige Blätter verschiedener Blattypen auf dem Labortisch eine Zeitlang austrocknen lassen und dann deren Sättigungsdefizit bestimmen.

Versuch 30.

Kritisches Sättigungsdefizit und Beanspruchung.

Versuchsmaterial: a) Topfpflanzen von *Vicia faba.* b) verschiedene Kulturpflanzen oder Freilandpflanzen.

Geräte und Reagenzien: S. vorst. Versuch, außerdem für Ausführung b) 2 Stative, Schnüre, kleine Drahthaken, Vaseline.

Zeitbedarf: Für a) 8 Tage, für b) je nach Pflanzenmaterial 1—3 Tage.

Ausführung: a) Mehrere Topfpflanzen von *Vicia faba* austrocknen lassen und von Zeit zu Zeit gleichartige Blätter möglichst unter Wasser abschneiden, abtrocknen und sofort wiegen (Frischgewicht). Die Blätter in Bechergläser mit Wasser stellen, in feuchter Kammer aufsättigen lassen und dann erneut wiegen (s. Versuch 29). Austrocknen der Topfpflanzen so lange fortsetzen, bis erste Schädigungen der wieder aufgesättigten Blätter eintreten. Anschließend Blätter bei 105° trocknen und mit Hilfe des Trockengewichts Wassergehalt bestimmen (s. S. 42). Kritisches Sättigungsdefizit aus dem vor der ersten Schädigung erreichten Blattfrischgewicht berechnen. „Beanspruchung" ausrechnen.

b) Blätter mittleren Alters von den Versuchspflanzen abschneiden, auf Torsionswaage wiegen. Die Schnittfläche der Blätter mit Vaseline verstreichen und auf Schnüren zwischen 2 Stativen zur gleichmäßigen Austrocknung bei Zimmertemperatur an Häkchen aufhängen. Nach verschiedenen Austrocknungszeiten Blätter erneut wiegen und nun wie unter a) behandeln. Vorher Stiele zurückschneiden, erneut wiegen, Stielgewicht abziehen.

Auswertung: Aus anfänglichem Frischgewicht (F) und Trockengewicht (T) den Wassergehalt der Blätter bestimmen. Aus Sättigungsgewicht (S) und Trockengewicht (T) den Sättigungswassergehalt errechnen. Mit Hilfe der Formel (1) (S. 43) das Sättigungsdefizit (D) feststellen. In gleicher Weise bei allen untersuchten Blättern verfahren.

Langsam ausgetrocknete Topfpflanzen von Vicia faba.

Messung Nr.	Datum	Frisch-gewicht F	Sättigungs-gewicht S	Trocken-gewicht T	Sättigungs-defizit D	Bean-spruchung B
1	15. 5.	0,768 [1]	0,874	0,078	13,3 [2]	22,1 [2]
2	17. 5.	0,710	1,116	0,096	39,9	66,5
3	18. 5.	0,523	0,884	0,071	44,5	74,1
4	20. 5.	0,428	0,948	0,082	60,0	100,0

[1] Gewicht eines Blattes in g, nach Zurückschneiden des Blattstielchens.
[2] In %. Kritisches Sättigungsdefizit (D_k) = 60,0 %.

Schließlich das kritische Sättigungsdefizit errechnen (D_k). Die jeweilige Beanspruchung (B) des Wasserhaushaltes ergibt sich aus Formel (2) S. 43.

Sättigungsdefizit und kritisches Defizit sind nach Standort, Jahreszeit und Pflanzenart sehr verschieden, je geringer das Sättigungsdefizit und vor allem die Beanspruchung, desto ausgeglichener ist der Wasserhaushalt der untersuchten Pflanzen, je höher das kritische Sättigungsdefizit liegt, desto resistenter ist die Pflanze gegenüber einer Austrocknung. Die Anpassung derjenigen Pflanze ist am besten, die bei hohem kritischen Sättigungsdefizit möglichst lange eine möglichst geringe Beanspruchung des Wasserhaushalts aufrecht erhalten kann.

C. Diffusion, Osmose und Hydratur.

Grundlagen. Sind Teilchen eines abgeschlossenen flüssigen Systems an verschiedenen Stellen des Systems in ungleicher Konzentration vorhanden, tritt infolge der Braunschen Molekularbewegung allmählich ein Ausgleich der Unterschiede ein. Diese Durchmischung wird als *Diffusion* bezeichnet. Sie kommt auch dann zustande, wenn das System, in dem sich Teilchen ungleich verteilt befinden, ein Gel, also ein Kolloid, ist. Die Geschwindigkeit der Diffusion und der Diffusionsweg hängt von der Teilchengröße ab, er nimmt mit wachsender Teilchengröße infolge der Verringerung der Braunschen Molekularbewegung rasch ab. Wird die Geschwindigkeit der Diffusion (Vers. 32) in einem Gel untersucht, so muß damit gerechnet werden, daß die diffundierenden Teilchen unter Umständen infolge von Wechselwirkungskräften mit dem Gel an der freien Diffusion gehindert werden. Unter bestimmten Verhältnissen läßt sich aber auch in einem Gel zeigen, daß die Diffusion mit steigendem Molekulargewicht abnimmt, falls nicht die Moleküle der untersuchten Stoffe zu Aggregaten vereinigt sind oder in kolloidal gelöster Form vorliegen und damit langsamer diffundieren, als es ihrem Molekulargewicht entspricht (s. S. 48).

Werden zwei verschiedene Konzentrationen von Teilchen im gleichen Lösungsmittel durch eine Membran getrennt, so findet eine Diffusion durch die Membran hindurch statt, die als *Osmose* bezeichnet wird. Sind die Poren der Membran so klein, daß sie den gelösten Teilchen den Durchtritt nicht mehr gestatten, wohl aber dem Lösungsmittel (semipermeable Membran), kommt es zu einem Druck der Teilchen auf die Wandung des sie abschließenden Gefäßes. Der osmotische Druck kann z. B. im Osmometer gemessen werden. Dieses besteht aus einem durch eine semipermeable Membran abgeschlossenen und mit einem Ansatzrohr versehenen Gefäß, das die zu messende Lösung enthält, und taucht mit der Membran in das reine Lösungsmittel ein. In das Osmometergefäß wird so lange Lösungsmittel aufgenommen, bis der dadurch auftretende, an dem graduierten Rohr abzulesende hydrostatische Druck, dem osmotischen Druck der Lösung entspricht.

Jede pflanzliche Zelle stellt nun mit der semipermeablen Plasmamembran ein solches osmotisches System dar, und es ist deshalb für die Kenntnis des Lebenszustandes und des Wasserhaushalts der Pflanzen wichtig, ihre osmotischen Kräfte zu kennen. Ihre Messung geschieht auf dem Weg über die Bestimmung des osmotischen Wertes des Zellsaftes.

Es läßt sich nämlich jeder Lösung, deren Konzentration in Mol pro Liter angegeben ist, ein bestimmter osmotischer Wert zuordnen, der in Atm. gemessen wird und den die Lösung, in ein Osmometer gebracht, als osmotischen Druck zu realisieren imstande ist. (Vgl. Tab. 13. Osmotischer Wert von Rohrzuckerlösungen bei 20° C s. Anhang S. 243.)

Zur Messung der osmotischen Werte in den Pflanzen wird entweder der osmotische Wert bei Grenzplasmolyse (s. STRUGGER, Praktikum) oder der osmotische Wert der Zellsaftkonzentration durch Gefrierpunktserniedrigung bestimmt.

Mit der kryoskopischen Methode (S. 53) wird der im jeweiligen Zustand der Zellen vorhandene, mit steigendem Wassergehalt der Zelle wegen der Verdünnung der Zellsaftkonzentration sinkende osmotische Wert O_n bestimmt. Mit der grenzplasmolytischen Methode (s. STRUGGER, S. 97) wird im Gegensatz dazu der osmotische Wert O_g gemessen, der unabhängig vom jeweiligen Wassergehalt der Zelle den osmotischen Wert im entspannten Zustand der Zelle angibt. Der Wanddruck ist dann $= 0$.

Eine Wasseraufnahme der Zellen und Gewebe ist nur dann möglich, wenn der osmotische Wert (O_n) der Zellen höher ist als der osmotische Wert der Umgebung, bzw. wenn die relative Dampfspannung der Gewebe (s. u.) niedriger ist als die ihrer Umgebung. Unter solchen Umständen vermag die Zelle mit einer dem osmotischen Gefälle entsprechenden Saugkraft (S) Wasser aus der Umgebung aufzunehmen und zwar um so weniger, je größer während einer solchen Wasseraufnahme der hydrostatische Druck (Wanddruck, W), vgl. Osmometer, in den Zellen wird, bis schließlich osmotischer Wert und Wanddruck gleich hoch sind:

$$S = O_n - W.$$

Der Wasserzustand der Pflanzen, ihre Hydratur (s. auch S. 41), mit der die relative Dampfspannung des Gewebes gegenüber der Umgebung bezeichnet wird, ist bei den meisten niederen Pflanzen annähernd gleich der Dampfspannung der Umgebung, bei höheren Pflanzen wird jedoch eine eigene Hydratur aufrecht erhalten. Die Hydratur des Plasmas wird der des Zellsaftes gleichgesetzt und die relative Dampfspannung des Zellsaftes über dessen osmotischen Wert mit der kryoskopischen Methode bestimmt (Vers. 37). Zur Umrechnung von osmotischem Wert in relative Dampfspannung und umgekehrt s. Tabelle 14, Anhang S. 244.

1. Modellversuche zur Diffusion [1].

Prinzip der Methode. Die Geschwindigkeit der Diffusion verschiedener Stoffe läßt sich dadurch zeigen, daß Farbstofflösungen über erstarrte Gelatine geschichtet werden und in diese hineindiffundieren. Die Diffusion hängt sowohl von den diffundierenden Stoffen und ihren Eigenschaften als auch vom Diffusionsmedium (s. S. 18) ab.

Versuch 31.

Geschwindigkeit der Diffusion von Farbstoffen.

Versuchsmaterial: 0,1% wäßrige Lösung von sauren bzw. basischen Farbstoffen, z. B. Chrysoidin, Eosin, Lichtgrün, Orange G, Säurefuchsin [2].

Geräte und Reagenzien: Reagenzgläser, Reagenzglasständer, Wasserbad, Thermometer, Millimetermaßstab, Pipette. 10proz. Gelatinelösung, einige Körnchen Thymol.

Zeitbedarf: Ansetzen 2—3 Std., Beobachtung 14 Tage.

---

[1] DRAWERT, H.: Flora N. F. **35**, 21 (1941). — CZAJA, A. TH.: Planta **10**, 424 (1930).

[2] Weitere geeignete Farbstoffe sind: Methylrot (291), Methylorange (327), Indigokarmin (466), Erythrosin (628), Trypanblau (960), Molekulargewichte in ().

Ausführung: In eine Anzahl Reagenzgläser wird eine 10 cm hohe 10proz. Gelatinelösung eingefüllt und zur Desinfektion ein Körnchen Thymol hinzugegeben. (Auflösen der Gelatine auf kochendem Wasserbad). Nach dem Erstarren vorsichtig mit einer Pipette den zu untersuchenden Farbstoff in 0,1proz. Lösung 2 cm über die Oberfläche der Gelatine schichten und mehrere Tage hindurch jeden Tag den Diffusionsweg der Farbstoffe an Hand der gefärbten Gelatineschicht bestimmen. Vor Temperaturschwankungen geschützt aufstellen. Bei der Messung Reagenzglas kippen, bis Grenze zwischen Farblösung und Gelatine sichtbar wird. (Da die Gelatine unter dem Einfluß der Farbstofflösungen etwas quillt, ist es nicht zweckmäßig, die ursprüngliche Gelatineoberfläche durch den Rand eines Klebestreifens zu markieren.)

Auswertung:

Farbstoff	Molekular-gewicht	Diffusionsstrecke in mm nach Tagen [*]					
		1	2	4	6	8	12
Chrysoidin	249	17	23	33	41	50	60
Orange G	452	14	20	26	33	36	42
Säurefuchsin . . .	585	13	18	26	30	34	40
Lichtgrün	764	11	16	21	24	27	33
Eosin . . ʼ	832	10	14	19	24	27	31

[*] Temperatur 20—21° C; Fehlergröße $\pm$ 1 mm.

Die Geschwindigkeit der Diffusion ist um so geringer, je höher das Teilchengewicht liegt. Das Molekulargewicht selbst ist jedoch nicht immer maßgebend, da Zusammenballungen von Teilchen oder kolloidalgelöste Farbstoffe auftreten können. Deshalb ist z. B. Kongorot zur Darstellung der Abhängigkeit der Diffusion vom Molekulargewicht schlecht brauchbar, auch Neutralrot ist schwach kolloidal gelöst. Die Versuchsergebnisse bestätigen die Folgerungen aus dem FICKschen Diffusionsgesetz $\left(s = a \sqrt{t}\right)$[1] recht gut. Für Chrysoidin ergibt sich z. B. $t = 6$ Tage und $a = 17$ mm, also $s = 42$, was gut mit dem gefundenen Wert von 41 mm in 6 Tagen übereinstimmt (s. Tab.).

Versuch 32.

Diffusionsgeschwindigkeit in Medien verschiedener Dichte[2].

Geräte und Reagenzien: 4 gleiche Reagenzgläser, Meßpipette, Wasserbad, Becherglas 200 cm³, Millimetermaßstab.

20 g Gelatine, 0,1 % Methylenblaulösung, einige Thymol-Kristalle.

Zeitbedarf: Ansetzen 2 Std., Beobachtung 10 Tage.

Ausführung: 20 g reinste Gelatine (kochendes Wasserbad!) in 40 cm³ Aqua dest. lösen, zum Haltbarmachen ein Thymolkriställchen hinzufügen und dann mit vorher erwärmter Meßpipette davon 16, 8, 4 und

---

[1] s = zurückgelegte Strecke; t = Zeit, a = Proportionalitätskonstante, hier die am ersten Tag zurückgelegte Strecke.

[2] BRAUNER, L.: Pflanzenphysiologisches Praktikum. II. Teil. Jena: Fischer 1932.

2 cm³ in 4 gleiche Reagenzgläser füllen. Mit Hilfe von kochendem Wasser die 3 letztgenannten mit dem ersten auf gleiche Höhe auffüllen. Nach Erstarren vorsichtig mit Pipette etwa 3 cm hoch Methylenblaulösung über die Gelatine schichten. Bei möglichst konstanter Temperatur stehen lassen und die Diffusionsstrecke täglich mit Millimetermaßstab ausmessen. Durch Neigen des Reagenzglases Gelatineoberfläche sichtbar machen und von hier ab das Eindringen der Farblösung verfolgen.

Auswertung:

Gelatinelösung	50%	25%	12,5%	6,25%
Diffusion nach 24 Std.	5,0 *	6,5	8,5	9,5
„ „ 48 Std.	7,0	9,0	11,0	12,5
„ „ 240 Std.	14,0	* 16,0	21,0	26,0

* in mm

Je konzentrierter die Gelatinegallerte, desto geringer die Diffusion. Das häufigere Zusammenprallen der wandernden Teilchen des gelösten Stoffes mit dem immer dichter gelagerten Gelatinekolloidteilchen wirkt diffusionshemmend.

2. Semipermeabilität und osmotischer Druck.

Prinzip der Methode. Zur Messung und Demonstration des osmotischen Druckes im Osmometer (Vers. 34 u. 35) sind semipermeable Membranen erforderlich, die sich auf mannigfache Weise herstellen lassen (Vers. 33). Abgesehen von tierischen Membranen werden Niederschläge von Ferrozyankalium und Kupfersulfat auf Tonzylinder, Glasfilter oder Zellophanpapiere benutzt. Die Semipermeabilität lebender Zellen läßt sich, abgesehen von ihrem Nachweis bei der Grenzplasmolyse (vgl. STRUGGER, Praktikum) z.B. durch den Vergleich der Zuckerabgabe oder der Farbstoffabgabe anthocyanhaltiger lebender und toter Gewebe demonstrieren (Vers. 36).

Versuch 33.

Herstellung einer semipermeablen Membran.

Geräte und Reagenzien: a) Schweinsblase, Glockentrichter Bindfaden.

b) Zellophan, dünne Gummiringe, Glockentrichter 3—4 cm Durchmesser, Becherglas, Stativ mit Zubehör.
Vaseline, 3% Kupfersulfatlösung, 3% Ferrozyankaliumlösung.

c) Tonzylinder bzw. Schottscher Filtertiegel G 2 oder G 3.
Etwa 15proz. Gelatine, Kupfersulfat- und Ferrozyankaliumlösung.

Zeitbedarf: a) 10 Min. — 12 Std. Wartezeit, b) 2 Std. — 3—4 Tage Wartezeit, c) 1 Std. — 24 Std. Wartezeit.

Ausführung: a) Zur Messung des osmotischen Druckes in einem Osmometer wird eine halbdurchlässige Membran benötigt. Für qualitative Versuche, für Vorlesung und Demonstration, wobei auch höhere Drucke auftreten dürfen, kann sehr gut eine frische *Schweins-blase* benutzt werden, die einige Stunden (über Nacht) in Wasser einge-weicht wird. Ein gleichmäßiges Stück mit warmem Wasser und Seife entfetten und mit warmen Wasser nachwaschen. Ausschnitt anfertigen, der über einen Glockentrichter oder über die eine Seite eines beiderseits offenen, möglichst mit verdickten Rändern versehenen Glasrohres trommelfellartig straff gespannt und mit angefeuchtetem nicht zu dün-nen Bindfaden festgebunden werden kann. Eine mehrmalige Verwen-dung ist möglich, wenn die Schweinsblase nach Gebrauch gründlich abgespült und trocken aufbewahrt wird.

b) Besonders leicht herzustellen und für quantitative Arbeiten gut zu verwenden ist eine *Zellophanmembran* mit Ferrozyankupfereinlage-rung. Es ist wichtig, daß das zur Verwendung kommende Zellophan [1] absolut sauber ist, da sonst der Niederschlag nicht gleichmäßig erfolgt. Zellophan nur am Rande anfassen, die Membran sonst nicht berühren. Das 0,04 mm starke Zellophan kurz vor Gebrauch in lauwarmem Wasser einweichen, danach kurz trocknen und über einen Glockentrichter, der keinen größeren Durchmesser als 4 cm haben soll (Ausbuchtung!), spannen. Den Rand des Trichters vorher mit etwas Vaseline bestreichen und die Membran mit einem dünnen Gummiring festbinden. Eine 3proz. Kupfersulfatlösung in ein Becherglas schütten, den vorbereiteten Trichter mit der Membran auf die Lösungsoberfläche halten und den Trichter dabei vorsichtig unter langsamem Eintauchenlassen mit 3proz. Ferrozyankaliumlösung füllen. Für 3—4 Tage in diese Lösung ein-hängen. Die Membran muß dann gleichmäßig rotbraun gefärbt sein. Auch diese Membran ist längere Zeit haltbar, wenn sie unter Wasser mit etwas Thymolzusatz aufbewahrt wird.

c) Stehen *Tonzylinder*[2] zur Verfügung, so können diese besonders bequem durch Einhängen in 3proz. Kupfersulfatlösung nach Füllung mit Ferrozyankaliumlösung hergestellt und für Osmometerversuche auch bei stärkeren Drucken verwendet werden. Auch *Schottsche Glas-filtertiegel* sind, besonders für Versuch 35 sehr geeignet. Der Glasfilter-tiegel wird erwärmt, innen mit einer etwa 1 mm hohen Schicht von 15proz. Gelatine gefüllt. Diese erstarren lassen und dann 24 Stunden wie den Tonzylinder imprägnieren.

Versuch 34.

Das Osmometer. Demonstrationsversuch.

Geräte und Reagenzien: Glasrohr, Stativ, Gummischlauch, Osmometermembran; Schweinsblase, dazu grobes Leinenstück oder auch Tonzylinder, s. Vers. 33. Bindfaden, großes Becherglas. 2 mol. Rohrzuckerlösung. Einige Körnchen Kongorot.

---

[1] Erprobte Zellophansorten: Einmachzellophan, Kalle & Co. A. G., Wiesbaden-Biebrich — Heliozell, Einmachzellglas.

[2] Tonzylinder liefert z. B. die Firma Mittelbach, Göttingen.

Zeitbedarf: Vorbereitung 1—2 Std., Beobachtung nach einigen Stunden.

Ausführung: Zur Demonstration des osmotischen Druckes im Osmometer wird der im vorstehenden Versuch vorbereitete Glockentrichter mit Schweinsblase oder ein Tonzylinder mit Ferrozyankupferniederschlag benutzt. Der Glockentrichter ist wegen des großen zu erwartenden Druckes, durch den sich die Schweinsblase leicht ausbeutelt, noch mit einem groben Stück Leinen zu überspannen und festzubinden. Großes Becherglas mit Wasser füllen, den vorbereiteten Trichter auf die Wasseroberfläche halten und nun in den Trichter 2 molare Rohrzuckerlösung — Zucker zuvor in heißem Wasser lösen — einfüllen und mit einigen Körnchen Kongorot anfärben. Auf den Trichter durch festsitzende Gummischlauchverbindung dünnes Glasrohr (2 m) aufsetzen und das ganze am Stativ befestigt aufstellen. Wird der Tonzylinder benutzt, muß er mit einem sehr fest sitzenden durchbohrten Gummistopfen, in dem das Glasrohr steckt, verschlossen werden. Die gefärbte Rohrzuckerlösung steigt durch die Wasseraufnahme aus dem Becherglas in dem Glasrohr bis zum Druckausgleich an.

Versuch 35.

Messung des osmotischen Druckes im Osmometer[1].

Geräte und Reagenzien: Zellophanmembran oder Filtertiegel, vorbereitet nach Vers. 33. Kapillare mit Manometeransatz (Abb. 4). Becherglas, Standzylinder oder Meßkolben 100 cm³, Stativ, Trichter, etwas Verbindungsschlauch, größere Entwicklerschale. Quecksilber, Rohrzucker, 0,12proz. Kupfersulfatlösung, 0,1proz. Ferrozyankaliumlösung (300 cm³).

Zeitbedarf: Vorbereitung 1—2 Std., Beobachtung nach mehreren Stunden.

Ausführung: Zur genaueren Messung geringer osmotischer Drucke einen präparierten Filtertiegel[2] oder eine Zellophanmembran benutzen. In ein Becherglas als Außengefäß eine 0,12proz. Kupfersulfatlösung bringen; in das Osmometer nacheinander 0,1, 0,25 und 0,5proz. Rohrzuckerlösungen füllen, die mit einer 0,1proz. Ferrozyankaliumlösung als Lösungsmittel hergestellt worden sind. Kupfersulfat und Ferrozyankalium sorgen für die Aufrechterhaltung der Semipermeabilität. Ihre Konzentration ist isosmotisch, wirkt sich also bei der Prüfung des Rohrzuckers als Osmotikum nicht aus. Auf das Osmo-

---

[1] Nach L. Brauner: Pflanzenphysiologisches Praktikum, Teil 2. Jena: Fischer 1932. — Detmer, W.: Das pflanzenphysiologische Praktikum. Jena: Fischer 1895.

[2] Gummistopfen nach Einsetzen in den Tiegel durch Umwickeln mit Draht oder Bindfaden so fixieren, daß er bei höherem osmotischen Druck nicht aus dem Tiegel herausgedrückt wird.

4*

meter eine Kapillare setzen, die ein als Manometer ausgebildetes Ansatzstück besitzt (Abb. 4) und oben einen Hahn oder eine gut schließende Schlauchklemme trägt. Außengefäß, zusammen mit dem Osmometer, in eine größere Entwicklerschale (Quecksilber!) setzen, Osmometer an Stativ befestigen, Hahn offen lassen und in das Manometer vorsichtig (Trichter) etwa 20 cm hoch Quecksilber einfüllen. Die Glaskapillare mit Manometer vorsichtig etwas in das Osmometergefäß hineindrücken: die Osmometerflüssigkeit steigt rasch in der Kapillare hoch. Unterdes die Kapillare so neigen, daß das Quecksilber unmittelbar bis zum Manometeransatz in der Kapillare steht, damit im Manometer selbst später keine Luftblase entsteht. Ein zweiter Teilnehmer der Praktikumsgruppe füllt oben in den Trichter noch etwas Rohrzuckerlösung hinzu, so daß auch bei dem Wiederaufrichten des Osmometers keine Luft in die Manometerkapillare gelangt. Hahn schließen und mit der Messung beginnen. Die Differenz des Quecksilberstandes im Manometer ausmessen, bis Konstanz eintritt. In gleicher Weise werden die verschiedenen oben angegebenen Konzentrationen untersucht. Wichtig ist, daß die Messungen bei möglichst konstanter Temperatur durchgeführt werden. Außengefäß eventuell in ein durch elektrische Heizung und Kontaktthermometer auf konstanter Temperatur gehaltenes Wasserbad stellen.

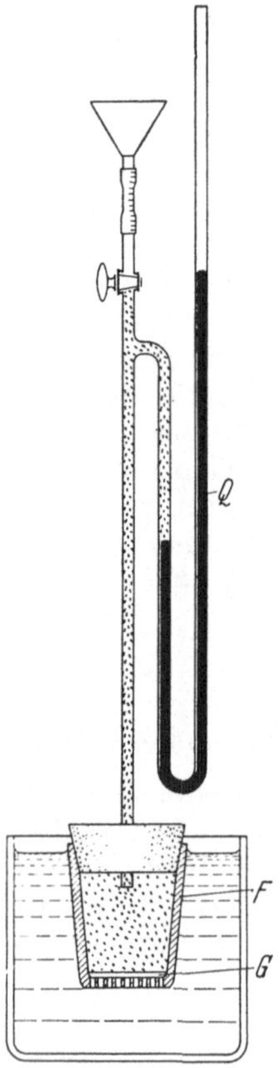

Auswertung: Den durch die Konzentration der Rohrzuckerlösung gegebenen theoretisch möglichen osmotischen Druck in Atm ausrechnen und mit den empirisch gefundenen Manometerwerten vergleichen. Zur Umrechnung s. Tabelle 13, Anhang S. 243, sowie die Grundlagen am Anfang des Abschnittes.

Abb. 4. Osmometer für kleine osmotische Drucke. (Verändert nach L. BRAUNER.)

F Filternutsche, G Gelatineschicht, Q Quecksilber.

Entnommen: A. BRAUNER, Das kleine pflanzenphysiologische Praktikum. II. Teil, Jena: Fischer 1932.

Versuch 36.

Demonstration der Semipermeabilität pflanzlicher Gewebe[1].

Versuchsmaterial: Rettig oder Zuckerrübe.

Geräte und Reagenzien: Einige Bechergläser, Reagenzgläser; Rohrzucker, Reagenzien zum Zuckernachweis (s. Versuch 114 S. 159). Kochendes Wasser.

Zeitbedarf: ½ Std. Vorbereitung, Kontrolle nach 1 Tag.

---

[1] LINSBAUER, L. u. K.: Vorschule der Pflanzenphysiologie. Wien 1906.

Ausführung: a) Eine Rübe oder einen Rettig quer durchschneiden und in der Mitte der Schnittfläche eine Höhlung anbringen. Rübe mit dem spitzen Ende in ein Becherglas stellen. In die Höhlung einen Löffel Rohrzucker geben. Nach einiger Zeit füllt sich die Höhlung unter Schrumpfen der Rübe mit Wasser.

b) Aus einer Zuckerrübe ein großes Stück herausschneiden und sorgfältig unter fließendem Wasser waschen. Das gewaschene Gewebe in ein Becherglas mit Wasser legen. In einem Kontrollversuch das Zuckerrübengewebe durch Eintauchen (einige Minuten) in kochendes Wasser abtöten). Bei dem frischen Gewebe ist nach mehreren Stunden und auch nach einem Tag noch fast kein Zucker in das Wasser diffundiert. Bei dem abgetöteten Gewebe ist dagegen schon nach einigen Stunden in dem umgebenden Wasser Zucker in großen Mengen nachzuweisen. (Zum Zuckernachweis im Wasser vgl. S. 159).

Auswertung: Versuch *a*) zeigt, daß lebendes Gewebe Wasser an den in der Höhlung befindlichen Rohrzucker abgibt (Exosmose). Versuch *b*) weist nach, daß lebendes Gewebe im Gegensatz zu abgetötetem keinen Zucker nach außen abgibt, die Plasmamembranen der Zellen sind also semipermeabel. Durch Abtöten wird die Semipermeabilität jedoch zerstört. Der Nachweis der Semipermeabilität ist auch mit anthocyanhaltigen Geweben möglich, z.B. mit roten Rüben, die wie die Zuckerrüben behandelt werden. Vgl. auch Anthocyane S. 198.

3. Der osmotische Wert[1].

Prinzip der Methode. Bei der kryoskopischen Methode wird die Größe des osmotischen Wertes aus der Gefrierpunktserniedrigung der zu untersuchenden Pflanzenpreßsäfte berechnet. (Vers. 37.) Beispiele für die Abhängigkeit des osmotischen Wertes der Pflanzen von äußeren und inneren Faktoren werden mit dieser Methode in Vers. 38 untersucht.

Versuch 37.

Bestimmung des osmotischen Wertes mit Hilfe der Gefrierpunktserniedrigung. Kryoskop.

Versuchsmaterial: Siehe Vers. 38.

Geräte und Reagenzien: Kryoskop mit Zubehör (vgl. Abb. 6). Beckmannthermometer, Gefäß für Kältemischung, Glaskapillaren etwa 10 cm lang, Presse[2], Sammelgläser, dazu passend Aluminiumhülsen mit Schraubdeckeln (vgl. Preßsaftgewinnung). Ein Stück weißer Stoff zum Pressen. Wasserbad, Eis, NaCl. Kältemischung s. Anhang S. 245.

Zeitbedarf: 2—3 Std.

Ausführung: a) *Probeentnahme*: Benötigt werden etwa 1,5 cm³ Preßsaft (durchschnittlich etwa 10 g Frischgewicht an Pflanzensub-

---

[1] MICHAELIS, L.: Praktikum der phys. Chemie 1926. — WALTER, H.: Die Hydratur der Pflanze 1931. — WALTER, H.: Abderh., Handb. d. biol. Arbeitsmeth., Abt. XI, Teil 4, 353 (1931). — WALTER, H. und R. THREN: Jb. wiss. Bot. **80,** 20 (1934). — WALTER, H: Ber. dtsch. bot. Ges. **54,** 328 (1936). — RENNER, O.: Planta **18,** 215 (1932).

[2] vgl. Abb. 5.

stanz). Die zu untersuchende Substanz (Blätter oder Sprosse) in einem durch einen Korkstopfen lose verschließbaren Sammelglas, das in eine Aluminiumhülse mit zugehörigem Schraubdeckel paßt, unterbringen. Bei Vergleichsmessungen stets vergleichbare Pflanzenteile für die einzelnen Proben benutzen. Nach der Entnahme das Pflanzenmaterial möglichst bald abtöten. Proben für 20 Min. in kochendes Wasserbad stellen. Die Dosen sollen dabei aufrecht bis zu $^3/_4$ ihrer Höhe im kochenden Wasser stehen. Eindringen von Wasser in die Gefäße sorgfältig vermeiden.

b) *Preßsaftgewinnung*: Das abgetötete Material — aus lebendem Gewebe wird nur relativ wenig, außerdem verdünnter Preßsaft gewon-

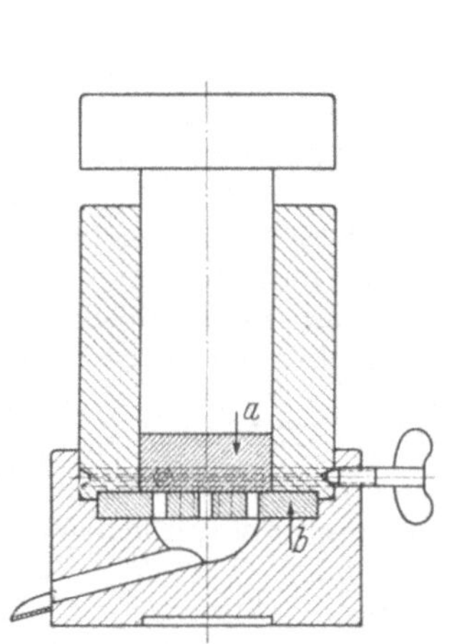

Abb. 5. Presse zur Gewinnung von Preßsaft für die kryoskopische Bestimmung des osmotischen Wertes. (Nach MÜLLER-STOLL.)
Preßkolben (weiß) *a* eingeschliffene Scheibe aus Rotguß, *b* Siebplatte aus Edelstahl. Zur Säuberung kann der obere Teil vom unteren durch eine Schraube gelöst werden.

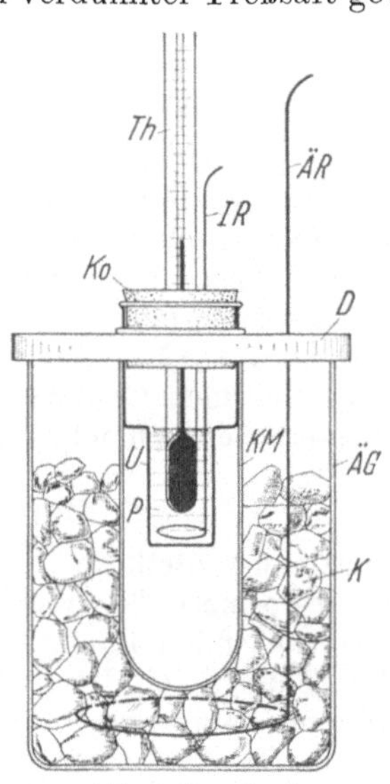

Abb. 6. Kryoskop[1].
Th Thermometer, *Ko* Korkstopfen, *D* Abschlußdeckel, *ÄR* äußerer Rührer, *IR* innerer Rührer, *KM* Kühlmantel, *ÄG* äußeres Gefäß, *K* Kältemischung, *U* Untersuchungsgefäß, *P* Preßsaft.

nen, weil die Zellen häufig nicht zerstört werden und die semipermeablen Plasmamembranen fast nur reines Wasser abgeben — in ein Preßtuch (fester Nessel- oder Baumwollstoff; vor Gebrauch mit destilliertem Wasser auskochen) einwickeln, wobei die gesamte Probe aus dem Sammelglas zu benutzen ist. Probe zwischen 2 verzinkten Messingbacken mit einem starken Schraubstock auspressen. Besser noch hat sich eine eigens zu diesem Zweck anzufertigende kleine Presse (Abb. 5) bewährt. Der gewonnene Saft wird umgehend in verschließbare Gefäße abgefüllt (Konzentrationsänderung!) und, falls er länger aufbewahrt werden muß, in den Eisschrank gestellt.

c) *Gefrierpunktsbestimmung*: Zur Bestimmung des Gefrierpunktes wird bei botanischen Arbeiten vorzugsweise das Mikrokryoskop nach

---

[1] Zum Gebrauch Kryoskop bis zum Deckel mit Kältemischung füllen.

DRUCKER-BURIAN verwendet (Abb. 6). Es besteht aus einem Untersuchungsgefäß zur Aufnahme des Preßsaftes mit doppelt durchbohrtem Kork zur Aufnahme von Thermometer und innerem Rührer. Das Untersuchungsgefäß ist von einem 2. Glasgefäß, dem Kühlmantel, umgeben. Beides befindet sich in einem dritten, äußeren Gefäß, das eine Kältemischung, außerdem einen äußeren Rührer enthält. Als Thermometer dient entweder das 1/50° C-Normalthermometer nach DRUCKER-BURIAN mit feststehender Skala von 0,5/ −5,0°, oder das BECKMANNthermometer (1/100° C ablesbar). Dieses zeigt keine bestimmten Temperaturen an, sondern die Menge des Hg kann beliebig verändert werden, so daß der Quecksilberfaden auch bei großer Gefrierpunktserniedrigung noch in den Bereich der Skala fällt. Zur Einstellung wird durch Umdrehen und Anklopfen das Vorratsquecksilber an das obere Ende der Erweiterung der Thermometerskala gebracht, darauf das Thermometer wieder aufgerichtet und vorsichtig in warmem Wasser erwärmt, bis sich der Hg-Faden mit dem jetzt in der Erweiterung befindlichen Vorratsquecksilber vereinigt. Auf etwa 1° über den Gefrierpunkt des Wassers bzw. die gewünschte Vergleichstemperatur abkühlen und dann das überschüssige Quecksilber durch einen kurzen Schlag der flachen Hand gegen das Thermometer vom Quecksilberfaden entfernen.

Zur Eichung und Messung beider Thermometer äußeres Gefäß mit einer Kältemischung — zerkleinertes Eis mit NaCl, Temperatur etwa 5° tiefer als der zu erwartende Gefrierpunkt, s. S. 244 — füllen und den später als Kühlmantel dienenden mittleren Zylinder hineinsetzen. In das Untersuchungsgefäß soviel destilliertes Wasser geben, daß die Hg-Kugel gerade davon bedeckt wird, und zum schnelleren Abkühlen zusammen mit dem eingesetzten Thermometer, das die Wand des Gefäßes nicht berühren darf, ebenfalls in ein Gefäß mit einer Kältemischung stellen. Ist der Nullpunkt fast erreicht, Untersuchungsgefäß in den als Kühlmantel dienenden mittleren Zylinder einsetzen und nun unter vorsichtigem, langsamem Auf- und Abziehen des inneren Rührers etwa bis −4° unter den zu erwartenden Gefrierpunkt abkühlen lassen. Durch heftiges Rühren oder durch Einwerfen eines kleinen Eiskristalles (s. unten) das Wasser plötzlich zum Gefrieren bringen: das Thermometer steigt erst rasch, dann unter langsamem gleichmäßigen Rühren langsam an, bis es eine zunächst konstante Höhe erreicht. Diesen Stand als den (vorläufigen) Gefrierpunkt des Wassers ansehen. Die Eichung wird wiederholt, Unterkühlung aber nur 1° C unter den zunächst festgestellten Gefrierpunkt. Der dann gemessene Wert kann für die Zwecke des Praktikums als der endgültige angesehen werden. Zur Gewinnung der Eiskristalle Reagenzglas mit einigen dünn ausgezogenen Glaskapillaren von etwa 10 cm Länge, deren Ende mit ein wenig destilliertem Wasser benetzt wurde, in die Kältemischung stellen. Das Wasser gefriert an den Kapillaren und kann zur Einleitung des Gefrierens in das Reaktionsgefäß gesteckt werden. In entsprechender Weise wird der Preßsaft gemessen. Die Differenz zwischen dem Gefrierpunkt des Wassers und dem des Preßsaftes ist die Gefrierpunktserniedrigung.

d) *Berechnung des osmotischen Wertes:* Die Gefrierpunktserniedrigung muß nun in den osmotischen Wert umgerechnet werden. Gefrierpunktserniedrigung und Konzentration der untersuchten Lösung sind einander proportional. Löst man ein Gramm Mol einer undissoziierten Substanz in 1000 g Wasser, so sinkt der Gefrierpunkt der Lösung auf den theoretischen Wert von $-1,86°$ C und hat einen osmotischen Wert von 22,4 Atm. Da alle Abweichungen der experimentell ermittelten von den für ideale Lösungen geltenden theoretischen Werten im gleichen Maße auch die Gefrierpunktserniedrigung betreffen, gilt die angegebene Proportionalität auch für alle wirklichen Lösungen. Daraus ergibt sich die Höhe des osmotischen Wertes in Atm. ausgedrückt bei 0° C zu

$$P_0 = \frac{22.4}{1,86}\, \varDelta = 12,04\, \varDelta,$$

$\varDelta = $ wahre Gefrierpunktserniedrigung.
Für P_{20} (also eine Temperatur von 20° C) gilt $P_{20} = 12,92\, \varDelta$.

Zur Berechnung der wahren Gefrierpunktserniedrigung muß von der ermittelten Gefrierpunktserniedrigung $\varDelta'$ noch der Korrekturfaktor $K_\varDelta$ abgezogen werden:

$$\varDelta = \varDelta' - K_\varDelta, \quad \text{wobei} \quad K_\varDelta = 0,038\, \varDelta' + 0,044°$$

ist und daher rührt, daß nach Eintritt des Gefrierens nach der Unterkühlung um 1° C auch die Temperatur des Thermometers mit Hg-Faden und Glasteilen bis zum Gefrierpunkt erhöht werden muß. In Tab. 15 S.244 sind zur Vereinfachung die den bestimmten Gefrierpunktserniedrigungen $\varDelta$ entsprechenden osmotischen Werte in Atm. eingetragen, sowie in Tab. 16 die erforderlichen Unterkühlungskorrekturen $K_\varDelta$ angegeben.

Versuch 38.

Abhängigkeit des osmotischen Wertes von äußeren und inneren Faktoren[1].

Versuchsmaterial: 1. Junge, an der Spitze inserierte, und alte, basale Blätter von *Helianthus* oder *Ulmaria filipendula* usw.

2. Sonnen- und Schattenblätter von Bäumen, *Fagus, Acer, Robinia,* auch *Syringa.*

3. Blätter mit verschiedener morphologischer Struktur, z. B. *Sedum, Sambucus, Pinus.*

4. Gewelkte und nicht gewelkte Blätter oder Blätter von Feucht- und Trockenkulturen.

5. Im Winter Koniferenzweige vor und während einer Kälteperiode.

Geräte und Reagenzien: Kryoskop mit Zubehör, sieheVers. 37.

Zeitbedarf: 1—3: 2—3 Std. 4: Vorbereitungszeit beachten. 5: zweimalige Messung!

---

[1] Walter, H.: Grundlagen der Pflanzenverbreitung. III. Standortslehre. Stuttgart: Ulmer 1950.

Ausführung: Entnahme des Pflanzenmaterials und Messung des osmotischen Wertes wie im vorhergehenden Versuch.

Auswertung: Aus den vielfältigen veröffentlichten Meßergebnissen und aus eigenen Bestimmungen bei Praktikumsaufgaben seien einige wenige Werte angegeben:

1. Unterschiede innerhalb einer Pflanze. Verschieden alte Blätter von *Helianthus*:

Blätter von der Basis . . . . . 9—10 Atm.
Blätter von der Spitze . . . . 12—14 Atm.

2. Sonnen- und Schattenblätter von *Robinia pseudacacia*:

Schattenblätter . . . . 12—13 Atm.
Sonnenblätter . . . . 17—18 Atm.

3. Unterschiede bei Arten mit verschiedener morphologischer Struktur:

Sedum . . . . 6,1 Atm.
Sambucus . . . . 14,9 Atm.
Pinus . . . . 18—23 Atm.

Versuch 39.
Osmotischer Wert der Wurzeln bei verschiedenem Bodenwassergehalt.

Prinzip der Methode. Werden Pflanzen bei verschieden hohem Wassergehalt gezogen, so besitzen sie die Fähigkeit, sich an die verschieden hohen Bodensaugkräfte dadurch anzupassen, daß die Wurzeln mit steigender Bodensaugkraft höhere osmotische Werte entwickeln. Diese lassen sich durch grenzplasmolytische Methoden (s. S. 47) feststellen. Der Versuch läßt sich auch mit Versuch 26 S. 40 kombinieren.

Versuchsmaterial: *Helianthus, Vicia faba*, einige Wochen bei verschiedenem Bodenwassergehalt kultiviert (s. u.).

Geräte und Reagenzien: Vegetationsgefäße, Gartenerde, Tafelwaage, Gewichtssatz. Bürette 50 cm³, einige kleine Petrischalen, Mikroskop. 0,5 mol Rohrzuckerlösung, Aqua dest. Neutralrotlösung 1 : 10 000.

Zeitbedarf: Anzucht etwa 4—6 Wochen, Versuchszeit 2—3 Std.

Ausführung: *Helianthus* oder *Vicia faba* werden in Vegetationsgefäße gepflanzt und nach Auskeimen je 3 Gefäße mit einigen Pflanzen bei 80, 50 und 30% der Wasserkapazität des Bodens (Gartenerde) weiterkultiviert. Zur Bestimmung der Wasserkapazität des Bodens und zur Kultur der Pflanzen s. S. 4 u. 34. Haben die Pflanzen die gewünschte Größe erreicht (bei Kombination mit Versuch 26 s. auch dort) und sich morphologisch unterschiedlich entwickelt, werden die Wurzeln herausgenommen und gesäubert. Dünne, gleich entwickelte Seitenwurzeln werden abgeschnitten und in abgestufte Rohrzuckerlösungen (0,1 bis 0,5 m) gelegt und die Grenzplasmolyse der Epidermiszellen (s. S. 47) bestimmt. Sollte die Grenzplasmolyse schlecht zu sehen sein, werden die Wurzeln durch anfängliches kurzes Einlegen in Neutralrotlösung 1 : 10 000 angefärbt.

Auswertung: Es zeigt sich, daß die verschieden angezogenen Pflanzen mit steigender Bodentrockenheit höhere osmotische Werte in den Wurzeln besitzen, wodurch diese das Wasser dem Boden mit höheren Saugkräften zu entnehmen vermögen.

4. Die Saugkraft der pflanzlichen Gewebe[1].
Turgor.

Prinzip der Methode. Die Saugkraft[2] von Geweben kann nach URSPRUNG auf einfache Weise dadurch bestimmt werden, daß die zu prüfenden Gewebe in Rohrzuckerlösungen verschiedener Konzentration übertragen werden. Die eingetretene Volumenänderung der Gewebe kann nach einiger Zeit gemessen werden. Es ist eine Vergrößerung des Volumens derjenigen Gewebe zu beobachten, deren Saugkraft größer ist als die der Außenlösung; im umgekehrten Fall verringert sich das Volumen. Die Rohrzuckerkonzentration, die keine Volumänderung des Gewebes hervorruft, entspricht in ihrem osmotischen Wert der Saugkraft des zu untersuchenden Gewebes.

Die Zellulosewand wird durch den Turgor elastisch gedehnt. Mit Nachlassen des Turgors verkürzt sich deshalb die ganze Zelle. Diese Verkürzung einzelner Zellen kann mikroskopisch vor Einsetzen der Plasmolyse gemessen werden. Einfacher läßt sich die Turgordehnung der Zellulosewände sichtbar machen und der Größenordnung nach messen, wenn ganze Gewebe oder Organe durch ein hypertonisches Medium entspannt werden.

Versuch 40.

Saugkraft von Kartoffelparenchym.

Versuchsmaterial: Große Kartoffelknolle.

Geräte und Reagenzien: 2 Büretten (25 cm³), Korkbohrer, Reagenzgläser, Reagenzglasgestell, Maßstab.
1 mol. Rohrzuckerlösung.

Zeitbedarf: 3, besser 6 Std.

Ausführung: Aus 1 mol. Rohrzuckerlösung werden durch Verdünnung eine Reihe verschiedener Zuckerlösungen (z. B. Aqua dest.; 0,1; 0,2 · · · — 0,6 mol.) hergestellt und in Reagenzgläser gefüllt. Gut durchmischen, bis Schlierenbildung aufhört! In der Zwischenzeit mit Hilfe eines Korkbohrers aus einer großen Kartoffelknolle 7 Gewebestreifen entnehmen, je nach der Größe des vorhandenen Materials auf genau gleiche Länge, etwa 60 mm, bringen und in die Lösungen geben.

---

[1] URSPRUNG, A.: Ber. dtsch. bot. Ges. **41**, 338 (1923). — KÖHNLEIN, E.: Planta **10**, 381 (1930). — Zur Messung der Saugkraft von Zellen vgl. STRUGGER: Praktikum der Zell- und Gewebephysiologie der Pflanze. 2. Aufl. Springer 1949.
[2] Der Ausdruck „Saugkraft" hat sich eingebürgert. Gemessen wird jedoch ein Druck in Atm.

Auswertung: Nach 3 Stunden sind deutliche Unterschiede in den einzelnen Lösungen zu beobachten, die nach weiteren 3 Stunden noch größer geworden sind:

	Aqua dest.	0,1	0,2	0,3	0,4	0,5	0,6 mol.	
nach 3 Std.....	62	61	60	58	54	52	52	Länge
nach 6 Std.....	64	63	61	54	52	51	50	in mm

Bei der 0,2 mol. Lösung behält das Kartoffelgewebe also annähernd seine Länge bei. 0,2 mol. Rohrzuckerlösung entwickelt bei 20° C im Osmometer einen hydrostatischen Druck von 5,3 Atm. Die Saugkraft der Kartoffelzellen muß also etwas oberhalb dieses Wertes liegen.

Versuch 41.

Saugkraft von Laubblättern[1].

Versuchsmaterial: *Helianthus*- oder *Phaseolus*-Blätter.

Geräte und Reagenzien: Mikroskop mit Okularmikrometer, Objektmikrometer, Maßstab, Pulverfläschchen oder Esmarchschälchen, Rasierklinge.

Paraffinöl, 1 mol. Rohrzuckerlösung.

Zeitbedarf: 2 Std.

Ausführung: 2 gleich alte Blätter von *Helianthus, Phaseolus, Aegopodium* oder ähnlichen großblättrigen Pflanzen unter Wasser abschneiden, das eine in Wasser stellen, das andere frei auf den Tisch zum Welken legen. Inzwischen Rohrzuckerlösungen verschiedener Konzentrationen (s. Vers. 40) vorbereiten und 10 cm³ der einzelnen Konzentrationen in Esmarchschälchen oder verschließbare Pulverfläschchen geben. Sobald das zum Welken ausgelegte Blatt schlaff geworden ist, mit der Messung beginnen. Blätter unter Paraffinöl legen und mit einer Rasierklinge Streifen von 8 mm Breite zwischen den Seitennerven herausschneiden. Schnitt dabei schräg führen, so daß eine keilförmige Schnittkante entsteht, die später die mikrometrische Längenmessung erleichtert. Die Streifen in Querschnitte von etwa 1 mm Breite zerlegen und ihre Länge exakt mit einem Objektmikrometer unter dem Mikroskop bestimmen. Steht kein Objektmikrometer von 1 cm Länge zur Verfügung, so genügt hierfür auch ein entsprechend großes Okularmikrometer. Die Streifen in einem Tropfen Paraffinöl auf die Skaleneinteilung legen und bei schwacher Vergrößerung unter dem Mikroskop ausmessen. Schnitte in den einzelnen Zuckerlösungen verteilen, anhaftendes Paraffin durch Umschütteln entfernen und für Untertauchen der Streifen sorgen. Nach 40 Minuten Streifen aus den Lösungen herausnehmen und erneut unter Paraffinöl ausmessen.

Auswertung: Bei derartigen Messungen wurde die Saugkraft des gewelkten Blattes um 0,1 bis 0,25 mol höher als die des frischen Blattes gefunden.

---

[1] Nach L. Brauner, s. S. 51.

Versuch 42.

Verkürzung von Wurzeln und Hypokotylen bei Turgorverlust[1].

Versuchsmaterial: Etiolierte Keimpflanzen von *Vicia faba* und *Helianthus annuus* etwa 10 Tage bei ungefähr 20° gezogen.

Geräte und Reagenzien: Becherglas etwa 15 cm hoch, Lineal mit Millimeterteilung, Filtrierpapier oder Zellstoff.
10proz. Kochsalzlösung.

Zeitbedarf: 3 Std.

Ausführung: Je 10 möglichst lange und gerade gewachsene Wurzeln und Hypokotylstücke auswählen! Mit einem scharfen Messer am Millimetermaßstab auf gleiche Länge, etwa 10 oder 12 cm, schneiden! Vor allem bei den Wurzeln rasch arbeiten und die Wurzeln nicht längere Zeit in der trockenen Zimmerluft liegen lassen, weil sonst schon ein merkbarer Turgorverlust einsetzt! Wurzel- und Hypokotylabschnitte in ein Glas mit Kochsalzlösung (10%) bringen und völlig in der Lösung untertauchen lassen. Da den Wurzeln die Kutikula fehlt, wird ihnen das Wasser rascher entzogen als den Stengelstücken. Sie haben deshalb meist schon nach 20 Minuten die endgültige Länge erreicht. Gewebe aus der Lösung nehmen, oberflächlich abtrocknen und ihre Länge bestimmen. Hypokotyle nach 1 und 2 Stunden nochmals messen, bis die Länge nicht mehr abnimmt. Die Hypokotyle können in einem weiten, dickwandigen Reagenzglas mit durchbohrtem Gummistopfen und Glasrohr oder in einem anderen geeigneten Gefäß nach Untertauchen unter die Kochsalzlösung an der Wasserstrahlpumpe evakuiert und durch Wiederherstellen des Atmosphärendrucks infiltriert werden (Glasigwerden!). Die Entspannung tritt dann sehr viel rascher ein.

Auswertung: Die Differenz zwischen der Summe der Länge aller Wurzel- bzw. Hypokotylstücke am Anfang und nach Turgorverlust wird in Prozenten der ursprünglichen Länge ausgedrückt. Die Hypokotyle verkürzen sich um etwa 8%, die Wurzeln um 10%. Soviel ungefähr hat die Dehnung der Zellwände in der Längsrichtung durch den Turgor ausgemacht.

D. Die Quellung[2].

Grundlagen. *Allgemeine Bedingungen der Quellung*: Unter Quellung versteht man die Aufnahme von Lösungsmitteln in kolloidale Körper unter Volumenvergrößerung. Bei der Flüssigkeitsaufnahme wird der Quellkörper entweder zu einem sich nicht auflösenden Gel (begrenzte Quellung, s. Vers. 43), weil sich gewisse Moleküle, z. B. infolge Brückenbildung zwischen Makromolekülen, nicht

---

[1] Nach E. G. Pringsheim: Pflanzenphysiologische Übungen. Leipzig 1931.
[2] Frey-Wyssling, A.: Submicroscopic Morphology of Protoplasm and its Derivatives. 2. Aufl. Elsevier Publ. Comp. New York 1948. — Kuhn, A.: Kolloidchemisches Taschenbuch. Leipzig 1948. — Bogen, H. J.: Planta **36,** 298 (1948). — Höber, R.: Physikalische Chemie der Zellen u. Gewebe. Bern: Stämpfli 1947.

vollständig voneinander entfernen können, oder aber er wird durch weitere Flüssigkeitsaufnahme schließlich vollständig aufgelöst (unbegrenzte Quellung, Sol-Bildung Vers. 44). Bei höheren Temperaturen können zunächst nur begrenzt quellbare Körper in unbegrenzt quellfähige übergehen. Die Quellung ist also ein besonders gearteter Lösungsvorgang und entsprechend temperaturabhängig (Vers. 44), außerdem ein exothermer Prozeß (Auftreten von Quellungswärme).

Das Ausmaß der Quellung wird durch eine Reihe von verschiedenen Faktoren bestimmt. Besondere Form der Moleküle des Quellkörpers, Bildung von mehr oder weniger lockeren Knäueln, die einen Teil des Lösungsmittels „immobilisieren", Länge der Seitenketten von Makromolekülen, Anordnung der Micelle und ihre Verknüpfung. Von Bedeutung ist ferner die spezifische Affinität des Quellkörpers zu einem bestimmten Lösungsmittel, etwa zu Wasser, bei hydrophilen, oder zu bestimmten organischen Lösungsmitteln bei hydrophoben Kolloiden(Vers. 43). Dabei hängt die Hydratationsfähigkeit hydrophiler Kolloide wegen des Dipolcharakters des Wassers von der elektrischen Ladung der beteiligten Makromoleküle ab.

Abhängigkeit der Quellung vom p_H: Da also die Ladung der Moleküle auch ihre Hydratationsfähigkeit bestimmt, werden Veränderungen der Ladung und ihrer Verteilung (etwa bei amphoteren Eiweißkörpern) auch eine Änderung der Quellung zur Folge haben. So wird schon durch eine Erhöhung der Wasserstoffionenkonzentration in der Umgebung von zunächst negativ geladenen, also als Anionen auftretenden Makromolekülen, z. B. Proteinen, deren negative Ladung verringert. Weitere Erniedrigung des p_H führt bei amphoteren Stoffen zur Gleichheit von positiver und negativer Ladung am sogenannten isoelektrischen Punkt (I.E.P.). Bei noch weiterer Herabsetzung des p_H tritt dann schließlich eine positive Ladung auf. Entsprechend ist am I.E.P. (im Minimum der Ladung des Kolloids) ein Quellungsminimum zu erwarten, mit entsprechendem Anstieg auf beiden Seiten dieses für den Quellkörper wichtigen Zustandes (s. Vers. 48 u. 49; aber auch STRUGGER, Praktikum Bd. 2). Im I.E.P. herrscht u. a. ein Minimum der Adsorption, der Viskosität und der Permeabilität und ein Maximum der Oberflächenspannung, Brechung und Flockung.

Veränderung der Quellung durch Elektrolyte: Elektrolyte beeinflussen Kolloide je nach Art der benutzten Ionen und der angewandten Konzentration verschieden (Vers. 50, 51).

Bei *geringer Konzentration* (direkter Ioneneffekt) wird die Quellung eines normalerweise negativ geladenen Eiweißkörpers durch Kationen in der Richtung abnehmender Hydratationshüllen der einwirkenden (1-wertigen) Ionen verringert (Adsorptionsreihe) (Vers. 50).

Li $<$ Na $<$ K $<$ Cs

$\longrightarrow$

Abnahme der Feldstärke

$\longrightarrow$

Abnahme der Hydratationshülle der Kationen

$\longrightarrow$

verstärkte Quellungshemmung

$\longleftarrow$

verstärkte Quellung

Bei kleinerer Hydratationshülle — z. B. Cs gegenüber Li — können sich die Kationen den geladenen Quellkörpern stärker nähern und diese entladen — Adsorption unter Ladungsverringerung, die schließlich zur Umladung des Kolloids führen kann — in anderen Fällen werden nach dem Grad der Feldstärke der Ionen im Quellkörper neue Dipolmomente induziert und dadurch neue Hydratationszentren geschaffen, bei Li am stärksten, bei Cs am geringsten. Li und Na wirken gegenüber Cs also quellend — Adsorption unter Ladungserhaltung.

Bei den Anionen ist die Wirkung umgekehrt (Vers. 50). Bei abnehmender Größe der Hydratationshülle wird die Quellung entsprechend der Adsorptionsfähigkeit (Adsorptionsreihe) gefördert.

$$SO_4 < Cl < Br < J < SCN$$

Abnahme der Feldstärke.

Abnahme der Hydratationshülle

verstärkte Quellung

Die Wirkung der Anionen wird unter zwei Gesichtspunkten verständlich. 1. Wenn die Anionen überhaupt bei negativ geladenem Quellkörper adsorbiert werden — mit Abnahme der Hydratationshülle in zunehmendem Maße — so vermehren sie bei Erhaltung ihrer negativen Ladung die Ladung des Quellkörpers und erhöhen damit zusammen mit ihrer Hydratationshülle dessen Quellung. 2. Je größer die Hydratationshülle der Anionen, um so weniger werden die begleitenden Kationen festgehalten, die dann ihrerseits den Quellkörper entladen. Die K-Ionen im KCl bewirken so eine stärkere Entladung als die K-Ionen im KJ.

2-wertige Ionen wirken, wahrscheinlich wegen ihrer Fähigkeit zwei Eiweißmoleküle an hydrophilen Gruppen miteinander zu binden und dadurch zu stabilisieren, gegenüber 1-wertigen im allgemeinen entquellend (Ionenantagonismus der 2-wertigen gegenüber 1-wertigen). Innerhalb ihrer Wertigkeit gelten aber dieselben Regeln, wie bei 1-wertigen Ionen.

Bei *hohen Konzentrationen* oder bei semipermeablen Quellkörpern tritt der indirekte Ioneneffekt (lyotroper Effekt) auf. Die Ionen wirken als Konkurrenten um das Lösungsmittel, ihre entquellende Wirkung steigt dann mit steigender Hydratationshülle gemäß der sogenannten Hydratations- oder lyotropen Reihe der Ionen (Vers. 51).

$$Cs < K < Na < Li$$
$$SCN < J < NO_3 < Br < Cl < SO_4$$

Zunahme der Hydratationshülle

verstärkte Quellungshemmung

Die verschiedenen hier angegebenen Wirkungen können sich überlagern, so daß sogenannte Übergangsreihen und damit komplizierte Verhältnisse auftreten.

Veränderung der Quellung durch Zugabe von Anelektrolyten. Auch durch Zugabe von ungeladenen Stoffen zu einem quellfähigen Körper wird dessen Quellbarkeit verändert. Bei diesen Anelektrolyten kommt es darauf an, ob sie vom Quellkörper ohne Widerstand aufgenommen werden oder nicht. Werden sie nicht aufgenommen, „Semipermeabilität" des Quellkörpers, oder sind sie in hohen Konzentrationen zugegen, so verringern sie vermöge ihrer osmotischen konkurrierenden Wirkung die Quellfähigkeit der Kolloide (indirekter Effekt, Vers. 47). Werden sie aufgenommen (direkter Effekt, Vers. 46), so ist ihr Einfluß verschieden, je nachdem, ob die eintretenden Stoffe eine eigene Hydratationshülle besitzen, ob sie die Oberfläche der Kolloide besetzen — Konkurrenz um adsorptionsfähige Stellen — ob sie durch chemische Veränderungen die Quellfähigkeit der Kolloide beeinflussen, oder aber den Quellkörper in seinem Quellungsgrad überhaupt nicht verändern.

1. Begrenzte und unbegrenzte Quellung von Kolloiden[1].

Prinzip der Methode. Die Quellung durch Einlegen der zu untersuchenden Substanzen in verschiedenartige Lösungsmittel untersuchen.

---

[1] KATZ, I. R.: Die Gesetze der Quellung. Kolloidchem. Reihe 9, 1917. — BRAUNER, L.: Pflanzenphysiologisches Praktikum. II. Jena: Fischer 1932.

Als Maß für die Quellung kann die Menge der von dem quellbaren Körper aufgenommenen Flüssigkeit dienen. Den Verlauf der Quellung verschiedener Quellkörper bis zum Quellungsmaximum bestimmen und den jeweiligen Quellungsgrad bei Zimmertemperatur berechnen. Er wird zweckmäßig in Prozent des ursprünglichen Gewichts oder Volumens des Quellkörpers angegeben. Bei Erhöhung der Temperatur wird der Quellungsvorgang beschleunigt. Substanzen, die bei Zimmertemperatur nur begrenzt quellbar sind, können bei höheren Temperaturen unbegrenzte Quellbarkeit erlangen und sich auflösen.

Versuch 43.

Begrenzte Quellung bei Zimmertemperatur.

Versuchsmaterial: Mehrere nicht zu große Stücke von festem Tischlerleim, Gelatine, Gummistopfen, Agar.

Geräte und Reagenzien: Handwaage mit Gewichtssatz, Filtrierpapier, Bechergläser bzw. Glasschalen mit Deckeln, weithalsige Flasche mit eingeschliffenem Stopfen für Benzin 250 cm³.

Leitungswasser und Benzin.

Zeitbedarf: 3—4 Tage.

Ausführung: Zur Feststellung des Anfangsgewichts den quellfähigen Körper zunächst im lufttrockenen Zustand wiegen. Von Tischlerleim mehrere nicht zu große Stücke von je 10—20 g nehmen und in das die Quellung hervorrufende Lösungsmittel (bei Tischlerleim, Gelatine und Agar in Wasser, bei Gummi in Benzin) überführen. Leicht verdunstende Lösungsmittel wie Benzin vor Verdunstung schützen. Nach anfänglich kurzen, später längeren Zeitabständen erneut wiegen; Lösungsmittel vorsichtig mit Fließpapier abtupfen. Wägungen wegen der Verdunstung von Lösungsmitteln schnell durchführen. Das Quellungsmaximum wird bei Tischlerleim und Gummi erst nach mehreren Tagen erreicht; hier anfangs alle 2 Stunden, bei Gelatine und Agar zunächst in kürzeren Zeitabständen wiegen.

Auswertung: In einem derartigen Versuch wurden die in Abb. 7 angegebenen Quellungskurven ermittelt. Leim, Gelatine und Gummi besitzen

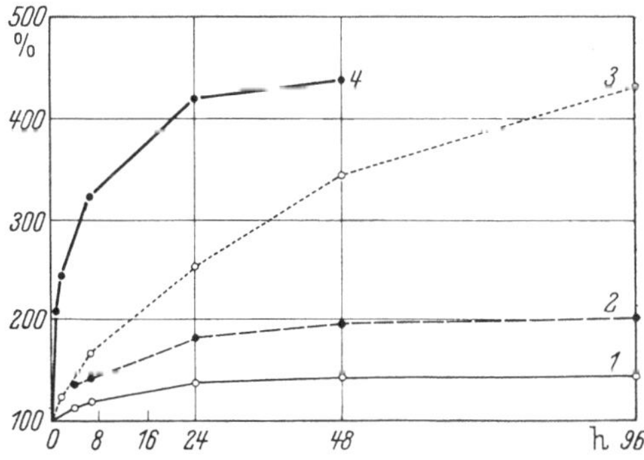

Abb. 7. Begrenzte Quellung verschiedener Quellkörper. 1 künstlicher Gummi (Buna), 2 Naturgummi, 3 Tischlerleim, 4 Gelatine. 1 und 2 in Benzin, 3 und 4 in Wasser bei 18°. Abszisse: Zeit der Messung, Ordinate: Gewicht in % des Anfangsgewichtes.

in den benutzten Lösungsmitteln bei Zimmertemperatur nur eine begrenzte Quellfähigkeit. Fehlergrenze der Wägungen (Verdunstung von Lösungsmittel) bei Gummi ± 20 mg, bei Gelatine und Leim ± 5 mg.

Versuch 44.

Unbegrenzte Quellung. Temperaturabhängigkeit der Quellung[1].

Versuchsmaterial: a) Stücke von Tischlerleim, Gelatine, Agar. b) Erbsensamen.

Geräte und Reagenzien: a) Bechergläser, Wasserbad, zwei Thermometer, das eine davon bis 100°. b) 3 Bechergläser, Trockenschrank, Handwaage mit Gewichtssatz, Filtrierpapier.

Zeitbedarf: a) je nach Temperatur ½—2 Tage. b) 5 Tage.

Ausführung: a) Die Geschwindigkeit der Quellung von Leim bei 18 und 60° soll beobachtet werden. Für die höhere Temperatur das Becherglas mit dem Lösungsmittel in ein Wasserbad stellen, dessen Temperatur durch einen einregulierten Bunsenbrenner auf der gewünschten Höhe halten, oder durch Zugabe von heißem Wasser für die erforderliche Temperatur des Wasserbades sorgen. Wird Gelatine oder Agar als Quellkörper verwendet, so steigt bei der höheren Temperatur das Gewicht anfänglich rasch bis zu einem Maximum. Da aber bei der höheren Temperatur bereits Teile der quellenden Substanz in Lösung gehen, nimmt das Gewicht bei längerem Aufenthalt in der Quellflüssigkeit infolge Überwiegens des Auflösungsvorganges bald wieder ab.

b) Die Temperaturabhängigkeit der Quellung läßt sich auch leicht an Erbsensamen zeigen, die bei verschiedener Temperatur, z.B. 14° 20° und 37° C angequollen werden (14° unter fließendem Leitungswasser, 20° bei Zimmertemperatur und 37° im Trockenschrank). Das Quellungsmaximum wird bei der hohen Temperatur viel früher erreicht, der Quellungsgrad jedoch nicht verändert.

Auswertung: Quellung von Erbsensamen bei verschiedener Temperatur.

	bei 14,5° C	bei 20° C	bei 38° C
Gewicht vorher	10 g	10 g	10 g
Gewicht nach 12 Std. . .	15,60 g	17,90 g	19,40 g
Gewicht nach 24 Std. . .	18,50 g	20,05 g	21,50 g
Gewicht nach 72 Std. . .	21,25 g	21,80 g	—[2]
Gewicht nach 120 Std. . .	21,70 g	—[2]	—[2]

2. Quellung verschiedenartiger Samen[3].

Prinzip der Methode. Da die Samen aus einer Reihe verschiedenartiger Bestandteile mit unterschiedlichem Quellungsvermögen bestehen, stellt ihre Quellung einen viel verwickelteren Vorgang dar, als die Quellung strukturhomogener Quellkörper. So läßt sich nachweisen,

---

[1] PRINGSHEIM, E. G.: Planta **11**, 528 (1930).

[2] Fäulnis, sauer.

[3] BORRISS, H.: Jahrb. wiss. Bot. **89**, 254 (1940). — PRINGSHEIM, E. G. s. Anm. 1. — BÜNNING, E.: Z. f. Naturf. **4b**, 167 (1949).

daß die Wasseraufnahme mit zunehmendem Eiweißgehalt der Samen
ansteigt und mit Erhöhung des Stärkegehalts fällt. Unter diesem Gesichtspunkt soll der Quellungsgrad verschiedener Samen, deren Reservematerial sich prozentual verschieden aus Stärke, Eiweiß und Fett zusammensetzt, durch ihre Gewichtszunahme beim Einlegen in Wasser
festgestellt werden.

Versuch 45.

Bedeutung der Reservestoffe für die Quellung von Pflanzen.

Versuchsmaterial: Samen von *Helianthus, Zea Mays* und *Pisum*.

Geräte und Reagenzien: Handwaage mit Gewichtssatz, Petrischalen, Filtrierpapier.

Zeitbedarf: mehrmals je ¼ Std. während 48 Std.

Ausführung: 30 lufttrockene Samen jeder Art wiegen und in
Petrischalen unter Wasser zum Quellen bringen. Eine allseitige Benetzung ist zur Erzielung des Quellungsmaximums erforderlich. Hierdurch wird zwar die Keimung wegen des Sauerstoffmangels beeinträchtigt, aber der Quellungsvorgang selbst gefördert. Von Zeit zu Zeit
Samen aus der Flüssigkeit herausnehmen, mit Filtrierpapier, das zur
Verhinderung eines möglichen Einflusses von quellungshemmenden oder
-fördernden Substanzen bei jeder Sorte erneuert werden muß, vorsichtig
abtrocknen und wiegen. Die Wägungen bis zur Erreichung des Quellungsmaximums, also bis zur annähernden Gewichtskonstanz, fortsetzen. Vollständige Gewichtskonstanz ist wegen Atmung und beginnender Keimung eines Teils der Samen nicht zu erreichen.

Auswertung: Bei einer Versuchsreihe ergab sich, Anfangsgewicht der Samen gleich 100 gesetzt, folgendes Endgewicht:

Zea Mays . . . 130,0 (Zunahme 30%)
Helianthus . . . 182,8 (,, 82,8%)
Pisum . . . . . 210,0 (,, 110%)

Die stärkehaltigen Samen von *Zea Mays* zeigen also die geringste
Zunahme, eiweißhaltige (*Pisum*) die höchste.

3. Quellung bei Anwesenheit von Anelektrolyten.

Prinzip der Methode. Zur Untersuchung der Quellung unter dem
Einfluß von Anelektrolyten wird der Quellkörper in Lösungen von
Harnstoff (Vers. 46) oder Rohrzucker (Vers. 47) gelegt und das Ausmaß
der unterschiedlichen Quellung beobachtet. (Vgl. Grundlagen).

Versuch 46.

Quellung von Gelatinepulver in Harnstofflösung[1].

Versuchsmaterial: Gelatinepulver (5 g).

Geräte und Reagenzien: 4 Reagenzgläser gleichen Durchmessers, 5% Harnstofflösung, Aqua dest., Halbanalysenwaage, Millimetermaßstab, Reibschale.

Zeitbedarf: ½ Std. — 24 Std. Wartezeit — ½ Std.

---

[1] OSTWALD, W.: Kl. Prakt. d. Kolloidchemie. Dresden und Leipzig: Steinkopf
1935.

Ausführung: In 4 Reagenzgläser je 1,0 g in einer Reibschale fein zermahlenes Gelatinepulver geben. Bei 2 von ihnen 5proz. Harnstofflösung hinzufügen, so daß bis zum oberen Rand der Reagenzgläser noch 2 cm frei sind. In die beiden anderen zur Kontrolle Aqua dest. bringen. Durchschütteln und Gelatinepulver absetzen lassen. Wegen der unbegrenzten Quellung der Gelatine bei hoher Temperatur kühl aufbewahren (Vers. 44). Nach einem Tag, oder schon eher, hat sich das Gelatinepulver abgesetzt, es kann nun mit dem mm-Maßstab die Höhe des Gelatinepulvers in den 4 Reagenzgläsern verglichen werden. Messung wiederholen, bis vollständige Quellung der Gelatine eingetreten ist.

Auswertung: Die 5proz. Harnstofflösung läßt die Gelatine stärker als Wasser allein quellen. Es zeigt sich also der direkte Quellungseffekt, bei dem durch den Eintritt des Anelektrolyten in den Quellkörper dessen Quellung gefördert wird.

Versuch 47.

Quellung von Weizenkörnern in Gegenwart von Rohrzuckerlösung[1].

Versuchsmaterial: Weizenkörner.

Geräte und Reagenzien: 6 Petrischalen, Meßkolben (Meßzylinder), 4 Erlenmeyer 100 cm³, Waage (Genauigkeit 10 mg), graduierte Pipette 10 cm³.

Rohrzucker, Aqua dest.

Zeitbedarf: 1 Std.—48 Std. Wartezeit — 1 Std.

Ausführung: Verschiedene Rohrzuckerlösungen (0 bis 2,0 mol, hohe Konzentrationen in heißem Wasser auflösen) ansetzen und gleiche Mengen zusammen mit je 5 g lufttrocken gewogener Weizenkörner in je eine Petrischale geben. Samen bei möglichst gleicher Temperatur (18° bis 20°) stehen lassen und nach 48 Stunden Gewichtszunahme der Samen feststellen. Die Wasseraufnahme in Prozent des Anfangsgewichts bestimmen und die relative Quellung berechnen. Die prozentuale Wasseraufnahme in reinem Wasser wird gleich 100 gesetzt.

Auswertung: Versuchsbeispiel:

mol. Rohrzuckerlösung	0	0,25	0,50	1,0	2,0
Anfangsgewicht in g . . .	5	5	5	5	5
Gewicht nach 48 Std. in g	7,60	7,37	7,20	6,95	6,60
Wasseraufnahme in g . .	2,60	2,37	2,20	1,95	1,60
Wasseraufnahme in % . .	51,4	47,5	44	39	32
Relative Quellung in % .	100	92,2	85,6	75,8	62,3

Es ergibt sich also, daß die Rohrzuckerlösung schon von niedrigen Konzentrationen an die Wasseraufnahme der Weizenkörner hemmt (Indirekter Effekt infolge der Semipermeabilität der Weizenkörner).

---

[1] In Anlehnung an L. Brauner: Pflanzenphysiolog. Praktikum, Teil II. Jena: Fischer 1932.

4. Isoelektrischer Punkt.

Prinzip der Methode. Am isoelektrischen Punkt (I.E.P.) halten sich die sauren und basischen Gruppen eines amphoteren Kolloids die Waage. Auch die Gelatine, als Eiweißkörper, gehört in die Gruppe dieser amphoteren Stoffe. Sie ist im schwach sauren Bereich negativ, im stark sauren positiv aufgeladen, dazwischen liegt der I.E.P. Wird der Quellungsgrad eines solchen Körpers bei verschiedenem p_H verfolgt, nimmt er, vom sauren Bereich kommend, langsam zu einem Minimum ab, um dann wieder anzusteigen. Das Quellungsminimum entspricht dem I.E.P. Ähnlich wie die hier verwendete Gelatine verhält sich das Plasma, so daß die Gelatine als Modellsubstanz für dieses dienen kann.

Die Messung des Quellungsgrades geschieht durch Messung der sich ändernden Länge von Gelatinestreifen.

Der I.E.P. kann aber auch durch die Flockungsintensität bestimmt werden, denn Gelatine und andere Eiweiße sind zwar beim I.E.P. noch recht gut löslich, aber sie werden bei dieser Azidität doch am leichtesten ausgeflockt.

Versuch 48.

Bestimmung des isoelektrischen Punktes von Gelatine durch Quellung bei verschiedenem p_H[1].

Versuchsmaterial: Gelatinefolien.

Geräte und Reagenzien: 6 Petrischalen, Millimetermaß, scharfes Messer (Rasiermesser). n/10 Essigsäure, n/10 Natriumacetat zur Herstellung von Puffergemischen. Vgl. Anhang S. 238.

Zeitbedarf: 2 Std. — 24 Std. Wartezeit — 1 Std.

Ausführung: Benötigt werden verschiedene Pufferlösungen von bestimmtem p_H, die aus n/10 Essigsäure und n/10 Natriumacetat (s. Anhang S. 238) hergestellt werden. Zweckmäßig sind sechs p_H-Bereiche von 3,2—6,2 (s. u.). Von jeder p_H-Lösung 20 cm³ in eine Petrischale füllen, in diese je drei Gelatinestreifen von 15 × 30 mm legen und nach 24 Stunden die Länge der gequollenen Folien möglichst genau bestimmen.

Auswertung:

p_H	3,2	3,8	4,4	4,7	5,3	6,2
Streifenlänge nach 24 Std. (Mittel) in mm	45,0	39,5	38,0	37,5	38,5	40,5

Aus dem Zahlenbeispiel geht hervor, daß bei einem p_H von 4,7 ein Quellungsminimum auftritt, so daß im Bereich dieses p_H-Wertes der I.E.P liegen dürfte.

---

[1] Nach L. Brauner, s. S. 66 — Michaelis, E.: Praktikum der physikalischen Chemie 3. Aufl. Berlin: Springer 1926.

Versuch 49.

Isoelektrischer Punkt und Flockungsintensität[1].

Versuchsmaterial: 4g Gelatine.

Geräte und Reagenzien: Einige Reagenzgläser, Becherglas, Pipette, Wasserbad, Bürette.

95proz. Alkohol, Pufferlösungen p_H 3,8—4,2—4,7—5,2—5,6. Z. B. Acetat — oder Citrat-Puffer, vgl. Anhang S. 238.

Zeitbedarf: 1 Std.

Ausführung: 5 Reagenzgläser mit 5 cm³ Pufferlösung von verschiedenem p_H (s. o.) beschicken. In einem kleinen Becherglas mit 100 cm³ Aqua dest. 4 g Gelatine unter ständigem Rühren auf dem siedenden Wasserbad lösen. Zu jedem Reagenzglas 2 cm³ der heißen Gelatinelösung geben, umschütteln, unter Leitungswasser abkühlen und dann zu jedem Röhrchen aus einer Bürette solange 95proz. Alkohol zulaufen lassen, bis eine schwache Trübung bestehen bleibt. Menge des benötigten Alkohols für jedes Röhrchen notieren.

Auswertung: Das p_H, bei dem am wenigsten Alkohol zur Erzielung der Trübung erforderlich ist (Ausflockung!), gibt den I.E.P. der Gelatine an.

5. Quellung in Lösungen von Elektrolyten[2].

Prinzip der Methode. Der Einfluß von Elektrolyten geringer Konzentration auf die Quellung läßt sich durch Messung der Längenänderung bzw. Volumenveränderung von Gelatinestreifen (elektronegatives Gel) in Neutralsalzlösungen nachweisen.

Der lyotrope Effekt, die Konkurrenz zwischen Lösungsmittelionen und Quellkörper ist an Erbsen oder Leinsamen festzustellen. Je größer die Hydratation der verwendeten Ionen (Anion und Kation) ist, desto mehr Wasser wird dem Quellkörper gegenüber reinem Wasser als Lösungsmittel entzogen (Vers. 51).

Versuch 50.

Bestimmung der Quellung von Gelatinefolien in Gegenwart von Elektrolyten durch Messung ihrer Längenänderung.

Geräte und Reagenzien: 7 Petrischalen, Maßstab, scharfes Messer. Gelatinefolien, 2 n Lösungen von KCl, NaCl, LiCl. 1 n Lösung von KCl, KBr, KJ.

Zeitbedarf: 1 Std. — 3 bis 24 Std. Wartezeit.

Ausführung: Aus glatter, dünner Gelatinefolie 21 gleichlange Streifen von möglichst genau 30×50 mm ausschneiden und je drei Folien in die oben angegebenen Salzlösungen, sowie in eine Kontrolle mit

[1] HASSID, W. Z. u. D. R. HOAGLAND: Laboratory Manual in Plant Biochemistry, Univ. Calif. Press, Berkeley and Los Angeles 1948.
[2] BRAUNER, L.: s. S. 66.

Aqua dest. in Petrischalen legen. Die beschickten Petrischalen bei gleicher Temperatur (18—20°) aufstellen. Nach 3 bzw. 24 Std. die Länge der Gelatinefolien messen und die Längenänderung bestimmen. Sollten die Gelatinefolien vor Versuchsbeginn nicht völlig glatt sein, alle Folien anfangs für kurze Zeit (20 Min.) in Aqua dest. legen und die Folien dann auf gleiche Ausgangslänge bringen.

Auswertung: Aus den Ergebnissen der Messungen geht hervor, daß die Kationen den Quellungsgrad der Gelatine als negativ geladenes Gel in der Reihenfolge der Adsorptionsreihe erniedrigen.

$$LiCl > NaCl > KCl > H_2O,$$

während umgekehrt die Anionen in Richtung der Adsorptionsreihe

$$H_2O < KCl < KBr < KJ$$

quellungsfördernd wirken.

Versuch 51.

Quellung von Samen bei Gegenwart von Salzlösungen[1].

Versuchsmaterial: Erbsensamen, Samen von *Linum usitatissimum*.

Geräte und Reagenzien: 4 Reagenzgläser, 4 Petrischalen, Filtrierpapier. 2n Lösungen von KCl, NaCl, LiCl.

Zeitbedarf: 1 Std. — 24 bis 48 Std. Wartezeit — ½ Std.

Ausführung: 4 mal je 6 g Erbsen (lufttrocken) wiegen und in 2 n Lösungen der oben angegebenen Salze bzw. Wasser legen. Nach 24 Stunden nach vorsichtigem Abtrocknen mit Filtrierpapier erneut ihr Gewicht bestimmen und die Gewichtszunahme in % des Ausgangsgewichtes feststellen. An Stelle der Erbsen können auch Linum-Samen verwendet werden, bei denen aber die Volumenänderung gemessen wird. Samen bis zu einer bestimmten Höhe in gleiche Reagenzgläser geben, Lösungen einfüllen und nach 24 bzw. 48 Stunden erreichte Höhe messen.

Auswertung: Aus den folgenden Tabellen gehen die bei der Quellung von Erbsen (gewichtsmäßige Bestimmung) und Leinsamen (Volumenbestimmung) gemessenen Werte hervor. Die Salzlösungen verringern die Quellung entsprechend der Hydratationsreihe der An- und Kationen (lyotroper Effekt). Die Salze können nicht in merklichem Ausmaß in die Quellkörper eindringen (Semipermeabilität dieser Quellkörper).

Quellung von Erbsensamen:

Quellungsmittel	H_2O	KJ	KCl	NaCl	LiCl
Anfangsgewicht (g) . .	6,0	6,0	6,0	6,0	6,0
Gewicht nach 48 Std. .	13,25	12,65	11,35	11,05	10,8
Zunahme in % . . .	120,8	110,8	89,2	84,3	80,0

[1] WALTER, H.: Jahrb. f. wiss. Bot. **62**, 145 (1923). — BRAUNER, L. s. S. 66.

Quellung von Leinsamen:

Quellungsmittel	H_2O	KCl	NaCl
Anfangshöhe in cm . .	5,9	5,9	5,9
Höhe nach 6 Std. . . .	11,3	10,5	9,9
Höhe nach 48 Std.. . .	11,9	11,0	10,1
Zunahme der Höhe nach 48 Std. in % . . .	101,7	86,4	71,2

E. Wasseraufnahme der Pflanzen[1].

Grundlagen. Da durch die Verdunstungskraft der Atmosphäre den Landpflanzen im allgemeinen mit großer Geschwindigkeit Wasser entzogen wird, muß von Seiten der Pflanze Wasser in entsprechendem Maße aufgenommen und nachgesaugt werden. Aber auch bei nur geringem oder ganz fehlendem Wasserentzug ist die Wasseraufnahme aus Gründen der Nährstoffaufnahme unbedingt erforderlich. Sie ist deshalb nicht nur für Landpflanzen, sondern auch für Submerse notwendig und nachgewiesen. Hält sich Wasseraufnahme und -abgabe das Gleichgewicht, spricht man von einer ausgeglichenen Wasserbilanz (s. S. 77), andernfalls von Unter- oder Überbilanz (s. S. 79).

Bei niederen Pflanzen vermag der ganze Thallus, z. B. Algen und Flechten, s. Versuch 52 und 53, Wasser bzw. Wasserdampf aufzunehmen. Aber vielfach haben auch vorwiegend die Blätter (z. B. Moose, Versuch 54) diese Funktion übernommen. Bei den höheren Pflanzen sind die Organe der Wasseraufnahme die Wurzeln, nur in seltenen Fällen die ganzen Blätter oder Teile von ihnen. So können bei Wasserpflanzen Blätter zerschlitzt oder fädig aufgeteilt sein, bzw. sich an den Blättern besondere Hydropoten(s. Praktikum von Strugger S. 143) als Organ der Wasseraufnahme entwickelt haben, oder bei Epiphyten können Saugschuppen an den Blättern zur Wasseraufnahme dienen.

Die Wasseraufnahme der Pflanzen wird durch verschiedene Kräfte bewerkstelligt. Bei der Keimung von Samen, Früchten und Sporen und bei Geweben, deren Zellen keine Vakuole besitzen, spielt die Quellung (s. Abschnitt D) eine große Rolle. Für Pflanzenzellen mit Vakuolen, auch für die Wasseraufnahme der Wurzelhaare aus dem angrenzenden Boden, ist Diffusion und Osmose von Bedeutung (s. Abschnitt C). Bei den Landpflanzen wird das sich durch diese Kräfte einstellende Gleichgewicht immer wieder durch die Verdunstungskraft der Atmosphäre, durch die Transpiration, aufgehoben und führt zu einem Nachsaugen von Wasser. Selbst bei abgeschnittenen Sprossen (Vers. 55) kommt es deshalb, sofern in den Gefäßen noch durchgehende Wasserfäden vorhanden sind, zu einer passiven Wasseraufnahme. Schließlich spielen bei der Wasseraufnahme offenbar auch noch Atmungsvorgänge zur Aufrechterhaltung einer wahrscheinlichen sekretorischen Aktivität (s. auch Abschnitt: Wasserabgabe, Blutung) eine Rolle.

Die Wasseraufnahme hängt von den verschiedensten äußeren und inneren Bedingungen ab: von der Stärke der Verdunstung und damit von der Intensität der Transpiration (s. S. 99), vom Anpassungszustand der Pflanzen an den Bodenwassergehalt (Höhe des osmotischen Wertes der Wurzeln, s. S. 57), von der Atmungsintensität (s. Guttation S. 102, Blutung S. 85), von Auxinzufuhr und den vorhandenen Nährsalzen. Sie wird in starkem Ausmaß auch von der Temperatur beeinflußt. Hier sind außerdem, je nach Pflanzenart und Vorleben, besondere Unterschiede in der Wasseraufnahme bei tiefen Bodentemperaturen festgestellt worden, die für die Wasseraufnahme an Standorten mit zeitweilig kaltem Boden

---

[1] KRAMER, P. J.: Plant and Soil Water Relationships. McGraw-Hill (New York) 1949. — WALTER, H.: Einführung in die Pflanzengeographie. Grundlagen der Pflanzenverbreitung III, 1. Teil Standortslehre. Ulmer: 1950. — HUBER, B.: Fortschr. d. Bot. 1—12.

(Arktis, Hochmoor, Gebirge) und damit für das Fortkommen an diesen Stellen entscheidend sein können (Vers. 56 S. 76).

Die Messung der Wasseraufnahme kann durch Wägung (Vers. 52, 54) oder durch volumetrische Bestimmung der aufgenommenen Wassermenge (Potometer, S. 74) erfolgen.

1. Wasseraufnahme von Algen, Flechten und Moosen[1].

Prinzip der Methode. Flechten und Moose nehmen das Wasser mit dem ganzen Thallus bzw. mit den Blättern auf. Die sehr schnelle Wasseraufnahme, auch in Form von Wasserdampf, läßt sich bei Flechten durch die beim Einbringen in eine feuchte Atmosphäre eintretende Gewichtszunahme leicht zeigen (Vers. 52). Die Möglichkeit zur Wasserdampfaufnahme von Algen läßt sich durch den Nachweis der Lebensfähigkeit von Algen in wasserdampfgesättigten Räumen führen, wobei der Dampfdruck der Atmosphäre durch Salzlösungen verschiedener Konzentrationen variiert werden kann. (Vers. 53a). Ähnliche Versuche mit gesättigter und ungesättigter Wasserdampfatmosphäre sind auch mit felsbewohnenden Moosen durchführbar (Versuch 53b). Bei anderen Moosen läßt sich durch Verhinderung der kapillaren äußeren Wasserleitung an Blättern und Stamm zeigen, daß die Wasserleitung durch den Stamm allein nicht genügt (Vers. 54).

Versuch 52.

Wasserdampfaufnahme bei Flechten.

Versuchsmaterial: Lufttrockene Strauch- oder Laubflechten (*Cladonia-*, *Cetraria-* oder *Parmelia*-Arten).

Geräte und Reagenzien: Feuchte Kammer (s. S. 5), einige Schalen, Torsionswaage (s. S. 9).

Zeitbedarf: ½ Std. — wiederholte Wägungen während 24 Std.

Ausführung: Feuchte Kammer vorbereiten. Nicht zu große lufttrockene Flechtenthalli auf einer Torsionswaage abwiegen, in Schälchen ohne Wasser in die feuchte Kammer stellen und die Gewichtszunahme erst in kürzeren, dann in größeren Zeitabschnitten messen.

Auswertung: Es ergibt sich eine Gewichtszunahme der Flechtenthalli, die einer Quellungskurve (s. S. 63) gleicht. Aufzeichnen der Gewichtszunahme in Abhängigkeit von der Zeit.

Versuch 53.

Wasserdampfaufnahme bei Algen und Moosen.

Versuchsmaterial: a) Blaualgenwatten, z. B. *Oscillatoria*. b) trockene Felsmoose, z. B. *Racomitrium*, *Grimmia*, *Andreaea*-Arten.

Geräte und Reagenzien: Einige luftdicht verschließbare Glasgefäße, am besten solche mit plangeschliffenem Rand und passen-

---

[1] STOCKER, O.: Flora, **121**, 334 (1927). — MÄGDEFRAU, K.: Z. f. Bot. **24**, 417 (1931). — MÄGDEFRAU, K.: Z. f. Bot. **29**, 337 (1935).

dem Deckel, einige Glasstäbe, Glasfeile, große Deckgläschen oder halbe Objektträger, Meßzylinder, große Wägegläschen, Thermostat 20—25°, Analysenwaage.

Paraffin, Vaseline, Picein oder „Uhu", 1,0 mol NaCl-Lösung, Aqua dest.

Zeitbedarf: Ansetzen der Versuche 2—3 Stunden. Beobachtung einige Tage bis Wochen.

Ausführung: In die Mitte der Glasgefäße wird mit Picein (Uhu) ein Glasstab (Länge etwa $\frac{3}{4}$ der Gefäßhöhe) senkrecht eingeklebt und darauf mit Picein oder Uhu ein großes Deckgläschen oder ein halber Objektträger befestigt. Dann wird je ein Gefäß bis dicht unter das Deckgläschen mit destilliertem Wasser, ferner bei Versuchen mit Algen je eins mit 0,1 und 0,2 mol NaCl, bei Moosen mit 0,5 und 1,0 mol NaCl gefüllt. Die Algenwatten werden dann möglichst gleichmäßig auf die Objektträger verteilt und die Deckel mit Vaseline luftdicht aufgesetzt. Um Kondenswasserbildung zu vermeiden, Gefäße in einen Thermostaten von 20—25° stellen. Wachstum in den drei Gefäßen beobachten.

Bei den Moosen ein kleines Polster auf ein Deckglas legen, das mit einem Paraffinrand umgeben wurde. Moospolster zusammen mit dem schon vorher gewogenen Deckglas in Wägegläschen wiegen und dann auf das vorbereitete Objektträgertischchen in die feuchte Kammer stellen und täglich erneut wiegen. Die anderen Proben ebenso behandeln und alle in den Thermostaten stellen.

Auswertung: Die über Aqua dest. aufwachsenden Algen sind noch nach 4 Wochen frisch, die über den NaCl-Lösungen gehaltenen sind mehr oder weniger geschädigt, bei der höchsten verwendeten NaCl-Lösung ganz eingegangen. Die Moose haben nach etwa acht Tagen ein einigermaßen konstantes Endgewicht erreicht, das sich aber in den drei Gefäßen erheblich unterscheidet. Bei 1,0 mol NaCl findet fast keine Aufnahme von Wasserdampf statt.

Versuch 54.

Wasseraufnahme von Moosen.

Versuchsmaterial: Polster von *Polytrichum spec.*, außerdem Polster von einer der folgenden Arten: *Dicranum, Mnium* oder *Rhytidiadelphus triquetrus*, z. T. lufttrocken.

Geräte und Reagenzien: Einige Bechergläser 50 oder 100 cm³, Spritzflasche, Pinzette, Staniolpapier, Waage, Hygrometer.

Paraffinöl, Vaseline.

Zeitbedarf: Zum Ansetzen 2 Std. Versuche einige Tage.

Ausführung: a) Lufttrockene Moose der oben angegebenen Arten nehmen durch ihre Blätter Wasser auf. Die Moosbüschel solcher Arten werden umgedreht und mit dem Vegetationspunkt nach unten, in Wasser gehalten. Die Moose saugen dann in kurzer Zeit bis zur Turgeszenz Wasser durch die Blätter auf.

b) Bei den meisten Arten genügt die Wasseraufnahme durch die Rhizoide und die stammeigene Wasserleitung nicht. Zur *qualitativen*

Prüfung werden Stämmchen von *Polytrichum* und außerdem von einer der anderen oben angegebenen Arten ausgewählt und in zwei Portionen geteilt. Die erste Portion wird ohne weitere Behandlung in mit Wasser gefüllte Bechergläser gestellt. Die Moospflänzchen können dann sowohl durch das Leitungssystem des Sprosses als auch kapillar an der Oberfläche Wasser aufsaugen. Bei der zweiten werden die Moose vor ihrem Einstellen in Wasser etwa 1 cm unter und über der Wasseroberfläche entblättert und dort mit Vaseline bestrichen, so daß keine äußere, sondern nur innere Wasserleitung stattfinden kann. Dann die Pflanzen an einen Ort von einigermaßen gleicher Luftfeuchtigkeit stellen (mit Hygrometer kontrollieren) und einige Tage stehen lassen.

c) Soll die unterschiedliche Wasseraufnahme der Arten mit den nach b) vorbereiteten zwei Serien *quantitativ* bestimmt werden, ist die Wasseroberfläche der Bechergläser noch mit einer Schicht von Paraffinöl zu übergießen, jedoch ist zusätzlich dafür Sorge zu tragen, daß das Paraffinöl bei der Kontrollserie nicht die äußere Wasserleitung verhindert: Mehrere, etwa zehn Stämmchen von *Polytrichum* einerseits, und eine der übrigen oben angegebenen Arten andererseits werden daher locker mit einem Zwirnsfaden zusammengebunden und jedes Bündel im unteren Teil ebenfalls locker mit einer Hülle von Staniolpapier umgeben. Werden die Moospflänzchen jeder Art getrennt in Bechergläser in Wasser gestellt, soll die Staniolhülle noch aus dem Wasser hervorragen. Das Paraffinöl wird dann bei der Kontrollserie nur zwischen den Rand des Becherglases und die Staniolhülle gegossen, und bei der Serie mit entblätterten Moospflänzchen so eingefüllt, daß die oben am Stiel belassenen Blättchen vom Paraffinöl nicht benetzt werden. Durch Wägung der Bechergläser, die infolge der Paraffinölschicht selbst kein Wasser verdunsten, wird dann die unterschiedliche Wasseraufnahme (durch Bestimmung der Wasserverdunstung der Moospflänzchen) einerseits durch die innere Leitung allein, andererseits durch innere und äußere Leitung zusammen gemessen.

Auswertung: Die innere Leitung allein genügt nur bei *Polytrichum*, infolge seines gut ausgebildeten Leitungssystems, um ein Schlaffwerden der Pflänzchen zu verhindern. Die anderen Arten halten sich nur bei zusätzlicher äußerer kapillarer Leitung und bei hoher Luftfeuchtigkeit frisch. Ist die Luftfeuchtigkeit niedrig, so genügt bei empfindlichen Arten wie z. B. *Mnium undulatum*, auch die äußere kapillare Wasserleitung nicht mehr. Durch Besprühen der Blätter mit Wasser kann die Turgeszenz jedoch wieder hergestellt werden. Die Moose sind also im allgemeinen auf eine Wasseraufnahme in flüssiger Form durch die Blätter angewiesen.

2. Bestimmung der Wasseraufnahme bei höheren Pflanzen.

Prinzip der Methode. Zur Messung der Wasseraufnahme einer höheren Pflanze dient die volumetrische Bestimmung der Menge des aufgesaugten Wassers mit Hilfe des Potometers. Im einfachsten Fall besteht es aus einem weiten Reagenzglas und einer gebogenen Meßkapillare, deren kurzes, umgebogenes Ende (s. Abb. 8a) fest in die eine Durchbohrung eines Gummistopfens paßt, der das Reagenzglas luftdicht abschließt. Die zweite, seitlich aufgeschlitzte Durchbohrung des Gummistopfens dient zur Aufnahme der (bewurzelten) Pflanze. An dem Rückgang des Wassermeniskus in der Meßkapillare kann die Größe der Wasseraufnahme laufend verfolgt werden. Diese Art des Potometers kann aber nur kurzfristig benutzt werden, da ein Wassernachschub zur Auffüllung des durch die Wasseraufnahme abgegebenen Wassers bei dieser Konstruktion schwieriger ist. Sind längere Versuche vorgesehen, so muß für ein Nachfüllen von Wasser, bzw. auch von Nährlösung sowie für eine Temperaturkontrolle im Potometergefäß gesorgt werden (s. Abb. 8b.). Mit Hilfe dieser Methode kann z. B. die unterschiedliche Wasseraufnahme (s. Auswertung) unter dem Einfluß von Sonne und Schatten oder bei ruhiger und bewegter Luft festgestellt werden. Vgl. auch die folgenden Versuche.

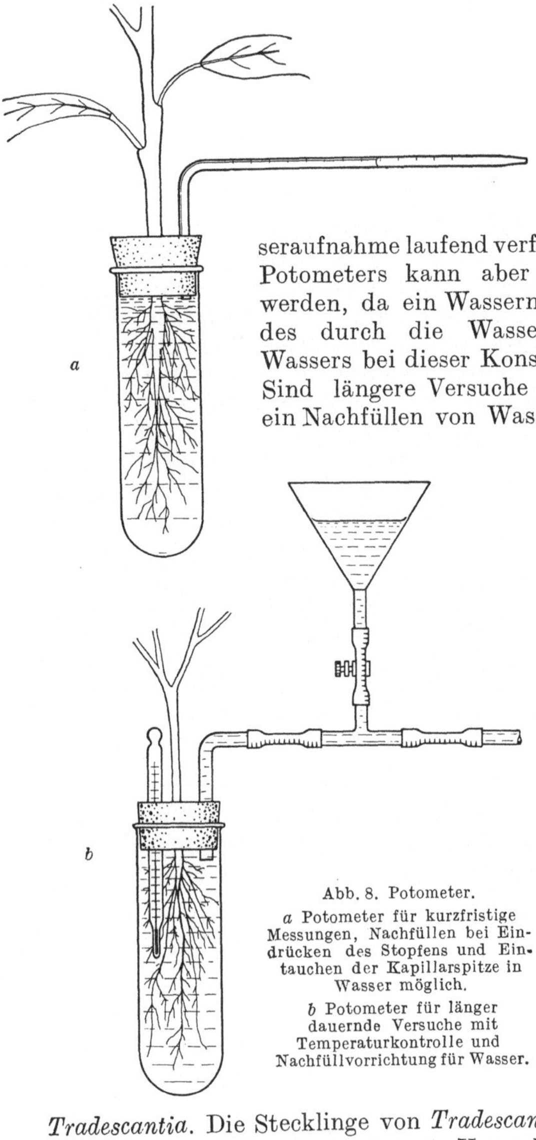

Abb. 8. Potometer.

a Potometer für kurzfristige Messungen, Nachfüllen bei Eindrücken des Stopfens und Eintauchen der Kapillarspitze in Wasser möglich.

b Potometer für länger dauernde Versuche mit Temperaturkontrolle und Nachfüllvorrichtung für Wasser.

Versuch 55.

Das Potometer[1].

Versuchsmaterial: Abgeschnittene Zweige von *Syringa, Taxus* usw. Jungpflanzen von Tomaten, *Coleus, Impatiens* oder auch Stecklinge von *Tradescantia*. Die Stecklinge von *Tradescantia* 4 Wochen vor Versuch in Nährlösungskulturen ansetzen (s. Versuch S. 13).

---

[1] LEICK, E. in ABDERHALDEN: Handb. d. biol. Arbeitsmethoden XI, 4, 15 (1931). — BURGERSTEIN A.: Die Transpiration der Pflanzen, Teil 2. Jena: Fischer (1920). — STOCKER, O.: Pflanzenphysiologische Übungen. Jena 1942.

Geräte und Reagenzien: Potometer (s. Abb. 8a und b) bestehend aus weitem Reagenzglas, gebogener Meßkapillare, einem doppelt oder besser dreifach durchbohrten Gummistopfen, Trichter, T-Stück, etwas Gummischlauch, einige Schlauchklemmen, Thermometer, Ventilator. Vaseline, Paraffin oder LEICKscher Porometerkitt[1].

Zeitbedarf: 2 Std.

Ausführung: Zunächst die vorgesehenen Versuchspflanzen vorbereiten; bei Topfpflanzen die Wurzeln durch Waschen unter Leitungswasser von Erde befreien, bei abgeschnittenen Zweigen die Zweige unter Wasser auf die gewünschte Länge verkürzen. Inzwischen Potometer herrichten: Die Meßkapillare so in den Gummistopfen einsetzen, daß ihr umgebogenes kürzeres Ende genau mit dem Gummistopfen abschließt und nicht in das Gefäß hinabreicht. Versuchspflanze in die eingeschlitzte Durchbohrung des Gummistopfens einsetzen, den Pflanzenstiel gut mit eingefetteter Watte (Vaseline) umwickeln und die Einsatzstelle am bestem mit LEICKschem Porometerkitt oder mit einer Mischung aus Vaseline und Paraffin verkitten. Beim Einsetzen des Gummistopfens mit der Pflanze in das Potometergefäß muß dieses bis zum Rand mit Leitungswasser oder der vorgesehenen Nährlösung gefüllt sein, so daß im Gefäß möglichst keine Luftblasen auftreten. Stopfen langsam festdrücken, bis sich die Meßkapillare vollständig mit Flüssigkeit gefüllt hat. Meistens wird die Flüssigkeit noch aus der Kapillaröffnung beim Einsetzen herausspritzen. Etwa dann doch noch vorhandene Luftblasen werden durch vorsichtiges Drehen und Senken des Potometers durch die Kapillare entfernt. Das Potometer ist dicht, wenn sich beim Neigen der Meniskus der Flüssigkeit in der Kapillare nicht ändert.

Die Messung geht nun so vor sich, daß der Stand des Meniskus in der Kapillare zusammen mit der Zeit notiert wird. Die Ablesung ist regelmäßig je nach der Größe der Wasseraufnahme in kürzeren oder längeren Zeitabständen (alle 3—5 Minuten) zu wiederholen. Soll, wie bei dem unten angeführten Versuchsbeispiel, der Einfluß des Windes auf die Wasseraufnahme geprüft werden, so wird nach einigen Messungen ein Ventilator in geeignetem Abstand von dem Potometer eingeschaltet und erneut — konstante Werte abwarten — gemessen. Anschließend erfolgt noch eine Kontrollmessung in ruhiger Luft. Umrechnung der Wasseraufnahme auf cm³ und Stunde. Nach Beendigung des Versuches muß die Wasseraufnahme noch auf ein bestimmtes Bezugssystem der Pflanze selbst umgerechnet werden. Als solches kann das Gesamtfrischgewicht des Sprosses, das Blattfrischgewicht oder auch die Blattfläche (zur Berechnung der Blattfläche s. S. 9) verwendet werden.

Auswertung: Bei Versuchen in ruhiger und bewegter Luft (Ventilator) wurden an den gleichen *Coleus*-Pflanzen folgende Werte gemessen:

---

[1] LEICKscher Porometerkitt besteht aus einer Mischung von Vaseline, Kolophonium und fein geschnitzeltem Radiergummi. Das Ganze wird zusammengekocht.

Ablesung nach	5	10	15	20	25	30	35	40 Min
1. ruhige Luft (Aufnahme in cm³) .	0,05	0,06	0,09	0,10	0,11	0,09	0,10	0,12
2. bewegte Luft (Ventilator) . .	0,03	0,07	0,11	0,13	0,15	0,14	0,16	0,15
3. wiederruhige Luft	0,07	0,11	0,12	0,10	0,12	0,13	0,10	0,09

ruhige Luft (Mittel aus je 5 Messungen) 0,103 cm³/5 Min.
bewegte Luft (Mittel aus 5 Messungen) 0,146 cm³/5 Min.

Blattfläche: 132 cm² (einfach)

$$\text{Wasseraufnahme in ruhiger Luft[1]}: 0{,}47 \ \frac{gr}{dm^2h}$$

$$\text{Wasseraufnahme in bewegter Luft}: 0{,}66 \ \frac{gr}{dm^2h} \ .$$

Die Wasseraufnahme ist also unter dem Einfluß des Windes (erhöhte Transpiration) gestiegen.

Versuch 56.

Abhängigkeit der Wasseraufnahme von der Bodentemperatur[2].

Prinzip der Methode. Die Wasseraufnahme hängt von der Bodentemperatur ab. Bei niedriger Temperatur ist die Wasseraufnahme gegenüber höherer Temperatur im allgemeinen mehr oder weniger herabgesetzt. Diese Abhängigkeit läßt sich dadurch zeigen, daß die Wasseraufnahme bei gleicher Lufttemperatur und verschiedener Temperatur im Potometer (Einstellen in Eiswasser) gemessen wird.

Versuchsmaterial: Beliebige, in Wasserkultur vorgezogene Pflanzen. Als besonders geeignet erwiesen sich *Salix-Stecklinge, Nasturtium, Veronica Beccabunga*, Fuchsien, *Veronica Tournefortii*.

Geräte und Reagenzien: Zwei Potometer in zwei dazu passende Thermosflaschen, zerkleinertes Eis, Wasserbad, Thermometer von —10 bis etwa +30°. 2 Gummiringe.

Zeitbedarf: 3—4 Std.

Ausführung: Das Potometer mit der vorbereiteten Pflanze — einen Versuch mit einer empfindlichen, einen weiteren mit einer unempfindlichen Pflanze ansetzen; s. unten — zunächst in ein Wasserbad von 18—20° stellen und die Wasseraufnahme nach Erreichen konstanter Werte noch etwa 60 Minuten lang bestimmen. Ablesung alle 5—10 Minuten. Mittelwert aus diesen Messungen bilden. Anschließend Potometer mit der Pflanze in eine mit Eiswasser gefüllte Thermosflasche übertragen. Steht keine solche Thermosflasche zur Verfügung, Potometer in ein Gefäß mit Eiswasser stellen, durch Zugabe von Eisstückchen auf gleicher Temperatur halten. Nach wieder erreichter Konstanz der Wasseraufnahme (etwa 1 Std.) erneut ablesen. Aus der Diffe-

---

[1] Blattfläche doppelt gerechnet.
[2] FIRBAS, F.: Jahrb. f. wiss. Bot. **74**, 459 (1931). — DÖRING, B.: Z. f. Bot. **28**, 305 (1935).

renz der Mittelwerte der Wasseraufnahme Empfindlichkeit der Pflanzen
in % der Wasseraufnahme bei der Anfangstemperatur berechnen. Die
Versuche sind an hellem Nordfenster bei möglichst gleichmäßiger Lufttemperatur vorzunehmen.

Auswertung: Es zeigt sich, daß verschiedene Pflanzen eine
ganz unterschiedliche Empfindlichkeit besitzen. Arten vom Hochmoor
sowie vom Flachmoor erweisen sich als wenig empfindlich. Arten, die
an trockeneren Standorten vorkommen, oder bevorzugt in wärmeren
Böden wachsen, sind wesentlich empfindlicher. Bei starker Hemmung
der Wasseraufnahme durch niedrige Temperatur sind Welkungserschei-
nungen möglich. Besonders empfindliche Pflanzen können bei erneuter
Feststellung der Wasseraufnahme bei wieder erhöhter Temperatur, in
einem dritten Versuch, eine Nachwirkung zeigen: Es tritt eine Erniedrigung der Wasseraufnahme ein.

Es wurden bei *Nasturtium* und *Fuchsia* folgende Werte bestimmt:

Wasseraufnahme von Fuchsia und Nasturtium bei verschiedener Temperatur.
Lufttemperatur 22,5°, relative Luftfeuchtigkeit 40%.

Wassertemperatur	Wasseraufnahme			
	Fuchsia mm³/Min.	%	*Nasturtium* mm³/Min.	%
1. warm 22,5°	14,7 [1]	100	7,5	100
2. kalt etwa 1,5°	6,3	43	5,9	79
3. warm 22,5°	9,2	63	7,3	97
Empfindlichkeit	—	57	—	21
Schädigung	—	37	—	3

Berechnung der Empfindlichkeit
für *Fuchsia*

Wassertemperatur	Wasseraufnahme im Mittel mm³/min
22,5°	14,7
1,5°	6,3
Differenz	8,4

$$\text{Empfindlichkeit} = \frac{8,4}{14,7} \cdot 100 = 57\%$$

Beispiele weiterer Messungen:

Wenig empfindlich	besonders empfindlich
Salix-Arten 1—10% Abnahme	*Fuchsia* 50—70% Abnahme
Nasturtium 10—25% Abnahme	*Veronica Tournefortii* 70—80% Abnahme.
Veronica Beccabunga 20—30% Ab- nahme.	

3. Messung der Wasserbilanz.

Prinzip der Methode. Aus dem Vergleich von Wasseraufnahme und
-abgabe einer Pflanze ergibt sich ihre Wasserbilanz. Im allgemeinen

---

[1] Mittel aus je 6 Messungen (in 10 Minuten Abstand) nach Eintritt konstanter
Werte.

sind beide Werte gleich, sie können sich jedoch erheblich unterscheiden. Als Beispiel einer erschwerten Aufnahme mag die Wasseraufnahme aus einer Zuckerlösung dienen, die zu negativer Bilanz führen wird, da die Wasseraufnahme durch die Saugkraft der Zuckerlösung gehemmt wird. Umgekehrt ist bei welkenden Pflanzen nach Wasserzugabe die anfängliche Wasseraufnahme höher als die Abgabe. Die Bilanz kann leicht dadurch bestimmt werden, daß ein Potometer an eine Waage gehängt

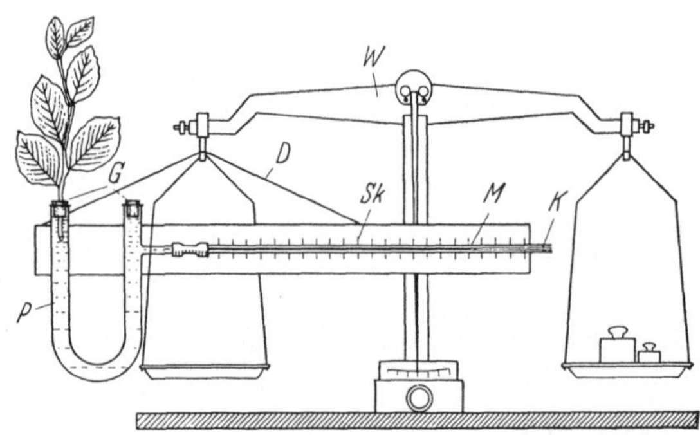

Abb. 9. Messung der Wasserbilanz. (Nach SCHMEIL-SEYBOLD.)
P Potometergefäß, W Waage, G Potometerverschluß,
D Potometeraufhängung, Sk Meßskala, M Meniskusstand,
K Meßkapillare.

und so gleichzeitig Wasseraufnahme und -abgabe festgestellt wird (Abb. 9). Am besten eignet sich hierzu die Ausführung des Potometers ohne die Einrichtung zur Wassernachfüllung (Abb. 8a).

Versuch 57.

Messung der Wasserbilanz bei Gegenwart von Rohrzuckerlösung.

Versuchsmaterial: Jungpflanzen mit Wurzeln, s. Vers. 55.

Geräte und Reagenzien: 2 Potometer, Handwaage mit Gewichten, Uhr, etwas Draht oder Bindfaden. Rohrzuckerlösung je nach Pflanzenart 0,2—0,5 mol. Abgestandenes Leitungswasser.

Zeitbedarf: 2 Std.

Ausführung: Als Potometerflüssigkeit wird eine Rohrzuckerlösung von etwa 0,3 mol. benutzt. Zu hohe Konzentrationen rufen Schädigungen durch Plasmolyse hervor. Zur Kontrolle wird ein zweites mit Leitungswasser gefülltes Potometer verwendet. Der Versuch kann auch so angesetzt werden, daß an e i n e r Pflanze zunächst die Bilanz bei Leitungswasser festgestellt wird, dann das Leitungswasser gegen Rohrzuckerlösung ausgetauscht und erneut die Bilanz bestimmt wird. Potometer mit der Pflanze entsprechend Versuch 55 vorbereiten und an der Waage aufhängen. Den Versuch bei guter Beleuchtung aufstellen. Stand des Meniskus in der Meßkapillare des Potometers notieren. Waage ins Gleichgewicht bringen und Zeit der Messung feststellen, wobei diese verschiedenen Manipulationen möglichst rasch hintereinander stattfinden sollen, um die Berechnung der Bilanz nicht zu erschweren. Wasseraufnahme, gemessen durch den Rückgang des Meniskus, sowie Wasserabgabe, gemessen am Gewichtsverlust des Gerätes, müssen in gleichen Maßeinheiten angegeben werden! Wasseraufnahme und -abgabe mehrmals hintereinander feststellen. Bilanz berechnen. Veränderung der Bilanz aufzeichnen.

Versuch 58.

Bilanz frischer und gewelkter Zweige.

Versuchsmaterial: *Syringa*-Zweige.

Geräte: 2 Potometer, Waage mit Gewichtssatz, Uhr.

Zeitbedarf: 1—2 Std.

Ausführung: Bei angewelkten Pflanzenteilen überwiegt zunächst die Wasseraufnahme. Zweige von *Syringa* auf den Tisch legen und etwas anwelken lassen, gleichzeitig andere in Wasser stellen. Vor der Benutzung der angewelkten Pflanzen müssen diese unter Wasser ein Stück, möglichst 10 cm, gekürzt werden. Die Versuchsanordnung ist sonst die gleiche wie in Vers. 57. Auf genauen Verschluß der Potometer mit Paraffin bzw. LEICKschem Porometerkitt ist auch hier zu achten.

F. Wasserleitung[1].

Grundlagen. Das Wasserleitungssystem der höheren Pflanzen setzt sich aus zwei Komponenten zusammen: der faszikulären — und der extrafaszikulären Wasserleitung. Jene geht bekanntlich im Xylem der Gefäßbündel, bzw. im jungen Holz (Splintholz) der Bäume (s. S. 81) vor sich und ist, abgesehen von äußeren Faktoren, in erheblichem Ausmaß von den durch die anatomische Struktur der Pflanzen hervorgerufenen Leitungswiderständen abhängig.

Die extrafaszikuläre Komponente betrifft vorwiegend die Wasserleitung in den Blättern und in der Wurzelrinde. Sie geht in den intermizellaren Räumen der Zellmembranen vor sich (Versuche hierzu vgl. STRUGGER, Praktikum Bd 2 S. 198 ff.).

Zur Beurteilung der Leistungsfähigkeit des faszikulären Wasserleitungssystems werden drei Größen benötigt. Aus dem leitenden Querschnitt des Sprosses oder der Blätter, der Leitfläche (L in mm^2) und dem Gewicht (G in g) der von dieser Leitfläche versorgten Pflanzenteile läßt sich die relative Leitfläche (L/G in mm^2/g) bestimmen, die zur Wasserversorgung von 1 g Frischgewicht ausgebildet wurde. Da derselbe Leitungsquerschnitt aber je nach seiner Struktur (wenige große oder viele kleine Gefäße) sehr verschiedene Bedeutung hat, ist zur Beurteilung des Leitungssystems noch die Kenntnis der spezifischen

---

[1] HUBER, B.: Jahrb. f. wiss. Bot. **67**, 877 (1928). — BERGER, W.: Beihefte z. Bot. Zbl. I **48**, 363 (1931). — HUBER, B.: Berichte d. D. Bot. Ges. **50**, 86 (1932). — GROSSENBACHER, K. A.: Plant Physiol. **13**, 669 (1938). — BAUMGARTNER, A.: Z. f. Bot. **28**, 81 (1935). — SCHUMACHER, W.: Naturwiss. **34**, 176 (1947); Planta **37**, 626 (1950).—LUNDEGÅRDH, H.: Disc. Farad. Soc. No. **3**, 193 (1948).

Leitfähigkeit (V) erforderlich. Diese gibt die Wassermenge an, die unter bestimmtem Druck (1 Atm./m) durch die Querschnittseinheit der Leitfläche (1 mm²) in einer Stunde hindurchströmt:

$$V = \frac{\text{filtrierte Wassermenge}}{\text{Querschnittseinheit} \cdot \text{Atm.} \cdot \text{Stunde}} \left(\frac{\text{mg}}{\text{mm}^2 \cdot \text{Atm/m} \cdot \text{h}} \right).$$

Das Wasserleitungssystem ist dann durch das Produkt $(L/G) \cdot V =$ relative Leitfähigkeit charakterisiert.

Die relative Leitfläche (L/G) nimmt bei Erschwerung der Wasseraufnahme, z. B. bei Sonnenpflanzen gegenüber Schattenpflanzen, zu. Ebenso ist eine Zunahme von der Basis zur Spitze einer Pflanze sowohl beim Sproß als auch bei den Blättern zu beobachten (s. S. 82).

Die spezifische Leitfähigkeit (V) ist bei verschiedenen Arten eine recht variable Größe. Lianen besitzen, ökologisch leicht verständlich, die höchsten, Nadelhölzer und Immergrüne niedrige Werte. Die Werte krautiger Pflanzen liegen zwischen beiden. Die spezifische Leitfähigkeit der Pflanzen nimmt im allgemeinen von der Basis zur Spitze ab (s. S. 83).

Die relative Leitfähigkeit [$(L/G) \cdot V$] ist entsprechend der Variabilität der beiden Größen L/G und V ebenfalls recht verschieden. Infolge der relativ größeren Zunahme der relativen Leitfläche von der Basis zur Spitze gegenüber der nur geringen Abnahme von V nimmt die relative Leitfähigkeit von der Basis zur Spitze der Sprosse zu.

Die Wasserleitung geht oft mit erheblicher Geschwindigkeit vor sich. Besonders hohe Werte ergeben sich bei Lianen, wie schon die große spezifische Leitfähigkeit dieser Pflanzen erwarten läßt. Ringporige Hölzer 20—40 m/h, zerstreutporige nur 1—4 m/h, Kräuter ebenfalls bis 4 m/h.

Für die Wasserleitung sind besondere Kräfte verantwortlich. An erster Stelle steht die Verdunstungskraft der Atmosphäre, die Ursache für die Transpiration, die unter Ausnutzung kohärenter Wasserfäden das Wasser in der Pflanze aufsteigen läßt. Als weitere, aber viel geringere Kraft kommt der Wurzel- oder Blutungsdruck in Frage (s. S. 85), der durch Blutungssaft und Guttation in Erscheinung tritt.

An dem Zustandekommen des Blutungsdruckes sind offenbar vitale Kräfte beteiligt, denn die Blutung ist stark temperaturabhängig, wird durch Sauerstoff gefördert, durch Narkotika gehemmt und hängt in starkem Maße von der Zufuhr von Nährstoffen ab. Sie besitzt eine ausgesprochene innere Rhythmik (s. S. 86) und scheint ebenso wie die Guttation Beziehungen zum Wachstum aufzuweisen.

Eng mit der Wasserleitung hängt der Transport der Mineralstoffe zusammen, da sie von dem Transpirationsstrom bis in die Blätter befördert werden. Zur Mineralstoffaufnahme s. S. 26. Über die Assimilatableitung vgl. Strugger, Praktikum, Bd. 2.

1. Nachweis der Wasserleitung.

Prinzip der Methode. Bereits an Modellversuchen kann man sich davon überzeugen, daß durch die Verdunstung eines physikalischen Systems — Gips oder Tonzylinder, die mit einem Steigrohr verbunden werden — Wasser über beträchtliche Strecken gehoben werden kann. Statt des Gipspilzes lassen sich mit gleichem Erfolg auch Sprosse benutzen.

Daß der Aufstieg des Wassers in bestimmten Leitungsbahnen erfolgt, kann durch Einstellen von Zweigen oder Blüten in Farblösung gezeigt werden. Dabei erkennt man, beim Durchschneiden der Sprosse und bei weißen Blüten unmittelbar, daß nur die Gefäßbündel und die Blattadern gefärbt sind. Querschnitte ergeben, daß nur die Holzteile der Gefäße gefärbt wurden. Durch Verstopfung der Leitungsbahnen mit Gelatine oder durch Ringelung ist ebenfalls der Nachweis einer Leitung des Wassers im Holz zu führen.

Versuch 59.

Modellversuch zur Wasserleitung.

Versuchsmaterial: *Taxus-*, *Syringa*-Zweige.

Geräte und Reagenzien: Glasrohr etwa 1 m lang, 2 oben erweiterte Glasröhren 10 cm lang oder Glockentrichter, 2 Glasgefäße für Quecksilber, Porzellanschale, Hg-Wanne, Hg-Zange, Druckschlauch, Quecksilber, Gips, Glyzerin, Paraffin zum Abdichten.

Zeitbedarf: Ansetzen 2 Std.; Versuchsdauer 1 Tag.

Ausführung: a) Gips mit ausgekochtem, destilliertem, gasfreiem Wasser zu einem dicken Brei anrühren, in eine zuvor mit Glyzerin ausgestrichene Porzellanschale füllen und einen Glockentrichter hineinsetzen. Nach dem Erstarren den „Gipspilz" herausnehmen, den Trichter mit ausgekochtem Wasser füllen und auf eine gleichfalls mit ausgekochtem Wasser zu füllende etwa 1 m lange Glasröhre dicht aufsetzen. Glas an Glas mit Druckschlauch verbinden! Das Gerät drehen und — luftblasenlos! — in Quecksilber stellen. Das Quecksilber steigt im günstigsten Fall sogar über 76 cm. Werden alte Gipspilze verwendet, müssen diese mit Alkohol (Wasserbad!) ausgekocht und dann in destilliertes Wasser gelegt werden, um die in ihnen vorhandene Luft zu entfernen.

b) In ähnlicher Weise kann die Saugwirkung eines Zweiges nachgewiesen werden. Einen kräftigen Zweig von *Taxus* oder *Syringa* unter Wasser abschneiden, an der (schiefen!) Schnittfläche mit Druckschlauch mit einer wassergefüllten Röhre verbinden und wie bei a) in Hg stellen. Luftblasen sorgfältig vermeiden! Auch hier ausgekochtes Wasser benutzen. Die Verbindungsstellen von Zweig, Schlauch und Röhre zusätzlich mit Paraffin dichten. Die Rinde des Zweiges darf nicht verletzt sein und keine unverheilten Aststümpfe tragen.

Versuch 60.

Nachweis der Leitungsbahnen und der Wasserleitung im Holzteil.

Versuchsmaterial: a) *Salix*-Arten, *Centradenia floribunda.* b) *Taxus, Impatiens*, weiße Blüten, z. B. weiße *Campanula.* c) Beblätterte *Sambucus*-Zweige.

Geräte und Reagenzien: a) Größeres Gefäß mit Wasser, Gelatine 5proz.

b) Einige Erlenmeyerkolben 200 cm³. Mikroskop, Rasiermesser. 0,1proz. Lösung von Fuchsin oder Eosin.

c) Korkbohrer, 3 Erlenmeyer 500 cm³. Taschenmesser.

Zeitbedarf: a) 3 Std. b) Ansetzen ½ Std. — Wartezeit ½—1 Tag c) 3 Std.

Ausführung: a) 2 Zweige von *Salix*-Arten unter Wasser abschneiden und in Wasser stellen. Durch Lösen von Gelatine in warmem Wasser eine 5proz. Lösung bereiten und einen der Zweige 20—30 Min. hineinsetzen. Danach wieder in kaltes Wasser zurückbringen. Der behandelte Zweig welkt nach kurzer Zeit infolge Verstopfung der Leitungsbahnen. Der andere ist frisch.

b) Zweige von *Taxus* oder ganze Sprosse von *Impatiens* oder auch Blüten von weißer *Campanula*, weißer *Impatiens* usw. in Farblösungen, etwa in 0,1% Fuchsinlösung stellen, und die Objekte, bei kleineren einige Stunden, bei größeren einen Tag, die Farblösung aufsaugen lassen. Anschließend die Färbung der Sprosse auf Querschnitten im Mikroskop beobachten. Die Färbung der Gefäßbündel der weißen Blütenblätter ist unmittelbar zu sehen.

c) 3 Zweige von *Sambucus* mit reichlicher Markentwicklung abschneiden. Bei einem Zweig die Rinde am basalen Teil durch Ringelung entfernen und das Mark mit einem Korkbohrer ausbohren. Bei dem zweiten Rinde und Holz wegschneiden und nur das Mark übriglassen; den dritten Zweig als Kontrolle unversehrt lassen. Alle drei Zweige in Wasser stellen und beobachten, daß der zweite Zweig, bei dem nur das Mark erhalten blieb, welkt. Auch hieraus folgt, daß die Wasserleitung nur im Holz vor sich geht.

2. Spezifische Leitfähigkeit und relative Leitfläche.

Prinzip der Methode. Zur Bestimmung der relativen Leitfläche (L/G) ist das Gewicht des untersuchten Blattes oder Sprosses (G) erforderlich, das von der Leitfläche (L) mit Wasser versorgt wird. Die Leitfläche wird an gefärbten Sproßquerschnitten ausgemessen (Vers. 61).

Um die spezifische Leitfähigkeit (V) zu bestimmen, wird zunächst die durch den Querschnitt eines senkrecht aufgestellten Sproßstückes unter bestimmtem Druck hindurchgeflossene Wassermenge gemessen. Außer der filtrierten Wassermenge wird noch die durchströmte Fläche des Leitungssystems, die Leitfläche, benötigt. Aus beiden Größen läßt sich dann die spezifische Leitfähigkeit V errechnen (s. Grundlagen), (Vers. 62).

Versuch 61.

Messung der relativen Leitfläche.

Versuchsmaterial: 1. Vergleichbare Zweige von Coniferen, Laubbäumen und Sträuchern oder 2. gleichalte Sonnen- und Schattenblätter z.B. von Epheu, *Syringa*, *Fagus* oder 3. Basis- und Spitzenblätter von Epheu, *Helianthus*, *Spiraea* oder 4. Pflanzen verschiedener Standorte.

Geräte und Reagenzien: Halbanalysenwaage 10 mg Genauigkeit bzw. Torsionswaage, Mikroskop, Zeichenapparat, Objektmikrometer, Maßstab, Planimeter, feuchte Kammer (s. S. 5) 0,05proz. Lösung von Fuchsin bzw. Trypanblau oder Phlorogluzin-Salzsäure.

Zeitbedarf: Vorbereitung: 24 Std. Versuch: 3 Std.

Ausführung: Um vergleichbare Werte zu erhalten, müssen möglichst gleich alte Pflanzenteile ausgesucht werden. Bei ökologischen Untersuchungen mehrere Individuen gleicher Ausbildung auswählen und den Wert später mitteln. Die Sprosse vor der Frischgewichtsbestimmung mit Wasser sättigen (24 Std. in feuchter Kammer). Die Leitflächenbestimmung dann möglichst an der Basis der Sprosse vornehmen. Zur Messung Blätter bzw. Sprosse entweder in Lösungen von Trypanblau oder Fuchsin stellen und, nachdem der Farbstoff aufgesaugt ist, Querschnitte durch Sprosse bzw. Blattstiele anfertigen oder direkt Schnitte machen und mit Phlorogluzin-Salzsäure anfärben. Holzteile mit dem Zeichenapparat auf Millimeterpapier herauszeichnen und die Fläche durch Auszählen des Millimeterpapiers oder mit dem Planimeter bestimmen. Zur Umrechnung noch die Skala eines Objektmikrometers bei gleicher Vergrößerung auf die Zeichnung der Leitfläche übertragen und dann Fläche berechnen.

Sobald die Sprosse angefärbt sind, wird ihr Frischgewicht bestimmt, bei Zweigen von Bäumen und Sträuchern die vom Sproßquerschnitt versorgte Blattmenge. Aus dem festgestellten Sproßgewicht (G) in g und der Leitfläche (L) in mm^2 wird L/G, die relative Leitfläche, berechnet.

Auswertung: 1. Aus Messungen an *Sambucus* ergab sich für die Leitfläche eines Sprosses von 10 mm Durchmesser der Wert 34 mm^2, das Gewicht der Blätter betrug 39,35 g. Hieraus ergibt sich $L/G = 0,86 \frac{\text{mm}^2}{\text{g}}$.

Bei *Quercus* wurde $L/G = 0,36$, bei *Taxus* 0,24 gefunden.

2. Pflanzen verschiedener ökologischer Gruppen [1]

Steppenheide	*Silene otites*	1,09
	Hieracium pilosella	0,71
	Euphorbia Gerardiana	0,83
Wald	*Paris quadrifolia*	0,125
	Aconitum variegatum	0,110
Flachmoor	*Ranunculus repens*	0,046
	Caltha palustris	0,107
	Menyanthes trifoliata	0,140
Wasser	*Polygonum amphibium*	0,038

Versuch 62.

Messung der spezifischen Leitfähigkeit von Hölzern[2].

Versuchsmaterial: Vergleichbare Zweige (1—1,5 cm dick) von Coniferen, Laubhölzern und Lianen. Beispiele vgl. unter Auswertung.

Geräte und Reagenzien: Glasröhren 1,2—1,5 cm $\varnothing$,160 cm lang. Gummischlauch, Durchmesser zu den Glasröhren passend. Meßzylinder 50 cm^3, Uhr, Messer oder Laubsäge. Okularmikrometer, Mikroskop.

0,05% Trypanblau, Aqua dest., Vaseline.

---

[1] Nach Messungen von FIRBAS. Jahrb. wiss. Bot. **74**, 459 (1931).
[2] Vgl. auch O. STOCKER: Pflanzenphysiologische Übungen. Jena: Fischer 1942.

Zeitbedarf: Bei gleichzeitigem Ansetzen der verschiedenen Holztypen 3 Std.

Ausführung: Die zum Versuch vorgesehenen Zweige, astfrei und unverletzt, 1—1,5 cm dick, dürfen in ihren Gefäßen keine Lufträume enthalten. Sie sind deshalb erst kurz vor dem Versuch möglichst unter Wasser am Standort abzuschneiden und nur wenn nötig, längere Zeit unter Wasser aufzubewahren.

Zur Bestimmung der relativen Leitfläche (s. vorstehenden Versuch) Blätter der benutzten Zweige oberhalb der zum Versuch vorgesehenen Sproßteile abwiegen. Dann erst kann das vorgesehene Sproßstück zur Bestimmung der spezifischen Leitfähigkeit selbst vorbereitet werden. Den Teil des Zweigstückes, auf den später ein Gummischlauch gezogen wird, vor dem Abschneiden mit Vaseline oder anderem möglichst zähem Fett bestreichen und unter Wasser auf die richtige Länge von 10 cm bringen. Die bestrichene Seite unter Wasser vorsichtig mit einem Stück Gummischlauch überziehen und in das überstehende Schlauchende beim Herausnehmen des senkrecht zu haltenden Sproßstückes Wasser füllen, um dieses stets feucht zu halten. Sproßstück am unteren Ende eines vorbereiteten 1,60 m langen Glasrohres befestigen (darf zusammengesetzt sein). Das Glasrohr senkrecht aufstellen, Holzstück nach unten. In das Rohr bis auf genau 150 cm Aqua dest. füllen, und das Rohr dauernd in gleicher Höhe gefüllt halten (Druckkonstanz). Nach kurzer Zeit tropft das Wasser unten aus dem Zweig in einen zum Auffangen der Flüssigkeit bereitgestellten Meßzylinder. Die in 30 Minuten durchgelaufene Wassermenge bestimmen. Anschließend etwas Farbstofflösung in das über dem Sproß stehende Wasser geben und warten bis das aus dem Sproß austretende Wasser gefärbt erscheint.

Die zur Berechnung der spezifischen Leitfähigkeit erforderliche Leitfläche (L) wird wie in vorstehendem Versuch gemessen. Aus der filtrierten Wassermenge und der gefundenen Leitfläche läßt sich dann die spezifische Leitfähigkeit und bei Kenntnis von L/G auch die relative Leitfähigkeit berechnen.

Auswertung: Beträgt die durchgeflossene Wassermenge (g) mg, der Druck (p) 150 cm $H_2O = 0{,}15$ Atm., die Länge des Sproßstückes (s) $= 0{,}1$ m, die Zeit (t) 0,5 h und die Leitfläche (L) mm², so ergibt sich die spezifische Leitfähigkeit zu

$$V = \frac{g \cdot s}{L \cdot t \cdot p}$$

Nach der angegebenen Methode ergaben sich folgende Werte:

Pflanzenart	V	Pflanzenart	V	Pflanzenart	V
Lianen		*Sträucher*		*Nadelhölzer*	
Aristolochia	6800	*Sambucus* . .	180	*Abies alba* . .	220
		Syringa . . .	135	*Taxus*	130
Laubhölzer		*Philadelphus* .	125	*Tuja*	85
Quercus . . .	1000				
Salix	850				
Tilia	600				

Es ist erforderlich, die Durchlaufzeit konstant zu halten, da sich gezeigt hat, daß mit zunehmender Versuchsdauer die Durchlaufgeschwindigkeit langsam abnimmt. Benutzt man nicht Aqua dest., sondern Farblösungen zur Bestimmung der filtrierten Flüssigkeitsmenge, so ist die durchgelaufene Flüssigkeitsmenge von den benutzten Farbstoffen abhängig. Selbst der saure Farbstoff Trypanblau, obwohl wesentlich geeigneter als Methylenblau oder Kongorot, verringert gegenüber Aqua dest. die filtrierte Wassermenge.

Bei Beachtung dieser Vorsichtsmaßnahmen können aber mit der beschriebenen Methode, wie die Tabelle zeigt, die großen Unterschiede der spezifischen Leitfähigkeit gut gemessen werden.

Die relative Leitfähigkeit ergab unter Berücksichtigung der Ergebnisse aus Vers. 61 bei *Quercus* 358,0, *Sambucus* 154,7, *Taxus* 31,4.

3. Blutungsdruck[1].

Prinzip der Methode. Bei vielen Pflanzen wird aus Verwundungen, sei es aus abgeschnittenen Stengeln, sei es aus frischen Blattnarben, längere Zeit hindurch aktiv Wasser abgeschieden. Es muß also von der Wurzel aktiv, ohne Saugkräfte von oben, Wasser in die Gefäße gepreßt werden, Wurzel- oder Blutungsdruck! Am stärksten macht sich dieser bei den einheimischen Holzpflanzen im Frühjahr bemerkbar. Er tritt aber auch bei krautigen Pflanzen am stehengebliebenen Stumpf des Sprosses auf und kann hier mit Hilfe einer aufgesetzten graduierten Kapillare bequem gemessen werden. Daß der Blutungssaft aktiv von den Wurzeln zum Teil gegen mehr oder weniger hohen Widerstand gepreßt wird, läßt sich ebenfalls leicht durch Anbringen eines Quecksilbermanometers beobachten. Die Menge des austretenden Saftes hängt von der Temperatur des Bodens ab, auch zeigt sie eine ausgeprägte Periodizität. Der Temperatureinfluß läßt sich durch Gießen des Bodens mit verschieden temperiertem Wasser nachweisen, die Periodizität durch Messung unter konstanten Bedingungen. Bei Blutungsversuchen ist darauf zu achten, daß möglichst nicht in einem Raum mit Leuchtgas gearbeitet wird. Leuchtgas hemmt die Intensität des Blutens.

Versuch 63.

Nachweis der Blutung. Messung des Blutungsdruckes und Temperaturabhängigkeit der Blutung.

Versuchsmaterial: *Sanchezia nobilis, Helianthus annuus, Nicotiana tabacum, Plectranthus, Ricinus sansibariensis.* Querschnitte der Sprosse möglichst größer als 1 cm.

Geräte und Reagenzien. 2 Meßpipetten (z. B. 8 mm weit, Teilung in 0,05 cm³), kurzes, sich verjüngendes Glasrohrstück, passender Gummischlauch, Bindfaden, Quecksilbermanometer, Quecksilberschale, Quecksilberzange, Wasser verschiedener Temperatur.

Zeitbedarf: Ansetzen 1—2 Std., Beobachtung 1—2 Tage.

[1] Detmer, W.: Das pflanzenphysiologische Praktikum. Jena, Fischer 1895. — Heyl, I. G.: Planta **20**, 294 (1933). — Grossenbacher, K. A.: Plant Physiol. **13**, 669 (1938). — Speidel, B.: Planta **30**, 67 (1939). — Engel, H. u. M. Heimann: Planta **37**, 437 (1950). — Heimann, M.: Planta **38**, 157 (1950).

Ausführung: a) Von gut gegossenen eingetopften Pflanzen, s.o., wird der Sproß etwa 2—5 cm über dem Erdboden abgeschnitten und an seiner Stelle eine Meßpipette mit Hilfe einer Gummischlauchverbindung aufgesetzt. Für feste Verbindung von Sproß und Kapillare durch Umwickeln des Gummischlauches Sorge tragen. Der Blutungssaft tritt bald in die Kapillare ein, seine Menge kann an dem Glasrohr abgelesen werden.

b) Danach mit Wasser verschiedener Temperatur begießen. Durch Erhöhung der Bodentemperatur ergibt sich ein Anstieg der Menge des Blutungssaftes bis zu einem Optimum bei 35—45°. Begießen daher über diese Temperatur hinaus fortsetzen.

c) An eine andere Pflanze wird ein Quecksilbermanometer (Abb. 10) angesetzt und ebenfalls für gute Abdichtung gesorgt. Ein deutlicher Anstieg des Quecksilbers ist im Manometer zu beobachten.

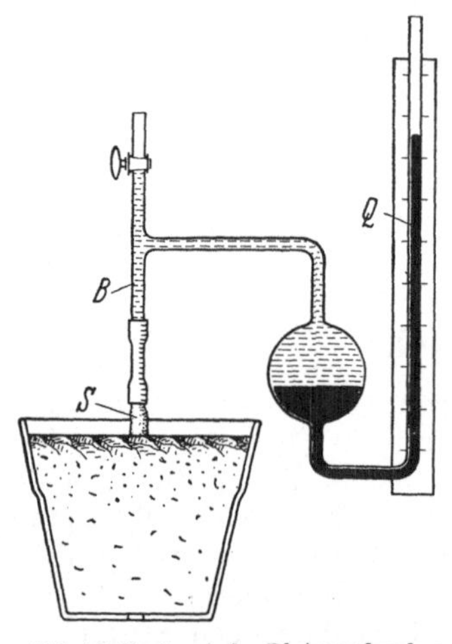

Abb. 10. Nachweis des Blutungsdruckes. (Verändert nach SCHMEIL-SEYBOLD.). Q Quecksilber, S abgeschnittener Sproß der Pflanze, B ausgetretener Blutungssaft.

Versuch 64.

Periodizität der Blutung. Sauerstoffbedarf.

Versuchsmaterial: vgl. Versuch 63.

Geräte und Reagenzien: a) Stativ, 2 Meßpipetten 2 cm³, 4 Quetschhähne, etwas Verbindungsschlauch, 2 Glasrohre mit spitz ausgezogenem Ansatz (s. Abb. 11), Kasten usw. zur erhöhten Aufstellung der beiden Versuchspflanzen, Trichter.

b) Einige Vegetationsgefäße (mindestens 2) zur Kultur von Pflanzen in Nährlösung (s. Vers. 1). Einrichtung zum Durchleiten von O_2 oder Luft (s. Guttation, Vers. 78), sonst wie a).

Zeitbedarf: a) 3—4 Tage. b) Anzucht 8—10 Wochen; Versuch 1—2 Tage.

Ausführung: a) Versuchspflanzen bei konstanter Temperatur, mindestens 20°, aufstellen. Sproß 2—5 cm über dem Erdboden abschneiden und durch gut sitzenden Gummischlauch mit einem Glasrohr mit Ansatz (Abb. 11) verbinden. Das Glasrohr wird unter Zuhalten des seitlichen Ausflusses vollständig mit Hilfe eines Trichters mit Wasser gefüllt und oben mit einem Quetschhahn verschlossen. Pflanzen erhöht aufstellen, so daß unter das Abflußrohr eine unten verschlossene Meßpipette (1—2 cm³) gestellt werden kann. Messung der Menge des Blutungssaftes alle 2—4 Stunden (auch nachts). Bei dem Versuch für gleichmäßige Wasserversorgung der Wurzeln sorgen. Bei jeder Ablesung eine bestimmte Wassermenge zugeben. Der Topf darf aber nicht vollständig durchnäßt sein, da dann kein O_2 zu den Wurzeln gelangen kann (s. Ausführung b).

b) Die Abhängigkeit der Blutung von der Versorgung mit Sauerstoff läßt sich durch eine Untersuchung mit Pflanzen aus Wasserkulturen zeigen. *Helianthus*-Pflanzen in Nährlösung anziehen, zum Versuch wie unter a) vorbereiten. Zusätzlich in einige Gefäße eine Einrichtung zum Einblasen von Luft einführen. Nach 3—4 Ablesungen Durchlüftungseinrichtung auswechseln. Blutung weiterbeobachten.

Auswertung: a) Es zeigt sich eine deutliche Periodizität, die durch den Zeitpunkt des Abschneidens gesteuert wird. Bei *Helianthus* (12 Wochen alte Pflanzen in Wasserkultur gezogen) wurden z. B. die folgenden Werte gemessen (Angaben umgerechnet nach SPEIDEL):

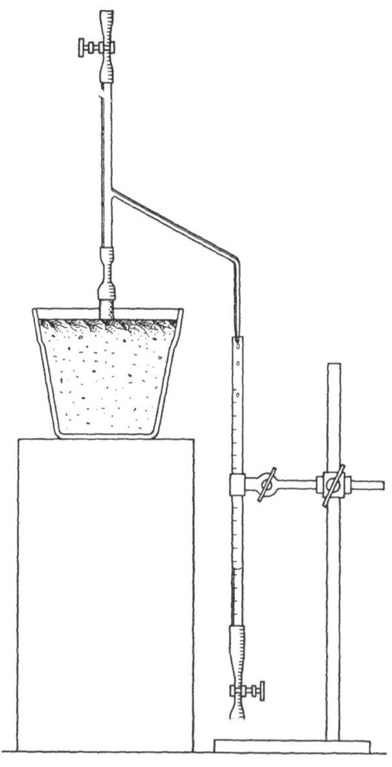

Abb. 11. Nachweis der Periodizität der Blutung. Erklärung im Text.

22. VI. 10—14	**0,51** cm³	
14—18	0,43	,,
18—22	0,31	,,
23. VI. 22—2	0,19	cm³
2—6	0,21	,,
6—10	**0,30**	,,
10—14	**0,29**	,,
14—18	0,21	,,
18—22	0,16	,,
22—2	0,12	,,
24. VI. 22—2	0,19	cm³
2—6	0,13	,,
6—10	0,19	,,
10—14	**0,30**	,,

b) In den mit Sauerstoff versorgten Gefäßen ist die Blutung erheblich höher als in den Gefäßen ohne Sauerstoff.

4. Das Bluten von Wurzeln[1].

Prinzip der Methode. Das Bluten von Wurzeln kann auf einfache Weise dadurch sichtbar gemacht werden, daß Wurzeln von jungen Erbsenkeimlingen abgeschnitten und mit dem abgeschnittenen Ende in passende Glaskapillaren gesteckt werden. Unter Wasser gebracht,

---

[1] LUNDEGÅRDH, H.: Ann. Roy. Agr. Coll. Sweden **16**, 339 (1949). — HUBER, B.: Fortschritte d. Bot. **12**, 185 (1949).

läßt sich dann der Austritt des Blutungssaftes aus den Wurzelstümpfen in die Kapillaren unter dem Mikroskop beobachten und ausmessen. Auf diese Weise kann die Größe der bei der Blutung auftretenden Wurzeldrucke bestimmt werden.

Versuch 65.

Das Bluten abgeschnittener Wurzeln.

Versuchsmaterial: Erbsenkeimlinge 10—14 Tage alt. Anzucht s. u.

Geräte und Reagenzien: Feuchte Kammer, einige Petrischalen, Glaskapillaren, Präparierlupe, Mikroskop, Okularmikrometer, Meßzylinder. 0,1 mol Rohrzuckerlösung. Aqua dest. Nach Bedarf Phosphatpuffergemische (s. S. 239), Essigsäure.

Zeitbedarf: Anzucht 10—14 Tage. Versuch 2—3 Std.

Ausführung: Die auf feuchtem Fließpapier vorgekeimten Erbsen werden einzeln in einigen Petrischalen auf feuchtem Filtrierpapier weitergezogen und häufig mit Wasser übersprüht. Es bilden sich bald Seitenwurzeln, die für den Versuch brauchbar sind. Glaskapillaren durch Ausziehen von Glasrohr (s. S. 36) herstellen. Sie sollen einen möglichst gleichmäßigen Durchmesser von etwa $\frac{1}{2}$ mm und eine Länge von etwa 3 cm besitzen. Seitenwurzeln (3—6 cm lang) abschneiden, unter einer Präparierlupe in die Glaskapillaren hineinschieben und in Petrischalen mit Aqua dest. legen. In kurzen Abständen (10 Min.) den in die Kapillaren eintretenden Blutungssaft mit dem Okularmikrometer messen. Sind nach mehreren Messungen konstante Werte erreicht, wird eine der Wurzeln in eine 0,05 mol. Rohrzuckerlösung übertragen und die Blutung erneut bestimmt. Rückgang der Blutung. Meist schon nach der ersten Messung werden im neuen Lösungsmittel wieder konstante Werte erreicht. Anschließend wieder in Aqua dest. zurücklegen: die Blutung steigt auf annähernd den anfangs gemessenen Wert. Ist die gewählte Konzentration von 0,05 mol. Rohrzucker noch nicht imstande, die Blutung zum Stillstand zu bringen, oder ist die Lösung bereits zu stark (negative Blutung), ist der Versuch mit entsprechend stärker oder geringer konzentrierter Rohrzuckerlösung zu wiederholen, bis die Blutung gerade durch die Rohrzuckerlösung kompensiert wird.

In ähnlicher Weise läßt sich die Veränderung der Blutung durch Einwirkung von Säure (Essigsäure) und die Abhängigkeit vom p_H durch Einlegen in Phosphatpufferlösung feststellen. Auch eine Hemmung der Blutung durch Narkotika läßt sich so leicht nachweisen. Am Schluß der Versuche stets die Reversibilität der Blutung durch erneute Übertragung in Aqua dest. nachweisen.

Auswertung: Der Blutungsdruck beträgt bei Erbsenwurzeln etwa 0,9 Atm. (0,05 mol. Rohrzucker entsprechen einem Druck von 0,9 Atm.). Die Blutung wird dabei reversibel gehemmt. Einstellen in saures Medium (p_H 3,5) verringert die Blutung ebenfalls reversibel.

G. Wasserabgabe.

Grundlagen. Ein mit Wasser befeuchteter, an der Luft befindlicher Körper gibt infolge des Wassersättigungsdefizites der Luft Wasser an die Umgebung ab (Vers. 66). Das gleiche gilt für die Pflanzen, aus deren dampfgesättigten Interzellularen Wasser in die umgebende, nicht dampfgesättigte Luft diffundiert. Außer einer solchen passiven Wasserabgabe (Transpiration) gibt es bei den Pflanzen noch eine aktive Wasserabgabe (Guttation), die durch Wasserausscheidung in flüssiger Form vor sich geht, besonders dann, wenn die Luft mit Wasserdampf gesättigt ist (Vers. 76—78). Das Wasser wird bei der Guttation entweder passiv in die Hydathoden eingepreßt oder aktiv durch Wasser sezernierende Zellen (aktive Hydathoden) ausgeschieden. Der Eintritt der Guttation hängt außer von hoher Luftfeuchtigkeit von bestimmten äußeren Faktoren, wie Sauerstoff- und Mineralsalzzufuhr zu den Wurzeln, ab (Vers. 78).

Die Höhe der pflanzlichen Transpiration wird bestimmt durch eine physikalische Komponente, bei der die Wasserabgabe nach den gleichen Gesetzmäßigkeiten erfolgt, wie die eines verdunstenden physikalischen Systems, und durch eine sog. physiologische Komponente, die dem physikalischen Teil der Transpiration überlagert ist. Auch diese physiologische Komponente läßt sich bei eingehender Analyse heute schon vielfach auf ihre tieferen physikalischen und chemischen Ursachen zurückführen.

Die physikalische Komponente der Transpiration kann bereits an Modellversuchen untersucht werden (Vers. 67—70). Für sie sind alle die Faktoren von Bedeutung, die das Sättigungsdefizit Pflanze-Luft, von dessen Größe dieser Teil der Transpiration abhängt, bestimmen: der Wasserdampfgehalt der Atmosphäre, die Temperatur der umgebenden Luft, die Temperatur des Wasser abgebenden Körpers, die Einstrahlung, welche die Temperatur beider ändert, und nicht zuletzt die herrschende Windgeschwindigkeit, die durch das Wegblasen der Dampfhauben von den untersuchten Organen die Transpiration zu beschleunigen vermag (Vers. 70 u. 74).

Zur Bestimmung des Einflusses der physiologischen Komponente bedarf es der Untersuchung der Pflanzen unter verschiedenen äußeren Bedingungen und inneren Zuständen. Hier ist besonders das Verhalten der Stomata (s. u.) auf Licht, Wassergehalt und Temperatur, bzw. der Wassergehalt, die Saugkraft, Bau und Alter der Pflanzen von Bedeutung. Die Wasseraufnahme der Pflanzen, die u. a. von der Temperatur des Bodens abhängig ist, reguliert indirekt ebenfalls die Wasserabgabe (Vers. 56).

Die Transpiration setzt sich aus zwei Anteilen zusammen, der kutikulären Verdunstung durch Epidermis, Haare und deren Kutikula hindurch, und der stomatären Verdunstung mit Hilfe der Spaltöffnungen (Vers. 69—71, s. auch Kapitel IV). Jene kann man bei geschlossenen Spaltöffnungen oder bei Blättern messen, die nur auf einer Seite Spaltöffnungen besitzen. Sie hängt in ihrer Höhe weitgehend von der Ausbildung der Epidermis und der Kutikula (Wanddicke, Kutineinlagerung, Behaarung, Wachsschicht) ab und ist bei unterschiedlichen äußeren und inneren Verdunstungsbedingungen durchaus nicht gleich, aber im ganzen doch relativ weniger veränderlich als die stomatäre Transpiration. Diese ist um ein Vielfaches größer (Vers. 73) und von den verschiedenen schon genannten äußeren, aber auch von inneren Faktoren abhängig. Unter diesen steht natürlich die Spaltöffnungsweite an erster Stelle. Für den Anteil der stomatären Transpiration ist weiter die Oberflächenentwicklung (ihre Bestimmung Vers. 74) der Blätter und Sprosse wichtig; denn je größer die Blattfläche im Verhältnis zum Gewicht bzw. zum Volumen ist, desto mehr Spaltöffnungen stehen der Gewichtseinheit zur Verfügung.

Die Messung der Transpiration erfolgt entweder durch Bestimmung der Wasserabgabe (Wägung der abgegebenen Wassermenge) oder durch Messung der Wasseraufnahme (nur bei ausgeglichener Wasserbilanz möglich. s. S. 77).

Die Wägung kann mit ganzen Pflanzen oder auch mit abgeschnittenen Sprossen oder Blättern vorgenommen werden. Hierbei ist zwischen langfristigen und kurzfristigen Wägezeiten zu unterscheiden, letztere werden besonders mit abgeschnittenen Sprossen zur Feststellung der momentanen Transpirationsintensität im Freiland vorgenommen (Vers. 75).

Wichtig ist schließlich die Bezugsgröße, auf die man die abgegebene Wassermenge beziehen will. Man wählt hierfür entweder das Frischgewicht (G) oder die Blattfläche (F) der untersuchten Pflanzenteile, oder aber man vergleicht die Wasserabgabe der Pflanzen (T) mit der Wasserabgabe eines physikalischen, wasserverdunstenden Systems (E) z. B. Evaporimeter, (vgl. S. 90) und kommt so zur Bestimmung der relativen Transpiration (T/E). Die unterschiedliche Bedeutung der jeweils gemessenen Werte geht aus der folgenden Gleichung hervor:

$$T/G = T/F \cdot F/G.$$

Die Wasserabgabe, bezogen auf das Frischgewicht (T/G), hängt also von zwei Größen ab: der Transpirationsfähigkeit der Flächeneinheit (T/F) und dem Verhältnis F/G, das die Oberflächenentwicklung, das Verhältnis der Organfläche zum Organfrischgewicht, angibt. Die Frischgewichtstranspiration T/G wird um so größer sein, je höher die Transpirationsfähigkeit der Flächeneinheit, bzw. je größer die Oberflächenentwicklung der untersuchten Pflanzen ist. Die Transpirationsfähigkeit ihrerseits hängt vom Bau des fraglichen Organs ab; Anzahl und Bau der Spaltöffnungen, Ausbildung der Epidermis und Kutikula, Behaarung und Wachsschicht usw. bestimmen ihre Höhe. Die Oberflächenentwicklung ist bekanntlich bei den Hygrophyten am größten und sinkt in der Richtung Mesophyten–Xerophyten, Hartlaubpflanzen–Sukkulente; aber auch die Insertionshöhe der Blätter spielt für sie eine gewisse Rolle.

1. Verdunstung eines physikalischen Systems.

Versuch 66.

Das Evaporimeter[1].

Prinzip der Methode. Zur Bestimmung der verschiedenen, für die Größe der Wasserabgabe der Pflanzen maßgeblichen Standortsfaktoren (s. Grundlagen) wurde für physiologische und ökologische Fragestellungen ein Instrument entwickelt, das in einfacher Weise die Wirkung dieser Faktoren summarisch zu messen gestattet. Es zeigte sich, daß die komplexen Faktoren relativ gut durch die jeweilige Verdunstung (Evaporation) eines physikalischen Systems wiedergegeben werden. Als Maß der Evaporation gilt die Wassermenge, die ein verdunstender Körper, sei es eine freie Wasseroberfläche, ein poröser Tonkörper oder eine Filtrierpapierscheibe. in bestimmten Zeiten abgibt. Es handelt sich hierbei nur um ein relatives Maß, da die verschiedenen genannten Verdunstungskörper nicht ohne weiteres miteinander vergleichbar sind. Für viele Zwecke ist das Piche-Evaporimeter geeignet, das die Verdunstung einer grünen Filtrierpapierscheibe volumetrisch zu messen gestattet (Abb. 12). Die Evaporation ist a) an einem beschatteten und an einem sonnigen Standort oder b) in bewegter und ruhiger Luft zu bestimmen. Die Versuche sind zweckmäßig mit Vers. 74 bzw. 75, s. S. 100 zu verbinden.

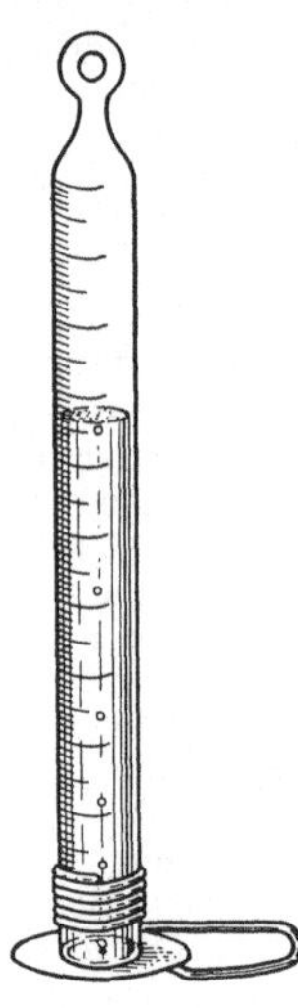

Abb. 12. Piche-Evaporimeter. (Nach H. WALTER.)

---

[1] LEICK, E. in ABDERHALDEN Handb. d. biol. Arb.meth. **XI**, 4, 1573 (1939). — HUBER, B.: Ber. d. D. Bot. Ges. **45**, 611 (1927). — WALTER, H.: Jahrb. f. wiss. Bot. **68**, 233 (1928).

Geräte und Reagenzien: Evaporimeter nach PICHE, (s. Abb. 12). Grüne Filtrierpapierscheiben 3 cm Durchmesser aus steifem Löschpapier. Stab (Freiland) oder Stativ mit Klammer. Abgekochtes Wasser.

Zeitbedarf: Vor- oder Nachmittag.

Ausführung: 20—30 cm lange graduierte Glasröhre oder Bürette, Durchmesser 0,5—1 cm an einem Ende zugeschmolzen, möglichst mit Glasöse zum Aufhängen, vorbereiten. Am unteren Ende Klammer zum Halten der Filtrierpapierscheibe anbringen. Röhre umkehren und abgekochtes Wasser bis fast zum Rand einfüllen. Zwischen die offene Seite der Röhre und die Drahtschlinge der Halterung eine Filtrierpapierscheibe einschieben, die bereits vorher mit einer kleinen Öffnung — Nadelstich — versehen wurde, um bei der späteren Verdunstung des Wassers in der Röhre Luftblasen durchzulassen. Drahtschlinge der Halterung leicht gegen die Filtrierpapierscheibe andrücken. Röhre umdrehen und senkrecht aufhängen. Die Evaporation ergibt sich aus der Differenz des alle Stunden, bei dünneren Röhren häufiger abgelesenen Wasserstandes in der Röhre.

Auswertung: Vgl. z. B. Vers. 74 u. 75 S. 100.

2. Modellversuche zur Transpiration.
Verdunstungsexponent und Randfeldaktivität[1].

Prinzip der Methode. Die physikalische Komponente der Transpiration läßt sich an Modellversuchen verständlich machen. Zunächst ist die Größe der transpirierenden Fläche von Bedeutung (Vers. 67).

Pappscheiben gleicher Form, aber verschieden großer Fläche, werden angefeuchtet und ihre Verdunstung von Zeit zu Zeit durch Wägung bestimmt.

Wenn als verdunstendes System Kreisscheiben benutzt werden, steigt die Verdunstung weder parallel mit der Größe der Fläche, noch mit der Vergrößerung des Radius, sondern in folgender Weise: Ist V_1 die Verdunstung einer Kreisscheibe vom Radius r_1, so gilt, wenn K einen Koeffizienten darstellt, der von der Art des verwendeten Systems abhängt, folgende Gleichung:

$$V_1 = K \cdot \pi\, r_1^n. \tag{1}$$

Für eine Kreisscheibe vom Radius r_2 gilt das Entsprechende. Das Verhältnis der Verdunstung beider Flächen (V_1, V_2) ist dann

$$\frac{V_1}{V_2} = \frac{r_1^n}{r_2^n} \tag{2}$$

Hieraus läßt sich der Verdunstungsexponent n bestimmen (Vers. 67), der angibt, in welcher Weise die Verdunstung mit wachsendem Radius zunimmt. Die Umrechnung ergibt:

$$n = \frac{\log V_1 - \log V_2}{\log r_1 - \log r_2} \tag{3},$$

[1] WALTER, H.: Z. f. Bot. **18**, 1 (1926). — SEYBOLD, A.: Ergebn. d. Biol. **V** (1929). — RENNER, O.: Flora **100**, 451—547 (1910). — HUBER, B.: Berichte d. D. Bot. Ges. **46**, 610 (1928).

Die Verdunstung ist aber trotz gleicher Größe der Fläche oft noch sehr verschieden. Sie hängt nämlich auch beträchtlich von dem Umfang der verdunstenden Fläche ab (Wasserabgabe bei verschiedener Form der Blätter!). Die Ränder einer verdunstenden Fläche geben leichter Wasser ab, weil die Verdunstung benachbarter Flächenteile, die den Wassergehalt der Atmosphäre erhöht, hier wegfällt. Diese sog. Randfeldaktivität läßt sich ebenfalls an Modellen demonstrieren, wenn gleichgroße Flächen von unterschiedlicher Form verwendet werden, also etwa eine Kreisscheibe, ein Rechteck oder ein Kreisring (Vers. 68).

Versuch 67.

Der Verdunstungsexponent.

Geräte und Reagenzien: Kreisscheiben aus Pappe gleicher Dicke, aber verschiedener Fläche. Kleinster Radius z. B. 5 cm. Verhältnis der Flächen 1 : 2 : 3 : 4. 2 Stative. Bindfaden. Drahtösen zum Aufhängen der Pappscheiben. Schere. Handwaage (Empfindlichkeit mindestens 50 mg) und Gewichtssatz. Schale zum Paraffinschmelzen.

Paraffin.

Zeitbedarf: 2—3 Std.

Ausführung: Aus gleichmäßigen Pappstücken Kreisflächen (Radius vgl. Tab.) ausschneiden, die Ränder und möglichst auch die Unterseite mit Paraffin überziehen und Scheiben mit Wasser tränken. Nach ihrer Wägung Scheiben zwischen zwei Stativen an einem Bindfaden an Drahtösen an windstillem Ort aufhängen. Wägung zwei- bis dreimal alle 15 Min. wiederholen, aus den Differenzen den Mittelwert bilden. Verdunstung pro Stunde bei den verschieden großen Kreisscheiben angeben und daraus nach der oben angegebenen Formel (3) den Verdunstungsexponenten mit Hilfe der Verdunstung von je 2 Kreisscheiben berechnen.

Auswertung:

Fläche cm²	Radius cm	Verdunstung g/h	Verdunstungsverhältnis	Verdunstungsexponent n
1 × 78,5	5	0,80	1	—
2 × 78,5	7	1,41	1,76	1,66
3 × 78,5	8,7	2,05	2,56	1,69
4 × 78,5	10	2,55	3,18	1,67

Versuch 68.

Die Randfeldaktivität.

Geräte und Reagenzien: Pappscheiben gleicher Dicke und gleicher Fläche, aber verschiedener Form, z. B. Kreis, Kreuz und Kreisring. Sonst wie Vers. 67.

Zeitbedarf: 2—3 Std.

Ausführung: Die Pappscheiben verschiedener Form in gleicher Weise wie in Vers. 67 behandeln. Die Verdunstungsintensität pro Flächen-

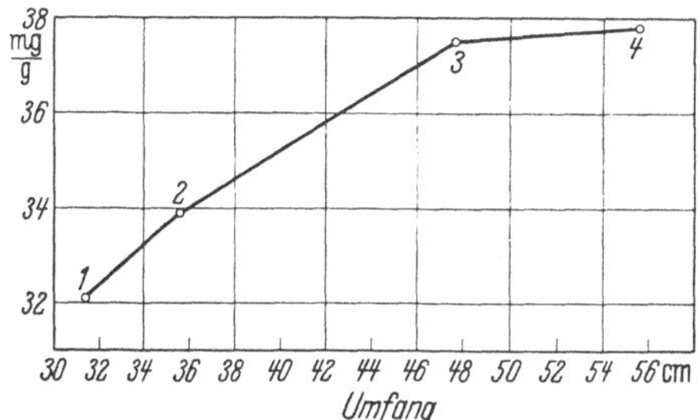

Abb. 13. Randfeldaktivität. Anstieg der Verdunstung bei steigendem Umfang gleich großer Flächen. Abszisse: Umfang der Flächen, Ordinate: Verdunstung in mg/g Anfangsgewicht der Pappscheiben während 30 Min. *1* Kreis, *2* Quadrat, *3* Kreuz, *4* Kreisring.

einheit bestimmen und die Abhängigkeit der Verdunstung von dem Umfang der Pappscheiben in einem Diagramm aufzeichnen.

Auswertung: Die Werte eines derartigen Versuches sind in Abb. 13 angegeben. Hinge die Verdunstung allein von der Blattfläche ab, würde sich eine Parallele zur Abszisse ergeben. Die Verdunstung steigt aber mit steigendem Umfang der Fläche.

3. Modellversuche zur Transpiration II.
Porenverdunstung und Windeinfluß[1].

Prinzip der Methode. Da die stomatäre Transpiration den größten Anteil zur Gesamtverdunstung beiträgt, obwohl das Lumen der geöff neten Spalten nur 1—3% der Gesamtblattfläche ausmacht, ist es nötig, die Verdunstung durch Poren im Vergleich zur Verdunstung einer freien Wasserfläche an Modellen zu betrachten. Es zeigt sich dann, daß die Porenverdunstung beschleunigt vor sich geht, weil die Hemmung durch benachbarte, ebenfalls verdunstende Flächen wegfällt (s. das oben S. 92 zur Randfeldaktivität Gesagte). Je kleiner ferner die Poren, ein desto geringerer Anteil an der Gesamtfläche genügt bereits, um eine Verdunstung zu erzielen, die sogar nur wenig kleiner als die Verdunstung der gesamten von Poren bedeckten Fläche, als freie Wasserfläche vorgestellt, ist. Eine geringe Verkleinerung der Öffnungsweite ist dann andererseits bereits imstande, eine beträchtliche Herabsetzung der Verdunstung hervorzurufen. Auch das läßt sich, wenigstens in erster Annäherung, durch einen Modellversuch zeigen.

Ebenfalls am Modell kann man den Einfluß des Windes auf die Verdunstung studieren, obwohl es infolge der fast überall vorhandenen Konvektionsströmungen schwierig ist, in einem einfachen Versuch „ruhige" Luft zu erreichen. Für unseren Zweck genügt jedoch der Unterschied von normalerweise als ruhig anzusehender Zimmerluft und dem durch einen Ventilator hervorgerufenen Wind, um deutliche Verdunstungsunterschiede zu erkennen. Der Wind entfernt die sich über

---

[1] HUBER, B.: Z. f. Bot. **23**, 839 (1930). Im übrigen vgl. Anm. S. 91.

dem verdunstenden System bildenden Dampfhauben. Nach ihrer Entfernung hat stärkerer Wind kaum noch verdunstungsfördernden Einfluß.

Versuch 69.

Porenverdunstung.

Geräte und Reagenzien: Kreisförmige, auf Petrischalen passende Metallscheiben (Dicke etwa 0,5 mm) mit verschieden großen, eingestanzten Löchern. Durchmesser der Metallscheiben 10 cm.

Porendurchmesser cm	Porenzahl	Porenareal in % der Gesamtfläche
1,0	4	5
	16	20
0,5	16	5
	64	20
0,2	50	2,5
	100	5

Petrischalen 10 cm Durchmesser, Filtrierpapier, Analysenwaage, Vaseline.

Zeitbedarf: 4 Std.

Ausführung: In 7 Petrischalen mehrere Lagen gut angefeuchtetes Filtrierpapier, das in seiner Verdunstungsfähigkeit einer freien Wasserfläche gleich gesetzt werden kann, legen. Rand der Petrischalen mit Vaseline bestreichen, auf die Petrischalen die mit Poren versehenen Kreisscheiben legen, und Gewicht der Petrischalen bestimmen. Nach je 30 Minuten Wasserverlust der Petrischalen durch einige Wägungen feststellen. Die Schalen während der Zwischenzeit an windstillem Ort aufstellen. Als Kontrolle zur Messung der Verdunstung einer „freien Wasserfläche" eine entsprechend vorbereitete Petrischale ohne aufgelegte Metallscheibe benutzen. Verdunstung der Kreisscheiben in % der Verdunstung der „freien Wasserfläche", sowie in % der dem jeweiligen gesamten Porenareal entsprechenden freien Wasserfläche angeben.

Auswertung: In einem derartigen Versuch ergaben sich folgende Werte:

Nr.	1 Porenzahl	2 Porenareal in % der Gesamtfläche	3 Durchmesser der Poren mm	4 Wasserabgabe in 30 min in g	5 Verdunstung in % einer dem Porenareal entsprechenden Fläche	6 Verdunstung in % der freien Fläche
1	4	5	10	0,009	109	5,5
2	16	5	5	0,012	145	7,2
3	100	5	2	0,050	600	30
4	16	20	10	0,050	150	30
5	64	20	5	0,125	375	75
6	50	2,5	2	0,015	370	9,1
7	100	5,0	2	0,050	600	30

Aus diesen Werten folgt:

1. Bei gleichem Porenareal steigt die Verdunstung mit der Anzahl der Poren trotz Abnahme des Porendurchmessers (Versuch 1—3, 4—5 Spalte 4).

2. Poren verdunsten im Verhältnis mehr, als das entsprechende Areal einer freien Fläche (alle Versuche, Spalte 5).

3. Mit steigender Porenzahl nähert sich die Verdunstung der einer freien Fläche (Spalte 6).

4. Mit fallendem Durchmesser der Poren (Spalte 3) wird bei gleicher Anzahl (Zeile 4 und 2) die Verdunstung im Verhältnis zu der einer freien Fläche stark eingeschränkt (Spalte 6).

Versuch 70.

Der Einfluß des Windes auf die Porenverdunstung.

Geräte und Reagenzien: Wie Vers. 69, dazu Ventilator oder Föhn.

Ausführung: Die mit Poren versehenen Kreisscheiben von Vers. 69 vor einem Ventilator aufstellen und ebenso wie dort in gewissen Zeitabständen wiegen. Günstig ist, wenn mit dem Ventilator zwei verschiedene Windstärken eingestellt werden können[1]. Zunahme der Verdunstung infolge der Bewindung graphisch aufzeichnen.

Auswertung: In Abb. 14a ist die verdunstungsteigernde Wirkung des Windes für die Porenplatten mit 50 und 100 Poren (Poren-

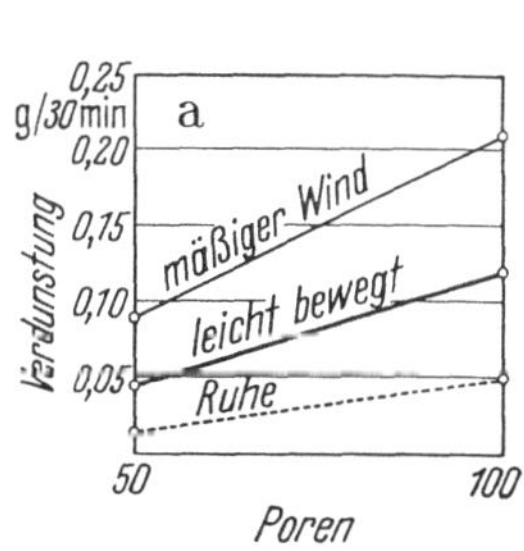

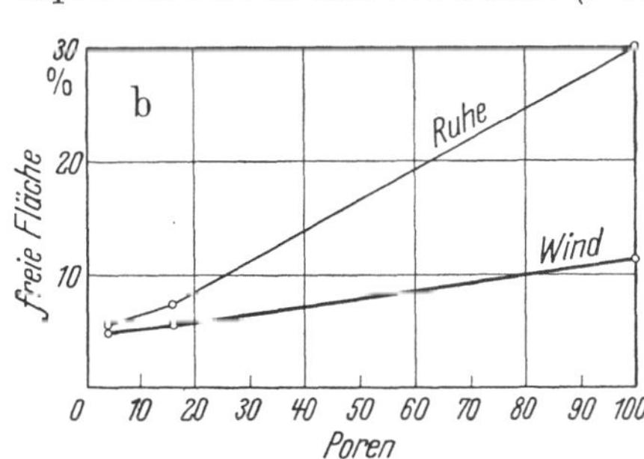

Abb. 14. Der Einfluß des Windes auf die Porenverdunstung. a) Förderung der Porenverdunstung durch den Wind. Durchmesser der Poren 2 mm. b) Porenverdunstung im Verhältnis zu einer freien Wasserfläche in Ruhe und im Wind. Porenareal jeweils 5% der Fläche; Durchmesser der Poren 10, 5 und 2 mm. Abszisse: Anzahl der Poren, Ordinate: Verdunstung in % der freien Wasserfläche.

durchmesser 2 mm) bei schwacher und mäßiger Bewindung dargestellt. Die Windstärke ist in dem Versuch so niedrig, daß ihre Erhöhung noch eine deutliche weitere Steigerung der Transpiration hervorruft. Erst bei noch größerer Windstärke würde keine Steigerung der Verdunstung mehr zu beobachten sein. — Abb. 14b zeigt, daß die Porenverdunstung im Vergleich zur Verdunstung einer freien Wasserfläche im Wind prozentual weniger zunimmt als in Ruhe.

---

[1] Z. B. Astron Luftumwälzer. St. Andreasberg, A. Sprenger.

4. Kutikuläre und stomatäre Transpiration.

(Prinzip der Methode folgt bei den Versuchen.)

Versuch 71.

Nachweis der kutikulären und stomatären Transpiration mit Kobaltpapier[1].

Prinzip der Methode. Getrocknetes, blaues Kobaltpapier wird beim Aufnehmen von Feuchtigkeit rötlich. Werden transpirierende Blätter, die nur einseitige Spaltöffnungen aufweisen, beiderseits mit Kobaltpapier bedeckt, so läßt sich nachweisen, daß die mit Spaltöffnungen versehene Blattseite eine wesentlich schnellere Umfärbung des blauen Kobaltpapieres nach rot hervorruft. Die Wasserabgabe der mit Spaltöffnungen versehenen Blattseite ist also größer als die der spaltöffnungsfreien Seite und die stomatäre Transpiration erheblich stärker als die kutikuläre. Vergleich mit amphistomatischen Blättern.

Versuchsmaterial: Amphistomatische Blätter: *Helianthus, Vicia faba, Avena, Zea mays* u. a.

Blätter mit einseitigen Spalten: *Tradescantia, Cyclamen, Hydrangea, Ficus, Impatiens sultani, Salix caprea, Populus nigra* und *tremula, Pirus communis* u. a.

Geräte und Reagenzien: Glasschale, z. B. Entwicklerschale 9×12 cm, glattes Filtrierpapier, mindestens 4 Glasscheiben 9×12 cm, Filmklammern (Wäscheklammern), Exsiccator, Trockenschrank oder Bunsenbrenner bzw. elektrische Kochplatte.

5proz. Kobalt(II)-chlorid.

Zeitbedarf: 1—2 Std.

Ausführung: Kobaltpapier durch Tränken von Filtrierpapier (9×12 cm) mit 5proz. Kobalt(II)-chloridlösung herstellen und anschließend im Trockenschrank trocknen und im Exsiccator aufheben. Zum Versuch selbst 2 Glasscheiben trocknen, auf jede Kobaltpapier legen, das vorgesehene, abgeschnittene Blatt mit einseitigen Spalten zwischen die vorbereiteten Papiere einlegen, und Glasplatten mit Filmklammern festhalten. In gleicher Weise bei dem Vergleichsblatt (amphistomatisches Blatt) verfahren. Nach einiger Zeit läßt sich die Verfärbung des Papiers beobachten. Blätter nicht zu lange zwischen den Kobaltpapieren liegen lassen, da sich sonst auch das Kobaltpapier rötet, das auf der nicht spaltenführenden Seite der Blätter liegt.

Die Umfärbung des Kobaltpapieres kann auch zum qualitativen Nachweis der Transpirationsunterschiede von gewelkten gegenüber nicht gewelkten, von im Schatten stehenden gegenüber besonnten Pflanzen benutzt werden.

---

[1] DETTMER, W.: Das pflanzenphysiologische Praktikum. Jena, Fischer 1895.

Versuch 72.

Messung der kutikulären Transpiration [1].

Prinzip der Methode. Frisch abgeschnittene Blätter verschiedener morphologischer Typen nach Wägung frei aufhängen und den Gewichtsverlust in Abständen von einer halben Stunde bestimmen. Nach anfänglichem steilem Abfall der Transpiration, hervorgerufen durch Schließen der Spaltöffnungen, stellt sich bald eine annähernde Konstanz der Verdunstungswerte ein, die der kutikulären Transpiration entspricht. Als Bezugsgröße der kutikulären Transpiration das Frischgewicht zu Beginn des Versuchs verwenden (s. auch das über Bezugsgrößen Gesagte S. 90).

Versuchsmaterial: Blätter und Sprosse verschiedener ökologischer und morphologischer Typen.

Geräte und Reagenzien: 2 Stative, etwas Bindfaden, kleine Drahthaken, Schere, Torsionswaage s. S..9 bzw. Analysenwaage. PICHE-Evaporimeter.

Zeitbedarf: ½ Tag.

Ausführung: Zwischen zwei Stativen Bindfaden oder Draht ausspannen, an Nordfenster stellen. Aus Draht soviel kleine S-Haken fertigen, wie Blätter untersucht werden sollen. Blätter oder auch Sprosse von Pflanzen verschiedener Blattstruktur abschneiden, sofort nach dem Abschneiden wiegen und so von jeder Pflanze mehrere Blätter aufhängen. Gleichzeitig an diesem Standort ein PICHE-Evaporimeter mit der verdunstenden Fläche in Höhe der verdunstenden Blätter aufhängen. Abstand zwischen Blättern und Evaporimeter halten. (Verdunstungshemmung durch Nachbarblätter!) Wägungen alle halben Stunden wiederholen. Zeitangaben und Verdunstungswerte der Evaporimeter notieren. Nach dem Ende des durch Spaltenschluß bedingten Transpirationsabfalles Abstände zwischen den Wägungen vergrößern. Für ein Halbtagspraktikum können nach 4 Stunden bereits eine Anzahl brauchbarer Werte vorliegen, möglichst Wägungen aber länger durchführen. Am Schluß der Versuche auf Verdunstung/Frischgewicht pro Std. (mg/g · h) umrechnen, und die erhaltenen Werte in Abhängigkeit von der Zeit aufzeichnen.

Auswertung: Bei einigen Blattypen wurden z. B. folgende Werte für die kutikuläre Transpiration festgestellt:

$$\frac{\text{Transpiration}}{\text{Frischgewicht}} \left[\frac{\text{mg}}{\text{g·h}}\right] *$$

	1	2	3	4
Impatiens parviflora . .	43,4	48,0	33,8	29,4
Syringa vulgaris	19,0	18,0	12,5	7,7
Taxus baccata	10,1	8,8	3,0	5,2
Sedum purpureum . . .	6,9	8,0	5,7	8,1

* Ablesung alle 30 Min., Werte nach Beendigung des durch Verringerung der stomatären Transpiration bedingten anfänglichen Steilabfalls gemessen.

[1] PISEK, A. und E. BERGER: Planta **28,** 124 (1938). — GÄUMANN, E. und O. JAAG: Berichte Schweiz. Bot. Ges. **45,** 411 (1936).

Versuch 73.

Stomatäre und kutikuläre Transpiration bei verschiedenen Blattypen[1].

Prinzip der Methode. Zunächst Gesamttranspiration von abgeschnittenen, hypostomatischen Blättern durch kurzfristige Wägung (vgl. Vers. 75) feststellen. Anschließend stomatäre Transpiration durch Bestreichen der Blattunterseite — hypostomatische Blätter! — mit Vaseline ausschalten und damit nur die oberseitige kutikuläre Transpiration messen.

Versuchsmaterial: Pflanzen (Zweige) mit hypostomatischen Blättern, z. B. einerseits *Acer pseudoplatanus*, *Pirus communis*, *Populus nigra* oder *tremula*, andererseits *Hedera*, *Nerium*, *Laurus*, *Olea*. Weitere Arten, bes. im Winter, s. Vers. 71.

Geräte und Reagenzien: Torsionswaage, Stoppuhr, 2 Stative, Bindfaden, Schere, Drahthäkchen. Weiße Vaseline.

Zeitbedarf: 2—3 Stunden.

Ausführung: Torsionswaage in hellem Raum, am Fenster, aber windstill, s. Vorbemerkung S. 9, aufbauen; mit einem Waagekasten sind auch unmittelbar am Standort Transpirationsmessungen möglich. Arbeitsteilung der Gruppe, da gleichmäßiges, aber doch rasches Arbeiten notwendig ist: 1. Protokoll, 2. Wiegen und Abstoppen, 3. Abschneiden, Zureichen der Blätter, Abdichten. Unmittelbar vor dem Versuch — besonders im Winter für geöffnete Spalten sorgen, s. Vers. 81 —, Blätter abschneiden, an einem Drahthäkchen befestigen und sofort wiegen. Zeit abstoppen und Blatt an einer an zwei Stativen befestigten Schnur an dem Häkchen aufhängen. Nach etwa 1 Min. 45 Sek. erneut wiegen, jedenfalls so, daß Wägung nach 2 Min. beendet ist. Blatt erneut am Häkchen auf der Schnur exponieren und eine dritte Wägung nach weiteren 2 Min. vornehmen. Während dieses erste Blatt abgenommen und die Unterseite dünn mit Vaseline bestrichen wird, kann schon ein zweites Blatt, das inzwischen abgeschnitten wurde, in gleicher Weise wie das erste gewogen werden. Nach dessen Wägung kommt das unterdeß mit Vaseline bestrichene Blatt 1 wieder auf die Waage, und wird anschließend, je nach der Höhe der jetzt allein noch vorhandenen kutikulären Transpiration, für 5 bzw. 10—15 Min. exponiert und dann zurückgewogen. Mehrere Blätter von Gegentypen, z. B. immergrüne — sommergrüne Pflanzen, untersuchen.

Auswertung: Verhältnis der kutikulären zur stomatären bzw. zur Gesamttranspiration berechnen, dabei für die kutikuläre Transpiration die doppelte Höhe gefundener Werte einsetzen, und kutikuläre sowie stomatäre Transpiration in % der Gesamttranspiration für die verschiedenen Blätter angeben.

---

[1] Außer der Literatur zu Vers. 72 H. KAMP: Jahrb. wiss. Bot. **72**, 403 (1931). — STÅLFELT, M. G.: Planta **17**, 22 (1932).

Gemessene Werte:

	Gesamt-Transpiration %	kutikuläre Transpiration %
Populus nigra	100	30—40
Acer pseudoplatanus . .	100	30—40
Hedera helix	100	4—8
Olea europaea	100	5

5. Transpiration und Standortfaktoren.

(Prinzip der Methode folgt bei den Versuchen.)

Versuch 74.

Die Förderung der Transpiration durch den Wind. Oberflächenentwicklung[1].

Prinzip der Methode. Die Unterschiede der Transpiration im Wind gegenüber ruhiger Luft lassen sich durch die Gewichtsabnahme abgeschnittener Pflanzen, die genügend Wasser nachsaugen können und die sowohl in ruhiger als auch in bewegter Luft (Ventilator) während einer bestimmten Versuchszeit aufgestellt werden, nachweisen. Dabei ist dafür zu sorgen, daß nur die Pflanze selbst Wasser abgibt. Die Verdunstung der freien Wasseroberfläche der Gefäße, in denen die abgeschnittenen Zweige stehen, ist entweder durch eine Messung der Wasserabgabe von Kontrollgefäßen ohne Pflanze in Rechnung zu stellen oder durch eine Schicht von Paraffinöl auf den Gefäßen zu verhindern.

Transpiration bei verschiedenartigen Pflanzen (Hygrophyten, Mesophyten, Hartlaubpflanzen) untersuchen, gefundene Wasserabgabe auf das Blattfrischgewicht und die Blattfläche beziehen und mit der Verdunstung eines physikalischen Systems (Evaporimeter s. Vers. 66) vergleichen, und schließlich den Einfluß der Oberflächenentwicklung auf die Transpiration beachten.

Versuchsmaterial: Zweige von Pflanzen verschiedener ökologischer Typen. *Coleus, Eichhornia, Syringa, Fagus, Tilia* usw. *Rhododendron, Laurus, Olea, Nerium, Ficus* usw.

Geräte und Reagenzien: 6 Erlenmeyer 250 cm³; Handwaage (Genauigkeit etwa 10 mg), Gewichtssatz, Ventilator oder Fön, Evaporimeter, Thermometer, Anemometer, Gerät zur Bestimmung der Blattfläche (s. S. 9), feuchte Kammer. Paraffinöl.

Zeitbedarf: 4 Std. (evtl. Aufsättigung 24 Std.).

Ausführung: Nicht zu große Zweige der gewählten Pflanzen unter Wasser abschneiden und von jeder Sorte zwei Exemplare in 250 cm³ Erlenmeyer, die mit Wasser gefüllt sind, stellen. Wasserober-

---

[1] FIRBAS, F.: Ber. d. D. Bot. Ges. **49**, 443 (1931). — GÄUMANN, E., u. O. JAAG: Ber. Schweiz. Bot. Ges. **49**, 177 u. 555 (1939). — GRIEP, M.: Z. f. Bot. **36**, 1 (1940).

fläche vorsichtig mit einer nicht zu dünnen Schicht Paraffinöl abdichten oder Erlenmeyer mit Watte abschließen und dann zusätzlich ein Vergleichsgefäß mit Watte, aber ohne Pflanze verwenden. Die so vorbereiteten Pflanzen werden mit den Gefäßen abgewogen — Reihenfolge beachten, Uhrzeit! — und an hellem Ort, aber unter gleichmäßigen Licht-, Temperatur- und Verdunstungsbedingungen (Messung der drei Größen vor Versuch, Evaporimeter s. S. 90) aufgestellt. Nach 20 Min. Gefäße in gleicher Reihenfolge erneut wiegen und dabei wiederum die „Standortsbedingungen" feststellen. Dann Ventilator einschalten und Pflanzen 20 Min. im Wind stehen lassen, anschließend wieder wiegen und Messungen in Ruhe und im Wind nochmals wiederholen. Vor und nach dem Versuch Windgeschwindigkeit am Aufstellungsort durch ein Anemometer feststellen. Bei geeignetem Ventilator (Regulierungsmöglichkeit!) Versuch so erweitern, daß zunächst bei geringerer, dann bei höherer Windgeschwindigkeit gemessen wird. Nach Versuchsende Zweige zur Aufsättigung über Nacht, besser 24 Std. in feuchte Kammer (s. S. 5) stellen und dann erst, nach nochmaligem Wiegen der Blätter allein, die Blattflächen (s. S. 9) bestimmen.

Auswertung: Transpiration auf Frischgewicht und Blattfläche umrechnen, Verdunstungswerte des Evaporimeters auf eine geeignet erscheinende Zeiteinheit beziehen und die prozentuale Steigerung der Verdunstung der Pflanzen der untersuchten Typen und die des physikalischen Systems miteinander vergleichen. Oberflächenentwicklung $\left(\dfrac{\text{Doppelte Blattfläche}}{\text{Frischgewicht}}\right)$ der wassergesättigten Blätter ausrechnen und ebenfalls mit der Transpiration vergleichen.

Versuch 75.

Transpirationsmessung am Standort durch kurzfristige Wägung[1]. Relative Transpiration.

Prinzip der Methode. Unter der begründeten Annahme, daß unmittelbar nach dem Abschneiden Blätter für kurze Zeit noch eine annähernd vergleichbare Transpiration gegenüber nicht abgeschnittenen Blättern besitzen, lassen sich kurzfristige Wägungen abgeschnittener Blätter zur Bestimmung der Transpirationsintensität am Standort benutzen. Auf diese Weise kann der Verlauf der Transpiration während eines Tages in Abhängigkeit von den Standortsfaktoren bestimmt werden. Von jedem Blatt oder Sproß sind zwei Kurzmessungen hintereinander erforderlich. Bei günstiger Wasserversorgung des gemessenen Blattes ergeben sich innerhalb der Fehlergrenzen annähernd die gleichen Werte. Bei größeren Sättigungsdefiziten sind je nach der Beanspruchung des Wasserhaushaltes infolge rasch eintretendem Spaltöffnungsverschluß bei dem „Zweitwert" geringere Transpirationswerte festzustellen. Diese Unterschiede, sofern sie die Fehlergrenze übersteigen,

---

[1] PFLEIDERER, H.: Z. f. Bot. **26**, 305 (1933). — STOCKER, O.: Ber. d. D. Bot. Ges. **47**, 126 (1929). — FIRBAS, F.: Jb. f. wiss. Bot. **74**, 459 (1931). — PISEK, A., u. E. CARTELLIERI, Jb. f. wiss. Bot. **75**, 195 u. 643 (1931).

können als Maß für die Beanspruchung des Wasserhaushaltes der Pflanze dienen. Eine Fehlermöglichkeit der Methode besteht darin, daß nach dem Abschneiden der Sprosse die Kohäsionsspannung in den Gefäßen aufgehoben wird und dadurch die Transpiration ansteigt. Abschneiden in geschmolzenem Paraffin setzt den Fehler herab.

Um eine Vergleichsmöglichkeit bei der Untersuchung verschiedener Standorte zu haben, ist es oft zweckmäßig, die Transpiration auf die jeweilige Verdunstung am Standort zu beziehen, also die „relative Transpiration" (Transpiration/Evaporation) zu bestimmen. Wegen der Abhängigkeit der Transpiration von der Spaltöffnungsweite ist diese bei den einzelnen Pflanzen mit zu beobachten. (Zur Messung der Spaltöffnungsweiten s. Vers. 82).

An verschiedenen Standorten sollten außerdem die unterschiedlichen Standortsbedingungen durch einige Messungen festgestellt werden. (Zur Bestimmung der Verdunstung vgl. Vers. 66, zur Messung der Luft- und Bodentemperatur s. S. 10. Zur Messung der Beleuchtungsstärke s. S. 10.)

Versuchsmaterial: a) Blätter gleicher Pflanzen von sonnigem und schattigem Standort.

b) Blätter von der gerade besonnten bzw. beschatteten Seite eines Baumes.

c) Sonnen- und Schattenblätter derselben Pflanze.

d) Verschiedene morphologische Typen vom gleichen Standort.

Geräte und Reagenzien: Torsionswaage in Wägekasten (s. S. 9) oder Bungesche Reisewaage, S Haken zum Aufhängen der Blätter. Evaporimeter. Thermometer. Photozelle. Stäbe und etwas Draht zum Befestigen der Meßinstrumente und zur Exposition der Blätter. Die zur Bestimmung der Spaltöffnungsweite (Infiltrationsmethode) nötigen Flüssigkeiten (vgl. Vers. 82).

Zeitbedarf: ½ Tag. (Nur bei Schönwetter.)

Ausführung: Torsionswaage (s. S. 9) im Freien im Wägekasten oder in einem an den Versuchsplatz unmittelbar angrenzenden Raum, Gewächshaus, auch Zelt, jedenfalls Wind und Wetter geschützt, aufstellen und austarieren. Für Transpirationsmessungen einer Pflanzenart an sonnigem und schattigem Standort — bei den anderen Versuchen wird ähnlich verfahren — zunächst an beiden Standorten zur Messung der Klimafaktoren Evaporimeter und Thermometer in gleicher Höhe wie die zu untersuchenden Blätter aufhangen. Die Beleuchtungstärke zwischendurch wiederholt mit der Photozelle messen. Vgl. S. 10.

Ein Blatt der gewählten Versuchspflanze abschneiden, rasch wägen und zum Standort zurückbringen. Dort für 2 Min. möglichst an der ursprünglichen Stelle exponieren (mit S-Haken an Zweig befestigen oder an in die Erde gestecktem, am Ende umgebogenen Draht bzw. an Stativ anhängen) und dann wieder zurückwiegen. Anschließend ein zweites Mal für 2 Min. am ursprünglichen Standort aufhängen und hierauf die Wägung wiederholen. Mit Hilfe der drei Wägungen ergeben sich 2 Verdunstungswerte, aus denen im allgemeinen das Mittel genommen werden darf, falls nicht der „Zweitwert“ wesentlich niedriger liegt, als es der Fehlergrenze entspricht, die zweckmäßigerweise an gut mit Wasser versorgten Pflanzen durch einige Probemessungen bestimmt wird. Hierfür einige Versuchspflanzen gleich bei Versuchsbeginn abschneiden und in Wasser stellen; Messung dieser Pflanzen am Schluß. Liegt der Zweitwert sehr viel niedriger, mag er als Zeiger für starke Wasserbeanspruchung der benutzten Pflanzen dienen, und es darf nur der „Erstwert“ als Repräsentant der am Standort belassenen Pflanze berücksichtigt werden. Inzwischen wird noch die Spaltöffnungsweite mit der Infiltrationsmethode (S. 110) bei einigen vergleichbaren Blättern festgestellt. Dann kann eine andere Pflanze zur Messung vorbereitet werden.

Gefundene Werte auf mg pro g Frischgewicht und Minute umrechnen, Verdunstung des Evaporimeters z. B. in mg pro 10 Min. angeben. Werte in einer Tabelle zusammenstellen und Transpiration (Ordinate) in Abhängigkeit von der Evaporation (Abszisse) in ein Diagramm eintragen.

Auswertung: Als Beispiel für mögliche Ergebnisse seien einige Transpirations- und Verdunstungsbestimmungen bei *Plantago lanceolata* angeführt:

Uhr-zeit	Temperatur °C		Beleuchtungs-stärke Lux		Ver-dunstung mg/10Min.		Spaltöffnungsweite (Infiltrationsmethode)				Transpiration $\left(\dfrac{mg}{g \cdot min}\right)$			
							So		Sch.		So		Sch.	
	So	Sch.	So	Sch.	So	Sch.	A	X	A	X	1.	2.	1.	2.
10^{25}	15,7	13,0	10 400	3000	38	—	2	3	1	3	6,1	6,8	5,4	5,2
10^{46}	15,9	13,2	8 600	3900	35	—	—	—	—	—	6,0	6,1	3,4	3,2
11^{02}	16,0	13,9	10 000	4900	59	25	1	3	0—1	3	8,1	9,2	5,0	4,5
11^{17}	17,7	14,0	10 300	5330	70	40	—	—	—	—	12,6	10,3	8,1	8,9
11^{35}	19,0	15,1	11 000	6000	83	50	0—1	2—3	0	2	10,5	8,5	6,3	5,0

So = Sonne, Sch. = Schatten, A = Alkohol, X = Xylol, 1 = erste und 2 = zweite Transpirationsbestimmung.

Standort: Messungen im Herbst (dunstig, schwach bewölkt) an zwei benachbarten Standorten auf einer Wiese u. a. mit *Dactylis, Lolium, Trifolium, Crepis* und *Leontodon* bestanden.

6. Die Guttation[1].

Prinzip der Methode. Die Guttation läßt sich durch Einstellen von Pflanzen mit Hydathoden in eine feuchte Kammer nachweisen (Vers.76) und durch das Einpressen von Wasser in die Gefäße abgeschnittener Sprosse, die auf ein U-Rohr gesetzt wurden, hervorrufen (Vers. 77). Durchlüftung von Wasserkulturen fördert die Guttation (Vers. 78).

---

[1] PRINGSHEIM, E. G.: Pflanzenphysiologische Übungen. Leipzig 1931. — DETTMER, W.: Das pflanzenphysiologische Praktikum. Jena: Fischer 1895. — HOAGLAND, R. G.: Lectures on the Inorganic Nutrition of Plants. Waltham, Mass. 1948.

Versuch 76.

Nachweis der Guttation.

Versuchsmaterial: Topf mit *Avena*-Keimlingen, bzw. *Tropaeolum* oder *Fuchsien*, auch eingetopfte *Alchemilla*.

Geräte: Glasglocke mit Teller, Filtrierpapier.

Zeitbedarf: 14 Tage Vorbereitung —½ Std. 3—4 Std. Wartezeit.

Ausführung: Ein Topf mit Haferkeimlingen, die gut gegossen werden müssen, wird unter eine mit feuchtem Filtrierpapier ausgekleidete Glocke gestellt. Nach einiger Zeit treten aus den an der Spitze der Blätter befindlichen Wasserspalten (passive Hydathoden) Wassertropfen aus.

Versuch 77.

Experimentell erzwungene Guttation.

Versuchsmaterial: Sprosse von *Impatiens balsamina, Fuchsia*.

Geräte und Reagenzien: Entwicklerschale, Quecksilberzange, U-Rohr mit durchbohrtem Gummistopfen oder Gummischlauchverbindung, Glasglocke. — Quecksilber.

Zeitbedarf: etwa 1 Std.

Ausführung: Einen Sproß von *Impatiens balsamina* in den einen Schenkel eines U-Rohres mit Hilfe eines Gummischlauches oder Stopfens fest einsetzen, das U-Rohr mit Wasser füllen und dann in den freien Teil des anderen Schenkels Quecksilber

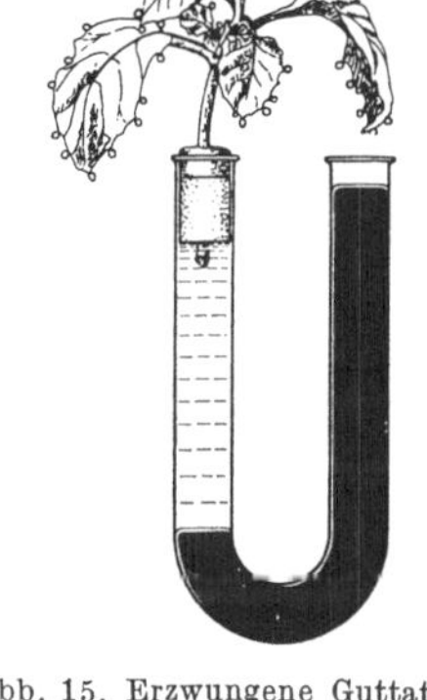

Abb. 15. Erzwungene Guttation. (Nach WALTER.) Entnommen (unverändert) aus H. WALTER, Grundlagen des Pflanzenlebens, Ulmer: Stuttgart 1950, S. 370, Abb. 180.

eingießen, so daß ein Überdruck von etwa 30—40 mm entsteht. Rohr und Zweig werden noch mit einer Glasglocke, die mit feuchtem Fließpapier ausgekleidet ist, überdeckt. Nach einiger Zeit, unter Umständen bereits nach wenigen Minuten, treten an den Blattspitzen Wassertropfen auf (s. Abb. 15)

Versuch 78

Abhängigkeit der Guttation von Sauerstoff- und Mineralsalzzufuhr.

Versuchsmaterial: Weizen- und Haferkeimlinge (5 Tage alt!).

Geräte und Reagenzien: 4 größere Bechergläser (300 cm³), 4 in die größeren Gläser passende kleinere Bechergläser (100 cm³) 2 weitere Bechergläser (100 cm³), 4 Zellon- oder Zellophanscheiben, in die größeren Bechergläser passend (etwa 0,5 mm dick), in der Mitte mit etwa 15 Löchern von 6 mm Durchmesser. Für 2 Bechergläser Durchlüftungseinrichtung (entsprechend Abb. 16) mit tubulierter Flasche 5 oder 10 Liter, 4 Gummistopfen, zweimal durchbohrt, zur Flasche passend, etwas Glasrohr, T-Stück, Gummischlauch, 4 Gummi- oder Korkstopfen gleicher Höhe, Klebstoff („Uhu"), 2 Durchlüftungssteine (Aquarienhandlung), flache Schale mit Glasglocke, Watte, Petrischale, Filtrierpapier. KNOPsche Nährlösung (2 Liter).

Zeitbedarf: 4—5 Tage vorher ansetzen. Versuchseinrichtung 3—4 Std., 24 Std. Wartezeit, 1—2 Std.

Ausführung: Ungefähr 100 Weizenkörner in 2 Bechergläsern (100 cm³) vorkeimen. Körner so auslegen, daß sie sich nicht berühren. (Feuchtes Filtrierpapier!) mit Petrischalendeckel verschließen. Inzwischen in 4 Bechergläser 4 kleinere hineinstellen, die etwa 1,5 cm niedriger als die ersteren sind. Auf die kleinen Bechergläser eine Zellonscheibe legen, die in der Mitte mit etwa 15 Löchern (6 mm Durchmesser) in gleichen Abständen versehen wurde. Zwei der Scheiben bekommen noch einen zusätzlichen Durchlaß für die einzuführenden Durchlüftungsröhrchen mit den daran befestigten Durchlüftungssteinen. Als Durchlüftungseinrichtung dient im einfachsten Fall eine

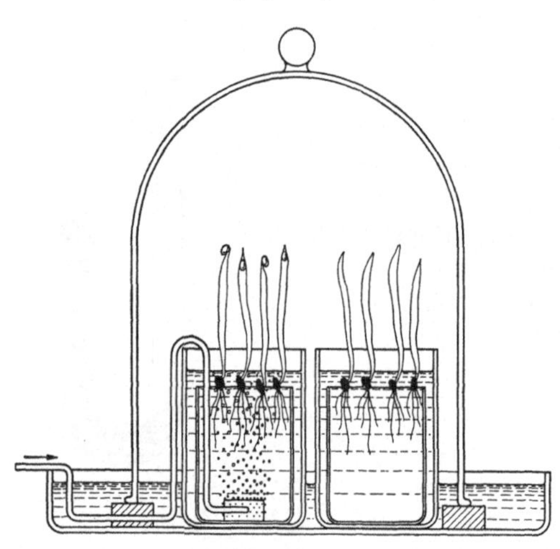

Abb. 16. Abhängigkeit der Guttation von der Sauerstoffzufuhr.

mit doppelt durchbohrtem Gummistopfen versehene größere Flasche, in die langsam durch ein Zuflußrohr Wasser läuft. Die durch ein zweites Glasrohr entweichende Luft wird den Durchlüftungsröhrchen zugeführt.

Die vier Versuchsgefäße werden in eine flache Schale gestellt, in die eine Glasglocke hineinpaßt, die auf 4 Gummistopfen mit „Uhu" festgeklebt ist. In zwei der Versuchsgefäße werden die Belüftungsröhrchen gesteckt (Abb. 16). Etwa 4—5 Tage nach dem Ansetzen der Weizenkörner werden die besten Keimpflänzchen, sobald sie gerade mit den Primärblättern die Koleoptile durchstoßen haben, ausgesucht, am Wurzelhals mit Watte umwickelt und z. B. zu je 15 in die Zellonscheiben gesteckt. Zwei der Bechergläser werden mit Aqua dest., die zwei anderen mit Nährlösung gefüllt und jeweils eines mit und eines ohne Belüftung versehen. Die Nährlösung bzw. das Aqua dest. soll so hoch in den großen Bechergläsern stehen, daß auch die Zellonscheibe von Lösung, bzw. Wasser gerade bedeckt ist (O_2-Abschluß der Wurzeln!) Versuchsgefäße 24 Stunden stehenlassen. Dann kann die Glasglocke über die 4 Gläser gestellt und die Durchlüftung eingeschaltet werden. Versuch vor direkter Sonnenstrahlung schützen. Nach kurzer Zeit, oft schon nach einigen Minuten, sind die ersten Guttationstropfen an den durchlüfteten Pflanzen zu beobachten. Versuch 1—2 Stunden laufen lassen, da unter Umständen nicht alle Pflanzen sofort mit dem Guttieren anfangen. Die Geschwindigkeit des Eintritts der Guttation hängt auch von der Versuchstemperatur ab.

Auswertung: Aus einer Reihe gleichlautender Versuchsergebnisse seien die folgenden herausgegriffen:

| | erster Versuchstag | |
	Aqua dest.	Nährlösung
mit Durchlüftung ..	11/15 *	13/15
ohne Durchlüftung ..	0/15	0/15

* 11 von 15 Pflanzen haben guttiert.

Am ersten Versuchstag zeigt sich bei den nicht durchlüfteten Serien keine Guttation. Zugesetzte Nährlösung hat keine fördernde Wirkung (Fehlergröße!), die Guttation hängt also vor allem von der Sauerstoffzufuhr zu den Wurzeln ab.

IV. Das Durchlüftungssystem.

Grundlagen: Das Durchlüftungssystem, die Interzellularen und die Regulatoren des Gaswechsels, die Spaltöffnungen, spielen bei der Versorgung der Pflanzen mit Luft bei steigender Größe der Pflanzen eine immer größere Rolle.

Die Aufgabe der Spaltöffnungen besteht in der Regulation der Wasserabgabe, in der Versorgung mit dem notwendigen Sauerstoff und der Kohlensäure, sowie schließlich in der Abgabe der Atmungskohlensäure. Ihre Öffnungsweite wird von äußeren und inneren Bedingungen beeinflußt, die in mannigfaltiger Weise ineinandergreifen. Unter den äußeren Faktoren sind vor allem die Bestrahlungsstärke, die Lichtqualität, Wasserdampfgehalt und Temperatur der Atmosphäre, sowie der jeweilige Wasservorrat des Standortes maßgebend. Von inneren Faktoren ist der Wasserzustand (die Hydratur) der Pflanzen besonders wichtig, da letztlich alle Änderungen der Spaltöffnungsweite auf Turgoränderungen zurückgeführt werden können (Vers. 86), ganz gleich, durch welche inneren und äußeren Ursachen sie zunächst herbeigeführt wurden. Als weitere innere Faktoren kommen der osmotische Wert der Schließzellen und der ihrer Umgebung, die Zusammensetzung des Zellsaftes an bestimmten Salzen, u. a. z. B. das Verhältnis von einwertigen zu zweiwertigen Kationen (Vers. 87), ferner die Wasserstoffionenkonzentration (Vers. 88) und nicht zuletzt die Permeabilität der Schließzellen in Frage. Bei dem Zusammenwirken dieser äußeren und inneren Bedingungen führt steigende bzw. fallende Bestrahlungsstärke zu sogenannten photoaktiven Öffnungs- bzw. Schließbewegungen („aktiv", weil die Bedingungen in den Schließzellen selbst durch wechselnde Saugkraft und veränderliche Permeabilität die Veranlassung zu den Bewegungen geben), steigende Wasserzufuhr bewirkt eine hydroaktive Öffnungsbewegung; Wassermangel verursacht die entsprechenden Schließbewegungen. Bei sehr hohem Wassergehalt der die Schließzellen umgebenden Zellen kann es infolge des Drucks der umgebenden Zellen auch zu hydropassiven Schließbewegungen kommen.

Zur Bestimmung der Spaltöffnungsweite sind verschiedene qualitative und quantitative Methoden ausgearbeitet worden, deren Anwendung jeweils vom Bau und physiologischen Zustand der Blätter, sowie von der beabsichtigten Genauigkeit der Messung abhängig ist. Für qualitative Messungen, sofern die untersuchten Blätter keine eingesenkten Spaltöffnungen und keine Wachsschicht besitzen und außerdem nicht stark behaart sind, kommt die Infiltrationsmethode in Betracht; sie ist besonders bei Untersuchungen am Standort bequem, aber ihre Genauigkeit ist relativ gering (Vers. 82 und 75). In wachsendem Maße findet, auch für quantitative Untersuchungen am Standort, aber nur für glatte Blätter brauchbar, die Kollodium-Abdruckmethode (Vers. 83) Verwendung. Zur direkten mikroskopischen Betrachtung kommt an lebenden Blättern die Auflichtmethode (Vers. 84), für Blattausschnitte oder Blattflächenschnitte in besonderen Fällen auch die Untersuchung mit Paraffinöl als Immersionsöl (Vers. 85) in Frage.

Das Durchlüftungssystem läßt sich durch Demonstrationsversuche an Wasserpflanzen mit Schwimmblättern oder an Stengeln und Stämmen mit Lentizellen gut nachweisen (Vers. 79). Zu seiner genaueren Untersuchung hat sich in vielen Fällen das Porometer (Vers. 80) sehr bewährt, das unter bestimmten Voraussetzungen auch die Veränderung der Spaltöffnungsweite allein unter den jeweiligen Versuchsbedingungen zu messen gestattet. Die Methode ist besonders dann brauchbar, wenn eingesenkte Spaltöffnungen untersucht werden sollen, deren Öffnungsweite sonst oft überhaupt nicht festgestellt werden kann.

Bei allen Messungen ist darauf zu achten, daß die Bestimmungen stets am gleichen Blatteil vorgenommen werden, da die Spaltöffnungsweite in den verschiedenen Blattbereichen erfahrungsgemäß nicht gleich ist.

1. Luftwegigkeit und Durchströmungsgeschwindigkeit.

Prinzip der Methode. Bei geeigneter Anwendung geringer Über- oder Unterdrucke kann die Luftwegigkeit der Interzellularen von Blättern, Stengeln und Sprossen, die in Wasser eingetaucht wurden, durch den Austritt von Luft aus Blattquerschnitten, Spaltöffnungen, Stengelquerschnitten oder den Lentizellen leicht gezeigt werden. (Vers. 79).

Zur Messung der Durchströmungsgeschwindigkeit wird an einem Blatt eine mit einem Manometer verbundene Glocke luftdicht angebracht und die Zeit bestimmt, in der durch Einströmen von Luft aus den Spaltöffnungen das Absinken des auf eine bestimmte Höhe eingestellten Manometers stattfindet (Porometer, Vers. 80). Auf diese Weise kann bei anatomisch verschiedenen Blättern die Durchströmungsgeschwindigkeit, bei anatomisch gleichen, aber etwa verschieden behandelten Blättern, auch die relative Öffnungsweite der Stomata bestimmt werden. Schnelles Absinken des Manometers bedeutet große Öffnungsweite, langsames umgekehrt geringe Öffnungsweite.

Auf einige Fehler ist zu achten: Erwärmung der Glocken durch Bestrahlung ruft Unterschiede der Spaltöffnungsweite hervor. Der CO_2-Gehalt der in den Glocken stehenden Luft wird bei der Photosynthese verringert. Abnehmender CO_2-Gehalt führt jedoch zu Öffnungsbewegungen. Höhere Luftfeuchtigkeit unter den Glocken verringert die Schließbewegung. Ohne besondere Vorrichtung, z. B. Abnehmen der Porometerglocken während der Pausen zwischen den Messungen oder Durchströmenlassen von Luft bestimmten CO_2- und Feuchtigkeitsgehaltes, sind die Porometermessungen nur zu qualitativen Bestimmungen geeignet. So lassen sich die Unterschiede der Durchströmungsgeschwindigkeit und damit Unterschiede der Spaltöffnungsweite bei belichteten und verdunkelten Blättern der gleichen Art recht gut mit dem Porometer zeigen.

Versuch 79.

Nachweis der Luftwegigkeit[1].

Versuchsmaterial: Blätter mit Stiel von *Caltha palustris*, *Nymphaea* oder *Nuphar*, im Winter auch *Primula sinensis*, ferner *Sambucus*-Zweigstücke.

Geräte und Reagenzien: Aquarium mit Wasser, Standzylinder, Stativ mit Muffe und großer Klemme, Gummischlauch, Durchmesser entsprechend dem verwendeten Blattstiel bzw. Zweig, Fahrradluftpumpe, Siegellack.

Zeitbedarf: 20 Min.

Ausführung: a) An dem Blattstiel eines geeigneten Blattes einen Gummischlauch befestigen und mit einer Fahrradluftpumpe verbinden. Blatt unter Wasser tauchen und Pumpe schwach in Bewegung

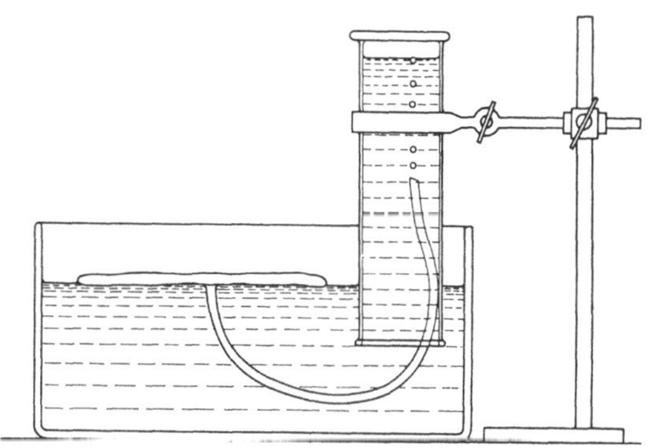

Abb. 17. Nachweis der Luftwegigkeit bei Schwimmblättern.

setzen. Den Spaltöffnungen des Blattes entquillt ein aufsteigender Strom von Luftblasen. In entsprechender Weise wird an einem Stengelstück von *Sambucus*, dessen oberes Ende mit Siegellack bestrichen wurde, am unteren Ende ein Gummischlauch mit der Pumpe befestigt. Wenn der Zweig unter Wasser gehalten wird, steigen auch hier bei einsetzendem Druck aus den Lentizellen Luftblasen in großer Zahl in die Höhe.

b) Versuchsanordnung nach Abb. 17. Der geringe Unterdruck im Standzylinder läßt aus dem in einen Zylinder hineinragenden umgedrehten Blattstiel von *Nuphar* oder *Nymphaea* Luftblasen entweichen.

---

[1] PRINGSHEIM, E. G.: Pflanzenphysiologische Übungen. Leipzig 1931.

Versuch 80.

Das Porometer[1].

(Die Spaltöffnungsweite belichteter und verdunkelter Blätter.)

Versuchsmaterial: Topfpflanzen von *Pelargonium zonale.*

Geräte und Reagenzien: 2 Porometerglocken (Höhe 20 mm Durchmesser 15 mm). Vgl. Abb. 18. 2 Gummiringe, Durchmesser 15 mm, Breite 3—4 mm. Etwas Federdraht, Glasrohr, 2 T-Stücke, 2 Bechergläser, Gummischlauch, 2 Klemmen, 2 Stative (mit Muffen), 2 Thermometer, 1 Dunkelsturz, Stoppuhr, Tischlerleim.

Zeitbedarf: 1 Tag.

Ausführung: Von 2 Topfpflanzen von *Pelargonium Zonale* — auch andere Pflanzen mit festen Blättern, im Winter z.B. *Veronica*

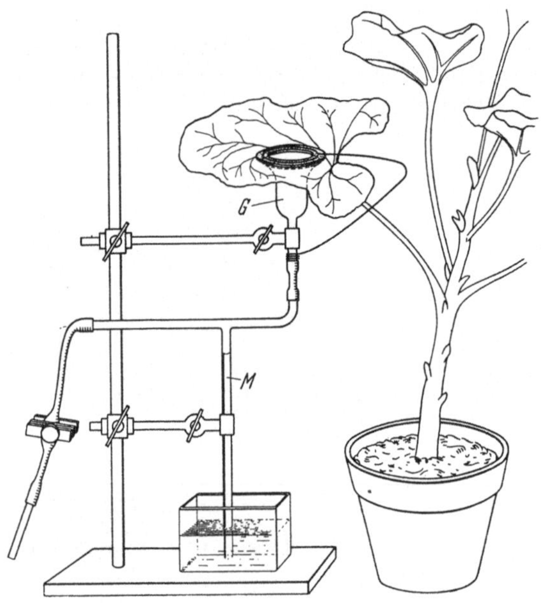

Abb. 18. Das Porometer. *M* Manometer, *G* Porometerglocke.

Hendersonii und *speciosa* oder abgeschnittene Zweige sind verwendbar — je ein gleichaltriges, gut entwickeltes Blatt aussuchen und an diesem auf der Unterseite die Porometerglocke mit Hilfe von Tafelleim[2] luftdicht befestigen. Zur besseren Haltbarkeit auf die Oberseite des Blattes an die Stelle der aufsitzenden Glasglocke einen Gummiring legen, der

---

[1] DARVIN, F. u. D. F. M. PERTZ: Proc. Roy. Soc. **84,** 136 (1922). — LEICK, E.: Ber. d. D. Bot. Ges. **45,** (43), (1927). — PAETZ, K. W.: Planta **10,** 611 (1930). — GREGORY, F. G. u. H. L. PEARSE: Proc. Roy. Soc. B. **114,** 477 (1939). — HEATH, O. V. S.: Journ. Exper. Bot. **1,** 29 (1950).

[2] An Stelle von Tischlerleim (Tafelleim) hat sich auch 20—25proz. Gelatine und der LEICKsche Porometerkitt (s. S. 75) bewährt.

mit einer Drahtfeder an die unterseitige Glocke angedrückt ist, um ein Abrutschen der Porometerglocke zu verhindern. Porometerglocke durch eine Stativklammer in ihrer Stellung festhalten. Mit der Glocke ein Glas-T-Stück (s. Abb. 18) verbinden, das mit seinem offenen, langen Ende in ein Becherglas mit Wasser reicht und an dem anderen kurzen Ende mit einem Gummischlauch und Glasrohransatz verbunden ist. Auch das T-Stück durch eine Stativklammer festhalten. Durch den Ansatz das Wasser in dem als Manometer dienenden Ende des T-Stückes bis zu einer Marke hochsaugen und den Gummischlauch mit einer Klemmschraube abklemmen. Mit der Stoppuhr Zeit bestimmen, die bis zum vollständigen Absinken des Wasserstandes im Manometer erforderlich ist. Messung einige Male wiederholen. Beide Versuchspflanzen in gleicher Weise vorbereiten und dabei Porometerglocke auf Luftdichtigkeit prüfen. Nach einer solchen Kontrolle und einigen Messungen die eine Pflanze an die Sonne (helles Fenster, Gewächshaus, notfalls Zusatzbeleuchtung), die andere in die Nähe, aber verdunkelt (Dunkelsturz) aufstellen und so etwa 4—6 Stunden belassen. Auf gleiche Temperatur an beiden Aufstellungsplätzen achten. Sofort nach dem Entdunkeln der dunkel gehaltenen Pflanze mit den Messungen beginnen. Messungen wie bei den Kontrollmessungen durchführen.

Auswertung: Wenn die Pflanzen gut gegossen und frisch sind, ist die Porometerzeit bei den vorher verdunkelten Pflanzen, jedenfalls bei den ersten Messungen, wesentlich höher als bei den belichteten. Bei längerer Belichtung der zunächst verdunkelten Pflanzen fällt im allgemeinen die Porometerzeit, ein Zeichen für das Öffnen der vorher geschlossenen Stomata. Sollen Unterschiede zwischen verdunkelten und belichteten Pflanzen länger erhalten bleiben, muß das verdunkelte Exemplar nach jeder Messung erneut verdunkelt oder sogar dafür gesorgt werden, daß die Pflanze verdunkelt bleibt und nur das Manometer zur Ablesung der Porometerzeit zur Beobachtung außerhalb des Dunkelsturzes aufgestellt wird. Durch das Verdunkeln wird unter dem Dunkelsturz u. U. die Luftfeuchtigkeit erhöht, wodurch vollständiges Schließen der Spalten verhindert wird.

2. Die Abhängigkeit der Spaltöffnungsweite von verschiedenen Standortsfaktoren.

(Prinzip der Methode folgt bei den Versuchen.)

Versuch 81.

Erhöhung der Spaltöffnungsweite durch Feuchtigkeit und Belichtung.

Prinzip der Methode. Bei Versuchspflanzen ist die Spaltöffnungsweite besonders im Winter oft nicht sehr groß. Es ist daher günstig, die Spaltöffnungsweite vor Versuchsbeginn künstlich zu erhöhen. Man benutzt dafür hydroaktive und photoaktive Öffnungsbewegungen.

Versuchsmaterial: Große Spaltöffnungen finden sich z. B. bei *Vicia faba* oder bei *Tradescantia*-Arten. Im Winter erwiesen sich

Veronica Hendersonii bzw. *speciosa, Fuchsia, Sparmannia, Trades-cantia* als brauchbar. Meistens geöffnete Spalten besitzen: *Eichhornia crassipes, Cebrina pendula, Potamogeton natans, Nymphaeaceen.*

Geräte und Reagenzien: a) Feuchte Kammer (Glasglocke mit passendem Teller), Filtrierpapier.

b) Petrischale, 100 bis 200 Watt Lampe, Glasschalen.

Zeitbedarf: ½ Std. Vorbereitung — 12—24 Std. Wartezeit.

Ausführung:a) Handelt es sich um eine Topfpflanze, so wird diese höchstens 24 Stunden vor dem Versuch kräftig gegossen und dann in eine feuchte Kammer gebracht, der Topf wird in eine flache Schale mit etwas Wasser gestellt, mit einer Glasglocke überdeckt und an ein Nordfenster gestellt. Ausnutzung der hydroaktiven Öffnungsbewegung. Die Vorbehandlung darf nicht zu lange dauern, da sonst infolge vollständiger Wassersättigung der die Spaltöffnungen umgebenden Zellen hydropassive Schließbewegungen eintreten können. Dauer der Vorbehandlung also vorher ausprobieren.

b) Abgeschnittene Blätter werden 24 Stunden vor den weiteren Versuchen in eine Petrischale auf Aqua dest. gelegt und — unter Wasserkühlung — mit einer nicht zu schwachen Lampe, z.B. 100 bis 200 Watt, etwa 5 Stunden beleuchtet. Beispielsweise kann man für die Kühlung die Petrischale bei seitlicher Beleuchtung so erhöht in eine Glasschale unter einen schwach geöffneten Wasserhahn in ein flaches Ausgußbecken stellen, daß das über die Petrischale rieselnde Leitungswasser in die Glasschale läuft, dabei gerade noch den Boden der Petrischale erreicht und dann über den Rand der Glasschale abfließt. Im Anschluß an die Belichtung Petrischale an ein helles Nordfenster (keine direkte Sonne), stellen. Ausnutzung der photoaktiven Öffnungsbewegung.

Nach beiden Behandlungsweisen sind die Spaltöffnungen vieler Pflanzen weit geöffnet.

Versuch 82.

Einfluß der Lichtintensität auf die Spaltöffnungsweite. Die Infiltrationsmethode.

Prinzip der Methode. Blätter oder ganze Topfpflanzen verschiedener Lichtintensität aussetzen, z. B. ans Fenster stellen bzw. einige Stunden im Dunkeln aufbewahren und dann die Spaltöffnungsweite der unterschiedlich vorbehandelten Blätter mit der Infiltrationsmethode messen! Eine Flüssigkeit dringt, auf ein Blatt gebracht, um so rascher in die Spaltöffnungen und Interzellularen ein, je weiter die Spalten geöffnet sind und je beweglicher und leichter benetzend die Flüssigkeit ist. In der Reihenfolge Petroläther — Xylol — Alkohol — Paraffinöl nimmt die Benetzbarkeit ab. Leicht benetzende Flüssigkeiten wie Petroläther dringen noch in schwach geöffnete Spalten ein, Paraffinöl nur in besonders weit geöffnete Spalten. Außerdem gibt es bei derselben Flüssigkeit je nach der Spaltöffnungsweite Unterschiede in der Geschwindigkeit des Eindringens. Man kann sich von dem Eindringen in ein Blatt durch vorsichtiges Einstechen mit einer Nadel in das Blattgewebe überzeugen. Jeder Stich in das Blatt wird nach Benetzen mit der Infiltrationsflüssigkeit zum Mittelpunkt eines sich mehr oder weniger rasch ausbreitenden dunklen Fleckes.

Der Öffnungszustand der Spaltöffnungen kann also nach Geschwindigkeit und Umfang der Infiltration geschätzt werden. Da das Eindringen in nicht geringem Maße auch von dem besonderen Bau der Spaltöffnungen, der Interzellularen und der Wandbeschaffenheit abhängt, ist ein unmittelbarer Vergleich nur bei derselben Pflanzenart gestattet.

Versuchsmaterial: Für einige Stunden hell bzw. dunkel gehaltene, eingetopfte Pflanzen von *Vicia faba* bzw. von *Veronica Hendersonii* oder *V. speciosa*, letztere auch im Winter brauchbar; auch Blätter von *Eichhornia crassipes* oder beleuchtete und gerade beschattete Freilandpflanzen derselben Art sind geeignet.

Geräte und Reagenzien: Glasstäbe, Fläschchen mit Petroläther, Xylol, Alkohol abs., Paraffinöl.

Zeitbedarf: Jede Bestimmung wenige Minuten.

Ausführung: Vorher belichtete bzw. verdunkelte Blätter werden nacheinander durch Auftupfen der Testlösungen mit dem Glasstab auf die Spaltöffnungen tragende Seite, also im allgemeinen die Unterseite der Blätter (bei verschiedenen Blättern vorgleichbare Stellen benutzen), auf ihren Spaltöffnungszustand hin untersucht. Es wird geprüft, ob die Flüssigkeit überhaupt und wie rasch sie eindringt. Bezeichnung der Geschwindigkeit und des Umfangs der Infiltration nach einer Skala, z. B. *1* einzelne Punkte, *2* zahlreiche Punkte bzw. einzelne Flecken, *3* eine große Fläche. α sofortiges schnelles Eindringen, β mittelmäßiges, nach 5—10 Sekunden erfolgendes, γ langsames Eindringen der Infiltrationsflüssigkeit. Stets mehrere Blätter in gleicher Weise untersuchen.

Auswertung: Bei belichteten Blättern von *Veronica Andersonii*, wo Xylol, Alkohol und Paraffinöl als Infiltrationsflüssigkeit benutzt worden war, ergaben sich z. B. folgende Werte: $X_{3\alpha}$, $A_{1\beta}$, P_0. In diesem Fall dringt also Paraffinöl nicht ein, Alkohol vereinzelt und mäßig rasch, Xylol schnell und bildet einen zusammenhängenden Infiltrationsfleck. Entsprechend ergaben verdunkelte Blätter $X_{2\beta}$, A_0, P_0.

Versuch 83.

Der Tagesgang der Spaltöffnungsweite.
Die Kollodiummethode[1].

Prinzip der Methode. Bei der Kollodiummethode wird die Öffnungsweite der Stomata, ohne die Blätter von den Pflanzen zu entfernen —

---

[1] Wenzel, H.: Jahrb. wiss. Bot. **88**, 89 und 123 (1939). — Klein, K.: Diss. Darmstadt 1944.

es können sogar vom gleichen Blatt mehrere Proben gewonnen werden — durch Auftragen einer dünnen Schicht einer dickflüssigen Masse von Kollodiumlösung, die sehr rasch zu einem durchsichtigen, dünnen und festen Film erstarrt, als Abdruck fixiert. Die Ausmessung der Spalten kann später im Mikroskop vorgenommen werden. Ein besonderer Vorteil der Methode besteht darin, daß jederzeit eine Nachprüfung der Werte möglich ist, da die Häutchen beliebig haltbar sind. Allerdings ist die Methode nur bei nicht sehr behaarten Blättern anwendbar und bei empfindlichen Blättern ist eine Schädigung anscheinend doch nicht ganz auszuschließen.

Versuchsmaterial: *Vicia faba*, *Veronica Hendersonii* (auch im Winter), *Eichhornia*, *Alisma plantago*, andere Wasserpflanzen. (Alle Blätter mit glatter Oberfläche, großen, nicht eingesenkten Spaltöffnungen, ohne oder nur mit ganz geringer Behaarung.)

Geräte und Reagenzien: Mikroskop, Pinzette, Schere, Glasstab, Glasplatte oder Objektträger, Okularmikrometer.

5proz. Kollodium (Zelloidin) in Alkohol: Äther (1 : 2 Volumenteile); Das käufliche 4proz. Kollodium in Alkohol : Äther (1 : 7 Gewichtsteile) ist weniger geeignet.

Zeitbedarf: Vor- (und Nachmittag).

Ausführung: Lösung mit einem Glasstab auf die spaltentragende Seite des zu untersuchenden Blattes dünn ausstreichen. Das sich bildende dünne Häutchen sogleich nach dem vollständigen Erstarren, je nach Temperatur in 1—2 Minuten mit der Pinzette abheben, es löst sich oft schon an einer Stelle des Blattes von selbst ab, und zwischen Objektträgern bzw. 2 Glasplatten aufbewahren, um stärkeres Schrumpfen und Knittern zu verhüten. Für den Vergleich verschiedener Blätter nur die Mittelteile der Blätter benutzen, da sich Blattbasis und Spitze oft abweichend verhalten. Stets mehrere gleichbehandelte Blätter untersuchen. Die Größenbestimmung der Spalten erfolgt mit dem Mikroskop (s. S. 9). Einbetten in Wasser bei der Beobachtung fördert die Sichtbarkeit bei vielen Objekten. Auf scharfe Abbildung der Randkonturen der Spaltöffnungsabdrucke ist zu achten.

3. Spaltöffnungsweite und Wassergehalt der Blätter[1].

Prinzip der Methode. Die Bestimmung der Spaltöffnungsweite turgeszenter und angewelkter Blätter läßt sich, abgesehen von der Infiltrationsmethode (Vers. 82) durch direkte Beobachtung der Spaltöffnungen am lebenden Blatt im auffallenden Licht und auch durch Untersuchung im durchfallenden Licht mit der Immersionsmethode vornehmen. Bei der Beobachtung im auffallenden Licht kann das ganze Blatt unter ein geeignetes Auflichtmikroskop (z. B. Ultropak von Leitz, Epilum von

---

[1] PAETZ, K. W.: Planta **10**, 611 (1930). — HARTSUIJKER, K.: Rec. Trav. Bot. Néerl. **32**, 516 (1935).

Reichert oder Auflichtmikroskop von Zeiß) gebracht und an beliebigen Stellen beobachtet werden. Bei der Immersionsmethode werden aus einem Blatt kleine Stücke herausgeschnitten, in Paraffinöl eingelegt und diese direkt in Paraffinöl, das gleichzeitig als Immersionsöl dient, mit einem Immersionsobjektiv ohne Deckglas im durchfallenden Licht beobachtet. Durch das Paraffinöl werden die Spaltöffnungsbewegungen sehr verlangsamt, so daß in den ersten Minuten nach dem Benetzen mit Paraffin noch der Zustand des unversehrten Blattes erhalten bleibt.

Versuch 84.

Direkte Beobachtung der Spalten im auffallenden Licht.

Versuchsmaterial: Frische und angewelkte Blätter z. B. von *Vicia faba* oder *Phaseolus*.

Gerät: Auflichtmikroskop (z. B. Ultropak von Leitz oder Epilum von Reichert; Auflichtmikroskop von Zeiß, Vertikalilluminator). Okularmikrometer.

Zeitbedarf: 1—2 Std. Vorbehandlung 2—3 Tage.

Ausführung: Zunächst einige Blätter der vorgesehenen Pflanzen zum „Anwelken" abschneiden und auf dem Labortisch eine Zeit lang auslegen. Besser einige eingetopfte Exemplare einige Zeit hindurch nicht gießen, bis sich die ersten Anzeichen des Schlaffwerdens der Blätter bemerkbar machen. Zur Untersuchung der Spaltöffnungen selbst ein turgeszentes bzw. angewelktes Blatt auf den Objekttisch des Auflichtmikroskopes legen, mit 2 Klammern vorsichtig festhalten und mit geeigneter Vergrößerung beobachten. Infolge der Beleuchtung von oben heben sich die Öffnungen der Spalten noch deutlich von ihrer Umgebung ab. Nach Scharfeinstellung muß zur eigentlichen Beobachtung der Spaltöffnungen ein benachbartes Gesichtsfeld eingestellt werden, da das Beobachtungslicht die Spaltöffnungsweite nach einiger Zeit ändert. Es können nur Blätter mit großen, nicht eingesenkten Spaltöffnungen verwendet werden. Anfänger benutzen zunächst mittlere Vergrößerungen.

Versuch 85

Beobachtung der Spaltöffnungsweite mit Hilfe der Immersionsmethode.

Versuchsmaterial: vgl. Vers. 84.

Geräte und Reagenzien: Esmarchschälchen, Schere, Mikroskop, Immersionsobjektiv, Objektträger, Deckgläser, Pinsel. Paraffinöl.

Zeitbedarf: 1—2 Std. Vorbehandlung 2—3 Tage.

Ausführung: Mit einer geeigneten Schere aus dem zu untersuchenden Blatt — Blätter wie in Vers. 84 behandeln! — ein kleines Stück herausschneiden und darauf achten, daß bei dem Vergleichsblatt zur Beobachtung eine ähnliche Stelle benutzt wird; Unterschiede in der

Spaltöffnungsweite an verschiedenen Stellen des Blattes. Das heraus geschnittene Stück in ein Schälchen mit Paraffinöl legen, so daß es vollständig benetzt wird. Unmittelbar darauf herausnehmen und ohne Deckglas mit Immersionsobjektiv beobachten. Geöffnete Stomata zeigen hellen Spalt. Zum Festhalten der Blattstückchen ein Deckglas seitlich auf den Rand des Blattstückchens legen. An Stelle eines Blattstückes kann auch das intakte Blatt verwendet werden. Sofort nach Bedecken des zu untersuchenden Blatteiles mit einem Tropfen Paraffinöl mit der Messung beginnen, da von der Umgebung des nicht mit Paraffinöl bedeckten Blatteiles dem zu beobachtenden Bereich Wasser entzogen wird, so daß es zu Spaltöffnungsveränderungen kommen kann. Bei zu langer Beobachtung macht sich auch hier (vgl. Vers. 84) ein Lichteinfluß auf die Spaltöffnungsweite bemerkbar.

Versuch 86.

Nachweis der Spaltöffnungsreaktion auf Turgoränderungen.

Prinzip der Methode. Hohe Turgeszenz führt immer zu Öffnungsbewegungen der Spalten. Verringerung der Turgeszenz, also Wasserabgabe, hat Schließbewegungen zur Folge. Werden flache Schnitte von der Spaltöffnungen führenden Seite beliebiger Blätter mit großen Spaltöffnungen angefertigt und die Schnitte teils auf destilliertesWasser, teils auf eine wasserentziehende, 0,3 bis 0,5 mol Rohrzuckerlösung gelegt, die aber gegenüber den Schnitten noch hypotonisch sein muß, so kann nach einiger Zeit bei den auf Rohrzucker liegenden Schnitten ein Schließen der Spalten beobachtet werden, während die auf destilliertem Wasser liegenden sich öffnen oder aber offen bleiben. An Stelle der Flächenschnitte sind einfacher auch Blattausschnitte verwendbar.

  Versuchsmaterial: Blätter von *Tradescantia, Vicia faba*.

Geräte und Reagenzien: 2 Petrischalen, Mikroskop mit Okularmikrometer, Rasiermesser, Schere, Objektträger, Deckgläser.

0,5 mol Rohrzuckerlösung, Aqua dest.

Zeitbedarf: 4 (6) Std., Vorbereitung: s. Vers. 81.

Ausführung: Um geöffnete Spalten zur Verfügung zu haben, Vorbehandlung wie in Vers. 81. Für den Versuch selbst Epidermisschnitte von der Spaltöffnungen führenden Seite der Blätter bzw. Blattausschnitte anfertigen. In 0,5 m Rohrzucker prüfen, ob bei dieser Konzentration bereits Plasmolyse in den Zellen eintritt. Ist das nicht der Fall, wird 0,5 m Rohrzucker für die weiteren Versuche verwendet, sonst Lösungen soweit verdünnen, bis die Zuckerlösung hypotonisch ist. Dann genügend Schnitte in Aqua dest. bzw. in die entsprechende Rohrzuckerlösung einlegen, bei Blattausschnitten die Spaltöffnungen führende Seite nach unten, nachdem bei jeweils 2 von ihnen die Spaltöffnungsweite unter einem Mikroskop sofort bestimmt wurde. Von jedem Schnitt Öffnungsweite von 10 Spalten mit dem Okularmikrometer ausmessen (s. S. 9). Anschließend kommen die Schnitte wieder in die Lösungen zurück. Es ist zweckmäßig, je 2 Schnitte gleich zu markieren (z. B. 1 oder 2 Ecken schräg abschneiden!). Bei den späteren Messungen überzeuge man sich, daß bereits einmal zur Messung verwendete Schnittpaare in ihrer mittleren Spaltöffnungsweite mit noch nicht verwendeten übereinstimmen.

Auswertung: Nach einer Vorbehandlung entsprechend Versuch 81 S. 109 erhielten wir folgende Ergebnisse:

In der Rohrzuckerlösung sind die Spaltöffnungen also nach 4 bis 6 Stunden geschlossen. Die Geschwindigkeit der Schließbewegung hängt von der Konzentration der Rohrzuckerlösung ab. Werden die 6 Std. in Zuckerlösung befindlichen Blattstücke wieder in Aqua dest. übertragen, so öffnen sich die Spalten nach einiger Zeit von neuem. Die Schließbewegung der Spalten ist also reversibel.

Messung Nr.	Zeit	Aqua dest.	Zuckerlösung 0,5 mol	0,25 mol
1	0	4,0 [1]	4,2	3,9
2	1^{h}30′	4,4	3,0	3,5
3	2^{h}30′	3,8	1,0	2,5
4	3^{h}30′	4,2	0,4	1,3
5	4^{h}30′	3,9	0	0,5
6	6^h	4,0	0	0

4. Ioneneinfluß auf die Spaltöffnungsweite[2].

Prinzip der Methode. Alle Faktoren, die den Turgor der Schließzellen direkt und indirekt beeinflussen, ändern auch den Öffnungszustand der Spalten. Auf diese Weise vermögen Ionen, die die Quellungsfähigkeit erhöhen, wie z. B. K^+ (s. S. 62), die Spaltöffnungsweite zu vergrößern, umgekehrt andere Ionen, wie z. B. Ca^{++}, die Quellung der Schließzellen zu verringern und sie damit zu schließen. Da ferner die Höhe des Turgors von der Menge osmotisch wirksamer Substanz und diese wieder von der Fermentaktivität in der Zelle abhängt, werden die Reaktionen, die die Fermentaktivität in den Schließzellen verändern, ebenfalls den Turgor und damit die Öffnungsweite beeinflussen. So fördert niedrige Wasserstoffionenkonzentration, schwach saure bis basische Reaktion, die hydrolytisch gerichteten Fermentreaktionen und führt auf dem Weg des Stärkeabbaues zur Zuckerbildung und damit wiederum zur Turgorerhöhung und zur Öffnung der Stomata. Auch der Abbau von Stärke zu Hexosemonophosphat wird infolge der p_H-abhängigen Wirksamkeit der hierzu nötigen Phosphorylase bei hohen p_H-Werten (neutraler Bereich) stark gefördert. Im intakten Blatt wird bei Belichtung infolge der einsetzenden Photosynthese die CO_2-Tension verringert und damit die Wasserstoffionenkonzentration erniedrigt, woraus — aber nur eine der möglichen Ursachen! — ebenfalls eine Öffnung der Stomata resultiert.

Durch Einlegen von Blattflächenschnitten bzw. von Blattstückchen in Lösungen mit den entsprechenden K^+ bzw. Ca^{++} lassen sich deutliche

---

[1] Skalenteile des Okularmikrometers, jede Messung das Mittel aus 20 Spaltöffnungsbestimmungen (jeweils 2 der benutzten Schnitte).

[2] SCARTH, G. W.: Plant Physiol. **7**, 481 (1932). — PEKAREK, J.: Planta **21**, 419 (1934). — FREUDENBERGER, H.: Protoplasma **35**, 1 (1940). — BÜNNING, E.: Entwicklungs- und Bewegungsphysiologie der Pflanzen. Berlin: Springer 1948. — ALVIM, P. T.: Amer. Journ. Bot. **36**, 781—791 (1949).

Änderungen der Spaltöffnungsweite erzielen. In gleicher Weise beeinflußt die Wasserstoffionenkonzentration der Lösungen die Spaltöffnungsweite.

Versuch 87.

Änderung der Spaltöffnungsweite durch K- und Ca-Ionen.

Versuchsmaterial: Blätter von *Tradescantia* oder *Rumex acetosa*.

Geräte und Reagenzien: Einige kleine Petrischalen, Mikroskop, Rasiermesser, Okularmikrometer, Objektträger und Deckgläser. 100 cm³ 0,2 mol KCl-Lösung, 100 cm³ 0,2 mol $CaCl_2$-Lösung.

Zeitbedarf: 4 Std.

Ausführung: Schnitte von der Blattunterseite von *Tradescantia* herstellen, die Schnitte in 0,2 mol KCl bzw. 0,2 mol $CaCl_2$-Lösungen in kleine Petrischalen legen und bei mäßigem Licht, jedoch nicht bei direktem Sonnenlicht, 3 Stunden aufstellen. Anschließend nach kurzem Abspülen der Schnitte die Spaltöffnungsweite unter dem Mikroskop bei geeigneter Vergrößerung durch Ausmessen mit dem Okularmikrometer in Aqua dest. vergleichen. Spaltöffnungen der Randzonen der Schnitte auslassen und nur Spaltöffnungen mit gut sichtbaren Konturen zur Messung auswählen. Je 10 Spaltöffnungen von 2 Schnitten ausmessen.

Auswertung: In derartigen Versuchen wurden für die Spaltöffnungsweiten z. B. die folgenden Werte gefunden: *Tradescantia* 620-fache Vergrößerung: KCl 9,0 Mikrometerteilstriche; $CaCl_2$ 2,4 Teilstriche. Mittelwerte von 20 Spaltöffnungen.

Versuch 88.

Einfluß der Wasserstoffionenkonzentration auf die Spaltweite.

Versuchsmaterial: Blätter von *Tradescantia* oder *Rumex acetosa*.

Geräte und Reagenzien: 4 Erlenmeyer (250 cm³), einige kleine Petrischalen, Indikatorpapier oder Folienkolorimeter bzw. Ionometer (s. S. 6), Rasiermesser, Mikroskop, Mikroskopierlampe, Okularmikrometer, Objektträger und Deckgläser.

Konzentrierte Essigsäure, Leitungswasser oder Acetatpufferlösungen (vgl. Anhang S. 238).

Zeitbedarf: Insgesamt etwa 18 Std. Ansetzen 2 Std.

Ausführung: Durch Zugabe von einigen Tropfen Essigsäure zu Leitungswasser Lösungen von p_H 4, 5, 6 und 7 herstellen; für ein p_H von 5 werden bei 200 cm³ H_2O (Leitungswasser) etwa 3 Tropfen Essigsäure benötigt (hängt stark vom Kalkgehalt ab), oder Acetatpufferlösungen vom angegebenen p_H-Wert benutzen. Die Wasserstoffionenkonzentration mit Indikatorpapier oder elektrometrisch überprüfen (s. S. 6). Von den Lösungen gleiche Teile in 4 Petrischalen füllen. Aus 3 Blättern von *Tradescantia* (*Rumex*) je 4 Stücke zu etwa

8—10 mm Seitenlänge aus der Blattmitte ausschneiden, Mittelrippe auslassen, und in die 4 Petrischalen so legen, daß in jeder von jedem Blatt ein Stück enthalten ist. Nach etwa 15 Stunden von jedem Blattstückchen ohne weiteres Schneiden durch direkte Beobachtung unter dem Mikroskop mit einer hellen Mikroskopierlampe mindestens 15 verschiedene Spaltöffnungsweiten ausmessen, so daß für jeden p_H-Wert 45 Messungen vorliegen. Eine solche größere Anzahl von Werten ist erforderlich, weil die Streuung recht groß ist. Eine Vorbehandlung der Blätter nach Vers. 81 (b) erwies sich zusätzlich als günstig.

Auswertung: *Tradescantia*, Vergrößerung 620 mal. Spaltöffnungsweite in Teilstrichen des Okularmikrometers.

p_H	4	5	6	7
Teilstriche . . .	1,0*	2,1	2,6	3,2
Extremwerte . .	0—2	1—4	1—5	1,5—8

Rumex: Sonst wie oben.

p_H	4	5	6	7
Teilstriche . . .	0,3	1,5	3,2	3,4
Extremwerte . .	0—1	1—3	2—4	2—4,5

* Abgerundete Mittelwerte aus 45 Bestimmungen.

V. Wärmehaushalt der Pflanzen.

Grundlagen. Die Temperatur der Pflanzen weicht, abgesehen von relativ wenigen Ausnahmen, von ihrer Umgebung gar nicht oder nur wenig ab. Sie ist je nach der herrschenden Ein- bzw. Ausstrahlung, nach der Größe des Wärmeaustausches, der Windwirkung usw. fast genau so veränderlich wie die Lufttemperatur selbst. Nur in geringem Ausmaß wird die Temperatur der Pflanzenteile zusätzlich erstens von der morphologischen und anatomischen Struktur (Vers. 89), zweitens von der Transpiration beeinflußt: große fleischige Organe setzen den Wärmeaustausch mit der Umgebung herab und haben deshalb bei hoher Einstrahlung höhere Temperaturen verglichen mit der Umgebung. Umgekehrt setzt hohe Transpiration durch die Verdunstungskälte die Temperatur der Blätter herab. Schließlich kann auch durch die bei rascher Veratmung von Kohlenhydraten und Fetten freigesetzte Wärmeenergie die Temperatur von Blüten, Knospen oder keimenden Samen manchmal beträchtlich erhöht werden (Vers. 89 u. S. 219). Zum genauen Studium des Temperaturfaktors sei auf die ausführlichen Zusammenstellungen von GEIGER, H. WALTER und B. HUBER verwiesen[1].

Temperaturmessung in Pflanzen[1].

Prinzip der Methode. Für die Messung der Temperatur von Pflanzen bzw. Pflanzenteilen ist die Verwendung von Quecksilberthermometern

---

[1] HUBER, B.: Der Wärmehaushalt der Pflanzen. München-Freising 1935. — DÖRR, M.: B. B. C. **60A**, 679 (1941). — WALTER, H.: Grundlagen der Pflanzenverbreitung. Einführung in die Pflanzengeographie Teil I, Standortlehre. Ulmer 1949. — HUMMEL, K.: Meteorolog. Rundschau **1**, 147 (1947). Einige weitere Anregungen für die Ausgestaltung der Versuche verdanken wir Herrn Dr. HUMMEL. — GEIGER, R.: Das Klima der bodennahen Luftschicht. 2. Aufl. Braunschweig 1942.

zu grob. Hier kommen vielmehr Thermonadeln in Frage: Wird für die Aufrechterhaltung eines Temperaturgefälles zwischen einem Paar von Schweiß- bzw. Lötstellen verschiedener Metalle, z. B. Kupfer und Konstantan, gesorgt, so stellt sich zwischen beiden Lötstellen eine Spannungsdifferenz ein, die als Maß für die Temperaturdifferenz benutzt werden kann. Durch Vergleich mit bekannten Temperaturdifferenzen ist eine Eichung leicht durchzuführen. Die Messung der Pflanzentemperatur erfolgt dann in der Weise, daß die eine Lötstelle in Wasser

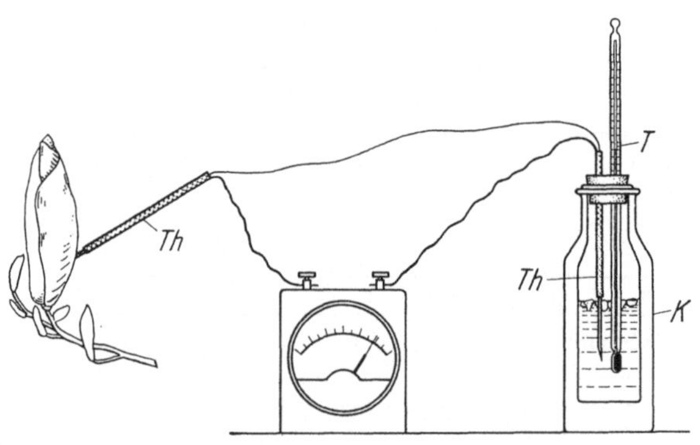

Abb. 19. Temperaturmessung mit Thermonadel.
Th Thermonadel, *T* Thermometer, *K* Gefäß mit Eiswasser.

bestimmter Temperatur (u. U. Eiswasser) gestellt wird, während die zweite Lötstelle, als Thermonadel ausgebildet, in die zu untersuchenden Organe gesteckt werden kann. Es sind so sehr genaue Temperaturmessungen möglich (Abb. 19).

Versuch 89.

Temperaturmessung mit Thermonadeln.

Versuchsmaterial: a) Im Winter und Frühjahr bei Frostwetter Knospen von *Paeonia, Rheum, Heleborus niger, Anemone pulsatilla.* b) Im Frühjahr Knospen und Blüten von *Arum.* c) Im Sommer an heißen Tagen succulente *Sedum*- bzw. *Sempervivum*-Arten; ferner *Hieracium* bzw. *Plantago media.*

Geräte und Reagenzien: Thermonadel (HARTMANN und BRAUN). Galvanometer größerer Empfindlichkeit, z. B. Mavometer. Thermosflasche, Watte, Transportkasten. Thermometer $^1/_5$ Grad Einteilung, zur Eichung ein weiteres Thermometer. Becherglas. Dreifuß, Bunsenbrenner, Asbestnetz. 2 m Gummischlauch 4—5 mm Durchmesser zur Isolation der Leitung zwischen Thermonadel, Lötstelle und Meßinstrument.

Wasser verschiedener Temperatur. Eis.

Zeitbedarf: Vorbereitung (Eichung) 2 Std. Versuchsdauer 1—2 Std.

Ausführung: a) *Eichung der Thermonadel.* Die eine Lötstelle (Kontrolle) des Thermoelements zusammen mit einem Vergleichsthermometer in eine Thermosflasche mit Eiswasser stellen und diese oben mit Watte verschließen. Die Thermonadel als zweite Lötstelle und ein weiteres Thermometer in ein beliebiges erwärmbares Gefäß mit Wasser bringen. Lötstellen miteinander und mit dem Galvanometer entsprechend Abb. 19 verbinden. Durch Vergleich des Galvanometerausschlags mit der jeweiligen, durch Zugabe warmen Wassers zu verändernden Wassertemperatur eine Eichkurve aufstellen. Dabei ist auf Konstanz der Temperatur in der Umgebung der Kontrollötstelle (Thermosflasche) zu achten.

b) *Temperaturmessung.* Galvanometer und Thermosflasche in einem tragbaren Kasten für die Messungen im Freiland an verschiedenen Standorten sturzsicher unterbringen. Leitungen vom Galvanometer zu den Lötstellen durch Überziehen mit einem Gummischlauch schützen (Temperatureinflüsse!). Zur Messung selbst Thermonadel neben das zu messende Organ zur Bestimmung der Lufttemperatur in der Luft frei halten. Im Augenblick der Messung Nadel vor direktem Sonnenlicht schützen (Pappscheibe) und dabei Thermonadel nur am Gummischlauchüberzug halten. Erst nach der Kontrollmessung Thermonadel in das zu messende Organ (Blatt, bzw. Knospe usw.) sinngemäß so einstecken, daß die Lötstelle selbst auch wirklich mit der gewünschten zu messenden Stelle in Kontakt kommt. Ausschlag am Galvanometer ablesen und aus der Eichkurve die fragliche Temperatur herauslesen. Bei jeder Messung Uhrzeit, notwendige Standortsangaben sowie die gerade herrschenden Witterungsverhältnisse protokollieren

Auswertung: Im Winter[1]

	Zeit	Innen- temperatur	Luft- temperatur
Knospen von *Helleborus caucasicus*	09³⁹	—2,3	—11,6
Knospen von *Rheum palmatum*	08⁴³	—6,7	—17,5

Im Sommer[1]

	Zeit	Blatt- temperatur	Luft- temperatur
Sempervivum hirsutum	15⁰⁰	34,2	25,8
Hieracium pilosella (etwas schlaff) . . .	15¹⁰	31,5	25,6

Wind setzt die Übertemperatur der Blätter herab. Fleischige Blätter weisen häufiger eine höhere Temperatur auf als dünne Blätter. Welke Blätter sind wärmer als frische, rot gefärbte Blätter wärmer als grüne.

---

[1] Nach HUMMEL bzw. DÖRR s. S. 117.

VI. Photosynthese.

A. Der Vorgang der CO_2-Assimilation.

Grundlagen. Bei der Umwandlung anorganischer Substanz in organische Stoffe steht die Bildung von Kohlenhydraten unter Aufnahme von CO_2 (CO_2-Assimilation) und von Eiweißen unter Aufnahme von Nitraten bzw. anderen N-Verbindungen (N-Assimilation) im Vordergrund. Zur CO_2-Assimilation ist entweder Sonnenlicht (Photosynthese) oder chemische Energie (Chemosynthese), die auf anderem Wege gewonnen wird, nötig.

Die Photosynthese besteht darin, daß in einem verwickelten Prozeß zunächst die Kohlensäure an einen organischen Akzeptor gebunden wird (CO_2-Aufnahme) und dann eine Reduktion des CO_2 an diesem Akzeptor stattfindet. Die hierzu erforderliche Energie liefert die vom Chlorophyll in den Chloroplasten absorbierte Strahlungsenergie des sichtbaren Lichtes, die dann direkt oder indirekt in einem oder mehreren photochemischen Teilprozessen (die Einzelheiten stehen noch zur Diskussion) dazu dient, eine Wasserspaltung (Photolyse des Wassers) durchzuführen: dabei wird Sauerstoff frei, der ausgeschieden wird, andererseits Wasserstoff zur Reduktion des CO_2 bereitgestellt, der nun durch einen weitgehend noch unbekannten Übertragungsmechanismus dem CO_2-Akzeptor zugeführt wird. Ob 'die photochemische Reaktion dabei direkt an der Wasserspaltung beteiligt ist, oder nur ein Gefälle bei dem Wasserstoffübertragungsmechanismus aufrecht erhält, ist ebenfalls noch nicht entschieden, und es ist nicht sicher, ob nicht noch andere Möglichkeiten der Energieübertragung bestehen. Außer der lichtabhängigen (photochemischen) Reaktion sind an der Photosynthese noch lichtunabhängige Dunkelreaktionen fermentativer Natur beteiligt, die dann schließlich zur Bildung von einfachen Kohlenhydraten, und unter Aufnahme der Aminogruppe auch zu Aminosäuren führen. Hierbei legen es neueste Versuche nahe, daß der Aufbau der ersten Kohlenhydrate in mancher Hinsicht eine Umkehr des Abbauweges der Kohlenhydrate (bei Atmung und Gärung) darstellt, und daß dabei Zwischenprodukte, wie Phosphoglycerinsäure, auftreten.

Da schließlich Hexosen aufgebaut werden, kann unter Berücksichtigung des Energieaufwandes summarisch auch folgendermaßen geschrieben werden:

$$6\,CO_2 + 12\,H_2O + 674\,\text{Cal.} \longrightarrow C_6H_{12}O_6 + 6\,H_2O + 6\,O_2.$$

Zur Photosynthese sind also außer dem Pigment noch Wasser, Kohlensäure und Licht erforderlich (Vers. 90). Von diesen Faktoren hängt die Intensität der Photosynthese in charakteristischer Weise ab (Vers. 91): Mit steigendem Gehalt der Luft an Kohlensäure oder mit steigender Bestrahlungsstärke erhöht sich die Photosynthese zunächst so lange, bis einer der beiden Faktoren die Höhe der Assimilation begrenzt (Vers. 91). Bei weiterer Erhöhung beider lassen schließlich innere Faktoren keinen weiteren Anstieg der Photosynthese zu. Abb. 20 zeigt, daß bei optimalem CO_2-Gehalt zunächst eine photochemische, also lichtabhängige Reaktion die Photosynthese begrenzt, während bei hoher Bestrahlungsstärke sogenannte innere Faktoren, nämlich die im Dunkeln möglichen Fermentreaktionen (Dunkelreaktionen), den weiteren Anstieg der CO_2-Assimilation verhindern. Bei niedriger Bestrahlungsstärke können deshalb photochemische, bei hoher Bestrahlungsstärke Einflüsse der Dunkelreaktion untersucht werden. Chlorophyll ist im allgemeinen im Überschuß vorhanden und wirkt in ausgewachsenen Blättern unter normalen Bedingungen nicht begrenzend.

Bei der Photosynthese wird im allgemeinen ebensoviel Sauerstoff frei, wie CO_2 gebunden wird. Der Assimilationsquotient, das Verhältnis von O_2/CO_2, ist deshalb, jedenfalls bei der alleinigen Synthese von Kohlenhydraten $= 1$. Ein weiterer, wesentlicher Begriff ist der Kompensationspunkt: Da bei der Atmung Sauerstoff verbraucht und Kohlensäure abgegeben wird, wirken Atmung und Assimilation entgegengesetzt auf den Sauerstoff- und CO_2-Vorrat des umgebenden Mediums ein. Es gibt deshalb bei niedrigen Bestrahlungsstärken einen Punkt, wo sich CO_2- bzw. O_2-Aufnahme und Abgabe die Waage halten: Der Kompensationspunkt. Die den Kompensationspunkt überschreitende CO_2-Assimilation nennt man apparente Assimilation. Die gesamte Assimilationsleistung besteht also aus der apparenten Assimilation zuzüglich der Atmungsverluste.

Photosynthese ist nur möglich bei Pflanzen mit Chloroplasten (Vers. 90), die einen Teil der einfallenden Strahlung gemäß ihrem Absorptionsspektrum (Vers. 108) absorbieren. Dabei können die Carotinoide allein, obwohl durch ihre Strahlungsabsorption sehr wahrscheinlich die Photosynthese gesteigert wird, keine Photosynthese hervorrufen; hierfür ist Chlorophyll erforderlich. Die Assimilation ist in den verschiedenen Spektralbezirken bei gleicher Bestrahlungsstärke nicht gleich. Sie hängt als photochemische Reaktion nicht von der absorbierten Energiemenge, sondern von der Anzahl der eingestrahlten Energiequanten ab, die vom roten zum blauen Bereich abfällt.

Die Photosynthese hängt aber noch von weiteren Faktoren ab, wie Spaltöffnungsweite (vgl. Abschn. IV, 2), Plasmazustand, Alter und Wassergehalt der Zellen, Eigenschaften, die in starkem Maße vom Vorleben der Pflanze bestimmt werden (Vers. 93). Hierher gehört auch die Abhängigkeit der Photosynthese von wahrscheinlich vielen Fermentsystemen, die die Dunkelreaktion bestimmen und die z. B. durch Einwirkungen von Narkotika und Hemmstoffen (Vers. 99) beeinflußt werden können.

Die in der Pflanze gebildeten Kohlenhydrate werden für die verschiedensten Zwecke des Stoffwechsels weiter verwendet. Teils werden aus ihnen bestimmte Stoffe gebildet und neue Zellen und Gewebe aufgebaut, teils werden sie an Reservestoffbehälter weitergeleitet, teils zur Energieausnutzung veratmet. Die Zunahme an gebildeten Stoffen bezeichnet man als Stoffproduktion. Sie kann gemessen werden durch die Gewichtszunahme der zu untersuchenden Pflanzen in einer bestimmten Zeit. Damit wird die Trockengewichtszunahme der Pflanzen ohne die durch die Atmung verloren gegangenen Stoffe erfaßt: *Nettoproduktion*. Bei der Stoffausbeute wird die gesamte gebildete Stoffmenge einschließlich der Atmung bestimmt: *Bruttoproduktion*. Für die Stoffausbeute der Blätter gibt die „Blatthälftenmethode" ein ungefähres Maß (Vers. 95).

1. Bedingungen der Photosynthese.
(Prinzip der Methode folgt bei den Versuchen.)

Versuch 90.

Die Voraussetzungen für die Photosynthese.[1]

Prinzip der Methode. Die bei der Photosynthese zusammenspielenden unbedingt nötigen Faktoren kann man bei submersen Pflanzen leicht und sehr eindrucksvoll dadurch aufzeigen, daß man nachweist,

---

[1] In Anlehnung an: E. G. PRINGSHEIM, Pflanzenphysiologische Übungen. Leipzig 1931.

unter welchen Bedingungen von den Pflanzen Sauerstoff an das Wasser abgegeben wird. In Kolben mit Wasser, aus dem durch Auskochen der Sauerstoff entfernt worden ist, werden grüne Pflanze, Bikarbonat (als CO_2-Quelle) und Licht so kombiniert, daß nur in einem alle drei Faktoren vereinigt sind. Und nur in diesem Kolben wird an das Wasser Sauerstoff abgegeben, der sich durch die Braunfärbung von alkalischer Pyrogallol-Lösung auch für Demonstrationszwecke nachweisen läßt. In gewissen Bereichen ist eine Abschätzung der Menge des im Wasser gelösten Sauerstoffes zwar möglich, aber eine quantitative Bestimmung läßt sich auf diesem Wege nicht durchführen.

Versuchsmaterial: einige Sprosse von *Helodea*, *Myriophyllum* oder von einer anderen Wasserpflanze, eine Handvoll chlorophyllfreie Blütenblätter.

Geräte und Reagenzien: 5 gleiche Rundkolben mit schmalem Hals oder Erlenmeyer 300 bis 500 ccm, Reagenzgläser, 2 Pipetten 10 cm³ graduiert, Glasstab, Waage, mehrere Brenner oder Heizplatten zum Wasserkochen.

25proz. Kalilauge, Bikarbonat, Pyrogallol, Paraffinöl, Soda.

Zeitbedarf: Vorbereitung 2—3 Std.; Ausführung 1 Std.; 2 bis 3 Std. Stehenlassen.

Ausführung: Die Kolben fast bis an den Hals mit destilliertem Wasser füllen und ungefähr 5 Min. zur Entfernung der gelösten Gase kochen, danach mit frisch gekochtem Wasser bis in die Hälfte des Halses auffüllen, mit einer ungefähr 5 mm hohen Schicht Paraffinöl überschichten und abkühlen lassen! Da das Paraffinöl später beim Einbringen der Pflanzen etwas stört, kann man die Kolben gestrichen voll mit ausgekochtem Wasser füllen und muß sie dann aber in fließendem kalten Wasser rasch abkühlen (ohne umzuschütteln!). Die Schicht von der Oberfläche, in der sich Sauerstoff gelöst hat, wird später abgegossen. Die Kolben nach dem Abkühlen bezeichnen ($A—E$). In 4 (A, B, C, D) von ihnen soviel Bikarbonat in Substanz einbringen, daß eine etwa 1proz. Lösung entsteht. Durch vorsichtiges Bewegen eines Glasstabes die Auflösung beschleunigen! In die Kolben A, B und E je einige Sprosse einer grünen Wasserpflanze einführen, in D chlorophyllfreie Blütenblätter und in C einige Sprosse der grünen Wasserpflanze, die man vorher in kochendem Wasser abgetötet hat, das etwas Soda gelöst enthielt (um eine Chlorophyllzerstörung durch den sauren Zellsaft zu verhindern). Falls man ohne Überschichtung mit Paraffinöl gearbeitet hat, wird jetzt das Wasser aus den oberen zwei Drittel des Kolbenhalses dadurch herausgedrückt, daß man ein weites Reagenzglas in den Hals einführt! Darauf sofort alle Kolben mit einer etwa 5 mm hohen Paraffinölschicht überdecken! Den Kolben B ins Dunkle stellen, die übrigen an ein helles Fenster oder bei sehr trübem Wetter um eine helle Lampe gruppieren. Nach 2 bis 3 Std. im Reagenzglas 10 cm³ Wasser erhitzen und ein kleines Löffelchen Pyrogallol hinzufügen. In einem anderen Reagenzglas etwa 10 cm³ Kalilauge ebenfalls erhitzen. Nach kurzem Abkühlen mit der Pipette je 1 cm³ der beiden

Lösungen in jeden Kolben geben. (Vorsicht beim Aufsaugen, Pipette auf den Boden des Reagenzglases führen und die Flüssigkeit nicht bis zum letzten Rest aufnehmen, da sonst durch Luftblasen die starke Kalilauge in den Mund getrieben würde!). Man stößt mit der Pipette durch die Paraffinölschicht und entläßt erst dann die Flüssigkeiten. Mit langem Glasstab gut umrühren!

Auswertung: Die Faktorenkombination in den einzelnen Kolben war folgende:

	A	B	C	D	E
Bikarbonat (CO$_2$)	+	+	+	+	—
Pflanze	grün lebend	grün lebend	grün tot	nicht grün lebend	grün lebend
Licht	+	—	+	+	+

Nach Zugabe von alkalischer Pyrogallollösung färbt sich der Inhalt von *A* tiefbraun, bei *E* tritt eine schwache Bräunung auf, die übrigen Kolben bleiben ungefärbt. Nur im Kolben *A*, wo CO$_2$, eine lebende grüne Pflanze und Licht zusammen spielten, hat kräftige Photosynthese stattgefunden. Der abgeschiedene Sauerstoff oxydiert das Pyrogallol. Die schwache Sauerstoffbildung in *E* trotz Abwesenheit von CO$_2$ rührt davon her, daß die Pflanze durch anaerobe Atmung etwas CO$_2$ bildet, das sodann assimiliert wird, so daß auch hier eine geringe Menge Sauerstoff auf Kosten des Atmungsmaterials (und vielleicht gewisser CO$_2$-Reserven der in das Versuchsgefäß eingebrachten Pflanzen) entsteht.

Versuch 91.

Abhängigkeit der Assimilationsintensität von der Beleuchtungsstärke bei verschiedener CO$_2$-Tension [1].

(Ein Beispiel für das Gesetz der begrenzenden Faktoren.)

Prinzip der Methode Die Tatsache, daß bei kräftiger Photosynthese untergetauchter Pflanzen der Sauerstoff wegen seiner geringen Löslichkeit in Wasser hauptsächlich gasförmig in Blasen abgeschieden wird, kann zu einer annähernd quantitativen Bestimmung der Assimilationsintensität ausgenutzt werden. Obwohl die Methode am zuverlässigsten ist, wenn die Bedingungen so gewählt werden, daß die Blasenzahl konstant bleibt, können gewisse Gesetzmäßigkeiten der Photosynthese, z. B. das Gesetz des Minimumfaktors, auch mit variierter Blasenzahl hinreichend genau nachgewiesen werden. Als geeignete Pflanze für diese „Blasenzählmethode" hat sich besonders *Helodea canadensis* herausgestellt. Man muß nur darauf achten, daß für die ganze Versuchsreihe der gleiche Sproß Blasen von gleicher Größe bildet. Die größte Gefahr, den blasenabgebenden Interzellulargang zu verstopfen oder zu verändern, besteht beim Wechsel der Flüssigkeit. Bei einigermaßen vor-

---

[1] ARNOLD, A.: Planta **13**, 529 (1931). — KNIEP, H.: Jahrb. f. wiss. Bot. **56**, 460 (1915). — WILMCOTT: Proc. Roy. Soc. (London) B **92**, 304 (1921).

sichtigem Arbeiten gelingt es aber auch Anfängern, die Manipulationen so durchzuführen, daß der Sproß stundenlang Blasen von augenscheinlich gleicher Größe bildet. Andernfalls muß die Reihe von vorn mit einem neuen Sproß begonnen werden.

Versuchsmaterial: Sprosse von *Helodea canadensis*.

Geräte und Reagenzien: 2 planparallele Küvetten (1 bis 2 cm tief, die Höhe und Breite beliebig), kleinen Projektionsapparat oder andere starke, möglichst punktförmige Lichtquelle, Maßstab oder Bandmaß, Meßzylinder 100 oder 250 cm³, Becherglas oder Kolben zum Mischen der Bikarbonatlösungen, U-förmiges Glasrohr als Heber, Schere, Glasstab, dünner Faden. (Luxmeter bzw. Photozelle mit Amperemeter).

250 cm³ 1proz. Kaliumbikarbonatlösung (oder Natriumbikarbonat).

Zeitbedarf: 4 Std.

Ausführung: Lichtquelle am Ende eines längeren Tisches aufstellen! Küvetten so unterbauen (Kistchen, Karton, Bücherstapel), daß sie in den Lichtkegel ragen und in der Richtung der Lichtstrahlen verschiebbar sind. Die eine Küvette mit destilliertem Wasser (zur Absorption der Wärmestrahlen!), die andere mit 1proz. Bikarbonatlösung füllen. Einen ungefähr 10 cm langen Sproß von *Helodea* mit scharfer Schere abschneiden (auch das Abkneifen mit den Fingernägeln hat sich bewährt!) und in der Bikarbonatlösung in ungefähr 20 cm Abstand von der Lichtquelle in den Strahlenkegel bringen. Nur unverletzte Endsprosse sind geeignet, bei denen lediglich an der Schnittstelle Gasblasen austreten. Das abgeschnittene Ende muß nach oben zeigen und bei der intensivsten Beleuchtung sollen pro Minute ungefähr 60—100 Blasen aufsteigen. Sind die Blasen zu klein und zahlreich oder zu groß und langsam, so kann durch Abschneiden eines kurzen Stückes vom Stengel oft eine günstige Blasengeschwindigkeit erzielt werden. Sonst mit neuem Sproßstück versuchen. Das Sproßstück mit geeigneter Blasenzahl an einem kleinen schräg in der Küvette liegenden Glasstab mit einem Fädchen lose anbinden und die Küvette hinter der mit Wasser gefüllten in 20 cm Abstand von der Lichtquelle so aufstellen, daß der Sproß voll beleuchtet ist. Ein Blatt weißes Papier in den Lichtkegel halten, um etwa unterschiedliche Beleuchtung zu vermeiden! Nach kurzer Akklimatisation einige Male hintereinander die pro Minute abgegebene Zahl von Blasen zählen! Dann die Küvette auf 30 cm entfernen (vorderen oder hinteren Küvettenrand als Meßkante wählen!). Bei dieser Entfernung wieder 3—4 mal die Blasenzahl pro Minute feststellen. Darauf auf 40, 80, 120 cm usw. gehen, bzw. soweit, daß mindestens noch 3—4 Blasen pro Minute erscheinen! Steht ein Luxmeter oder eine Photozelle mit Amperemeter zur Verfügung, so kann man die Entfernungen so wählen, daß man mit ungefähr gleichen Intervallen 4—5 Punkte verschiedener Beleuchtungsstärke herausgreift, z. B. zwischen 250 und 10 000 Lux. Die Photozelle an die Rückwand der Küvette mit der Pflanze in Höhe der Mitte des Sprosses anlegen. Nach Beendigung dieser Reihe wird die Flüssigkeit mit einem Heber abgezogen und vorsichtig eine durch

Verdünnen der Stammlösung hergestellte 0,5proz. Bikarbonatlösung in die Küvette gefüllt und eine Reihe von Bestimmungen der Assimilationsintensität bei den gleichen Beleuchtungsstärken wie in der ersten Reihe vorgenommen. Schließlich wird das Gleiche mit einer 0,1 proz. Bikarbonatlösung ausgeführt.

Auswertung: Ein Beispiel.

Helodea canadensis, Zimmertemperatur, Projektionsapparat mit 100 Watt-Lampe.

Bei 1 % Bikarbonat sind jeweils 3 Einzelzählungen und die Durchschnitts-werte, bei den übrigen Konzentrationen nur die Durchschnittszahlen ein-getragen.

Zur Verdeutlichung tragen wir die Werte als Diagramm auf. Ordinate: Blasenzahl je Minute, Abszisse: relative Beleuchtungsstärke (bei Verwendung eines Luxmeters: die Beleuchtungsstärke in Lux).

Abstand der Küvette cm	relative Beleuchtungsstärke	Blasenzahl pro Min.		
		1% Bikarbonat	0,5%	0,1%
20	1	72 76 74 } 74	48	16
40	$^1/_4$	44 44 48 } 45	35	13
80	$^1/_{16}$	13 14 15 } 14	12,5	8
120	$^1/_{36}$	7 7 5 } 6	4	3

Der Hauptnenner der Brüche in unserem Beispiel ist 144, also entsprechen dem Abstand 20 cm 144 Einheiten, bei 40 cm 36 Einheiten, bei 80 cm 9 Einheiten und bei 120 cm 4 Einheiten (s. Abb. 20). Bei der niedrigsten Bikarbonatkonzentration steigt die Assimilationsintensität trotz steigender Lichtintensität nur ganz wenig an, sie beharrt bald unabhängig von der Beleuchtungsstärke auf einer nahezu konstanter Höhe. Erst mit steigender

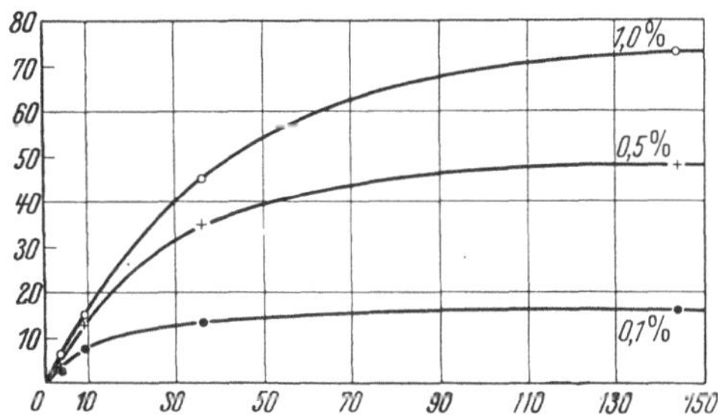

Abb. 20. Abhängigkeit der Assimilationsintensität von der Beleuchtungsstärke und der CO$_2$-Versorgung bei Helodea. Erklärung im Text.

Bikarbonatkonzentration wird die höhere Lichtintensität durch größere Assimilationsleistung beantwortet. Die CO$_2$-Versorgung ist also der begrenzende Faktor, der unabhängig von der höheren Beleuchtungsintensität das Ausmaß des photosynthetischen Prozesses bestimmt. Erhöht man den CO$_2$-Gehalt des Wassers noch weiter, so steigt dann schließlich die Photosynthese bei hoher Beleuchtungsstärke doch nicht mehr an, weil nunmehr wieder ein anderer Faktor als der CO$_2$-Gehalt des Wassers zum begrenzenden Faktor der Photosynthese geworden ist, z. B. die fermentabhängigen Dunkelprozesse.

Der Fehler, der bei dieser Methode in Kauf genommen werden muß, liegt darin, daß die durch langsamer aufsteigende Blasen angezeigte

Abnahme der O_2-Tension in den Pflanzen trotz gleicher Blasengröße zu einer Veränderung des O_2-Gehaltes der Blasen (0,1—0,6% CO_2; 30 bis 50% O_2; Rest N_2) führen kann und daß neben dem gasförmig abgegebenen Sauerstoff natürlich laufend welcher in das Wasser diffundiert. Dieser Anteil ist relativ am größten, wenn die Assimilationsintensität am geringsten ist. Wenn überhaupt keine Blasen auftreten, so bedeutet das noch nicht, daß der Kompensationspunkt erreicht ist, sondern daß aller photosynthetisch erzeugter überschüssiger Sauerstoff durch Diffusion ins Wasser übergeht.

Versuch 92.

Die Abhängigkeit der Photosynthese von der Lichtqualität[1].

Prinzip der Methode. Unter der Voraussetzung gleicher auffallender Strahlungsenergie ist die Photosynthese im Licht verschiedener Wellenlängen nicht gleich, sondern nimmt bei grünen Pflanzen — Pflanzen mit anderen Farbstoffkomponenten verhalten sich anders — von Rot über Grün nach Blau ab. Hiervon kann man sich unter Berücksichtigung von gewissen Vereinfachungen überzeugen: Aus einer Lichtquelle werden durch verschiedene Farbfilter bestimmte Wellenlängen ausgeblendet und es wird dafür gesorgt, daß die Bestrahlungsstärke hinter den benutzten Filtern am Ort der Photosynthese gleich ist (zur Messung der Bestrahlungsstärke vgl. unten). Die Größe der Photosynthese wird an *Helodea canadensis* mit der Blasenzählmethode (Vers. 91) bestimmt. Im Rotlicht ist dann bei gleicher Bestrahlungsstärke die Blasenzahl am höchsten, im Blaulicht am geringsten.

Versuchsmaterial: *Helodea*-Sprosse.

Geräte und Reagenzien: 200—500 Watt-Birne mit Fassung auf Stativ, Dunkelsturz mit Öffnung (vgl. Abb. 21) oder Mikroprojektor, 2 planparallele Küvetten, 3 Küvetten für flüssige Farbfilter (s. Anhang S. 241) mit Glasfilter zur Absorption der Infrarotstrahlung (z. B. BG 21) oder besser BG 21 + Glasfilter RG 1 (rot) VG 9 (grün) BG 12 (blau). Am besten 10×10 cm (zu beziehen von Schott u. Gen., Jena bzw. Schott, Landshut, Bayern). Schere, Glasstäbe, Zwirnsfaden, Zentimetermaßstab, Thermoelement mit einfachem Spiegelgalvanometer oder Photozelle mit Galvanometer. (Lange, Typ S 60).

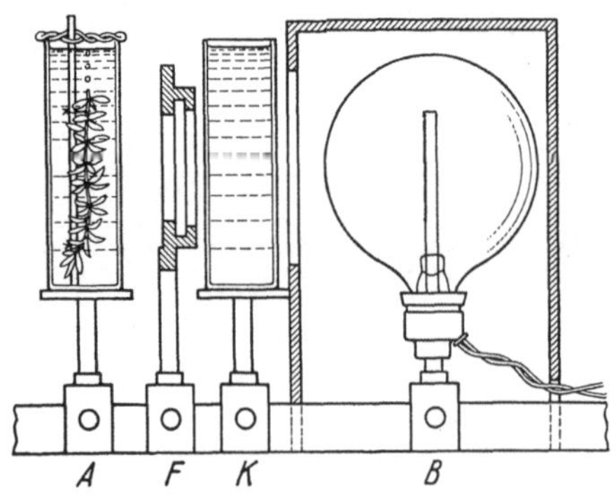

Abb. 21. Versuchsanordnung zur Bestimmung der Photosynthese bei verschiedener Lichtqualität. *A* Assimilationsküvette, *F* Filter, *K* Kühlküvette, *B* Beleuchtungseinrichtung.

---

[1] GABRIELSEN, E. K.: Einfluß der Lichtfaktoren auf die Kohlensäureassimilation der Laubblätter. Kopenhagen 1940. PAATZ, I: Planta **31**, 726 (1940). SIMONIS, W.: Planta **29**, 129 (1938).

Bikarbonathaltiges (0,5—1%) Leitungswasser. 0,5% CuSO$_4$.

Zeitbedarf: 2—3 Stunden.

Ausführung: a) *Messung der Bestrahlungsstärke*: Glühlampe mit einem Dunkelsturz, der nach einer Seite ein Fenster besitzt, überdecken, davor eine Küvette mit 0,5% CuSO$_4$-Lösung zur Absorption der Wärmestrahlung stellen (s. Abb. 21). Vor die Küvette kommt das jeweils zu verwendende Farbfilter und eine Abschirmblende.

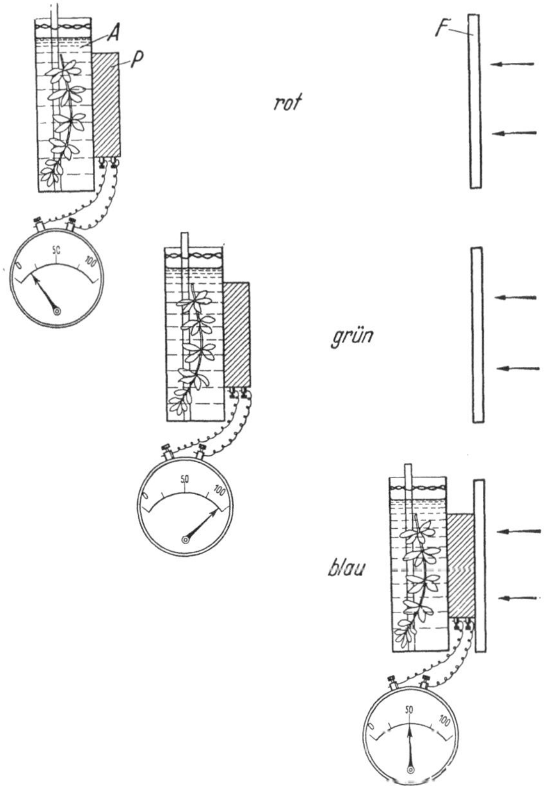

Abb. 22[1]. Bestimmung der Entfernung der Assimilationsküvetten von der Lichtquelle in verschiedenen Spektralbereichen mit der Photozelle. *A* Assimilationsküvette, *P* Photozelle, *F* Filter.

Steht ein *Thermoelement* zur Verfügung, mit diesem zunächst den Ausschlag des Galvanometers 2 cm hinter der Blende bei vorgeschaltetem Blaufilter messen. Ausschlag notieren. Filter auswechseln und nun die Entfernung des Thermoelementes bestimmen, bei der wieder der gleiche Ausschlag des Galvanometers wie beim Blaufilter eintritt. Entfernung ausmessen, wieder notieren und auf dem Tisch mit Kreide markieren. Genau so mit den weiteren Spektralbereichen verfahren. Damit sind die Orte gleicher Bestrahlungsstärke festgelegt.

---

[1] Vgl. Anm. S. 128.

Steht kein Thermoelement zur Verfügung und ist nur eine *Photozelle* vorhanden, möglichst die unter „Gerät" angegebenen Schottschen Farbfilter benutzen, da für diese Filter die unterschiedliche Empfindlichkeit der Photozelle bekannt ist, die sich unter den Versuchsbedingungen vom roten über den grünen zum blauen Spektralbereich wie 1 : 3 : 1 verhält (vgl. Abb. 22)[1]. Photozelle nun hinter das Blaufilter senkrecht zur Strahlungsquelle bringen und Ausschlag messen. Wert notieren. Dann Grünfilter vorschalten und die Photozelle solange hinter dem Filter verschieben, bis der 3fache Ausschlag des im blauen Licht notierten Wertes erreicht ist. Entfernung wieder aufschreiben. Nach Vorschalten des Rotfilters wird die Photozelle erneut verändert, bis das Galvanometer den im Blaulicht notierten Ausschlag anzeigt[1].

b) *Messung der Photosynthese*: Zur Messung vorgesehene *Helodea*-Pflanze invers an einen Glasstab anbinden, in eine planparallele Küvette in bikarbonathaltiges (0,5—1 proz.) Leitungswasser stellen und den Sproß so abschneiden, daß auch bei der relativ schwachen Lichtintensität unmittelbar hinter dem Blaufilter noch eine nicht zu geringe Blasenzahl beobachtet werden kann und dabei der ganze Sproß belichtet ist (s. S. 124). Dann mit der Messung im blauen Bereich beginnen, Zahl der Blasen pro Minute zählen, dies mehrmals wiederholen und das Mittel nehmen. Dann anderes Filter einstellen und die Küvette mit der *Helodea*-Pflanze an die Stelle setzen, wo die Bestrahlungsstärke beim fraglichen Filter mit der im Blaulicht übereinstimmt (Abb. 22). Wieder die Anzahl der Blasen zählen und dasselbe vor den verschiedenen Filtern wiederholen. Schließlich die höchste gefundene Blasenzahl = 100 setzen und das Verhältnis der Assimilation in den übrigen Farbbereichen errechnen.

Auswertung: Werden die Messungen mit den oben angegebenen Filtern und mit einer Photozelle durchgeführt, so werden beispielsweise die folgenden Werte erhalten:

Photosynthese bei verschiedener Lichtqualität und gleicher Bestrahlungsstärke.

Filter	Farbe	Empfindlichkeit der Photozelle	Galvanometerausschlag	relative Bestrahlungsstärke	Anzahl der Blasen in 1 Min.	relative Photosynthese
BG 21 + RG 1	rot	1	195	195	41	100
VG 9	grün	3	585	195	29	71
BG 12	blau	1	195	195	27	66

Die Photosynthese ist also bei gleicher Lichteinstrahlung im roten Licht wesentlich höher als im blauen und grünen Bereich.

---

[1] Bei Verwendung anderer Filter und Photozellen muß die Empfindlichkeit der Photozellen stets neu bestimmt werden. Auch der in Abb. 22 eingezeichnete Galvanometerausschlag bezieht sich auf eine andere Filter- und Photozellenkombination als die hier schließlich angegebene.

2. Die Photosynthese von Wasserpflanzen.
Bedeutung des Vorlebens[1].

Prinzip der Methode. Bei verschiedener Bestrahlungsstärke gewachsene Wasserpflanzen passen sich an diese Lichtverhältnisse an und zeigen Unterschiede in der Photosynthese: die Starklichtpflanzen assimilieren bei hoher Bestrahlungsstärke mehr als Schwachlichtpflanzen; bei schwacher Belichtung verhalten sie sich umgekehrt. Da bei der Photosynthese Sauerstoff von der Wasserpflanze an das Wasser abgegeben wird, kann die unterschiedliche Anreicherung des Wassers mit O_2 gegenüber einer Kontrollmessung zur Bestimmung der Intensität der Photosynthese verwendet werden. Es ist darauf zu achten, daß durch die Assimilation der Versuchspflanzen das Wasser nicht mit O_2 übersättigt wird, was die Bildung von Gasblasen zur Folge hätte, deren O_2-Gehalt dann nicht mit gemessen werden kann. Da natürlich nach Abschluß des Versuches während der O_2-Bestimmung keine Änderung des Sauerstoffgehaltes des Versuchswassers mehr eintreten darf, sind hierfür einige Kunstgriffe erforderlich. Die O_2-Bestimmung erfolgt nach folgendem Schema:

$$2\,MnCl_2 + 4\,NaOH = 4\,NaCl + 2\,Mn(OH)_2$$

$$2\,Mn(OH)_2 + {}^1/_2 O_2 + H_2O = 2\,Mn(OH)_3$$

$$2\,Mn(OH)_3 + 6\,HCl = 2\,MnCl_2 + 6\,H_2O + Cl_2$$

$$Cl_2 + 2\,KJ = 2\,KCl + J_2.$$

Das frei werdende Jod wird anschließend mit Natriumthiosulfat titriert. Diese WINKLERsche Methode kann nicht nur zur Assimilations-Sauerstoffmessung von Wasserpflanzen, sondern allgemein zur Sauerstoffbestimmung in Wasser benutzt werden.

Versuch 93.

Die Winklersche Methode der O_2-Bestimmung.

Versuchsmaterial: Längere Zeit (10 Tage oder länger), bei verschiedener Bestrahlungsstärke gehaltene Wasserpflanzen, z. B. *Helodea densa, Fontinalis, Potamogeton densus*[2].

Geräte und Reagenzien: 4 Glasrohre 12 cm lang, etwa 4 cm Durchmesser, etwa 125 cm³ Wasservolumen. 8 Gummistopfen dazu passend, ferner 4 ebensolche Gummistopfen mit Bohrung, in die ein 10 cm langes Glasrohr gesteckt werden kann (vgl. Abb. 23). 4 Fläschchen, etwa 50 cm³ Inhalt mit eingeschliffenem Stopfen (Winklerfläschchen). Flache Glasschale, Glasperlen, zwei 1 cm³-Pipetten, eine 2 cm³-

---

[1] WINKLER, L. W.: Z. anal. Chem. **53**, 665 (1914). — STEINER, M.: In BAMANN und MYRBÄCK, Methoden der Fermentforschung. Leipzig 1940 S. 2650. HARDER, R.: Planta **20**, 699 (1933). — GESSNER, F.: Jb. wiss. Bot. **85**, 267; **86**, 491 (1938).

[2] Stark- und Schwachlichtpflanzen am gleichen (Nord- oder Ost-)Fenster (Temperaturgleichheit!); Schwachlichtpflanzen mit Pergament- oder Filtrierpapier abschirmen.

Pipette, 500 cm³-Flaschen mit eingeschliffenem Stopfen, Erlenmeyer, Büretten 25 cm³ mit Stativ. Lichtquelle: 200 oder 500 Wattlampe.

Lösungen: 1. n/100 Thiosulfat (2,481 g $Na_2S_2O_3 \cdot 5\ H_2O$ auf 1 Liter), 1 cm³ entspricht dann 0,08 mg O_2 [1].

2. Stärkelösung, 0,1 g lösliche Stärke auf 100 cm³ heißes Wasser.

3. Alkalische Jodkalilösung (40 g NaOH $+$ 20 g KJ $+$ 80 cm³ Aqua dest.). Natronlauge und Kaliumjodid sollen NO_2-frei sein. Nach Ansäuern mit verdünnter HCl darf die Lösung Stärke nicht sofort bläuen.

4. Manganchlorürlösung (100 g $MnCl_2 \cdot 4\ H_2O$ in 200 cm³ H_2O lösen).

5. Mehrere Tage offen und warm aufgestelltes bikarbonathaltiges Leitungswasser.

6. Konz. HCl, mindestens 25 proz. HCl.!

Zeitbedarf: Anzucht 10 Tage, Vorbereitung 24 Std. vorher, Versuch 3 Std.

Ausführung: Wasserpflanzen werden in Aquarien bei verschiedener Bestrahlungsstärke [2] (vgl. unter Versuchsmaterial) angezogen. Nach etwa 10 Tagen — *Fontinalis*-Pflanzen sind noch rascher umzustimmen, hier genügen bereits 48 Stunden — kann mit der Untersuchung der Photosynthese begonnen werden. Versuchspflanzen, etwa 1 dm lange Sprosse, 1 Std. mit gleicher Bestrahlungsstärke vorbelichten. Sprosse dabei schon frühzeitig (mindestens 24 h vor Versuch) in der später gewünschten Länge abschneiden, um einen Austritt von Blasen aus den frischen Schnittflächen der Sprosse zu vermeiden. Dann zwei Glasröhren mit Gummistopfen versehen, jeweils eine mit gleich vorbehandelten geeigneten Trieben der Versuchspflanzen beschicken — zwei weitere Glasröhren dienen als Kontrollen und werden ohne Pflanzen, sonst aber gleich behandelt — und anschließend sofort mit dem vorbereiteten Leitungswasser (Lösung 5) mit Hilfe eines Schlauchhebers, der bis zum Boden der Versuchsröhren reicht, füllen. Das verwendete bikarbonatreiche Leitungswasser soll möglichst mehrere Tage warm und offen gestanden haben, vor dem Versuch in eine gut verschließbare Flasche abgefüllt und bei Versuchstemperatur aufgehoben werden. Die Versuchsröhrchen werden bis zum Rand mit Wasser gefüllt, einige Glasperlen hinzu gegeben und der zweite Gummistopfen so aufgesetzt, daß sich keine Luftblase in der Versuchsröhre bildet. Versuchsröhren in eine mit Wasser von gewünschter Temperatur (wenn nötig kühlen) gefüllte Glaswanne legen und diese dem Licht, direktes Sonnenlicht oder im Winter 200 Watt-Lampe in 8—10 cm Abstand, aussetzen. Versuchsdauer möglichst 2 Std., aber nur so lange, als sich keine Gasblasen, die Sauerstoff enthalten, abscheiden. Nach Versuchsende Röhren aus der Wanne herausnehmen, durchschütteln, einen Gummistopfen entfernen (Abb. 23) und an seiner Stelle rasch einen durchbohrten Stopfen $+$ Glasrohr einsetzen. Versuchsröhre umdrehen, oberen Stopfen etwas lüften, die ersten aus dem Glasrohr auslaufenden Tropfen verwerfen,

---

[1] Zur Einstellung der Thiosulfatlösung vgl. S. 8.
[2] Vgl. S. 10.

dann das Glasrohr auf den Boden eines der bereitstehenden mit einigen Glasperlen gefüllten Fläschchen (50 cm³ groß) bringen und von unten her Versuchswasser in die Fläschchen bis zum Überlaufen geben. Alle Manipulationen dienen nur dazu, den Sauerstoffgehalt des Wassers nach Versuchsende nicht mehr zu verändern. Anschließend sofort mit der O_2-Bestimmung beginnen: Nacheinander je 1 cm³ der alkalischen Jodkalilösung (3) und Manganchlorürlösung (4) mit 2 Pipetten so eintragen, daß diese 1 cm tief in das Versuchswasser tauchen und das Reagenz an der Wandung des schräg gehaltenen Fläschchens herablaufen kann. Stopfen aufsetzen und umschütteln. 5—10 Min. stehen lassen,

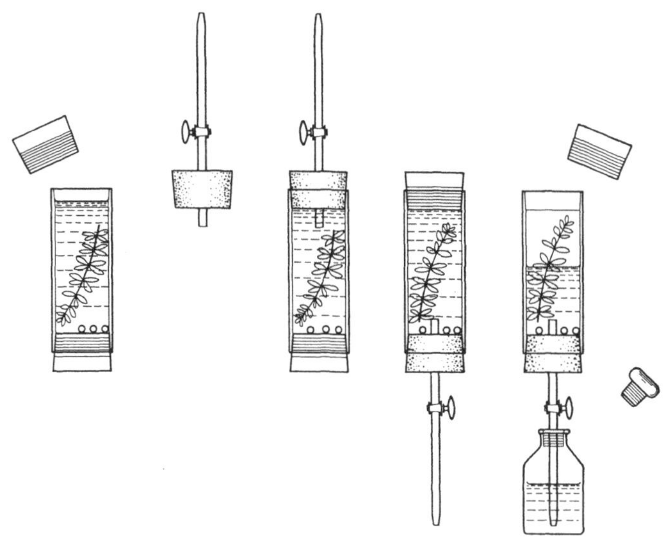

Abb. 23. Zur Bestimmung der Photosynthese von Wasserpflanzen durch Messung des abgegebenen Sauerstoffs. Entnahme der Wasserprobe zur Sauerstoffbestimmung. Erklärung im Text.

bis sich der Niederschlag vom Mangan^{III}-Hydroxyd abgesetzt hat. Dann mit ausgezogener Pipette 3 cm³ HCl zufügen, verschließen und wieder umschütteln. Der Niederschlag löst sich unter Freisetzung einer äquivalenten Menge Jod (vgl. oben). Nach Umgießen in einen Erlenmeyer (Ausspülen der Flasche mit Aqua dest. nicht vergessen!) mit $^1/_{100}$ Thiosulfat (1) titrieren. Ein Tropfen Stärke (2) dient als Indikator. Für die Berechnung muß das Wasservolumen der Versuchsröhren und das der Winklerflaschen bekannt sein. Ihr genauer Inhalt wird durch Messung des freien Volumens der Gefäße, durch Auswägen mit Wasser bestimmt. Hierbei sind die Glasperlen, ferner das Volumen der benutzten Pflanzen, deren Volumenbestimmung durch Eintauchen in mit Wasser gefüllten Standzylinder und Feststellung der Volumenzunahme geschieht, sowie die bei den Winklerflaschen zugesetzten Mengen der alkalischen Jodkaliumlösung und der Manganchlorürlösung vom Inhalt der Flasche abzuziehen! Bei der Umrechnung beachten, daß der Inhalt der WINKLERflaschen nur ein aliquoter Teil des Gesamtinhaltes der Versuchsröhren ist. Zum Vergleich zwei Leerversuche in derselben Weise auswerten. Diese dienen dann gleichzeitig zur Bestimmung der Fehlergröße bei der Messung. Aus der Differenz des O_2-Gehaltes des Wassers der Leerversuche und dem O_2-Gehalt der die Pflanzen enthaltenden Gefäßen folgt die Menge des bei der Photosynthese ausgeschiedenen Sauerstoffs. Um einen Vergleich der Photosynthese der benutzten Pflanzen durchführen zu können, muß endlich noch auf eine bestimmte Bezugsgröße, z. B. Frisch- oder Trockengewicht, umgerechnet werden.

Auswertung: Versuch mit *Helodea densa*: Vorbehandlung 9 Tage, Starklicht–Standort mittags 10000 Lux, Schwachlicht–Standort mittags 500 Lux[1]. Pflanzen beider Standorte 60 Minuten vor Versuch in gleicher Bestrahlungsstärke. Wasservolumen der Versuchsgefäße einheitlich 130 cm³, Wasservolumen der WINKLERflaschen nach Abzug der Glasperlen und der zugefügten Reagenzien 48 cm³. Versuchslicht: 200 Watt-Lampe 8 cm Abstand, Belichtungszeit 2 h. Temperatur bei Versuchsbeginn 20° C, bei Ende 22° C.

Versuchs-nummer	Vorbehandlung	verbrauchtes Thiosulfat Winklerflaschen cm³	Assimilations-gefäß cm³	Differenz gegenüber Kontrolle cm³	O_2 in mg
1	Starklicht Standort	10,5	28,4	14,9	1,195
2	Schwachlicht Standort	8,1	21,9	8,4	0,674
3	Kontrolle	4,95	13,4	—	—
4	Kontrolle	5,0	13,6	—	—

	Versuchsmaterial		O_2-Abgabe Frischgewicht		O_2-Abgabe Trockengewicht	
	Frisch-gewicht g	Trocken-gewicht mg	$\frac{mg}{gr}$	%	$\frac{mg}{gr}$	%
Starklichtpflanzen . .	0,45	39	2,66	100	30,6	100
Schwachlichtpflanzen	0,35	34	1,92	72	19,8	66

3. CO_2-Assimilation von Landpflanzen[2].

Prinzip der Methode. In abgeschlossenen Gefäßen werden abgeschnittene Zweige, Blätter oder Blüten untergebracht. Am Grunde der Kammer befindet sich etwas Natriumbikarbonatlösung, die bis zum Gleichgewicht mit der Luft in der Kammer CO_2 absorbiert und dabei ihr p_H ändert. Aus dem p_H der Bikarbonatlösung, durch Indikatorfarb-

---

[1] Schwachlichtpflanzen erscheinen eher dunkelgrün als Starklichtpflanzen; kein Chlorophyllverlust!

[2] ÅLVIK, G.: Meddelser fra Vestlandets forstlige Fersökstation, Bergen (1939). — ZELLER, O.: Diss. Stuttgart 1948. — WALTER, H.: Ber. d. Dtsch. bot. Ges. **62**, 47 (1949).

stoff sichtbar gemacht, läßt sich die zu jedem Zeitpunkt in der Kammerluft befindliche Kohlensäure errechnen. Bei verschiedenen Ablesungen kann dann aus der Differenz dieser Werte die Größe der CO_2-Ab- bzw. -Zunahme bestimmt werden.

Versuch 94.

Bestimmung der Photosynthese durch Messung der Änderung des CO_2-Gehaltes der Luft durch p_H-Indikatoren.

Versuchsmaterial: Beblätterte Sprosse von *Picea, Syringa, Salix, Betula* usw., Blüten z. B. *Cyclamen, Magnolia, Viola tricolor.*

Geräte und Reagenzien: 5 Rundkolben von etwa 1000 cm³ Inhalt, 3 cm³ Pipette, 5 durchbohrte Gummistopfen, auf die Rundkolben passend, 4 Glasstäbe in die Durchbohrung der Gummistopfen passend, 1 Thermometer, in einen der durchbohrten Gummistopfen passend. 7 Reagenzgläser mit Gummistopfen und Reagenzglasgestell. Filtrierpapier, Zwirnsfaden. Schwarzes Tuch oder Dunkelsturz. 0,001 n $NaHCO_3$-Lösung (42 mg Bikarbonat in 1000 cm³), 0,2proz. Kresolrotlösung, Borsäureborat-Puffer p_H 7,2, 7,4 usw. bis 8,4 nach PALITZSCH (vgl. Anhang S. 238).

Zeitbedarf: Vorbereitung 1 Tag, Versuch 24 Std.

Ausführung: 5 Rundkolben, die als Assimilationskammern dienen (vgl. Abb. 24) werden mit je 3 cm³ 0,001 n $NaHCO_3$-Lösung beschickt, der 2 Tropfen einer 0,2 proz. Kresolrotlösung als Indikator zugefügt werden. Anschließend werden die Kolben vor dem Versuch, etwa ab 10 Uhr morgens, 8 Stunden lang im Freien offen exponiert, um den CO_2-Gehalt der Luft mit der

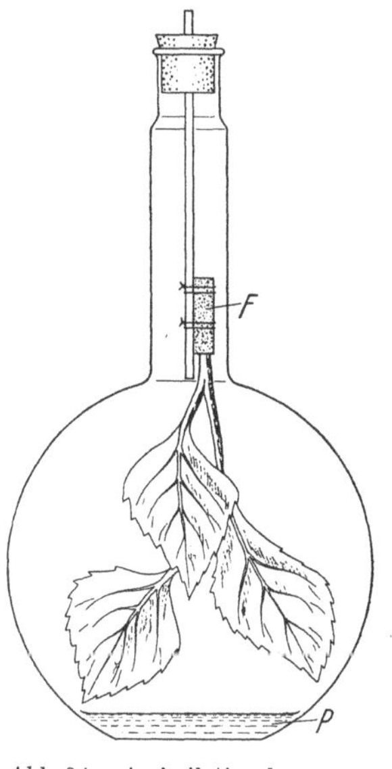

Abb. 24. „Assimilationskammer" zur Bestimmung der CO_2-Assimilation von Landpflanzen. *P* Pufferlösung mit Chresolrot angefärbt, *F* angefeuchtetes Filtrierpapier.

Bikarbonatlösung ins Gleichgewicht zu setzen. Für den Versuch selbst Zweige bzw. Blütenstiele an der Schnittfläche mit angefeuchtetem Filtrierpapier umwickeln und mit Zwirnsfäden an Glasstäben befestigen, die in durchbohrte, auf die Rundkolben passende Gummistopfen gesteckt werden. In zwei der Rundkolben beblätterte Zweige, in zwei weitere Blüten bringen, die Rundkolben fest mit den Gummistopfen verschließen. Der 5. Rundkolben erhält an Stelle des Glasstabes ein Thermometer. Dann wird das Ausgangs-p_H durch Vergleich der Färbung der Natriumbikarbonatlösung mit den Standard-Indikatorpuffergemischen (s. unten) bestimmt und daraus unter Berücksichtigung der Temperatur der CO_2-Gehalt (Tabelle 7, Anhang) berechnet. Die 5 Kolben bleiben über Nacht mit schwarzem Tuch oder Dunkelsturz überdeckt stehen. Am nächsten Morgen kann mit dem eigentlichen

Versuch begonnen werden. Zunächst wird wieder an Hand der Vergleichspuffergemische (Temperatur!) die nächtliche Atmung in den 4 Gefäßen kontrolliert. Das 5. Gefäß ohne Zweige dient zur Kontrolle des p_H und der Temperatur. In zwei Gefäßen jeweils eins mit Blättern und eins mit Blüten, wird nun die Veränderung des CO_2-Gehaltes bei Belichtung und bei den zwei weiteren Gefäßen die p_H-Änderung im Dunkeln verfolgt.

Die Herstellung der Standard-Indikatorpufferlösungen geschieht nach Tabelle 4 im Anhang. Jedes Gemisch, 10 cm³, wird in ein Reagenzglas gefüllt, mit 3 Tropfen Indikatorlösung versetzt und, am besten mit Gummistopfen versehen, im Dunkeln aufbewahrt.

Die Dauer des Versuches ist hier für 24 Stunden vorgesehen. Soll der Versuch in kürzerer Zeit ausgeführt werden, muß die vorangehende Dunkelatmung weggelassen werden. Aus dem Vergleich der belichteten, der nichtbelichteten Gefäße und der Kontrolle kann ebenso wie in dem ausführlichen Versuch die Assimilationsgröße bestimmt werden. Die Beobachtung des Zeitpunktes der Kompensation der vorangegangenen Atmung mit der folgenden Photosynthese fällt dann allerdings weg. Dieser Punkt darf übrigens nicht mit dem Kompensationspunkt (vgl. „Grundlagen") verwechselt werden, denn dort besteht im Licht ein dynamisches Gleichgewicht zwischen dem bei der Atmung frei werdenden und dem gleichzeitig bei der Assimilation verbrauchten CO_2, während es sich in diesem Versuch um die zu verschiedenen Zeitpunkten herrschende gleiche CO_2-Tension der umgebenden Atmosphäre handelt.

Auswertung: Ein Beispiel mit *Picea excelsa*.

Uhrzeit	Temperatur im Kolben $t\,^\circ$ C	p_H	mg CO_2 in der Kolbenluft	Photosynthese bzw. Atmung $CO_2\,\frac{mg}{l}$	Photosynthese bzw. Atmung pro Stunde $CO_2\,\frac{mg}{l.h}$	
18³⁰	13,0	8,15	0,31	—	—	ver-
07⁴⁵	12,0	7,45	1,62	−1,31	−0,10	dunkelt
10⁰⁰	15,0	7,85	0,64	+0,98	+0,43	
11⁰⁰	16,0	8,3	0,22	+0,42	+0,42	belichtet
12⁰⁰	16,5	8,5	0,13	+0,09	+0,09	

Die p_H-Änderungen lassen sich an der Veränderung des Indikatorfarbstoffes, leuchtend rot bis gelb, recht gut auch in Zwischenwerten, die zu schätzen sind, verfolgen. Das Beispiel zeigt die Zunahme der Kohlensäure infolge der Atmung bei verdunkeltem Kolben und den CO_2-Verbrauch während der Belichtung. Der letzte Wert zeigt einen Abfall der Photosynthese, der von dem CO_2-Mangel in dem Gefäß herrühren dürfte, durch den die Photosynthese begrenzt wird. Der nächtliche Atmungsverlust wurde durch die Photosynthese in diesem Fall gegen 10¹⁵ h ausgeglichen, feststellbar durch Vergleich mit dem Anfangswert. Der Ausgleichspunkt hängt auf Grund der Versuchsanordnung natürlich unter anderem von der vorhergehenden Dauer der Verdunkelung ab. Wird gleichzeitig die Atmung von Blüten mit bestimmt, so fällt bei Belichtung deren zugehöriges p_H in den Kolben natürlich weiter.

4. Bestimmung der Stoffausbeute[1].

Prinzip der Methode. Die Stoffproduktion eines Blattes (neugebildete Stoffe pro Blattfläche) muß sich feststellen lassen, wenn die im Laufe eines Tages durch die Photosynthese hervorgerufene gesamte Erhöhung des Trockengewichts eines Blattes gegenüber einem geeigneten Vergleichsblatt oder Blatteil gemessen werden kann. Da die belichteten Blätter jedoch gleichzeitig atmen und außerdem ein Teil der gebildeten Photoprodukte vom Blatt in den Sproß oder an andere Organe der Pflanze abgeleitet wird, ist die Gewichtszunahme eines belichteten Blattes geringer, als es der wirklichen Stoffausbeute entspricht. Um die Ableitung und die veratmeten Stoffe ebenfalls zu erfassen, muß deshalb ein vergleichbares Blatt verdunkelt werden und aus der Gewichtsverminderung gegenüber einem Kontrollblatt oder -blatteil die durch Atmung und Abtransport von Stoffen verloren gegangene Stoffmenge festgestellt werden, wobei aber zu beachten ist, daß eine strenge Vergleichbarkeit der Ableitung und Atmung eines belichteten und eines verdunkelten Blattes nicht besteht. Denn zumindest wird wahrscheinlich die Atmung durch Neubildung von Kohlenhydraten im Licht erhöht. Ebenso steigt die Ableitung mit der Menge der vorhandenen ableitbaren Stoffe an. Immerhin ist es durch Untersuchung der Gewichtszunahme eines belichteten und der Gewichtsabnahme eines verdunkelten Blattes unter Bezugnahme auf die Blattfläche möglich, wenigstens annähernd die Größenordnung der Stoffausbeute eines Blattes festzustellen. Es werden hierzu zweckmäßig Blätter mit gegenüberstehenden Fiederblättchen benutzt. Früher wurden die Blatthälften ein und desselben Blattes als Versuchs- und Kontrollblätter genommen und aus einer Anzahl von Messungen das Mittel errechnet (SACHSsche Blatthälftenmethode).

a) Die unterschiedliche Stoffausbeute einer gut und einer wenig belichteten Serie von Pflanzen oder b) die Stoffausbeute vor- und nachmittags bestimmen und dabei die unterschiedliche Ableitung bei niedrigen und hohen Kohlenhydratvorräten vergleichen.

Versuch 95.

Die Blatthälftenmethode.

Versuchsmaterial: Gefiederte Blätter z. B. von *Vicia faba*, *Pisum*, *Trifolium* usw.

Geräte und Reagenzien: Torsionswaage oder Halbanalysenwaage. Tüten aus schwarzem Papier, Büroklammern; besser Stoffhüllen aus doppeltem Stoff, innen schwarz, außen weiß; Fäden zum Zubinden. Schere, Zeichenpapier. Trockenschrank.

Zeitbedarf: 1 Versuchstag.

Ausführung: Von mehreren Paaren gegenüberstehender Fiederblättchen von *Vicia faba* usw. das eine Teilblatt durch eine gut schlie-

---

[1] SACHS, J.: Arb. Bot. Inst. Würzburg **3**, 1 (1884). — THODAY, D.: Proc. Roy. Soc. Lond. **82**, 421 (1910). — MUDRACK, F.: Planta **23**, 71 (1935). — SIMONIS, W.: Planta **35**, 188 (1947).

ßende, aber nicht dicht anliegende Hülle aus schwarzem Papier, die mit Büroklammern an dem Blatt befestigt wird, am Morgen verdunkeln. An Stelle von schwarzem Papier sind besser Stoffhüllen aus doppeltem Stoff, außen weiß zur Reflexion der Strahlen, innen schwarz, zu verwenden, die am Blattstiel lichtdicht zugebunden werden. Die reichlich gegossenen Pflanzen dann für Versuch a) an einen hellen bzw. mäßig belichteten Platz stellen. Abends werden die belichteten und verdunkelten Teilblättchen abgenommen, ihre Blattfläche (s. S. 9) bestimmt und dann anschließend im Trockenschrank bei 105° — möglichst jedes Blatt getrennt, aber mindestens alle belichteten und alle verdunkelten Blätter jeder Versuchsreihe gesondert — getrocknet und dann gewogen. Soll Atmung und Ableitung gesondert bestimmt werden, muß von mehreren Paaren gegenüberstehender Blättchen (mindestens je 10) am Morgen jeweils das eine abgeschnitten, die Fläche bestimmt und sofort getrocknet werden. Die an der Pflanze verbliebenen Blätter werden teils den ganzen Tag belichtet, teils wie oben angegeben verdunkelt, dann am Abend gemeinsam abgenommen und nach Flächenbestimmung getrocknet. Für Versuch b) Blätter nicht von morgens bis abends verdunkeln, sondern den Versuch bereits am Mittag beenden und sofort eine zweite Versuchsreihe für den Nachmittag ansetzen. Dieser Versuch dient besonders zur Feststellung der ungleichen Ableitung am Vor- und Nachmittag.

Auswertung: Trockengewichte gleich behandelter Blätter addieren, Mittelwert bilden und diesen auf die Mittelwerte der Blattflächen beziehen. In Vers. a) ergibt sich aus der Differenz der so berechneten Werte für belichtete und verdunkelte Blätter unmittelbar die Stoffausbeute bzw. beim Vergleich der morgens abgeschnittenen Blätter mit den am Tag belichten Blättern ein Stoffüberschuß und mit den am Tag verdunkelten Blättern infolge von Atmung und Ableitung ein Substanzverlust. Die Summe beider Werte ergibt die Stoffausbeute.

Die Auswertung für Versuch b) ergibt sich unschwer aus der Tabelle.

Beispiel für Versuch b). *Vicia faba.* Gegenständige Fiederblätter, Trockengewichte = Mittel aus je 5 Blättern, Gewichte in mg/dm².

Versuchszeit	Kontroll-Blatt	Belichtetes Blatt	Stoff-überschuß	Kontroll-Blatt	Verdunkeltes Blatt	Atmung u. Ableitung	Stoff-ausbeute
09⁰⁰ bis 13⁰⁰	328	360,0	+ 32,0	307	304	— 3,0	35,0
13³⁰ bis 18⁰⁰	352	368	+ 16,0	365	339	— 26,0	42,0
		Summe	+ 48,0		Summe	— 29,0	
					Gesamt	. . . . .	77,0

Aus der Tabelle folgt 1. die geringe Ableitung am Vormittag (geringer Kohlenhydratvorrat), 2. die starke Ableitung am Nachmittag bei höheren Kohlenhydratvorräten, 3. die infolge der hohen Ableitung geringe Gewichtszunahme am Nachmittag, 4. die bei den vorherrschenden Standortsbedingungen nachmittags etwas höhere Stoffausbeute, 5. daß an Tagen mit guten Assimilationsbedingungen also durchaus etwa $^1/_5$ des Blattgewichtes neu produziert werden kann.

5. Die Kohlensäureversorgung der Wasserpflanzen bei der Photosynthese.
Physiologisch polarisierter Massenaustausch[1].

Grundlagen. Die submersen Phanerogamen, wahrscheinlich auch ein Teil der Algen, nicht dagegen bestimmte Wassermoose, wie z. B. Fontinalis, besitzen die Fähigkeit, sich außer dem gasförmig gelösten CO_2 auch andere Kohlenstoffquellen, nämlich Bicarbonate, vor allem Calciumbicarbonat, nutzbar zu machen, und das hieraus gewonnene CO_2 zur Photosynthese zu verwenden. Bei einem Teil dieser submersen Wasserpflanzen wird das aufgenommene Ca einseitig an der Oberseite der Blätter wieder ausgeschieden (Ca-inkrustierte Blätter). Es findet damit ein polarer Massenaustausch statt, indem Calciumbicarbonat durch die Unterseite aufgenommen und – unter Ausnutzung des CO_2 – in Form von $CaCO_3$ an der Oberseite ausgeschieden oder sogar noch weiter zu $Ca(OH)_2$ unter erneuter CO_2-Entnahme abgebaut wird.

Daß nicht nur eine einseitige Calciumausscheidung stattfindet, sondern auch die bei der Assimilation auftretende O_2-Abgabe bei Blättern mancher Arten einseitig ist, wird in einem weiteren Versuch (98) zu zeigen sein.

Prinzip der Methode. Gesättigte $CaCO_3$-Lösung hat ein p_H von etwa 9. Bei einer $Ca(OH)_2$-Lösung liegt es erheblich höher. Eine solche Änderung des p_H an der Blattoberseite, und nur an dieser, läßt sich bei Belichtung von Pflanzen, die zum polarisierten Massenaustausch befähigt sind, durch Indikatoren, etwa Phenolphthalein, in verschiedener Weise zeigen. Das hierbei gebildete Calciumhydroxyd läßt sich qualitativ mit Ammoniumoxalat nachweisen.

Versuch 96.
Polarisierter Massenaustausch bei Helodea.

Versuchsmaterial: Sprosse beliebiger *Helodea*-Arten, besonders geeignet ist *Potamogeton perfoliatus*.

Geräte und Reagenzien: Reagenzgläser, Reagenzglashalter, 100 Watt-Lampe. Horizontalmikroskop oder binokulare Lupe. Dunkelsturz. Abgestandenes, bicarbonatreiches Leitungswasser, 1proz. Natriumbicarbonatlösung 100 cm³. Phenolphthalein.

Zeitbedarf: 2 Std. (Leitungswasser, s. o., vorher vorbereiten.)

Ausführung: In 4 Reagenzgläser abgestandenes, bicarbonatreiches Leitungswasser, in zwei weitere 1proz. Natriumbicarbonatlösung und schließlich in 2 Reagenzgläser Aqua dest. füllen. Überall einige Tropfen Phenolphthalein hinzugeben und umschütteln. Dann in jedes Reagenzglas einen *Helodea*-Sproß bringen, Vegetationspunkt in allen Gläsern bis auf einen in Leitungswasser zu legenden Sproß nach oben. Nach folgendem Schema einen Teil der Gläser mit einer hellen Lichtquelle belichten und das Ergebnis der p_H-Änderung an der Rötung der über der Blattoberseite befindlichen Schicht mit einem Horizontalmikro-

[1] ARENS, K.: Planta **10**, 814 (1929). — ARENS, K.: Planta **20**, 621 (1933). — ARENS, K.: Jb. wiss. Bot. **84**, 513 (1936). — GESSNER, F.: Jb. wiss. Bot. **85**, 267 (1937). — RUTTNER, F.: Österr. Bot. Z. **94**. 265 (1947) und **95**, 208 (1948).

skop bei den möglichst ruhig stehengelassenen Reagenzgläsern beobachten. Die zu verdunkelnden Proben am besten unter einem Dunkelsturz neben die belichteten stellen.

Reagenz- glas Nr.	Lösung	Vorbehandlung	Phenolphthalein Ober- seite	Unter- seite
1	Leitungswasser	verdunkelt	—	—
2	Leitungswasser	belichtet 30 min	+ +	—
3	Leitungswasser	invers gestellt, 30 min belichtet	+ +	—
4	Leitungswasser	belichtet, nach 30 min verdunkelt. Nach 1 Std. beobachtet	+	—
5	1% $NaHCO_3$	verdunkelt	—	—
6	1% $NaHCO_3$	belichtet 30 min	+ +	—
7	Aqua dest.	a) belichtet 30 min	+	—
		b) in neues Aqua dest. und 30 min belichtet	—	—

+ schwache, + + starke Rötung.

Auswertung: Alle belichteten Sprosse erfahren also eine p_H-Er-
höhung über der Blattoberseite, sofern sie in Leitungswasser oder Na-
triumbicarbonat aufbewahrt werden. Die schwache Rötung in Aqua
dest. nach anfänglicher Belichtung beweist, daß auch Blätter in bicar-
bonatfreiem Medium in geringem Maße, und wohl infolge aufgespeicherten
Carbonats, zum Massenaustausch befähigt sind. Nach dessen Verbrauch
(Nr. 7b) vermögen sie aber keine p_H-Änderung mehr auf der Blattoberseite hervorzurufen. Außerdem kann nicht nur Calciumbicarbonat (in
Leitungswasser), sondern z. B. auch $NaHCO_3$ zum CO_2-Austausch verwendet werden.

Versuch 97.

Polarisierter Massenaustausch bei Potamogeton-Arten.

Versuchsmaterial: *Potamogeton crispus, Zizii, lucens, densus,
perfoliatus.*

Geräte und Reagenzien: 5 Petrischalen, 100 Watt-Lampe.
Etwas Ammoniumoxalat, abgestandenes bicarbonathaltiges Leitungs-
wasser oder 1proz. Calciumbicarbonatlösung (etwa 200 cm²), Vaseline,
Phenolphthalein (1% alkoholische Lösung).

Zeitbedarf: 2 Std.

Ausführung: In 4 Petrischalen 1proz. Calciumbicarbonatlösung
in eine weitere Aqua dest. geben. Die Oberseite von 2 Potamogeton-
blättern mit einem 1—2 mm breiten Vaselinerahmen umgeben und die
Blätter, Unterseite nach unten, in 2 der Petrischalen auf die Calciumbicarbonatlösung legen. Auf die nicht benetzte Oberseite je 1 Tropfen
Aqua dest. + Phenolphthalein geben, Schalen schließen und die eine
belichten (1), die andere verdunkeln (2), in die dritte Schale ein Blatt
legen, jedoch Unterseite nach oben, mit Vaselinerand und Phenolphtha-
leintropfen jetzt auf der Unterseite. Die vierte Schale Calciumbicarbonat erhält ein Blatt, dessen Unterseite zur Hälfte mit Vaseline bestrichen
wurde und mit dieser Seite auf der Lösung liegt. Die Oberseite erhält
den Vaselinerahmen und auf jeder Blattseite einen Phenolphthalein-

tropfen. In die Schale mit Aqua dest. (5) ein Blatt legen, das wie in Schale 1 vorbereitet wurde. Wasser und Phenolphthalein nach einer halben Stunde erneuern. Alle Schalen, bis auf die verdunkelte, belichten.

Auswertung: Es tritt nur in Schale 1 und teilweise 4, soweit die Unterseite des Blattes nicht mit Vaseline bestrichen wurde, eine deutliche Rötung des Phenolphthaleins nach kurzer Zeit (5—15′) auf. In Aqua dest. ist zunächst eine leichte Rötung zu beobachten, die aber nach der Erneuerung des Wassers ausbleibt. Überall, wo Rötung eintritt, läßt sich mit Hilfe von Ammoniumoxalat die Bildung von Calciumoxalat als Niederschlag nachweisen. Unter dem Mikroskop sind die Calciumoxalatkristalle deutlich zu sehen. Ca-Auftreten und Rötung gehen parallel.

Versuch 98.

Einseitige Sauerstoffabgabe bei der Photosynthese. Sauerstoffnachweis durch Indigoblau.

Prinzip der Methode. Bei Anwesenheit eines geeigneten Wasserstoffdonators wird Indigoblau zu Indigoweiß reduziert. Dieses gibt den aufgenommenen Wasserstoff unter Zurückverwandlung in Indigoblau leicht an Sauerstoff ab, so daß diese Bläuung als Sauerstoffnachweis benutzt werden kann. Als Wasserstoffdonator zur anfänglichen Entfärbung des Indigoblaus kann Natriumhyposulfit Verwendung finden. Werden hierzu oberseits kalkausscheidende Blätter benutzt, so tritt zunächst vorwiegend nur an der Oberseite Blaufärbung auf. Es ist also nicht nur die Kalkabscheidung, sondern in denselben Fällen auch die Sauerstoffabscheidung teilweise polarisiert. Die Stärke der Blaufärbung, die sich über die Lösung weiter ausbreiten kann, hängt von der Stärke der Photosynthese ab.

Versuchsmaterial: *Potamogeton perfoliatus, Helodea*-Sprosse.

Geräte und Reagenzien: 2 Flaschen mit eingeschliffenem Stopfen, 250 oder 500 cm³.

Indigoblaulösung (0,1 g je Liter Leitungswasser), 10proz. wäßrige Lösung von Natriumhyposulfit ($Na_2S_2O_4$).

Zeitbedarf: 2 Std.

Ausführung: In 2 Flaschen Sprosse von *Potamogeton perfoliatus* oder *Helodea* geben, Flaschen bis zum Rand mit Indigoblaulösung füllen. Vorsichtig einen bis mehrere Tropfen von der Natriumhyposulfitlösung unter vorsichtigem Umschütteln hinzugeben, bis das Indigoblau zu Indigoweiß reduziert ist. (Vorsicht, nicht mehr Tropfen, als unbedingt zum Entfärben nötig sind, benutzen, da sonst Schädigung der Pflanzen!) Glasstopfen unter Verdrängen der überschüssigen Flüssigkeit aufsetzen. Eine Flasche ins Licht stellen, eine zweite verdunkeln.

Auswertung: Nach kurzer Belichtungszeit tritt Bläuung der Lösung in der Umgebung der Sprosse ein. Dabei ist die Bläuung, besonders bei *Potamogeton perfoliatus*, auf der Oberseite stärker als auf der Unterseite. In der zweiten, ins Dunkle gestellten Flasche, zeigt sich keine Bläuung.

6. Wirkung von Narkotika auf die Photosynthese[1].

Prinzip der Methode. Narkotika, wie Äther und Chloroform, hemmen die Photosynthese reversibel. Bei Wasserpflanzen wird infolge ihrer Fähigkeit, bei der Photosynthese Bicarbonat auszunutzen, Calciumhydroxyd aus den Blättern abgeschieden (vgl. Vers. 96, 97), das infolge seines hohen p_H eine Rötung von dem Wasser zugesetzten Phenolphthalein hervorruft. Werden nun *Helodea*-Sprosse teils in Chloroform bzw. Ätherlösungen bestimmter Konzentrationen, teils aber in reines Leitungswasser gebracht und überall einige Tropfen Phenolphthalein hinzugesetzt und anschließend belichtet, so unterbleibt bei den mit Narkotika behandelten Pflanzen die Rötung und Sauerstoffabscheidung durch Blasenbildung, während bei den unbehandelten gleich nach der Belichtung eine deutliche Rötung und eventuelle Blasenentwicklung auftritt. Daß die Hemmung reversibel ist, ist daran zu erkennen, daß gehemmte Pflanzen, sobald sie in frisches Leitungswasser + Phenolphthalein übertragen werden, bei Belichtung dort rasch wieder Rötung hervorrufen.

Versuch 99.

Beeinflussung der CO₂-Assimilation durch Äther und Chloroform.

Versuchsmaterial: *Helodea*-Sprosse.

Geräte und Reagenzien: Einige Reagenzgläser.

0,2 Vol.-% Chloroform in Wasser, 0,4 Vol.-% Äther in Wasser, abgestandenes bicarbonathaltiges Leitungswasser, Phenolphthalein (1%).

Zeitbedarf: 1½ Std.

Ausführung: *Helodea*-Sprosse in 8 Reagenzgläser geben. 4 davon mit Leitungswasser und je 2 mit den angegebenen Lösungen von Narkotika füllen. Zu jedem Glas einige Tropfen Phenolphthalein hinzufügen. Die Gläser, bis auf zwei dunkel zu stellende reine Leitungswasserkontrollen, ans Licht setzen.

Auswertung: Die mit den Narkotika versehenen Reagenzgläser und die Dunkelkontrollen zeigen keine Rötung und keine Blasenbildung. Nach 30 Min. werden die mit einem Narkotikum behandelten Sprosse in frisches Leitungswasser mit einigen Tropfen Phenolphthalein umgesetzt und weiter belichtet. Nunmehr tritt auch bei diesen nach kurzer Zeit Rötung und eventuelle Blasenbildung auf.

B. Chloroplastenfarbstoffe[2].

Grundlagen. Die Farbstoffe in den Chromatophoren der Pflanzen absorbieren das Licht und sind für Energiegewinnung und Reizaufnahme von grundlegender Bedeutung. Man unterscheidet 3 große Gruppen derartiger Farbstoffe:

---

[1] ARENS, K.: Planta **20**, 621 (1933).

[2] WILLSTÄTTER, R. u. A. STOLL: Untersuchungen über Chlorophyll. Berlin: Springer 1913. — FISCHER, H. u. H. ORTH: Chemie des Pyrrols; Bd. **2**. Leipzig: Akad. Verl.-Ges. 1940. — SEYBOLD, A. u. K. EGLE: Planta **26**, 491 (1937). — RABINOWITSCH, E. J.: Photosynthesis and related Processes, I. New York 1945. — STRAIN, H. H. in: Photosynthesis in Plants by J. Frank und W. E. Loomis. Ames 1949.

die Chlorophylle, die Carotinoide und die Phykobiline. In den Chloroplasten der höheren Pflanzen sind nur verschiedene Komponenten der beiden ersten Gruppen vorhanden: Chlorophyll a und b und von den Carotinoiden verschiedene Carotine (c) und mehrere Xanthophylle (x). In den Chloroplasten der niederen Pflanzen treten häufig zusätzlich zu diesen Pigmenten Begleitfarbstoffe auf: weitere Carotinoide wie das Fucoxanthin der Braunalgen, oder die zu den Phykobilinen zu stellenden Farbstoffe Phykoerythrin und Phykocyan der Rotalgen. Andererseits fehlt bei einer Reihe von Algen, z. B. den Diatomeen, Braun- und Rotalgen wahrscheinlich das Chlorophyll b vollständig. In den Laubblättern der höheren Pflanzen liegen die Farbstoffkonzentrationen im allgemeinen in einem bestimmten Verhältnis zueinander vor:

$$\frac{a}{b} = 1,5 \text{ bis } 6, \quad \frac{x}{c} = 2 \text{ bis } 6, \quad \frac{(a+b)}{(c+x)} = 2 \text{ bis } 3.$$

Diese Werte variieren mit den Standortsbedingungen: Sonnenpflanzen besitzen z. B. für a/b Werte von 3,5—6, Submerse und Schattenpflanzen dagegen solche von 1,8—3,5. Die Farbstoffe, zumindest die Chlorophylle und Phykobiline, dürften in den Chloroplasten mehr oder weniger fest an Eiweiß gebunden vorkommen (Chlorophyll als Chloroplastin), aber man kann sie vom Trägerprotein befreien und durch geeignete Lösungsmittel in ihrer Gesamtheit aus den Chloroplasten herauslösen (Rohchlorophyll). Es gibt echte und „kolloidale" Chlorophyllösungen. Als Lösungsmittel für die echten Lösungen dienen Alkohol, Aceton, Benzol, Petroläther usw.

Die Farbstoffkomponenten selbst lassen sich entweder auf Grund ihrer verschiedenen Löslichkeit in bestimmten organischen nicht mischbaren Lösungsmitteln (Vers. 103) oder mit Hilfe der unterschiedlichen Adsorptionsfähigkeit an bestimmten Adsorbentien (Vers. 104, 105) trennen und weiter untersuchen. Die einzelnen Chloroplastenfarbstoffe besitzen ein charakteristisches Absorptionsspektrum (Vers. 108), das auch im lebenden Blatt, allerdings mit geringer Bandenverschiebung zum langwelligen Bereich hin, vorhanden ist. Eine weitere wesentliche Eigenschaft der Chlorophylle ist ihre Fluoreszenz, also das Aussenden von Eigenlicht bestimmter Wellenlänge während der Bestrahlung (Vers. 106). Dabei besitzt das wieder ausgestrahlte Fluoreszenzlicht immer eine größere Wellenlänge als das Erregerlicht. Im lebenden Blatt ist die Wellenlänge des Fluoreszenslichtes gegenüber der des Fluoreszenzspektrums einer Chlorophyllösung ebenfalls zum langwelligen Bereich verschoben und wesentlich schwächer als in Lösung.

Die *Chlorophylle* bestehen chemisch aus 3 Komponenten, dem Mg-haltigen Porphyrinring aus 4 Pyrrolkernen, und zwei Alkoholen, Phytol und Methylalkohol. Sie sind Ester zwischen der zweibasischen Säure Chlorophyllin und den genannten Alkoholen. Diese Komponenten werden bei der Verseifung der Chlorophylle mit Alkalien getrennt:

$$\text{Chlorophyll a} \qquad\qquad \text{Chlorophyllin a} \quad \text{Methylalkohol}$$

$$C_{32}H_{30}ON_4Mg\underset{\diagdown COOC_{20}H_{39}}{\overset{\diagup COOCH_3}{}} \xrightarrow{\text{Alkali}} C_{32}H_{30}ON_4Mg\underset{\diagdown COOH}{\overset{\diagup COOH}{}} : \begin{matrix} HOCH_3 \\ \div HOC_{20}H_{39} \end{matrix}$$

$$\text{Phytol}$$

Bei der Verwendung schwacher Säuren wird aus dem Chlorophyllmolekül das Mg abgespalten, und es entstehen braune Phäophytine (Vers. 110). Chlorophyll a unterscheidet sich vom Chlorophyll b, abgesehen von physikalischen Eigenschaften, wie Absorptionsspektrum oder Adsorptionsfähigkeit im Chromatogramm, chemisch dadurch, daß die am Pyrrolkern II haftende Methylgruppe durch einen Formaldehydrest ersetzt ist. An weiteren Chlorophyllen scheint am ehesten noch die Existenz von Chlorophyll c (mit besonderem Absorptionsspektrum) bei Braunalgen und Diatomeen gesichert, die chemischen Unterschiede sind noch nicht bekannt.

Die *Carotinoide* sind Polyenfarbstoffe mit mindestens 40 C-Atomen, die in einer Kette mit konjugierten Doppelbindungen angeordnet sind. Ihre Endglieder treten häufig zu cyclohexanartigen Ringen zusammen (Iononring).

Infolge ihrer Löslichkeit in Lipoiden (Vers. 103a) werden die Carotinoide auch als Lipochromfarbstoffe bezeichnet. Man ordnet die Carotinoide neuerdings zweckmäßig in drei Gruppen. Die *Carotine* sind reine Kohlenwasserstoffe ($C_{40}H_{56}$), die sich untereinander durch Zahl und Anordnung der Doppelbindungen unterscheiden, z.B. α- und β-Carotin, oder durch den besonderen Aufbau der endständigen Gruppen gekennzeichnet sind. Die *Xanthophylle* enthalten gegenüber den Carotinen eine mehr oder weniger große Anzahl von Sauerstoffatomen in Hydroxylgruppen. Bei den erst neuerdings von den letztgenannten abgetrennten *Carotinoid-Epoxyden* ist der Sauerstoff nicht in einer Hydroxylgruppe lokalisiert, sondern hat die im Iononring vorhandene Doppelbindung geöffnet; hierher gehört z. B. das Violaxanthin.

In den Chloroplasten der Blätter sind von Carotinen im wesentlichen α- und β-Carotin, dieses am häufigsten, vorhanden. Von Xanthophyllen findet sich vor allem Lutein ($C_{40}H_{54}(OH)_2$), daneben aber auch bei einigen Pflanzen Neoxanthin, sowie das eben genannte Xanthophyllepoxyd Violaxanthin und Zeaxanthin.

Die *Phykobiline* schließlich sind offenbar metallfreie, 4 Pyrrolkerne enthaltende Farbstoffe, die in besonders enger Bindung mit einem globulinähnlichen Protein auftreten. Zu ihnen gehört das Phykocyan und das Phykoerythrin der Rot- und Blaualgen.

1. Herstellung einer Rohchlorophyllösung[1].

Prinzip der Methode. Zum Herauslösen der Chloroplastenfarbstoffe aus den Chloroplasten müssen die Blätter durch kurzfristiges Einfrieren, Eintauchen in siedendes Wasser oder durch Übergießen mit heißem Alkohol zunächst abgetötet und dann zur Herstellung einer Rohchlorophyllösung mit einem beliebigen Fettlösungsmittel übergossen, zerkleinert und extrahiert werden. Hierzu kann z. B. Aceton, Alkohol oder noch besser wegen der verschiedenen Löslichkeit der einzelnen Chloroplastenfarbstoffe ein Gemisch mehrerer Lösungsmittel verwendet werden. Die Lösungsmittel sollen nicht völlig wasserfrei sein, vermutlich, weil sonst eine Trennung des Chlorophylls vom Eiweißträger nicht gelingt. Ein solcher Chlorophyllextrakt kann aus allen höheren und auch niederen Pflanzen, sofern sie Blattgrün besitzen, gewonnen werden. Auch rot oder braun gefärbte höhere Pflanzen enthalten Chlorophyll. Der Nachweis gelingt ohne weiteres an gefärbten Blättern, z. B. den Blutvarietäten verschiedener Gehölze. Durch vorheriges Kochen der roten Blätter können die wasserlöslichen Anthocyane, die in diesem Fall die rote Farbe bedingen, herausgelöst werden. Anschließend erfolgt die Extraktion der Chloroplastenfarbstoffe in der üblichen Weise.

Versuch 100.

Verschiedene Rohchlorophyllösungen.

Versuchsmaterial: Blätter von Brennesseln, Flieder, Weizenkeimpflanzen, *Sparmannia* u. a.

Geräte und Reagenzien: Reibschale, Faltenfilter oder Filternutsche mit Saugflasche und Wasserstrahlpumpe, Schere, Quarzsand.

Kochendes Wasser, $CaCO_3$. Zu a) Äthylalkohol, 100 cm³. Zu b) Aceton 100 cm³. Zu c) Benzin-Methanolgemisch (6 : 14 cm³).

Zeitbedarf: ½—1 Std.

---

[1] WILLSTÄTTER, R. u. A. STOLL: s. S. 140. — SPOHN, H.: Planta **23**, 657 (1935). — BRAUNER, L.: Pflanzenphysiologisches Praktikum Tl. I. Jena: Fischer 1929.

Ausführung: a) Etwa 5 g frische Blätter zum Abtöten in siedendes Wasser (mit etwas $CaCO_3$) legen, dann mit der Schere zerkleinern und in einen Mörser geben. Zur Neutralisation der Pflanzensäuren 1 Messerspitze $CaCO_3$, sowie Quarzsand hinzufügen und mit 25 cm³ 96proz. Alkohol übergießen. Blätter zerreiben und den Extrakt durch ein Faltenfilter filtrieren oder mit der Wasserstrahlpumpe durch einen Filtertiegel nutschen. Klaren Extrakt (Rohchlorophyllösung) im Dunkeln (Zersetzung des Chlorophylls im Licht!) aufbewahren.

b) Für bestimmte Zwecke wird die Extraktion nicht mit Alkohol, sondern mit Aceton vorgenommen. Im übrigen ist die Behandlung die gleiche.

c) Für Vers.105 Extraktion der Chloroplastenpigmente (vollständige Extraktion) mit einem Benzin-Methanol-Gemisch (6 : 14 cm³) durchführen. Sonst wie bei a).

Weitere Behandlung und Auswertung s. in den Vers. 103—110.

Versuch 101.

Nachweis des Chlorophylls in Blutvarietäten.

Versuchsmaterial: Blätter der Blut-Buche, Blut-Haselnuß oder rotgefärbte Blätter von *Coleus* usw.

Geräte und Reagenzien: Reibschale, Faltenfilter, Trichter, Erlenmeyer, Schere. 96proz. Äthylalkohol, Quarzsand, $CaCO_3$.

Zeitbedarf: ½—1 Std.

Ausführung: Unter Zugabe von 1 Messerspitze $CaCO_3$ zur Neutralisation der Pflanzensäuren mit der Schere zerschnittene Blätter der Blutbuche usw. mit H_2O kochen. Nach Zerstörung der Semipermeabilität der Membranen wird das im Zellsaft vorhandene wasserlösliche Anthocyan herausgelöst. Anschließend Blätter einmal mit Wasser auswaschen und nun die Chlorophyllextraktion wie in Vers.100a mit Alkohol ausführen.

Versuch 102.

Gewinnung von Carotinen. Carotinnachweis.

Versuchsmaterial: gelbe Rüben (*Daucus carota*), Tomaten, gelbe Blütenblätter z. B. Stiefmütterchen, gelbe *Ranunculaceen*-Blüten oder *Compositen*.

Geräte und Reagenzien: Reibschale, Quarzsand, Faltenfilter, Trichter, Erlenmeyer, Scheidetrichter, Filternutsche mit Saugflasche und Wasserstrahlpumpe, einige Reagenzgläser, Schere, Messer. Petroläther oder auch Benzol, konz. Schwefelsäure (Tropfen!).

Zeitbedarf: ½—1 Std.

Ausführung: Zur Gewinnung von Carotin aus der Wurzel von *Daucus carota* oder von dem ihm isomeren *Lycopin* aus der Tomate Teile einer Wurzel bzw. Tomate zerschneiden, in Reibschale geben und nach Zufügen von Quarzsand und Übergießen mit Petroläther zerreiben. Gelbe Blütenblätter, sofern sie Carotin enthalten, lassen sich ähnlich verwenden. Gewonnenen Extrakt durch ein Filter oder durch eine Filternutsche filtrieren. Wurden Tomaten verwendet, Extrakt in einen Scheidetrichter überführen, und den ungefärbten wäßrigen Zellsaft von dem überstehenden Petroläther trennen. Zum Nachweis des Carotins zu 5 cm³ Petrolätherextrakt 1 Tropfen konzentrierte Schwefelsäure geben. Es tritt eine blaugrüne, schließlich tiefblaue Färbung ein, die als Carotinoidnachweis zu benutzen ist. Dieselbe Reaktion ergibt sich nämlich bei allen Carotinoiden, und ist wahrscheinlich bedingt durch die Bildung unbeständiger Carboniumsalze. Bei gelben Blütenblättern, sofern sie nicht durch andere gelbe Farbstoffe, wie Flavonderivate, gefärbt sind, läßt sich schon durch Benetzen der Blütenblätter mit konz. Schwefelsäure die gleiche Umfärbung nach grünblau beobachten und damit der Carotinoidnachweis führen.

2. Trennung der einzelnen Farbstoffkomponenten [1].

Prinzip der Methode. Die Trennung der Chloroplastenfarbstoffe der Blätter kann wenigstens teilweise auf Grund der unterschiedlichen Löslichkeit der Komponenten in verschiedenen Lösungsmitteln durchgeführt werden (Vers. 103), oder aber es wird für genaueres quantitatives Arbeiten die unterschiedliche Adsorptionsfähigkeit des Farbstoffes an Adsorptionsmittel, wie Filtrierpapier, Talkum, Puderzucker, Stärke oder Aluminiumtonerde benutzt (Vers. 104 u. 105). Diese Methode verwendete Tswett bereits 1906, indem er Blattfarbstofflösungen von Filtrierpapier emporsaugen ließ. Dabei werden die Farbstoffkomponenten mit der stärksten Adsorptionsaffinität zum Adsorbens zuerst festgehalten, und dann erst die mit der nächst schwächeren und so in verschiedener Höhe des Filtrierpapierstreifens adsorbiert und voneinander getrennt. Außerdem spielen Verdrängungsreaktionen der stärker adsorbierenden Substanzen gegenüber solchen schwächerer Adsorptionsaffinität eine Rolle, so daß die letztgenannten weiter hinauf bzw. hinabgetrieben werden. Seither ist die chromatographische Adsorptionsmethode außerordentlich erweitert und zur Trennung der verschiedensten Stoffe benutzt worden. Neuerdings hat die Verteilungschromatographie (Papierchromatographie), die auf Unterschieden des Verteilungskoeffizienten eines Stoffes zwischen verschiedenen Lösungsmitteln beruht, besonders zur Trennung organischer Stoffe an Bedeutung gewonnen.

Versuch 103.

Trennung der Farbstoffkomponenten nach der Löslichkeit.

Versuchsmaterial: Rohchlorophyll von Vers. 100.

Geräte und Reagenzien: Trennung a: kleinen Scheidetrichter, 3 Erlenmeyer (100 cm³), Trichter, Meßkolben 50 cm³, Filtrierpapier, Benzin 100 cm³, Aqua dest., Paraffinöl 10 cm³.

[1] Willstätter, R. u. A. Stoll: s. S. 140. — Brauner, L.: s. S. 142. — Zechmeister, L. u. L. v. Cholnoky: Die chromatographische Adsorptionsmethode. Wien: Springer 1938. — Winterstein, A. u. G. Stein: Z. f. physiol. Chemie **200**, 247 (1933). — Gordon, A. H.: Angew. Chemie **61**, 367 (1949).

Trennung b: Scheidetrichter, 3 Erlenmeyer (100 cm³). Petroläther (100 cm³), Aqua dest., 92proz. Methylalkohol (100 cm³).

Trennung c: kleinen Scheidetrichter, 3 Erlenmeyer, Wasserbad. Konz. methylalkoholische Kalilauge (KOH in Plättchen zu 50 cm³ Methylalkohol zugeben). Petroläther (100 cm³). Aqua dest., 92proz. Methylalkohol (100 cm³).

Zeitbedarf: Trennungsgang a und b je 30 Min., Trennungsgang c 1—2 Std.

Ausführung: Trennungsgang a: Trennung der grünen und gelben Komponenten. 20 cm³ Rohchlorophylllösung (in 96proz. Alkohol; nach Vers. 100a) mit der gleichen Menge Benzin im Scheidetrichter versetzen. Tropfenweise Wasser zugeben, bis eine leichte Trübung auftritt, dann kräftig durchschütteln und absetzen lassen. Nach der Entmischung befindet sich das Benzin mit den grünen Farbstoffen oben. Der Alkohol unten enthält vor allem die gelben Farbstoffe. Beide Komponenten im Scheidetrichter trennen und zur Reinigung grüne Benzinlösung mit Alkohol und einigen Tropfen Aqua dest. und die gelbe alkoholische Lösung nochmals mit Benzin im Scheidetrichter nachwaschen. Abfließenden Alkohol bzw. das Benzin zu den entsprechenden Lösungen zugeben und dann beide Lösungen zur weiteren Verarbeitung (z. B. Messung des Absorptionsspektrums Vers. 108/109) aufheben. Eine Möglichkeit zur weiteren Anreicherung der gelben Farbstoffe ist nach dem Filtrieren der gelben alkoholischen Lösung noch durch Ausschütteln mit etwas Paraffinöl gegeben.

Trennungsgang b: Trennung in Chlorophyll a + Carotin und Chlorophyll b + Xantophyll. 10 cm³ konzentrierte Rohchlorophylllösung in Aceton (nach Vers. 100b) mit 10 cm³ Petroläther und 20 cm³ H_2O im Scheidetrichter schütteln, das Aceton wird dadurch entfärbt und der Petroläther im Scheidetrichter oben enthält alle Farbstoffe; Aceton und Wasser können entfernt werden. Petroläther allein weiterbehandeln und mit 10 cm³ 92proz. Methylalkohol im Scheidetrichter durchschütteln. Es tritt eine Trennung der Farbstoffe auf. Der Petroläther (oben) enthält die größte Menge von Chlorophyll a sowie Carotin, der Methylalkohol dagegen Chlorophyll b und Xanthophyll. Entsprechend sind beide Schichten unterschiedlich blaugrün bzw. gelbgrün gefärbt. Sie können zur spektroskopischen Untersuchung der unterschiedlichen Absorption von Chlorophyll a und b weiter verwendet werden, da in dem hier interessierenden roten und gelben Spektralbereich die Carotinoide noch keine Absorption zeigen. Vgl. Vers. 108.

Trennungsgang c: Trennung der beiden gelben Pigmente. Von einem Petrolätherextrakt (10 cm³) der Blattfarbstoffe durch Überführung des in Aceton gelösten Rohchlorophylls in Petroläther nach Trennungsgang b ausgehen. Zur Abtrennung der grünen Pigmente 4 cm³ konzentrierte methylalkoholische Kalilauge hinzufügen und gut durchschütteln, wobei sich die Farbe des Extraktes infolge vorübergehender Sprengung der Laktamgruppe des Chlorophylls $NH—C=O$ nach

braunrot verändert. Nach 15 Min. wird der Extrakt durch Neubildung
der jetzt alkalibeständigen Laktamgruppe wieder grün. Nunmehr langsam 20 cm³ H_2O und abschließend noch etwas Petroläther hinzufügen.
Trennung in 2 Schichten: unten hat sich das grüne Chlorophyllin-Ka-
lium (vgl. Vers. 110) abgeschieden, das abgetrennt wird, oben im Petroläther befinden sich die beiden gelben Pigmente. Diese einmal mit Wasser
durchschütteln und auf 5 cm³ (im Wasserbad) eindampfen und dann den
Petrolätherextrakt wieder in den Scheidetrichter bringen und mit 10 cm³
92proz. Methanol durchschütteln: Trennung der beiden gelben Pigmente, wobei das Carotin in Petroläther, das Xanthophyll im Methylalkohol leichter löslich ist. Nachwaschen. Beide Extrakte durch Eindampfen des einen bzw. durch Zugabe von Lösungsmittel beim andern
Extrakt auf gleiche Volumina bringen. Weitere spektroskopische Untersuchung vgl. Vers. 108.

Versuch 104.

Trennung der Farbstoffe durch Adsorption an Filtrierpapier[1].

Versuchsmaterial: Rohchlorophyllauszug nach Vers. 100a.

Geräte: Filtrierpapierstreifen 20 × 3 cm. Stativ mit Muffe und
Klammer. Abdampfschale. Büroklammern.

Zeitbedarf: 1—2 Std.

Ausführung: Einen gut parallel geschnittenen Streifen von
Filtrierpapier gleichmäßiger Qualität möglichst senkrecht in ein Schälchen mit Rohchlorophyllösung hängen. Mit dem Ende über eine hori-
zontal befestigte Stativstange legen und unterhalb des Halters mit Hilfe
einer Büroklammer mit dem herabhängenden Streifen zusammenheften.
Der Streifen soll den Rand der Abdampfschale nicht berühren und ihm
nicht anliegen. Infolge der verschiedenen Adsorptionsfähigkeit der Farbstoffe an das Papier findet eine Trennung der vom Filtrierpapier aufgesaugten Farbextrakte statt. Die Chlorophylle, besonders b, werden stärker adsorbiert, die Carotinoide dadurch an der Adsorption gehindert und
infolgedessen von den Chlorophyllen getrennt. Wird das Ganze unter
eine Glasglocke gestellt, die mit Alkoholdampf gesättigt ist
(Schälchen mit Alkohol!), so werden infolge der unterbundenen Verdunstung des Lösungsmittels die Farbstoffe wesentlich weiter ausein-
ander gezogen.

Versuch 105.

Trennung der Blattfarbstoffe mit Hilfe der chromatographischen Adsorptionsmethode[2].

Versuchsmaterial: Blätter, z. B. von *Syringa*, *Urtica* usw.
(für einen Versuch etwa 10 cm² Blattfläche, also 1 *Syringa*-Blatt).

Geräte und Reagenzien: a) Zur Herstellung des Chromatogramms: Reibschale, 2 Glasfilternutschen, 2 Saugflaschen, dazu

---

[1] Nach TSWETT, M.: Ber. d. Dtsch. bot. Ges. **24**, 234, 316, 384 (1906).
[2] SEYBOLD, A. u. K. EGLE: Planta **29**, 114 (1938).

passend 2 Gummistopfen einmal durchbohrt, 1 Gummistopfen, Wasserstrahlpumpe. Einige Erlenmeyer (100 cm³), Quarzsand oder gereinigter
Seesand, Scheidetrichter (50 cm³), Gummiring, passend zu Glasfilternutsche und Glasrohr (vgl. Abb. 25). Glasrohr (18 cm lang, 1 cm Durchmesser), Glasstab 25 cm lang, 8 mm Durchmesser, an einer Seite flach
und geglättet. Stativ mit Klammer und
Muffe.

Aqua dest., Benzin (100 cm³), 90proz.
Methanol (100 cm³), Benzol (50 cm³), etwas
CaCO₃, Puderzucker.

b) Zur Gewinnung der Farbstoffe: Dreiecksnadel, bzw. kleiner Spachtel.

98proz. Methanol (50 cm³), Äther (50 cm³).

Zeitbedarf: 3 Std.

Ausführung: Das Wichtigste ist die
richtige Herstellung der Adsorptionssäule.
Glasrohr, 18 cm lang und 1 cm Durchmesser,
auf eine Glasfilternutsche und eine Saugflasche montieren (vgl. Abb. 25) und an einem
Stativ befestigen. Als Adsorptionsmittel gut
getrockneten (Trockenschrank 60°) Puderzucker (klumpigen Puderzucker vorher in
Reibschale zerreiben) benutzen und diesen in
kleinen Portionen in das Glasrohr einbringen.
Jede Portion mit einem unten geglätteten
Glasstab (8 mm Durchmesser) gut fest-
stampfen. Ist etwas Puderzucker einge-
bracht, zusätzlich mit der Wasserstrahlpumpe zu saugen beginnen, um ein gleichmäßiges Festsetzen des Puderzuckers zu erzielen; je gleichmäßiger dabei gestampft
wird, um so besser gelingt später das Chromatogramm. Die oberen 3 cm des Glasrohres
bleiben frei. Inzwischen werden 10 cm²
Blattfläche mit wenig Quarzsand unter
Zufügen von etwas CaCO₃ (Messerspitze)

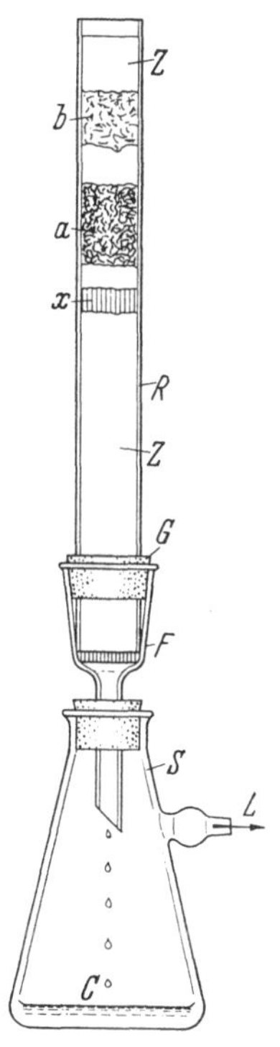

Abb. 25. Chromatographische
Trennung der Blattfarbstoffe.
G durchbohrter Gummistopfen,
R Glasrohr, Z Säule mit Puderzucker, F Filternutsche, S Saugflasche, L zur Wasserstrahlpumpe. a Chlorophyll a,
b Chlorophyll b, x Xanthophyll,
C Carotin. (Nach SEYBOLD.)

zum Neutralisieren der Pflanzensäuren fein zerrieben und auf eine
Glasfilternutsche, die ebenfalls auf eine Saugflasche montiert
wurde, gegeben. Mit einem Gemisch von 14 cm³ 90 bis 95proz.
Methanol und 6 cm³ Benzin Reibschale mindestens zweimal nachwaschen und Waschflüssigkeit in die Filternutsche zum Extrahieren
der Farbstoffe in kleinen Mengen einfüllen. Umrühren, kurze Zeit
stehen lassen und mit der Wasserstrahlpumpe absaugen. Nachwaschen
so lange fortsetzen, bis das Benzin-Methanolgemisch verbraucht ist bzw.
der Extrakt klar abläuft. Gewonnenen Extrakt in einen kleinen Scheidetrichter überführen und einige Tropfen — nicht mehr, da sonst die
Flüssigkeit emulgiert — Aqua dest. hinzufügen und umschütteln. Nach

kurzer Zeit hat sich das Benzin (oben) vom wäßrigen Methanol getrennt. Das grün gefärbte Benzin enthält Chlorophyll a und b sowie Carotin und Reste von Xanthophyll, das Methanol vorwiegend Xanthophyll. Methanol und überstehendes Benzin getrennt in zwei Erlenmeyer ablaufen lassen, und dann das Methanol, nach Zurückbringen in den Scheidetrichter, noch einmal mit Benzin zur Abtrennung restlichen Chlorophylls durchschütteln. Das Waschen auch hier so lange wiederholen, bis das Benzin farblos bleibt. Das Benzin zu dem schon vorhandenen Benzin-Chlorophyllextrakt geben. Damit befindet sich der größte Teil des Xanthophylls im Methanol, von den übrigen Komponenten getrennt.

Benzinlösung nun im Vakuum auf 1—2 cm³ eindampfen. Hierfür Benzinlösung unter Nachwaschen in Saugflasche geben, mit Gummistopfen fest verschließen und an Wasserstrahlpumpe anschließen. Danach wird die eingedampfte Lösung auf das vorbereitete Adsorptionsrohr gegossen. Mit der Wasserstrahlpumpe zunächst vorsichtig absaugen, bis fast kein Benzin mehr auf dem Rohr steht, aber keinesfalls Luft in das Rohr saugen. Deshalb rechtzeitig einige cm³ Benzin zum Auswaschen des Carotins in tiefere Zonen des Adsorptionsrohres nachschütten. Auseinanderziehen des im obersten Teil des Rohres befindlichen Chlorophylls durch Zugabe von 1 cm³ Benzol, keinesfalls mehr! Sonst läuft das Chlorophyll durch das Adsorptionsrohr! Schließlich wird zur deutlichen Trennung von Chlorophyll a und b (Entwickeln des Chromatogramms) ein Benzin-Benzolgemisch (Verhältnis 1:2) durch das Rohr gesaugt. Am Ende des Versuchs soll das noch im anfänglichen Farbstoffgemisch vorhandene Xanthophyll wesentlich unter dem gut getrennten Chlorophyll a und b (oben) liegen, während das Carotin entweder in die Saugflasche abgetropft ist, meistens aber im untersten Teil des Adsorptionsrohres noch an Puderzucker adsorbiert bleibt, besonders bei stärkerem Saugen mit der Wasserstrahlpumpe. Chromatogramm mit etwas Petroläther, zur Entfernung des Benzols, nachwaschen und dann trocknen.

Die Trennung der Farbstoffe geschieht, falls eine quantitative Untersuchung beabsichtigt ist, durch vorsichtiges Ausstechen, bzw. Abtragen der einzelnen Farbstoffe (Dreiecksnadel!) auf eine Filternutsche. Dort Farbstoff aus dem Puderzucker durch 98proz. Methanol herauslösen, absaugen und bis zur Farblosigkeit des Zuckers mit Methanol nachwaschen. Den im Methanol gelösten Farbstoff in Scheidetrichter geben und mit Äther und etwas Aqua dest. versetzen. Der Farbstoff wird dabei in den Äther überführt. Restliches Xanthophyll wird zu dem oben bereits gewonnenen Hauptanteil hinzugefügt und ebenfalls in Äther überführt. Auch das Carotin läßt sich, besonders, wenn es nicht in die Saugflasche abtropfte und sich in benzin-benzolischer Lösung befindet, in Äther lösen. Alle Farbstoffe auf gleiche Lösungsmengen auffüllen.

Zur quantitativen Bestimmung der Farbstoffe wäre eine in ihrer Konzentration bekannte Vergleichslösung der einzelnen Farbstoffe erforderlich. Mit ihrer Hilfe kann die Farbstoffmenge durch Vergleich im Pulfrichphotometer (Vers. 109) bestimmt werden. Steht keine Vergleichslösung zur Verfügung, so ist nur ein relativer Vergleich der einzelnen Komponenten verschiedener Extrakte möglich, etwa ein solcher von Sonnen- und Schattenblättern, bezogen auf gleiche Blattfläche oder gleiches Frischgewicht.

3. Physikalische Eigenschaften der Chloroplastenfarbstoffe.

Prinzip der Methode. Wichtige physikalische Eigenschaften der Chloroplastenfarbstoffe sind Löslichkeit, spezifische Lichtabsorption bei bestimmten Wellenlängen (Absorptionsspektrum) und Fluoreszenz. Die Löslichkeit in verschiedenen Lösungsmitteln ist bereits aus dem Trennungsgang der verschiedenen Farbstoffkomponenten in Vers. 103 zu ersehen. Zur Untersuchung unterschiedlicher Absorption der Farbstoffe in den verschiedenen Wellenbereichen wird ein Spektroskop oder besser ein Spektral-Photometer benutzt. Hier wird die Absorption des Lichtes in einem bestimmten Spektralbereich, der durch Farbfilter aus dem gesamten Bereich des sichtbaren Lichtes ausgeblendet wird, mit der in diesem Spektralbereich einfallenden Strahlung verglichen. Die Lichtabsorption der Chlorophylle wird also im durchfallenden Licht, ihre Fluoreszenz dagegen im auffallenden Licht untersucht. Daß das Fluoreszenzlicht erst durch die Belichtung des Chlorophylls entsteht (aktive Fluoreszenz), läßt sich dadurch zeigen, daß das Chlorophyll mit relativ kurzwelligen Strahlen, etwa blauem Licht, bestrahlt wird, das aber keine roten Strahlen enthalten darf. Das dann vom Chlorophyll ausgesandte Fluoreszenzlicht ist rot. Für die leicht mögliche Beobachtung der Fluoreszenz lebender Chloroplasten im Fluoreszenzmikroskop ist ebenfalls blaues Licht erforderlich. Die Beobachtung erfolgt unter Verwendung eines Gelbfilters, z. B. OG 1 von Schott, im gewöhnlichen Mikroskop. Für Einzelheiten der Fluoreszenzmikroskopie wird auf das Praktikum von STRUGGER verwiesen.

Versuch 106.

Die Fluoreszenz des Chlorophylls.

Versuchsmaterial: Rohchlorophyllösung von Vers. 100.

Geräte und Reagenzien: 2 planparallele Küvetten. Zur Erzeugung eines schmalen Lichtbündels eine geeignete Lichtquelle (Kohlenbogenlampe) und Konvexlinse f = 30 cm, bzw. Mikroskopierlampe. Spektroskop (s. S. 11). 5proz. Kupfersulfatlösung in planparalleler Küvette von 1 cm³ Schichtdicke. Ammoniak (Salmiakgeist).

Zeitbedarf: ½ Std.

Ausführung: Am einfachsten kann man sich von der Fluoreszenz des Chlorophylls dadurch überzeugen, daß ein Erlenmeyer, in dem sich eine Rohchlorophyllösung befindet, in einen Lichtstrahl gehalten und etwas geschüttelt wird. Bei seitlichem Betrachten ist die rote Fluoreszenz zu erkennen. Für genauere Untersuchungen wird vor eine Mikroskopierlampe, die ein annähernd paralleles Strahlenbündel liefert, eine planparallele Küvette mit der angegebenen Kupfersulfatlösung gestellt — bei größeren Schichtdicken als 1 cm entsprechend verdünnte Lösung benutzen — und soviel Ammoniak hinzugegeben, daß eine klare Lösung entsteht. Das so hergerichtete Filter läßt nur blaues Licht hindurch und absorbiert alle langwelligen Strahlen bis etwa 550 mμ (Spektroskop!). Hinter das Filter wird nun in einer zweiten Küvette eine Rohchlorophyllösung gebracht (unter Umständen verdünnen!): Vor einem dunklen Hintergrund ist die rote Fluoreszenz des Chlorophylls zu sehen, die also durch Umwandlung des kurzwelligen blauen Lichtes am Chlorophyll entstanden sein muß.

Das Spektrum des Fluoreszenzlichtes läßt sich mit dem Spektroskop (Vers. 108, s. auch S. 11) beobachten. Das Fluoreszenzspektrum erstreckt sich etwa von 620 mμ bis 680 mμ und entspricht ungefähr dem Hauptabsorptionsbereich des Chlorophylls im langwelligen Bereich.

Versuch 107.

Fluoreszenz lebender Chromatophoren[1]

Versuchsmaterial: Blattschnitte beliebiger chlorophyllhaltiger Blätter.

Geräte und Reagenzien: Mikroskop, Mikroskopierlampe, 5proz. Kupfersulfatlösung in planparalleler Küvette, Okularsperrfilter z. B. OG 1 von Schott.

Ammoniak.

Zeitbedarf: 1 Std.

Ausführung: Jedes Mikroskop läßt sich zur Beobachtung von Fluoreszenzerscheinungen, sofern sie mit Hilfe von blauem Licht erzeugt werden können, herrichten. Zwischen Mikroskopierlampe und Spiegel eine Küvette mit ammoniakalischer Kupfersulfatlösung (s. Vers. 106) stellen und auf das Mikroskop ein Okularfilter (OG 1 von Schott) setzen, das blaues einfallendes Licht völlig absorbiert, aber für hellgrüne, gelbe und rote Strahlen durchlässig ist. Tritt eine Fluoreszenzstrahlung in einer dieser Wellenlängen auf, so kann sie beobachtet werden. Schnitte von beliebigen Blättern anfertigen und im Mikroskop das rote Aufleuchten der Chloroplasten beobachten.

Versuch 108.

Absorptionsspektrum der Chloroplastenfarbstoffe in Lösungen und im lebenden Blatt. Absorptionsspektrum von Anthocyan[2].

Versuchsmaterial: Lösungen der Chloroplastenfarbstoffe, s. Vers. 100 und 103). Carotinlösung nach Vers. 102. Lösung von Anthocyan bei verschiedenem p_H nach Vers. 152 S. 199. Blätter von *Tropaeolum* bzw. *Impatiens*.

---

[1] Vgl. STRUGGER, S.: Praktikum der Zell- und Gewebephysiologie der Pflanze. Berlin: Springer 1949.

[2] SEYBOLD, A.: Bot. Arch. **44**, 102 (1942).

Geräte und Reagenzien: Handspektroskop bzw. Gitterspektroskop mit Wellenlängenskala, vgl. S. 11. Planparallele Küvette. Mikroskopierlampe. Zur Beobachtung der Blattabsorption Gerät zur Vakuuminfiltration[1]. 2 Glasplatten, Bunsenbrenner, NaCl.

Zeitbedarf: $\frac{1}{2}$—1 Std.

Ausführung: Die in einer planparallelen Küvette befindliche beleuchtete Farbstofflösung durch ein mit einer Wellenlängenskala versehenes Spektroskop beobachten. Zur Beleuchtung dient eine Mikroskopierlampe oder als stärkere Lichtquelle ein Mikroprojektor. Unnötige Lichtstrahlen abschirmen (Pappblende bzw. verdunkelter Raum). Zur Eichung des Spektroskops dessen Wellenlängenskala so einstellen, daß die bei schmal gestelltem Spalt des Spektroskops durch Verdampfen von NaCl über dem Bunsenbrenner erzeugte Natriumdoppellinie an ihrer charakteristischen Stelle (589 mμ) liegt[2]. Die Beobachtung der Rohchlorophyllösung sowie der einzelnen Farbstoffkomponenten zeigt die Spektren mit den charakteristischen Absorptionsbereichen (vgl. Abb. 26). In gleicher Weise wird die Absorption des Anthocyans beobachtet, das sich in Lösung von verschiedenem pH befindet (zur Herstellung vgl. Vers. 152.)

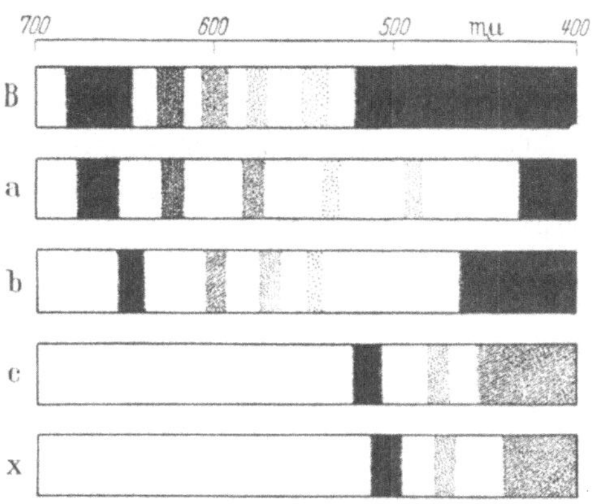

Abb. 26 Absorptionsspektrum eines Laubblattes und der Chloroplastenfarbstoffe. B Laubblatt, a Chlorophyll a, b Chlorophyll b, c Carotin, x Xanthophyll. (Nach SEYBOLD).

Auch am lebenden Blatt läßt sich die Absorption des Chlorophylls bestimmen. Zur Entfernung der Luft aus den Interzellularräumen des Blattes geeignete dünne Blätter, etwa von *Impatiens*, zunächst durch die Vakuuminfiltration[1] völlig mit Wasser infiltrieren. Die so durchsichtig gemachten Blätter zwischen zwei Glasplatten legen und ebenso wie die Chlorophyllösung untersuchen.

Auswertung: Für die verschiedenen Farbstoffe werden die beobachteten Maxima und Grenzen der Absorptionsbereiche in eine Tabelle eingetragen. Die Breite und Sichtbarkeit der Absorptionsbereiche, dagegen nicht ihr Absorptionsmaximum, hängen dabei sehr von der Konzentration des verwendeten Extraktes ab (Verdünnungen). Bei dem Vergleich der Absorption der Blätter mit der Rohchlorophyllösung zeigt

---

[1] Zur Vakuuminfiltration vgl. STRUGGER s. S. 150.

[2] LÖWE, F.: Optische Messungen des Chemikers und Mediziners. Dresden und Leipzig 1949.

sich eine Verschiebung der Blattabsorption zum langwelligen Bereich, deren Ursachen wahrscheinlich auf die Bindung des Chlorophylls an Eiweiß, bzw. auf seine besondere Lagerung im lebenden Blatt, zu suchen sein dürften.

Versuch 109.

Bestimmung der Absorption des Chlorophylls bei verschiedenen Wellenlängen mit Hilfe eines Photometers.

Prinzip der Methode. Die unterschiedliche Absorption der einzelnen Chloroplastenfarbstoffe in verschiedenen Bereichen des Spektrums kann durch Untersuchung von Farbstofflösungen mit Hilfe von Farbfiltern in einem Photometer beobachtet werden. Bei dem PULFRICH-Photometer von Zeiß gehen von einer Lichtquelle 2 Strahlenbündel aus; in dem ersten Strahlengang befindet sich die zu untersuchende Lösung, im zweiten das reine Lösungsmittel. Durch visuelle Beobachtung wird die Beleuchtungsstärke der beiden Strahlenzüge nach Vorschalten der geeigneten Filter durch Abschwächung des durch das reine Lösungsmittel hindurchgegangenen Strahles miteinander abgeglichen. Aus der Messung der Absorption bei den verschiedenen Filtern läßt sich eine vereinfachte Absorptionskurve konstruieren. Für die genaue Bestimmung der Absorptionskurve sind viel engere Spektralbereiche erforderlich, wie sie etwa die selbstregistrierende HARDY-Apparatur [1] bzw. ein Spektralphotometer liefert.

Versuchsmaterial: Lösungen der Blattfarbstoffe s. S. 142ff.

Geräte und Reagenzien: Photometer (z.B. PULFRICH-Photometer von Zeiß, oder auch Photometer von Leitz, Lichtelektrisches Kolorimeter von Lange u.a.). Zum Photometer passende planparallele Küvetten bzw. Eintauchrohre. Filterserie vgl. Auswertung.

Zeitbedarf: 1—2 Std.

Ausführung: Bei Untersuchungen mit dem PULFRICH-Photometer (Gebrauchsanweisung!) muß zunächst die Glühbirne richtig zentriert sein; weiter darauf achten, daß bei eingeschalteter Lichtquelle (ohne Lösung!) auf den beiden Hälften des Photometer-Okulars bei beliebigem Filter die gleiche Beleuchtungsstärke herrscht, wenn die beiden Ablesetrommeln auf den Durchlässigkeitswert 50 eingestellt worden sind. Ist das nicht der Fall, müssen die vor der Lichtquelle angebrachten Linsen für beide Strahlengänge so lange verändert werden, bis die Beleuchtungsstärken in beiden Okularhälften gleich sind. Dann planparallele Küvette mit dem reinen Lösungsmittel in den einen Strahlengang des Photometers bringen, während in den anderen die zu untersuchende Lösung kommt. Auf dieser Seite Ablesetrommel auf den Durchlässigkeitswert 100 einstellen, ein gewünschtes Filter [2] auswählen und

---

[1] SEYBOLD, A., u. A. WEISSWEILER: Bot. Arch. **43,** 252 (1942).

[2] Die im PULFRICH-Photometer zur Verwendung kommenden Filter besitzen einen relativ engen Durchlässigkeitsbereich, dessen Schwerpunkt jeweils auf dem Filter vermerkt ist. Vgl. Tabelle.

Ablesetrommel auf der Seite verändern, wo sich das reine Lösungsmittel befindet, bis Gleichheit der Beleuchtungsstärke im Beobachtungsokular erreicht ist. Küvetten auswechseln und erneut vergleichen, nachdem die Ablesetrommel für den Strahlengang, in dem sich die zu untersuchende Farbstofflösung befindet, wieder auf die Durchlässigkeit 100 eingestellt worden ist. Für jede Filtereinstellung werden etwa 5 Ablesungen benötigt (daraus Mittel bilden), dann Filter wechseln. Auf diese Weise wird für jedes Filter ein Wert für die Durchlässigkeit der Lösung bestimmt, der mit den Werten für die anderen Filter zu vergleichen ist. Soll nicht die Durchlässigkeit der Lösung, sondern deren Absorption (A) in % der Durchlässigkeit des reinen Lösungsmittels bestimmt werden, so müssen die gefundenen Durchlässigkeitswerte (D) von 100 abgezogen werden: $A = 100 - D$.

Bei den Absorptionsmessungen darf die Konzentration der Lösung nicht so hoch sein, daß sie in allen Filterbereichen die Strahlung vollständig absorbiert, sondern durch geeignete Verdünnung der Ausgangslösungen oder durch die Wahl einer geeigneten Schichtdicke (Durchmesser der Meßküvette) muß wenigstens in einigen Spektralbereichen eine mittlere Absorption erzielt werden. Gelbe Farbstoffe sollten meist nicht zu stark verdünnt sein.

Auswertung: Für die beiden Farbstofflösungen (Vers. 103, Trennungsgang a) wurden die folgenden *Absorptions*werte festgestellt:

Wellenlänge	750	720	666	610	570	530	500	470	430 mμ
Zeiß-Filter	S 75	S 72	S 66	S 61	S 57	S 53	S 50	S 47	S 43
Benzinlösl. Extrakt . (Chlorophyll a + b) . .	0,9 [1]	3,5	89,6	88,6	69,0	46,9	71,3	93,4	100
Alkohollösl. Extrakt . (Carotinoide) . . .	1,3	1,9	2,8	2,3	11,8	19,0	54,3	93,0	94,5

Beim Chlorophyll ist der starke Anstieg der Absorption im roten (666 und 610 mμ) sowie im blauen Bereich (kleiner als 500 mμ) und das Minimum im grünen (530 mμ) deutlich zu sehen. Die Absorption der Carotinoide beginnt merklich erst bei 570 mμ und nimmt nach kürzeren Wellenlängen hin zu. Ist keine säuberliche Trennung der grünen Komponente von der Carotinoidlösung gelungen, so findet sich in diesen sofort eine deutliche Absorption bei 666 mμ.

4. Abbau des Chlorophylls.

Prinzip der Methode. Zusatz von Säuren spaltet aus dem Chlorophyllmolekül durch Eintritt von 2 H-Atomen das Magnesium. Dabei verschwindet augenblicklich die grüne Farbe des Chlorophylls und schlägt in oliv bis braun um. Das Chlorophyll wird unter Abspaltung des Mg zu Phäophytin abgebaut. Eine dem Chlorophyll ähnliche grüne Farbe kann durch Zugabe von Kupfersulfat wieder hergestellt werden, wodurch mit dem Porphyrinring eine Cu-Komplexverbindung entsteht.

---

[1] Absorption in % der Durchlässigkeit des reinen Lösungsmittels, gemessen mit 2 cm Küvette. Mittelwerte aus 5 Messungen.

Diese Cu-Komplexverbindung fluoresziert aber nicht. Gibt man dagegen Natronlauge zur Rohchlorophyllösung, so wird das Chlorophyll in die beiden Alkohole Phytol und Methylalkohol, sowie in Chlorophyllin a und b gespalten. Im Chlorophyllin ist aber das Mg noch vorhanden, und damit bleibt auch die grüne Farbe bestehen.

Versuch 110.

Einwirkung von Basen und Säuren auf Chlorophyll. Cu-Chlorophyll[1].

Versuchsmaterial: Rohchlorophyllösung (etwa 30 cm³) nach Vers. 100a.

Geräte und Reagenzien: 4 Reagenzgläser, Meßpipette (10 cm³). Essigsäure (2 n), Natronlauge 5proz., Kupfersulfatlösung, Aqua dest.

Zeitbedarf: ½ Std.

Ausführung: Es werden in Reagenzgläsern folgende Ansätze hergestellt:

1. 5 cm³ Rohchlorophyll + 1 cm³ H_2O + 1 cm³ NaOH
2. 5 cm³ Rohchlorophyll + 1 cm³ $CuSO_4$ + 1 cm³ Essigsäure
3. 5 cm³ Rohchlorophyll + 1 cm³ H_2O + 1 cm³ Essigsäure
4. 5 cm³ Rohchlorophyll + 1 cm³ H_2O + 1 cm³ H_2O.

Auswertung: Es zeigt sich, daß im 1. Reagenzglas die Farbe des Chlorophylls erhalten bleibt, während sie bei der Säurebehandlung, Reagenzglas 3, umschlägt. In Fall 2 bleibt eine grüne Farbe trotz der Säurebehandlung infolge des Kupferzusatzes bestehen, Reagenzglas 4 dient als Kontrolle. Wegen des gewünschten Farbvergleiches ist auf die Zugabe gleicher Mengen von Rohchlorophyll und zugeführter Reagenzien zu achten.

VII. Stoffwechsel weiterer organischer Verbindungen.

A. Eiweiße und Kohlenhydrate.

Grundlagen. Die Eiweiße und Kohlenhydrate verdienen unter den unzähligen Pflanzenstoffen eine besondere Stellung, weil sie als ausgesprochen primäre Produkte des Synthesevermögens pflanzlicher Zellen bei den autotrophen Pflanzen aus anorganischen Rohstoffen entstehen und weil sie neben phosphorhaltigen Lipoiden die integrierenden Bausteine für Plasma und Zellwände abgeben. Ohne Kohlenhydrate und Eiweiße läßt sich schlechterdings keine pflanzliche Zelle denken. Kohlenhydrate stellen außerdem meist das einzige, häufig wenigstens das bevorzugte Betriebsmaterial der Pflanzenzelle dar. Selbst wenn Fett als Reservestoff in Samen gespeichert wird, führt sein Weg über Kohlenhydrate in den Stoffwechsel zurück (s. S. 186).

---

[1] WILLSTÄTTER, R., u. A. STOLL s. S. 140 — BRAUNER, L. s. S. 142.

Unter den Zuckern nimmt der Rohrzucker einen wichtigeren Platz ein, als die einfachen Zucker (Hexosen und Pentosen). Er findet sich regelmäßig in Siebröhren und scheint als solcher zu wandern. Mit einer Rohrzuckerphosphorylase wird durch Einlagerung von anorganischem Phosphat in die Glucosidbindung aus Rohrzucker unmittelbar Glucose-1-Phosphorsäure hergestellt, die sofort in den Gärungs- und Atmungsabbau einbezogen werden kann. Die Probe auf Vergärbarkeit ist ein wichtiges Zeichen für die Umsatzbereitschaft der natürlichen Zucker. Gerade bei Zuckern hat man aber auch die Beobachtung gemacht, daß Mikroorganismen sich an die Vergärung eines ihnen zunächst nicht zugänglichen Zuckers anpassen können, wenn sie vorher kurze Zeit unter Belüftung mit diesen Zuckern in Berührung standen bzw. sie oxydativ abgebaut haben. Die Grundlage dieser A d a p t a t i o n ist die Neubildung eines Enzyms, das den betreffenden Zucker zu spalten vermag.

Die natürlichen Polysaccharide sind aus lauter gleichen Einheiten zusammengesetzt und lassen sich durch hydrolytische und phosphorolytische Enzyme wieder in diese Bausteine zerlegen. Die allgemeinste Elementareinheit ist die Glucose, aus der nicht nur Stärke und Glykogen als Reservestoffe, sondern auch die Zellulose aufgebaut sind. Als Reservestoffe finden sich daneben oder in bestimmten Familien und Arten nicht selten auch Fructose-Polysaccharide, z. B. Inulin. Die Stärke enthält stets einen mehr oder weniger hohen Prozentsatz an Phosphorsäure in organischer Bindung, vielleicht als Zeichen ihres Aufbaues durch die Stärkephosphorylase oder exakter die Phosphorylasen, die sog. P- und Q-Enzyme. Die Stärkekörner bestehen aus zwei nach ihrem Molekülbau verschiedenen Komponenten, der Amylose, langen Ketten von α-Glucosemolekülen in der 1,4-Bindung, und dem Amylopektin, mit verzweigten Ketten, die neben den 1,4-Bindungen auch 1,6-α-glucosidische Bindungen zwischen den Glucoseeinheiten aufweisen. Eine Umkehr des hydrolytischen Abbaues durch die beiden Amylasen (s. S. 202) ist in vitro nicht möglich, weil die Knüpfung der Glucosidbindung der Energiezufuhr bedarf. Die Zelle verwendet energiereiche Ausgangsstoffe, nämlich Phosphorsäureester der Glucose, und so gelingt in vitro der Aufbau von Stärke mit Hilfe der Phosphorylasen (s. S. 211). Über die Bedeutung der beiden verschiedenen Wege des Stärke- und Glycogenumsatzes in der Zelle, den hydrolytischen und den phosphorolytischen, ist man sich noch im unklaren. Die Glucoseeinheiten in der Zellulose sind β-glucosidisch verknüpft. Zellulose ist deshalb von den auf die α-Konfiguration eingestellten Amylasen nicht angreifbar. Zellulase kommt in vielen Pilzen und Bakterien vor.

Die Eiweiße sind im Gegensatz zu den Polysacchariden nicht aus dem gleichen Baustein, sondern aus einer Reihe verschiedener Aminosäuren allerdings nach dem gleichen Prinzip der Peptidbindung aufgebaut. Die Aufteilung in die einzelnen Aminosäuren, die heute aus dem Hydrolysegemisch mit Hilfe der Papierchromatographie in kleinsten Mengen vorgenommen wird[1], läßt sich im Rahmen eines Praktikums schwer durchführen. Die Eiweiße selbst sind nicht nur Plasmabausteine, sondern sie sind in gewissem Umfange in jeder Zelle, in größerem Ausmaße in den Speicherzellen der Samen als Reservestoffe vorhanden. Beim Kohlenhydrathunger, beim Welken, Altern und während der Samen- und Fruchtbildung werden die Eiweiße der Blätter gespalten. Neben den Eiweißen finden sich stets noch andere organische N-haltige Verbindungen in den Zellen (Aminosäuren, Amide). Von diesen spielen im pflanzlichen Stoffwechsel die Amide (Asparagin und Glutamin) als Speicher- und Wanderform der Aminogruppe eine zentrale und vielseitige Rolle. Bei der Mobilisierung der Sameneiweiße treten sie oft in großen Mengen auf, z. B. bei den Leguminosen.

1. Zucker.

Prinzip der Methode. Die Monosen, sowohl die Aldosen als auch die Ketosen, enthalten in der gestreckten nicht ringförmigen Struktur die Carbonylgruppe $> C = 0$ und können deshalb leicht durch die reduzie-

---

[1] CRAMER, F.: Papierchromatographie. Verlag Chemie, Weinheim/Bergstr. 1951.

rende Wirkung dieser Gruppe auf FEHLINGsche Lösung oder andere leicht reduzierbare Verbindungen (Silbernitrat, Jod) nachgewiesen werden. Die gebräuchliche Reduktion der FEHLINGschen Lösung beruht darauf, daß das tiefblaue lösliche Kupferkomplexsalz mit Natrium-Kalium-Tartrat (Seignettesalz) nur mit zweiwertigem Kupfer beständig ist. Durch Reduktion des Cu^{II} zum Cu^{I} wird das Komplexsalz zerstört und Cu_2O (Kupferoxydul) fällt als roter Niederschlag aus. Die Zucker werden teilweise zu Zuckersäure, teilweise zu Glucon-, Galakton- usw. Säure oxydiert. Die Aldosen von den Ketosen zu unterscheiden, erlaubt die SELIWANOFFsche Probe mit Resorcin + Salzsäure, die nur mit Ketosen rasch positiv ausfällt. Aus ihnen entsteht dabei sofort Oxymethylfurfurol, das aus Aldosen erst nach sehr langem Kochen gebildet würde.

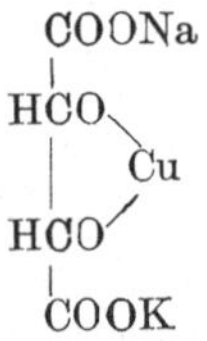

$$
\begin{array}{c}
\text{COONa} \\
|\\
\text{HCO}\diagdown \\
\quad\quad\diagup\text{Cu} \\
\text{HCO}\diagup \\
|\\
\text{COOK}
\end{array}
\qquad\qquad
\begin{array}{c}
\text{HC}\!\!-\!\!\text{CH} \\
\|\quad\;\; \| \\
\text{HOH}_2\text{C}\cdot\text{C}\quad\text{C}\cdot\text{CHO} \\
\diagdown\;\diagup \\
\text{O}
\end{array}
$$

Cu-Komplexsalz   Oxymethylfurfurol
mit K.-Na-Tartrat.

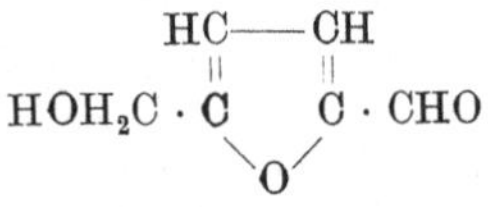

Disaccharide können so zusammengesetzt sein, daß wenigstens eine Monose ihre reduzierende Gruppe frei erhalten hat, z. B. Maltose und Lactose, oder so, daß die reduzierenden Gruppen beider Monosen miteinander verbunden sind, und ein nichtreduzierendes Disaccharid entsteht, z. B. Rohrzucker. Zur Unterscheidung reduzierender Monosaccharide von reduzierenden Disacchariden dient die BARFOEDsche Lösung, aus der nur reduzierende *Mono*saccharide Cu_2O abscheiden. Durch Hydrolyse werden die Disaccharide in Monosen zerlegt.

Diese mit reinen Zuckern recht spezifischen Proben werden bei rohem Pflanzenextrakt oft durch andere reduzierende Substanzen stark gestört. Sie können deshalb erst nach einer meist recht schwierigen Abtrennung der störenden Verbindungen als einigermaßen zuverlässig angesehen werden und sind selten allein zu quantitativen Methoden der Zuckerbestimmung in Pflanzen ausgebaut worden, nach Vergärung liefern sie recht brauchbare Werte.

Moleküle mit der Gruppierung —CHOH · CHO,—CHOH · CO— liefern ganz allgemein mit Phenylhydrazin die charakteristischen Osazone, gelbe Verbindungen, die wenig löslich und gut kristallisiert sind und die je nach der Ausgangssubstanz in typischer Form auftreten. Da die Zucker die genannten Konfigurationen aufweisen, kommt den Osazonen für die Isolierung und Identifizierung große Bedeutung zu.

Die verschiedenen Zucker stellen für Hefe nicht gleichwertige Gärsubstrate dar und bieten den höheren Pflanzen ebenso wenig gleichwertiges Betriebsmaterial. Man unterscheidet daher gärfähige und nichtgärfähige Zucker bezogen auf die Hefe. Auf der anderen Seite differenziert man häufig Mikroorganismen nach ihrer Fähigkeit, den einen oder anderen Zucker vergären zu können. Die Gärprobe im Gärröhrchen, die allerdings die Gärungsintensität nur abschätzen läßt, ist deshalb für die mikrobiologische Diagnose noch ein gebräuchliches Hilfsmittel. Die

Vergärung von Zuckern durch Hefe ist auch zur quantitativen Methode ausgebaut worden. Sie erfaßt zwar alle gärfähigen Zucker nur summarisch, aber das sind im allgemeinen auch die Zucker, die in der höheren Pflanze zum unmittelbaren Umsatz zur Verfügung stehen.

Versuch 111.

Reduzierende und nicht reduzierende Zucker.

Versuchsmaterial: Rosinen oder andere süße Früchte, Zucker- oder Runkelrübe, *Allium*-Blätter, *Helianthus*-Blätter (im Winter: Blättchen von Weizenkeimpflanzen), Knollen von *Helianthus tuberosus* (Fructose!), 4—5 Tage bei ungefähr 20° gezogene Getreidekeimlinge, Malzextrakt; verschiedene reine Zucker, z. B. Glucose, Fructose, Galaktose, Maltose, Rohrzucker, Milchzucker, Mannit, Inosit.

Geräte und Reagenzien: Reagenzgläser, einige 100 cm³ Erlenmeyer, kleine Trichter und Filter, Wasserbad.

10proz. Schwefelsäure, 25proz. Salzsäure (üblicherweise als konzentrierte bezeichnet), Resorcin.

Fehlingsche Lösung I: 34,64 g Kupfersulfat mit dest. Wasser auf 500 cm³ auffüllen.

Fehlingsche Lösung II: 173,0 g Seignettesalz (Na - K-Tartrat)+51,6 g NaOH (reinst) mit dest. Wasser auf 500 cm³ auffüllen (diese Vorratsflasche mit Gummistopfen verschließen, nicht mit eingeschliffenem Stopfen wegen der Gefahr des Einfressens!).

Barfoedsche Lösung: 5 g Kupferacetat in 80 cm³ Wasser lösen, dazu 5 g Natriumacetat lösen, 0,5 cm³ Eisessig zugeben und auf 100 cm³ mit Wasser auffüllen.

Zeitbedarf: 2—3 Std.

Ausführung. Von den beiden Komponenten der FEHLINGschen Lösung, die getrennt aufbewahrt werden müssen, weil sonst Zersetzung eintritt, gleiche Mengen, z. B. je 25 cm³, miteinander mischen. Von den zu prüfenden Zuckern bzw. Zuckeralkoholen 5proz. Lösungen (je 20 cm³) herstellen und davon 3—5 cm³ in je ein bezeichnetes Reagenzglas geben, mit dem gleichen Volumen FEHLINGscher Lösung versetzen und 3—5 Min. in das kochende Wasserbad halten. Bei einigen Zuckern scheidet sich bald ein roter Niederschlag ab, der sich nach kurzer Zeit am Boden des Röhrchens sammelt. Bei anderen Zuckern, z. B. Rohrzucker, bleibt die reine blaue Farbe erhalten (nichtreduzierende Zucker!).

In je ein bezeichnetes Reagenzglas 5 cm³ der Zuckerlösungen, dazu 1 cm³ 25proz. Salzsäure und eine Messerspitze (10 mg) Resorcin geben und im Wasserbad oder über kleiner Flamme bis 10 Min. kochen! Fructose und Rohrzucker ergeben tiefrote Färbung für Ketosen (wegen Rohrzucker s. u.). Die Probe kann sehr schwach rot auch mit Aldosen positiv ausfallen, sie hat streng genommen nur relativen Wert, aber bei kräftigem Ausfall ist sie eindeutig.

Je 5 cm³ der Lösungen reduzierender Zucker in bezeichneten Reagenzgläsern mit der gleichen Menge BARFOEDscher Lösung versetzen und einige Minuten kochen. Nur die Monosen scheiden Kupferoxydul ab, die Maltose nicht!

Aus den oben aufgeführten pflanzlichen Objekten nach Zerkleinern durch Aufkochen in einer kleinen Menge Wasser und Abfiltrieren Extrakte herstellen und diese mit den zunächst auf reine Zucker angewendeten Methoden auf die Art der vorhandenen Zucker untersuchen. Bei Verwendung von gleichen Mengen Frischsubstanz und gleichen Mengen Wasser zum Extrahieren können die relativen Mengen der Zucker abgeschätzt werden (z. B. Vergleich von *Helianthus*- und *Allium*-Blättern!).

Versuch 112.

Osazone der Monosaccharide.

Versuchsmaterial: 0,1% Glucose- und Fructoselösung, verdünnter Extrakt einer Trockenzwetsche.

Geräte und Reagenzien: Reagenzgläser, Mikroskop.

50proz. Essigsäure, in der Natriumacetat bis zur Sättigung gelöst ist (10 cm³); 10 cm³ 10proz. Phenylhydrazinchlorhydratlösung (die Lösung muß hellgelb und darf nicht braun sein!).

Zeitbedarf: 1 Std.; Nachbeobachtung nach 1 Tag.

Ausführung: 5 cm³ der zu untersuchenden Lösung werden im Reagenzglas mit 1 cm³ acetatgesättigter 50proz. Essigsäurelösung und 2 Tropfen (nicht mehr!) Phenylhydrazinlösung versetzt. Die Mischung wird umgeschüttelt und eine halbe bis eine Stunde im kochenden Wasserbad erhitzt, danach wird abgekühlt. Schon in der Hitze, noch deutlicher beim Abkühlen fallen gelbe Kristalle aus.

Auswertung: Bei der Einwirkung von überschüssiger Hydrazinbase in schwach saurer Lösung auf Monosen entstehen beim Erhitzen die sehr charakteristischen, in essigsaurer und acetathaltiger Lösung sehr schwer löslichen Osazone. Sie scheiden sich schon aus sehr verdünnten und Verunreinigungen enthaltenden Lösungen sicher aus. Noch 0,004% Glucose sollen deutliche Kristalle ergeben! Manchmal fallen die Kristalle erst beim Abkühlen nach längerem Erhitzen aus. Die Osazone bilden Kristallnadeln in Büscheln (Mikroskop!). Die genauere Identifizierung der Osazone stützt sich in erster Linie auf Schmelzpunktsbestimmungen.

$$
\begin{array}{lll}
HC=O + H_2N-NH\cdot C_6H_5 & & HC=N-NH\cdot C_6H_5 \\
\ \ | & \xrightarrow[-\,2\,H]{-\,2\,H_2O} & \ \ | \\
HCOH + H_2N-NH\cdot C_6H_5 & & C=N-NH\cdot C_6H_5 \\
\ \ | & & \ \ | \\
HOCH & Phenylhydrazin & HOCH \\
\ \ | & & \ \ | \\
HCOH & & HCOH \\
\ \ | & & \ \ | \\
HCOH & & HCOH \\
\ \ | & & \ \ | \\
CH_2OH & & CH_2OH \\
Glucose & & Glucosazon
\end{array}
$$

Der Schmelzpunkt des Glucosazons liegt bei 205°. Das gleiche Osazon erhält man wegen der übereinstimmenden Konfiguration an den C-Atomen 3—6 auch von Fructose.

Versuch 113.

Die Trennung von Glucose und Fructose.

Versuchsmaterial: konzentrierte wäßrige Extrakte von geriebener Zuckerrübe oder zerkleinerter Zwiebel, Extrakte von Rosinen oder getrockneter Zwetsche.

Geräte und Reagenzien: 100 cm³ Erlenmeyer, Abdampfschale, Wasserbad, Spatel, Trichter, Filter, 100 cm³ Becherglas, Lackmuspapier.

Kalziumhydroxyd in Substanz, 10proz. Ammoniumoxalatlösung, Salzsäure (25proz.), 10proz. Natronlauge.

Zeitbedarf: 1—1½ Std., dazwischen einige Std. stehen lassen.

Ausführung: Zu 25 cm³ der Extrakte aus Zuckerrüben oder Zwiebeln 1 cm³ 25proz. HCl geben und einige Minuten zur Hydrolyse des reichlich vorhandenen Rohrzuckers kochen, abkühlen, mit 10proz. NaOH gegen Lackmus neutralisieren. Die Extrakte aus Trockenfrüchten enthalten meist schon Monosen, sie können aber auch zur Spaltung des Rohrzuckers wie vorher behandelt werden. Das Zuckergemisch wird mit 1,5 g Ca(OH)$_2$ versetzt und in verschlossenem Erlenmeyer unter öfterem Umschütteln einige Stunden stehen gelassen, bis sich die Kalziumfructose als Niederschlag abgesetzt hat. Kalziumglucose bleibt in Lösung. Nach dem Filtrieren (Filter mit Rückstand aufheben!) durch tropfenweise Zugabe von Ammoniumoxalat, bis keine weitere Trübung mehr erfolgt, im Filtrat das Kalzium ausfällen. Abfiltrieren und in der Lösung die Glucose nach den Proben des Versuchs 111 nachweisen. SELIWANOFF-Reaktion muß negativ sein! Den Niederschlag von Kalziumfructose vom Filter in kleines Becherglas mit Spatel übertragen, mit etwas Wasser aufschwemmen und ebenfalls mit Ammoniumoxalat versetzen. Vom ausgeschiedenen Kalziumoxalat abfiltrieren. Die Lösung enthält die freigesetzte Fructose, die mit den Proben des Versuchs 111 als reduzierende Monose und speziell als Ketose im Gegensatz zur ebenfalls abgetrennten Glucose nachgewiesen werden kann.

Zum Einüben kann diese Trennung zunächst mit einem Gemisch von gleichen Teilen Fructose und Glucose bzw. hydrolysiertem reinen Rohrzucker oder mit Honig bzw. Kunsthonig angestellt werden. Ungefähr die Hälfte des angewendeten Zuckers an Ca(OH)$_2$ zugeben!

Versuch 114.

Die Disaccharide Rohrzucker und Maltose.

Versuchsmaterial: Rohrzucker (Rüben- oder Zwiebelextrakt), Maltose (Malzextrakt oder anderes Maltosepräparat).

Geräte und Reagenzien: Erlenmeyer 100 cm³, Reagenzgläser, Trichter, Wasserbad.

Konz. Schwefelsäure, Bariumchlorid (konz.), Natron- oder Kalilauge verd., Phenolphthalein (1proz. alkoholische Lösung), Resorcin, Salzsäure (25proz.), FEHLINGsche Lösungen (s. S. 157) und BARFOEDsche Lösung (s. S. 157).

Zeitbedarf: 1 Std.

Ausführung: Zu 20 cm³ 5proz. *Rohrzucker*lösung einige Tropfen Schwefelsäure zugeben und im Erlenmeyer bei kleiner Flamme einige Minuten kochen. Die Schwefelsäure mit Bariumchlorid ausfällen, bis ein weiterer Tropfen keinen Niederschlag mehr erzeugt und abfiltrieren. Das Filtrat mit FEHLINGscher und BARFOEDscher Lösung sowie nach SELIWANOFF prüfen (s. Vers. 111). Alle 3 Proben fallen nach der Hydrolyse positiv aus. Es sind also reduzierende Monosen, speziell Ketosen nachweisbar. Daß die SELIWANOFFsche Probe schon von vornherein positiv ausfällt, obwohl der Rohrzucker *nicht* reduzierend ist (s. Vers. 111), liegt daran, daß durch die dabei verwendete Salzsäure beim Kochen schon Hydrolyse eintritt.

(Die enzymatische Spaltung des Rohrzuckers siehe Vers. 161).

Die *Maltose* reduziert zwar FEHLINGsche Lösung, aber nicht BARFOEDsche Lösung. Sie gibt keine SELIWANOFF-Reaktion, also ist das freie Carbonyl von Aldehydnatur. 25 cm³ Maltoselösung (5proz.) oder verdünnten Malzextrakt mit einigen Tropfen Schwefelsäure versetzen und einige Minuten kochen. Die Schwefelsäure ausfällen, abfiltrieren und gegen Phenolphthalein oder Universalindikatorpapier mit NaOH oder KOH neutralisieren. Die BARFOEDsche Probe fällt jetzt positiv aus. Aus einem reduzierenden Disaccharid ist also ein reduzierendes Monosaccharid und zwar eine Aldose (Glucose) entstanden, da die SELIWANOFFsche Probe negativ bleibt.

Wenn Trehalose zur Verfügung steht (aus Preßhefe zu gewinnen), die ein nichtreduzierendes Glucosedisaccharid ist, kann sie ebenfalls hydrolysiert und die Entstehung von Aldosen nachgewiesen werden.

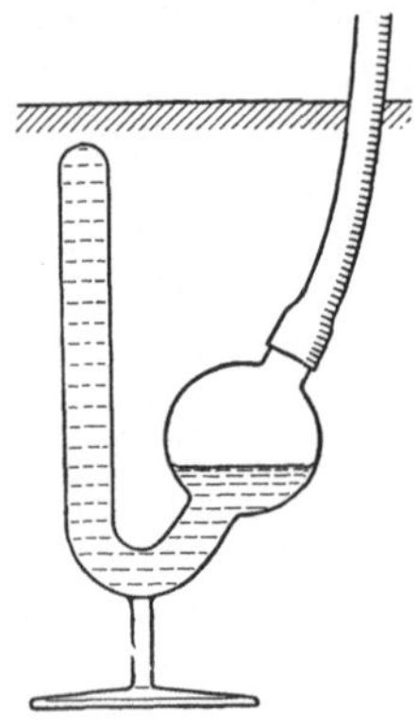

Abb. 27. Gärröhrchen zum Untertauchen hergerichtet.

Versuch 115.
Vergärbarkeit der Zucker.

Versuchsmaterial: 10 g Bäckerhefe.

Geräte und Reagenzien: 8 Gärröhrchen (s. Abb. 27), einige Bechergläser 50 oder 100 cm³, Meßzylinder 10 cm³, Thermostat zwischen 30° und 37°.

Glucose, Fructose, Galaktose, Rohrzucker, Milchzucker, Maltose, Mannit, 1proz. Stärkekleister (s. Vers. 155).

Zeitbedarf: 2 Std.

Ausführung: 5 g Hefe in 75 cm³ Wasser im Becherglas fein aufschwemmen. 10 cm³ davon mit jeweils 10 cm³ der verschiedenen

Zuckerlösungen (10 proz.) bzw. Stärkekleister im Becherglas mischen und in bezeichnete Gärröhrchen einfüllen. Die Flüssigkeit zunächst in das offene Ende gießen, dann durch Neigen des Röhrchens den geschlossenen Schenkel ohne Lufteinschluß füllen. Die Gärgefäße in den Thermostaten[1] stellen, nach 30 Min. und 1 Std. ablesen, wieviel Gas im geschlossenen Schenkel abgeschieden wurde. Nach Beendigung in den geschlossenen Schenkel mit einer Pipette mit umgebogener Spitze etwas konz. Kali- oder Natronlauge einführen oder ein Stück festes NaOH oder KOH geben und die Absorption des Gases durch Hin- und Herbewegen des Gärröhrchens veranlassen zum Nachweis, daß es Kohlendioxyd war.

Auswertung: Gärfähig durch Bäckerhefe sind: Glucose, Fructose, Rohrzucker, Mannose; Maltose fängt sehr langsam an zu gären. Galaktose, Milchzucker, Mannit und Stärke werden nicht vergoren. Die Hefe läßt sich jedoch an die Vergärung von Galaktose gewöhnen, adaptieren (s. den nächsten Versuch).

Stärke wird nicht vergoren. Wenn das „Hefestück" zum Backen angesetzt wird, gibt man Zucker zu, im übrigen enthalten die Getreidekörner etwas Zucker (Gerstenkörner bis 3% Rohrzucker).

Übersicht über die Eigenschaften der Zucker.

	Glu-cose	Fruc-tose	Galak-tose	Mal-tose	Milch-zucker	Rohr-zucker	Mannit
Fehlingsche Lösung (reduzierende Zucker.) .	+	+	+	+	+	−	−
Barfoedsche Probe (reduzierende Monosen)	+	+	+	−	−	−	−
Seliwanoff-Reaktion (Ketosen)	−	+	−	−	−	+	−
Vergärung durch Hefe . .	+	+	−	+	−	+	−

Versuch 116.

Adaptation von Hefe an die Vergärung von Galaktose.

Versuchsmaterial: 10 g Preßhefe (Bäckerhefe).

Geräte und Reagenzien: Erlenmeyer 300 cm³, Saugflasche und Nutsche oder Zentrifuge, (Thermostat 30°), Gärröhrchen (s. vorhergehenden Versuch), Analysenwaage.

50 g Galaktose, 0,2 g Ammoniumphosphat, 0,2 g Ammoniumsulfat.

Zeitbedarf: Vorbereitung 3 Tage je ½ Std.; Ausführung 1½ Std.

Ausführung: Im Erlenmeyer 100 cm³ Nährlösung herstellen, die 10 g Galaktose, 50 mg Ammoniumphosphat und 50 mg Ammonium-

---

[1] Wenn ein Thermostat nicht zur Verfügung steht, benutzt man einen größeren Topf als Wasserbad, in dem man die Temperatur durch einen kleinen Brenner konstant hält. Über den offenen Schenkel der Gärröhrchen wird dann ein Stück weiten Gummischlauchs gezogen, das so lang sein muß, daß der Schlauch beim Untertauchen der Gärröhrchen in das Wasserbad über die Wasseroberfläche hinausragt. Die Bezeichnung der Gärröhrchen so vornehmen, daß sie auch bei der Untertauchung erhalten bleibt! Fettstift oder angehängte Blechschildchen mit eingeprägten Nummern! (Vergl. Abb. 27.)

sulfat enthält. Darin 10 g Preßhefe aufschwemmen und den Kolben im
Thermostaten bei ungefähr 30° oder an einem anderen warmen Platz
(Nähe der Heizung) unter wiederholtem Umschütteln aufbewahren!
Nach 24 Std. die Hefe abzentrifugieren oder auf der Nutsche absaugen
und von neuem in 100 cm³ einer gleichen Nährlösung suspendieren und
wiederum bei 30° 24 Std. aufbewahren! Die gleiche Behandlung noch
einmal wiederholen. Die Hefe schließlich absaugen und mit destilliertem Wasser auswaschen, bis das Waschwasser keine FEHLINGsche Reaktion (s. Vers. 111) mehr zeigt. Die Hefe auf der Nutsche scharf absaugen! 2 g dieser Hefe in 10 cm³ Wasser aufschwemmen und mit
10 cm³ 10proz. Galaktoselösung vermischen und in Gärröhrchen einfüllen. Zum Vergleich nochmals ein Gärröhrchen mit Hefe ansetzen,
die nicht vorbehandelt wurde. Die Gefäße bei 30—37° in den Thermostaten stellen oder nach Überziehen eines Gummischlauches in ein Wasserbad dieser Temperatur versenken (s. vorhergehenden Versuch!).

A u s w e r t u n g : Die mit Galaktose längere Zeit bei Belüftung vor-
behandelte Hefe vergärt nun auch Galaktose lebhaft, während die un-
behandelte Hefe diese Monose nicht vergären kann. Die Hefe hat sich
adaptiert, sie hat ein besonderes Enzym gebildet, das Galaktose gärend
umsetzen kann. Die Adaptation findet in Gegenwart des Substrates
und bei guter Belüftung statt.

Versuch 117.

Quantitative Zuckerbestimmung durch Reduktionswert und Vergärung.

V e r s u c h s m a t e r i a l : Äpfel, Möhren, Trockenfrüchte, Zuckerrüben, Zuckerrübenblätter u. a., 10 g Preßhefe.

G e r ä t e   u n d   R e a g e n z i e n : Saugflasche, Nutsche, Filter,
Meßkolben oder Meßzylinder 100 cm³, Bechergläser 400 cm³, 2 Erlen-
meyer 200 cm³, Bürette 25 cm³, Pipetten 10 cm³, Siedesteinchen oder
Glassplitter. Thermostat oder Wasserbad 37°.
Lösung A : FEHLINGsche Lösung I, Lösung B : FEHLINGsche Lösung II
(s. Vers. 111), Lösung C : Schwefelsäure (10 cm³ konz. $H_2SO_4 + 60$ cm³
Wasser); 25proz. Salzsäure, 30proz. Kalilauge, n/10 Natriumthiosulfat
(s. S. 8), 10g Kaliumjodid, Stärkelösung 0,5—1proz., p_H-Indikator-
papier (MERCKsches Universalindikatorpapier).
Z e i t b e d a r f : 4—6 Std.

A u s f ü h r u n g : 10 g frische Pflanzenteile in 50 cm³ Wasser aufkochen, bei getrocknetem Material 5 g mit 50 cm³ Wasser, abfiltrieren,
dann den Rückstand nochmals mit etwa 30 cm³ Wasser verreiben und
filtrieren, die beiden Filtrate vereinigen, mit 5 cm³ Salzsäure versetzen
und 5 Min. kochen, um alle Disaccharide in reduzierende Zucker zu
spalten! Nach dem Abkühlen mit KOH bis p_H 6 abstumpfen (Indikatorpapier!) und im Meßkolben oder Meßzylinder auf 100 cm³ auffüllen
(= vorbereiteter Pflanzenextrakt). In dieser Lösung sollten für diese
Bestimmungsmethode nicht mehr als 1 g Hexose enthalten sein.

Auswaschen der Hefe zur Entfernung reduzierender Substanzen. 10 g Hefe in 200 cm³ dest. Wasser aufschwemmen, absaugen und auf der Nutsche mit dest. Wasser so lange waschen, bis das Waschwasser FEHLINGsche Lösung nicht mehr reduziert. Schließlich die Hefe scharf absaugen bis zur Konsistenz von Preßhefe.

Analyse. In 200 cm³ Erlenmeyer 10 cm³ Lösung A + 10 cm³ Lösung B + 10 cm³ des vorbereiteten Pflanzenextraktes + 20 cm³ Wasser und einige Siedesteinchen oder Glassplitter geben! Diese Flüssigkeit zum Kochen erhitzen (soll 3 Min. dauern) und noch 2 Min. weitersieden, dann rasch auf 20—25° abkühlen! 2 g Kaliumjodid in 10 cm³ Wasser gelöst zugeben, dann noch 10 cm³ Lösung C (Schwefelsäure) und einige Tropfen Stärkelösung (als Indikator für das freigesetzte Jod) zusetzen und das Ganze mit Thiosulfatlösung aus der Bürette bis zur Entfärbung titrieren. Verbrauchte Menge Thiosulfatlösung (x) notieren und zur Berechnung des Anfangsreduktionswertes verwenden.

Entzuckerung. Im 200 cm³-Kolben etwa 5 g gewaschene Hefe in 50 cm³ des vorbereiteten Pflanzenextraktes suspendieren und das Gefäß unter häufigem Schütteln 90 Min. bei 30—35° in den Thermostaten stellen oder im Wasserbad halten, dann abzentrifugieren oder Absaugen und ohne Verdünnen der klaren Lösung den Reduktionswert wie oben bestimmen! Verbrauchte Menge Thiosulfat (y) notieren, zur Berechnung der Endreduktion.

Während der Entzuckerung des Extraktes durch Hefe den Titer der Kupfersulfatlösung A bestimmen, indem man wie bei den vorhergehenden Analysen verfährt, aber anstatt des Pflanzenextraktes 10 cm³ Wasser zugibt! Verbrauchte Menge Thiosulfatlösung (z) notieren!

Auswertung: Für 10 cm³ Extrakt sind x cm³ n/10 Thiosulfat verbraucht, zur Titereinstellung sind z cm³ n/10 Thiosulfat verbraucht. $z-x$ ist die Menge, die der Anfangsreduktion entspricht. Nach der beigegebenen Tabelle wird der Thiosulfatverbrauch in „% Glucose" umgerechnet (s. S. 164).

Die Endreduktion nach Vergärung entspricht dem Thiosulfatverbrauch $z-y$ cm³. Diese Differenz ebenfalls in „% Glucose" umrechnen. Der Gehalt des Extraktes an vergärbaren Zuckern entspricht der Differenz „% Glucose" vor der Vergärung minus „% Glucose" nach der Vergärung in % Glucose des Pflanzenextraktes von 100 cm³, also der Zahl nach g vergärbare Zucker als Glucose berechnet.

Für die verschiedenen Zucker wären etwas verschiedene Reduktionswerte zu berechnen. Man pflegt als Mannose oder Glucose zu berechnen. Die Methode kann mit einiger Sicherheit zum Vergleich von Pflanzenmaterialien verwendet werden, bei denen mit einer ähnlichen Zusammensetzung des Extraktes in bezug auf die einzelnen Zucker zu rechnen ist. Fehler können dadurch hereingetragen werden, daß die Hefe nicht nur durch Verbrauch der reduzierenden Zucker den Reduktionswert vermindert, sondern durch Bildung anderer unbekannter reduzierender Substanzen ihn gleichzeitig auch vermehrt. Man pflegt deshalb eine Parallelprobe mit reiner Glucose laufen zu lassen[1].

---

[1] Vgl. dazu MENZINSKY, Bioch. Zeitschr. **314**, 312 (1943).

Tabelle zur Umrechnung von Thiosulfat in Zucker
(nach SCHOORL).

0,1 n $Na_2S_2O_3$ cm^3	mg Zucker		0,1 n $Na_2S_2O_3$ cm^3	mg Zucker	
	Glucose	Fructose		Glucose	Fructose
1	3,2	3,2	13	42,4	46,2
2	6,3	6,4	14	45,8	50,0
3	9,4	9,7	15	49,3	53,7
4	12,6	13,0	16	52,8	57,5
5	15,9	16,4	17	56,3	61,2
6	19,2	20,0	18	59,8	65,0
7	22,4	23,7	19	63,3	68,7
8	25,6	27,4	20	66,9	72,4
9	28,9	31,1	21	70,7	76,2
10	32,3	34,9	22	74,5	80,1
11	35,7	38,7	23	78,5	84,0
12	39,0	42,4	24	82,6	87,8
			25	86,6	91,7

2. Polysaccharide.

Prinzip der Methode. Polysaccharide (Zellulose, Hemizellulosen, Stärke, Glykogen, Inulin u. a.) können sowohl durch Säurehydrolyse als auch durch spezifische Enzyme in ihre Bausteine, die Biosen oder Monosen, zerlegt werden, die ihrerseits durch die allgemeinen Zuckerreaktionen nachgewisen werden. Die Endprodukte der enzymatischen und der Säurehydrolyse sind nicht immer identisch: durch Amylase wird Stärke in Maltose, durch Kochen mit Säure in Glucose zerlegt. Aus Zellulose entsteht durch Säurehydrolyse Glucose, während der Abbau mit Zellulase zum Disaccharid Zellobiose führt.

In vitro müssen die Stärkekörner zunächst verquollen werden, ehe sie durch Amylase angegriffen werden. In der Zelle korrodieren die ungequollenen Körner durch enzymatischen Abbau. Die beiden Komponenten der Stärke (Amylose und Amylopektin) können durch fraktionierte Fällung getrennt werden.

Die Polysaccharide lassen sich durch ihr Verhalten gegen Jod differenzieren. Stärke nimmt aus Jod-Jodkaliumlösung (LUGOLsche Lösung) und aus Jodtinktur (alkoholische Jodlösung) Jod in adsorptive Bindung mit blauer Farbe auf. Glykogen färbt sich mit Jod mahagonibraun und Inulin ergibt mit Jodlösungen keine spezifische Färbung. Hemizellulosen und Zellulose speichern Jod erst, wenn sie durch Quellung aufgelockert sind, das geschieht durch Behandlung mit Schwefelsäure oder Zinkchlorid.

Versuch 118.

Gewinnung von Stärke und die Jodstärkereaktion.

Versuchsmaterial: einige Kartoffeln.

Geräte und Reagenzien: Reibeisen, grobes Leintuch, große Schale, Becherglas 800 cm^3, Trichter, Filter, Erlenmeyer 200 cm^3, Reagenzgläser, Wasserbad.

Jod-Jodkalium-Lösung (1 g Jodkalium in wenig Wasser lösen, dazu 0,3 g Jod lösen und auf 100 cm³ auffüllen).

Zeitbedarf: 1 Std.

Ausführung: Einige Kartoffeln schälen, reiben und den Brei mit etwas Wasser aufschwemmen. Den Brei in das Leinentuch füllen und kräftig auspressen. Den ausgepreßten Saft sammeln und mit etwa der Hälfte des Volumens an destilliertem Wasser verdünnen. Im Becherglas stehen lassen, bis sich ein Bodensatz an Stärkekörnern abgesetzt hat. Die überstehende Flüssigkeit, die Zell- und Plasmareste enthält, abgießen und den Bodensatz mit 300—400 cm³ destilliertem Wasser aufschwemmen und absetzen lassen. Nach dem Abgießen der überstehenden Flüssigkeit wird die Stärke mit etwas Wasser auf ein Faltenfilter geschwemmt und nach dem Ablaufen an der Luft getrocknet.

Zur Jodstärkereaktion werden nicht die Stärkekörner selbst, die sich natürlich mit Jod auch blau färben, sondern ein „Stärkekleister" verwendet. 1 g der gewonnenen Stärke in wenig Wasser aufschwemmen und in 100 cm³ kochendes Wasser eingießen und im kochenden Wasserbad kurz weiter erhitzen, bis sich eine gleichmäßig opaleszierende kolloidale Stärkelösung, ein Stärkekleister gebildet hat. Abkühlen! Dieser Stärkekleister kann auch für spätere Versuche mit Amylase verwendet werden. 5 cm³ des Stärkekleisters im Reagenzglas mit einem Tropfen der Jod-Jodkaliumlösung versetzen und umschütteln. Es tritt die charakteristische Blaufärbung ein. Das Reagenzglas mit der blaugefärbten Stärkelösung in das kochende Wasserbad halten! Die Farbe verschwindet und kehrt beim Abkühlen wieder zurück.

Versuch 119.

Die beiden Komponenten der Stärke[1].

Versuchsmaterial: 10 g Kartoffelstärke.

Geräte und Reagenzien: 2 Bechergläser 400 cm³, Zentrifuge, Vakuum-Exsikkator, Wasserstrahlpumpe, Vakuum-Destillationsapparatur für 500 cm³. — 1 g Thymol, thymolgesättigtes Wasser (100 cm³), 250 cm³ Alkohol abs., 50 cm³ Äther.

Zeitbedarf: ½ Std. — 2 Tage Wartezeit — 3—4 Std.

Ausführung: 5 g Stärke in 20 cm³ kaltem Wasser aufschwemmen, in 200 cm³ kochendes Wasser einrühren und etwa 30 Min. bei 100° weiter rühren, dann rasch auf Zimmertemperatur abkühlen. Pulverisiertes Thymol bis zur Sättigung einrühren (etwa 0,13%). Der Thymol-Amylose-Komplex fällt aus. Nach frühestens 48 Std. zentrifugieren. Den Niederschlag kurz mit thymolgesättigtem Wasser waschen, dann mit abs. Alkohol und schließlich mit Äther nachwaschen und im Vakuum rasch trocknen, da sonst wasserlösliche Amylose erhalten würde!

Die überstehende Flüssigkeit nach dem Abzentrifugieren der Amylose durch Vakuumdestillation bei 60° auf ungefähr den vierten Teil ein-

---

[1] Haworth, W. N., u. Mitarb., Nature 157, 19 (1946).

engen. Zu der eingeengten Flüssigkeit das gleiche Volumen abs. Alkohol geben. Den Niederschlag von Amylopektin mit Alkohol und Äther waschen, dann trocknen!

Jod-Jodkali-Lösung färbt Amylose tiefblau, Amylopektin färbt sich rot.

Versuch 120.

Phosphorsäuregehalt der Stärke.

Versuchsmaterial: Kartoffelstärke, Maisstärke, Weizenstärke.

Geräte und Reagenzien: Porzellanschale, Reagenzgläser, Trichter, Filter, Bunsenbrenner, Porzellanlöffel.

KNO_3 pro analysi, 10% HNO_3, Ammoniummolybdatlösung (s. Versuch 10).

Zeitbedarf: ½—1 Std.

Ausführung: In der Porzellanschale etwa 5 g Nitrat schmelzen und in kleinen Portionen etwa 5 g Stärke eintragen, die rasch verbrennt. Nach dem Erkalten wird die Schmelze mit verdünnter Salpetersäure vorsichtig gelöst (Aufbrausen durch Karbonate, die sich durch Oxydation der Stärke gebildet haben!). Die Lösung durch ein kleines Filter in ein Reagenzglas filtrieren! Zu dem Filtrat einige Tropfen Ammoniummolybdatlösung zufügen und über der kleinen Flamme erwärmen! Gelbe Färbung oder gelber Niederschlag von Phospho-Ammonium-Molybdat!

Auswertung: Auch die „reine" Stärke enthält bemerkenswerte Mengen Phosphorsäure in fester (chemischer) Bindung. Der Phosphorgehalt der Weizen-, Reis-, Mais- und Kartoffelstärke beträgt zwischen 0,01 und 0,08% (vgl. Fortschr. Bot. **10**, 210, 1941).

Versuch 121.

Säurehydrolyse der Stärke.

Versuchsmaterial: 1proz. Stärkekleister (s. Vers. 118).

Geräte und Reagenzien: kleine Reagenzgläser (s. Vers. 155), normale Reagenzgläser, Erlenmeyer 100 cm³, Pipette 10 cm³ graduiert, Wasserbad.

25proz HCl, 20proz. Natronlauge, FEHLINGsche Lösung, BARFOEDsche Lösung (s. Vers. 111), Jodlösung, Lackmuspapier.

Zeitbedarf: 1 Std.

Ausführung: 25 cm³ Stärkekleister im Erlenmeyer mit 5 cm³ HCl vermischen und im kochenden Wasserbad unter Umschwenken erhitzen! Sofort 1 cm³ und von 2 zu 2 Min. je 1 cm³ mit der Pipette entnehmen, in einem kleinen Reagenzglas mit kaltem destillierten Wasser aufs Doppelte verdünnen und rasch völlig abkühlen! In jedes dieser Gläser einen Tropfen Jodlösung geben! Sobald die reine braune Jodfarbe in der Probe der Versuchslösung bestehen bleibt, ist alle Stärke gespalten. Vom Rest des Ansatzes ungefähr 5 cm³ in ein normales Reagenzglas gießen, eine Messerspitze Resorcin zugeben und aufkochen. (SELIWANOFFsche Probe, s. Vers. 111). Es tritt keine Rotfärbung auf. Den Rest der Versuchslösung durch Zutropfen von Natronlauge nach Einhängen von einem Streifen Lackmuspapier neutralisieren. Die neutralisierte Versuchsflüssigkeit in 2 Reagenzgläser aufteilen und in dem einen die FEHLINGsche, im anderen die BARFOEDsche Probe auf reduzierende Zucker anstellen (vgl. Vers. 111). In beiden Proben wird Kupferoxydul ausgeschieden. Mit 3 cm³ des unbehandelten Stärkekleisters ebenfalls die FEHLINGsche Probe anstellen, die negativ ausfällt.

Auswertung: Die während des Erhitzens genommenen Proben zeigen eine Farbreihe vom Blau der Jodstärke über Violett, Rötlich nach dem Gelb der reinen Jodlösung. Durch die Säure wird das Stärkemolekül zunächst in größere Bruchstücke, die Dextrine, zerlegt, die eine violette bis rote Jodfarbe geben. Dextrine aus 5—6 Glucosemolekülen geben schon keinerlei Verfärbung der Jodlösung mehr.

Die Proben mit den Zuckerreagenzien ergeben, daß die Stärke keine reduzierenden Gruppen enthält, daß nach der Säurehydrolyse reichlich reduzierende Bruchstücke entstanden sind, die keine Ketosen sind aber die BARFOEDsche Probe auf Monosaccharide geben. Das Endprodukt der Säurespaltung von Stärke ist Glucose.

Versuch 122.

Enzymatische Spaltung der Stärke.

Versuchsmaterial: Gerstenkeimlinge (4—5 Tage bei 20°).

Geräte und Reagenzien: Reibschale, Trichter, Filter, kleines Kölbchen, Reagenzgläser, Pipetten 10 cm³ graduiert. Wasserbad. 1proz. Stärkekleister (Herstellung s. Vers. 118), Jodlösung, FEHLINGsche Lösung, BARFOEDsche Lösung (s. Vers. 111), Seesand.

Zeitbedarf: Vorbereitung 4—5 Tage; Ausführung 1 Std.

Ausführung: Etwa 50 Gerstenkeimlinge unter Zusatz von einem Löffelchen Sand zerreiben, mit 50 cm³ dest. Wasser verrühren, kurz absitzen lassen und durch ein Faltenfilter abgießen. Das Filtrat enthält Amylase (vgl. Vers. 155). In 3 Reagenzgläser je 5 cm³ Stärkekleister und 5 cm³ Enzymlösung zusammengeben, umschütteln und ins Wasserbad bei 35—40° einstellen! Nach etwa 20 Min. aus einem Röhrchen eine kleine Probe entnehmen, in ein kleines Reagenzglas geben und mit einem Tropfen Jodlösung versetzen. Wenn dabei die braune Jodfarbe bestehen bleibt, die folgenden Reaktionen durchführen, sonst nach etwa 10 Min. an einer neuen Probe aus einem anderen Röhrchen prüfen, ob die Stärke vollständig gespalten ist und auch keine rötliche Jodfarbe mehr auftritt, die auf die Anwesenheit von Dextrinen hinweist. Nach Beendigung der Stärkespaltung wird je ein Röhrchen zur Probe nach FEHLING, SELIWANOFF und BARFOED benutzt (s. Vers. 111).

Auswertung. Da nur die FEHLINGsche Probe positiv ausfällt, ist durch die enzymatische Stärkespaltung ein reduzierendes Spaltprodukt entstanden, das kein Monosaccharid ist (BARFOED negativ!) und

keine Ketosen enthält (SELIWANOFF negativ!). Die amylatische Stärkespaltung führt in der Hauptsache zu Maltose und nicht zu Glucose (vgl.
dazu Fortschr. d. Bot. 12, 292 1949). Vgl. auch Vers. 155.

Versuch 123.

Stärkebildung aus Zucker in Blättern.

Versuchsmaterial: Blätter von Tabak, *Phaseolus* oder etiolierte Keimblätter von *Sinapis alba*.

Geräte und Reagenzien: 2 Petrischalenhälften oder andere
etwas tiefere Schalen, Erlenmeyer 300 cm³, weithalsig, oder anderen
weithalsigen Kolben, Wasserbad.

8proz. Zuckerlösung (Rohrzucker oder Glucose), 96proz. Alkohol,
vergällt, Jodjodkaliumlösung.

Zeitbedarf: Vorbereitung 2 Tage; Ausführung 1 Std., 2 bis
3 Tage stehen lassen.

Ausführung: Die in Töpfen angezogenen Tabak- oder Bohnen-
pflanzen 2 Tage ins Dunkle stellen oder die Blätter an den Pflanzen im
Freien durch Überstecken von schwarzen, nicht zu dicht sitzenden
Hüllen verdunkeln! Die Verdunklung abgeschnittener Blätter führt nicht
so rasch zur Entstärkung, weil dann die Ableitung der Kohlenhydrate
fehlt (vgl. auch S. 136). Bei *Phaseolus* eignen sich die Primärblätter für
den Versuch besonders gut. Nach 48 Std. bei nicht zu kühler Umgebung
sind die Blätter meist völlig entstärkt. Jodprobe: im Kolben etwa
200 cm³ Alkohol erhitzen (Wasserbad!), Blatthälften von *Phaseolus*-
Primärblättern oder ein Stück ungefähr 5 × 5 cm aus dem Tabakblatt
in den heißen Alkohol werfen und den Kolben im Wasserbad noch etwa
5 Minuten zum Kochen des Alkohols einhängen. Das Blatt muß gelb-
lich-weiß erscheinen. Sollte es auch bei längerem Auslaugen noch grün
bleiben, muß der Alkohol abgegossen und etwas neuer Alkohol zugegeben werden! Das entfärbte und durch den Wasserentzug spröde gewordene Blatt kurz in kochendes Wasser (Wasserbad!) untertauchen,
um es wieder geschmeidig zu machen und gleichzeitig etwa noch vorhandene Stärkekörner zu verquellen, damit sie mit Jod besser sichtbar
werden. Das Blatt in einer Schale ausbreiten und mit etwas Jodlösung
übergießen. Einige Schnitte oder Stiche im Blatt anbringen, damit das
Jod leicht eindringen kann! Das Blatt darf keine Blaufärbung aufweisen, sonst muß noch länger verdunkelt werden! Auch mit etiolierten
Kotyledonen von *Sinapis* die gleiche Probe anstellen, um sich zu ver-
gewissern, daß sie keine Stärke enthalten!

Die entsprechenden grünen Blatthälften, Stücke aus dem Tabakblatt oder *Sinapis*-Keimblätter mit der Oberseite nach unten auf die
Zuckerlösung in Schalen legen und im Dunkeln bei etwa 18° 2—3 Tage
aufstellen! In die Blätter können einige Einschnitte gemacht werden,
damit die Zuckerlösung leichter eindringt. Sollte sich die Zuckerlösung
vor Beendigung des Versuches durch Bakterien trüben oder sollte Pilz-

wachstum bemerkbar sein, so wird die Zuckerlösung in einen Erlenmeyer abgegossen und einige Minuten aufgekocht, wieder abgekühlt und aufs neue verwendet! Zuckerlösung kann auch täglich durch frische ersetzt werden.

Mit den Blattstücken bzw. Kotyledonen, die auf der Zuckerlösung schwammen, die Jodprobe wie beschrieben anstellen. Sie färben sich jetzt nach Übergießen mit der Jodlösung mehr oder weniger intensiv blau.

Auswertung: In den stärkefreien Blättern wird aus dem eindringenden Zucker (aus Rohrzucker oft rascher als aus Glucose) Stärke gebildet. Für die Kondensation des Zuckers zur Stärke ist also kein Licht nötig.

Versuch 124.

Inulin.

Versuchsmaterial: Dahlienknollen, Wurzeln von *Taraxacum*.

Geräte und Reagenzien: Reibeisen, größere Schale, Erlenmeyer 300 cm³, Trichter, Filter, Becherglas 800 cm³.

96proz. Alkohol, Jodjodkaliumlösung, FEHLINGsche Lösung (s. S. 157), 25proz. Salzsäure, Resorcin, verd. Kalilauge.

Zeitbedarf: ½ Std. und 1 Std., dazwischen über Nacht stehen lassen.

Ausführung: Die Knollen oder Wurzeln gut abwaschen und mit dem Reibeisen in die Schale reiben! Je 50 g des Breies mit 100 cm³ heißem Wasser im Erlenmeyer übergießen und 15 Min. auf kleiner Flamme (ohne zu kochen) halten, dann heiß in das Becherglas filtrieren (Faltenfilter!), abkühlen und mit dem dreifachen Volumen 96proz. Alkohol versetzen! Über Nacht stehen lassen (wenn möglich im Eisschrank), dabei scheidet sich das Inulin in Form von Sphärokristallen ab. Durch Abfiltrieren sammeln (kein Faltenfilter!), mit etwas Alkohol waschen und bei Zimmertemperatur trocknen! Inulin löst sich schwer in kaltem Wasser, leicht in heißem! Etwas von der getrockneten Substanz in heißem Wasser lösen! Einige cm³ davon in ein Reagenzglas geben und die FEHLINGsche Probe machen (s. Vers. 111), sie fällt negativ aus. Einige cm³ mit einigen Tropfen Jodlösung versetzen, gibt keine charakteristische Färbung. 10 cm³ mit 1 cm³ Salzsäure im Reagenzglas versetzen und einige Minuten kochen! Die Lösung auf 2 Reagenzgläser verteilen, mit der einen Hälfte unmittelbar die SELIWANOFFsche Probe anstellen, die andere Hälfte mit verdünnter Kalilauge neutralisieren und die FEHLINGsche Probe durchführen (s. Vers. 111). Beide Proben fallen positiv aus!

Auswertung: Inulin selbst reduziert nicht, alle reduzierenden Gruppen des Monosaccharides sind durch die Bindungen bei der Polymerisation gebunden worden. Der Zucker, in den das Inulin durch Säurehydrolyse zerlegt wird, ist eine Ketose, die Fructose.

Den Rest des gewonnenen Inulins für Vers. 159 aufheben!

Versuch 125.

Glykogen.

Versuchsmaterial: Brauereihefe.

Geräte und Reagenzien: Saugflasche, Nutsche, Kolben 500 cm³, Becherglas 600 cm³, Trichter, Filter.

20proz. Rohrzuckerlösung (150 cm³), 30proz. Kalilauge, 96proz. Alkohol, FEHLINGsche Lösung, Jodjodkaliumlösung, Salzsäure und Resorcin (s. Vers. 111).

Zeitbedarf: Vorbereitung 4—6 Std.; Ausführung 1 Std.

Ausführung: Die Hefe muß zunächst zur Glykogenspeicherung gemästet werden. 10 g Brauereihefe in 150 cm³ 20proz. Rohrzuckerlösung im Becherglas aufschwemmen und im Thermostat bei 30° oder an einem warmen Ort zur Gärung aufstellen. Wenn die Gärung lebhaft einsetzt, wird 4—6 Std. gewartet, dann wird die Hefe abgesaugt, im Kolben mit etwa 50—100 cm³ Kalilauge aufgeschwemmt und kurz aufgekocht. Das gleiche Volumen heißes Wasser zugeben und absaugen. Ein Glasfrittenfilter ist wegen der Kalilauge vorzuziehen. Das Filtrat mit dem doppelten Volumen 96proz. Alkohol versetzen, den Niederschlag absetzen lassen und auf einem einfachen Filter sammeln. Mit etwas Alkohol waschen und an der Luft trocknen. Gibt amorphes Pulver.

Einen Teil des Pulvers bzw. der feuchten Masse in 10 cm³ Wasser lösen! Mit 2 cm³ der Lösung die FEHLINGsche Probe anstellen! Sie fällt negativ aus. 2 cm³ im Reagenzglas mit einigen Tropfen Jodjodkaliumlösung versetzen. Glykogen speichert Jod mit mahagoniebrauner Farbe. Den Rest der Glykogenlösung (kolloidal) mit einigen Tropfen Salzsäure versetzen und 5 Minuten kochen. Die Lösung in 2 Reagenzgläser verteilen und in dem einen sofort die SELIWANOFFsche Probe anstellen, die Lösung in dem anderen zunächst mit verdünnter Kalilauge neutralisieren und dann mit FEHLINGscher Lösung prüfen! Wegen der Ausführung der Prüfung auf Zucker s. Vers. 111!

Auswertung: Glykogen, das übrigens nicht nur als Reservestoff bei Pilzen vorkommt, sondern z. B. auch aus Maiskörnern isoliert worden ist, löst sich auch in kaltem Wasser zu einer kolloidalen Lösung. Es reduziert FEHLINGsche Lösung nicht. Der durch Säurehydrolyse entstandene Zucker reduziert FEHLINGsche Lösung, gibt aber negative Ketosereaktion, es ist Glucose.

Den Rest des Glykogens aufheben für Versuch 159!

Versuch 126.

Hydrolyse von Zellulose.

Versuchsmaterial: Baumwollsamenhaare (Watte) oder Zellstoff.

Geräte und Reagenzien: Bechergläser 400 und 800 cm³, Erlenmeyer 250 cm³, Abdampfschale etwa 250 cm³, Trichter, Filter.

80proz. Schwefelsäure 50 cm³, 30proz. Kalilauge, gesättigtes Kalkwasser (CaO oder Ca(OH)₂ in Wasser lösen, so daß Bodensatz bleibt),

25proz. Salzsäure, Resorcin, FEHLINGsche Lösung (s. Vers. 111)., Universalindikatorpapier, Lackmuspapier.

Zeitbedarf: 1—1½ Std., dazu Gärprobe 2 Std.

Ausführung: Im Erlenmeyer in 50 cm³ 80proz. H_2SO_4 einen Wattebausch von ungefähr 3 g allmählich lösen! Nach dem Auflösen den Kolbeninhalt unter Umrühren in 450 cm³ kaltes Wasser (Becherglas) eingießen! Diese Lösung ¼—½ Std. kochen, abkühlen und die eine Hälfte mit Kalilauge gegen Lackmuspapier bis zur ersten alkalischen Reaktion versetzen, dann mit jeweils einigen cm³ dieser Lösung die FEHLINGsche und SELIWANOFFsche Probe anstellen (vgl. Vers. 111). Die andere Hälfte der Hydrolysenflüssigkeit mit Kalkwasser langsam versetzen, bis sie gerade noch sauer reagiert! Vom ausgefallenen Kalziumsulfat abfiltrieren und das Filtrat mit verdünnter Kalilauge gegen Lackmus neutralisieren. Dieses neutralisierte Filtrat auf ein Zehntel seines Volumens eindampfen, nochmals auf Neutralität prüfen (MERCKsches Universalindikator-Papier!) und gegebenenfalls mit verd. Kalilauge oder Schwefelsäure neutralisieren. Mit dieser Lösung die Probe auf Vergärbarkeit des entstandenen Zuckers machen (vgl. Vers. 115).

Auswertung: Bei der Auflösung der Zellulose in Schwefelsäure darf keine Verkohlung eintreten. Eine Erhitzung beim Lösen in 70proz. Schwefelsäure muß vermieden werden. Der durch Hydrolyse entstehende Zucker reduziert FEHLINGsche Lösung, die Ketosereaktion fällt negativ aus. Der Zucker ist leicht vergärbar. Es ist Glucose.

3. Eiweiße, Aminosäuren, Amide.

Prinzip der Methode. Die Eiweiße werden gruppenweise nach ihren Löslichkeitseigenschaften zusammengefaßt. Die *Albumine* sind wasserlöslich, haben ein relativ niedriges Molekulargewicht und einen niedrigen isoelektrischen Punkt und kommen in den meisten Samen vor. *Globuline*, die ebenfalls einen beträchtlichen Teil der Samenproteine ausmachen, wo sie oft kristallisiert vorliegen, sind in Wasser unlöslich, lösen sich aber in Neutralsalzlösungen und in verdünnten Alkalien. Sie sind die verbreitetste Gruppe unter den nativen Eiweißen.

Prolamine, die in den Endospermen von Getreidekörnern vorkommen, lösen sich in 50—90proz. Alkohol, sind aber in Wasser und absolutem Alkohol unlöslich. Zusammen mit *Gluteninen*, die in Alkohol und Wasser unlöslich sind, deren Alkalisalze sich hingegen leicht in Wasser lösen, stellen sie das Klebereiweiß oder Gluten dar. Mehle, die Gluten enthalten, können zu Brot verbacken werden. Mais und Hafer enthalten z. B. wenig oder gar keine Glutenine.

Die qualitativen Proben auf Eiweiße beziehen sich meist nur auf eine bestimmte, allerdings weit verbreitete Aminosäure: die MILLONsche Probe auf Tyrosin und die Xanthoproteinreaktion auf die Aminosäuren mit Benzolkernen. Allein die Biuretreaktion ist an eine für das ganze Eiweißmolekül charakteristische Eigenschaft, nämlich die mehrfache

Peptidbindung, geknüpft. Da die genannten Aminosäuren jedoch niemals ausflocken, sind die Reaktionen bei Niederschlägen für Eiweiße spezifisch.

Quantitativ werden Eiweiße summarisch nach Ausflocken mit eiweißfällenden Mitteln (Trichloressigsäure, Tannin, Sulfosalicylsäure) durch „feuchte Veraschung" des Niederschlags (KJELDAHL-Methode) bestimmt. Meist ermittelt man gleichzeitig damit die Menge der noch in Lösung bleibenden N-haltigen Verbindungen und addiert beide Beträge zum „Gesamt-N-Gehalt". Nitrate werden bei der einfachen KJELDAHL-Veraschung nur z.T. erfaßt. Für ihre Bestimmung müssen besondere Vorkehrungen getroffen werden.

Asparagin, als Vertreter der Amide, ist in kaltem Wasser relativ wenig löslich, es kristallisiert deshalb aus konzentrierten Lösungen auch bei Gegenwart von viel Nebenbestandteilen gut aus. Aus wäßrigen Lösungen kann es auch durch absoluten Alkohol, in dem es unlöslich ist, abgeschieden werden. Es bildet rautenförmige Kristalle mit einem Winkel von ungefähr 130°, die beim trocknen Erwärmen auf 100°C unter Verlust des Kristallwassers in helle, stark lichtbrechende ölige Tröpfchen übergehen. Diese lösen sich leicht in Wasser, und aus der Lösung scheiden sich beim Eintrocknen wieder Asparaginkristalle aus. Asparagin liefert auch ein charakteristisches Kupfersalz.

Versuch 127.

Die Albumine.

Versuchsmaterial: 1 größere Kartoffel, 50 g käufliche „Weizenkeime", die bei der Herstellung von Weizenmehl anfallen.

Geräte und Reagenzien: Handmühle, Reibeisen, größere Reibschale, Meßzylinder 100 cm³, 2 Bechergläser 400 cm³, 2 Erlenmeyer 250 cm³, Trichter, Faltenfilter, Filtriertuch (feinmaschiges Leinen), Wasserbad, Thermometer.

100 g Ammoniumsulfat, Alkohol-Äthergemisch 3 : 1.

Zeitbedarf: 2—3 Std.

Ausführung: a) Die geschälte Kartoffel zerreiben, den Brei mit etwa 100 cm³ Wasser verrühren und solange stehen lassen, bis sich die Hauptmasse abgesetzt hat! Dann durch ein Faltenfilter filtrieren! Wenn die Flüssigkeit nicht ziemlich klar durchläuft, ein zweites Mal filtrieren! Das Filtrat in 2 Portionen aufteilen und die eine Hälfte bis zur halben Sättigung mit Ammoniumsulfat versetzen, d.i. bei 20° 38 g Salz auf 100 cm³ Eiweißlösung. Es flockt ein Albumin aus, das auf einem kleinen Filter gesammelt und in wenig Wasser wieder gelöst werden kann. Die andere Hälfte des Filtrates wird im Wasserbad erhitzt, bis das Eiweiß koaguliert. Diese Flocken lösen sich nicht wieder auf.

b) für größere Ausbeuten: Die gemahlenen „Weizenkeimlinge" (Embryonen) mit der 4—5 fachen Menge Wasser gut verreiben und das Gemisch ungefähr 1 Std. stehen lassen, damit das Unlösliche sich absetzt. Durch Filtriertuch filtrieren und dem noch stark getrübten Filtrat soviel

Ammoniumsulfat in Substanz zusetzen, daß die Lösung halb gesättigt ist (38 g Salz auf 100 cm³ Lösung bei 20°). Das Eiweiß (Leucosin) wird mit den noch suspendierten Teilchen ausgeflockt. Den Niederschlag auf einem Filter sammeln und anschließend mit reichlich Wasser behandeln, wodurch das Leucosin wieder in Lösung geht, die sich jetzt völlig klar filtrieren läßt. Die Lösung wird auf dem Wasserbad 10 Min. auf ungefähr 65° C erhitzt, wobei sich das Eiweiß in großen Flocken abscheidet. Es kann auf einem Filter gesammelt, mit heißem Wasser und Alkohol-Äther-Gemisch (3 : 1) gewaschen und zu einem weißen Pulver getrocknet werden. Verwendung für die qualitativen Eiweißproben!

Auswertung: Die aus Kartoffeln und Getreideembryonen durch Wasser in klarer Lösung extrahierten Eiweiße (Albumine) lassen sich mit $(NH_4)_2SO_4$ „aussalzen“, d. h. reversibel fällen und deshalb wieder klar auflösen. Durch Erhitzen werden sie oberhalb von 52° C allmählich koaguliert, d. h. irreversibel niedergeschlagen (Denaturierung).

Versuch 128.

Die Globuline.

Versuchsmaterial: 100 g Kürbissamen, 150 g Samen von *Phaseolus vulgaris*.

Geräte und Reagenzien: Handmühle (Kaffeemühle!), Wasserbad, Thermometer, Dialysierhülle (s. S. 8), Becherglas 600 und 800 cm³, Meßzylinder 250 cm³, Trichter, Faltenfilter (im Sommer Kühlschrank), Glasstutzen oder großes Becherglas als Dialysiergefäß.

400 cm³ 5proz. Kochsalzlösung, Petroläther (oder Äther, Benzin, Tetrachlorkohlenstoff), 200 cm³ 5proz. KOH; 200 cm³ 10proz. Essigsäure. Vorsicht vor Ätherbränden!

Zeitbedarf: 2—4 Std. und 2—4 Tage zum Dialysieren.

Ausführung: a) aus Kürbissamen: die geschälten Samen werden auf einer Holzplatte mit dem Messer gehackt und mit Petroläther oder einem anderen Fettlösungsmittel (s. o.) zur Entfernung des Öles extrahiert. Durch Trocknen an der Luft oder im Trockenschrank die Reste des Lösungsmittels vertreiben und das entfettete Material fein mahlen! Ungefähr 50 g davon mit der vierfachen Menge 5proz. Kochsalzlösung 1 Std. unter mehrmaligem Umrühren extrahieren. Nach dem Absetzen abfiltrieren und das klare Filtrat mit dem vierfachen Volumen aqua dest., das auf 65° C erwärmt ist, verdünnen. Beim langsamen Abkühlen auf ungefähr +5° scheidet sich das Globulin in oktaedrischen Kristallen ab. Den Niederschlag auf einem Filter sammeln für qualitative Eiweißproben.

b) aus Bohnen: grobgemahlene Bohnen, aus denen die größten Samenschalen ausgelesen worden sind, mit Petroläther (bzw. anderem Fettlösungsmittel, s. o.) entfetten, das getrocknete Schrot fein mahlen, mit dem vierfachen Gewicht *2proz.* auf 80° C erwärmter Kochsalzlösung (Verdünnen der 5proz.!) vermischen und unter öfterem Umrühren zwei Std. stehen lassen. Nach dem Absetzen den größten Teil des Extraktes durch ein Faltenfilter ablaufen lassen, den Rest vorsichtig auspressen. Die Extrakte durch erneutes Filtrieren klären. Zur Abscheidung des Globulins (Phaseolin) in Dialysierschläuche (s. S. 8) füllen und in öfter zu wechselndem dest. Wasser oder gegen fließendes Leitungswasser für 2—4 Tage dialysieren. Den ausgeflockten Niederschlag auf kleinem Filter sammeln und trocknen. In die Dialysierhüllen einige Kristalle Thymol geben.

Man kann das Phaseolin auch durch Extraktion mit verdünnter Kalilauge gewinnen. Das nicht entfettete Samenpulver wird mit der vierfachen Menge 5proz. KOH unter gelegentlichem Umrühren 1 Std. extrahiert. Nach dem Absetzen den Hauptteil durch Dekantieren über ein Faltenfilter laufen lassen. Wenn nötig, nochmals durch ein weiteres Filter laufen lassen. Die klare Lösung mit 10proz. Essigsäure langsam versetzen, wobei bald ein dichter Niederschlag des Globulins ausfällt. Den Niederschlag absitzen lassen, die überstehende Lösung abgießen und das Eiweiß mit Wasser auswaschen.

Auswertung: Mit verdünnten Neutralsalzlösungen oder Laugen lösen sich Eiweiße, die in reinem Wasser unlöslich sind. Sie flocken deshalb aus, wenn durch Dialyse das Neutralsalz aus der Lösung entfernt wird. Die in verdünnter Lauge gelösten Eiweiße flocken ebenfalls aus, wenn die Lösung neutralisiert wird. Im Überschuß von Essigsäure würden sie sich wieder lösen. Die auf diesen Wegen ausgefällten Eiweiße sind nicht denaturiert, sondern wieder löslich.

Versuch 129.

Klebereiweiß.

Versuchsmaterial: 100 g Weizenmehl.

Geräte und Reagenzien: Abdampfschale oder kleine Schüssel, Saugflasche mit „Nutsche", Wasserbad, Wasserstrahlpumpe, Becherglas 400 cm³, Filter, Trichter, 70proz. Alkohol; Äther; 0,2proz. Kalilauge, 10proz. Essigsäure.

Zeitbedarf: 2 Std.

Ausführung: Weizenmehl (etwa 100 g) mit wenig Wasser zu einem zähen Teig anrühren und diesen im langsamen Strom von Leitungswasser solange waschen, bis praktisch alle Stärke herausgespült ist. Das zurückbleibende Klebereiweiß (Gluten) ist ein Gemisch und wird mit je 50 cm³ 70proz. Alkohol 2—3 Mal in einer Schale verrieben (Rückstand aufheben!), die alkoholischen Extrakte werden gesammelt und durch Absaugen über Filtrierpapierbrei (s. S. 7) geklärt. Das Filtrat wird auf dem Wasserbad eingeengt und gleichzeitig wird durch Kochen das alkohollösliche Prolamin des Klebereiweißes, das sog. Gliadin, irreversibel ausgefällt. Auf einem Filter sammeln und mit kaltem Wasser waschen.

Der Rückstand der Alkoholextraktion wird noch mit Äther gewaschen und dann mit etwa 25 cm³ 0,2proz. KOH zur Lösung verrührt. Wenn die Lösung getrübt ist, wird sie über Filtrierpapierbrei abgesaugt. Das klare Filtrat mit 10proz. Essigsäure tropfenweise versetzen, bis das Glutenin ausfällt!

Auswertung: Im Klebereiweiß, dem Reserveeiweiß des Weizenendosperms, sind zwei andere Eiweiße als in den Embryonen enthalten, nämlich das in verdünntem Alkohol (30—90proz.), aber weder in reinem Wasser noch in absolutem Alkohol lösliche Prolamin *Gliadin* und ein in verdünnter Lauge oder Sodalösung lösliches *Glutenin*.

Versuch 130.

Qualitative Proben auf Eiweiße.

Versuchsmaterial: Eiweißpräparate, die in den vorhergehenden Versuchen Nr. 127/129 gewonnen wurden, 1 Tag eingequollene Samen von Lupinen oder anderen Leguminosen.

Geräte und Reagenzien: Reagenzgläser, Wasserbad.

FEHLINGsche Lösung (I + II, s. S. 8), 5proz. Kalilauge, konz. Salpetersäure, konz. Ammoniaklösung, Lackmuspapier, MILLONS Reagenz (käuflich), d.i. Quecksilbernitrat in konz. Salpetersäure gelöst.

Zeitbedarf: Vorbereitung 1 Tag, Ausführung ½—1 Std.

Ausführung: MILLONsche Probe: von den verschiedenen Eiweißen je einige Flöckchen in Reagenzgläser geben, ebenso einen zerschnittenen eingequollenen Lupinensamen und mit je 1—2 cm³ MILLONS Reagenz übergießen. Das Eiweiß bzw. die Kotyledonen färben sich bald charakteristisch rot. Diese Farbe ist an die Anwesenheit von Tyrosin gebunden.

Biuretprobe: Von den Eiweißpräparaten je einige Flöckchen in Reagenzgläser geben, etwa 5 cm³ Wasser und einige Tropfen Kalilauge zusetzen und schwach erwärmen, bis sich das Eiweiß ganz oder fast gelöst hat. Unter Leitungswasser abkühlen und einige Tropfen (nicht mehr, da sonst die charakteristische Farbe durch die blaue Farbe des Reagenz überdeckt wird!) FEHLINGsche Lösung (I + II) zugeben. Es entsteht ohne Erhitzen eine rotviolette Färbung, die an die Anwesenheit von mehrfachen Peptidbindungen geknüpft ist.

Xanthoproteinprobe: Je einige Flocken der Eiweißpräparate und einen zerschnittenen Samen in Reagenzgläsern mit 3 cm³ konz. Salpetersäure übergießen und im Wasserbad erwärmen. Die Lösung färbt sich dunkelgelb. Nach dem Abkühlen vorsichtig mit Ammoniak neutralisieren, dies läßt die Farbe in dunkelorange umschlagen. Für das Gelingen dieser Reaktion sind Tyrosin, Phenylalanin und Tryptophan verantwortlich.

Versuch 131.

Asparagin.

Versuchsmaterial: 25 Samen der gelben Lupine 10 bis 14 Tage bei Zimmertemperatur in Töpfen mit feuchtem Sägemehl etioliert angezogen.

Geräte und Reagenzien: Mikroskop, kleiner Brenner, Reibschale, Filtriertuch (feinmaschiges Leinen- oder Kunstseidentuch),

Trichter, Filter, Erlenmeyer 200 cm³ und 500 cm³, Löffel oder Spatel, Wasserbad, Saugflasche mit kleiner Nutsche.

96proz. Alkohol vergällt, Quarzsand oder Seesand.

Zeitbedarf: Vorbereitung 10—14 Tage, Ausführung 2 Std., dazwischen über Nacht stehen lassen.

Ausführung: Die Achsenteile von den Kotyledonen, die nur wenig Asparagin enthalten, befreien und in der Reibschale mit etwas Quarzsand zerreiben. Den Brei auf das in einem Trichter ausgebreitete Filtriertuch bringen und auspressen. Den Saft auf dem Wasserbad erhitzen und von dem entstehenden Niederschlag der ausgeflockten wasserlöslichen Eiweiße abfiltrieren. Nach dem Abkühlen mit der 10fachen Menge abs. Alkohol versetzen und in verschlossenem Erlenmeyer über Nacht stehen lassen! Dabei scheidet sich das Asparagin in Kristallen ab. Die Kristalle auf einem Filter auf der Nutsche absaugen! Die Kristalle trocken unter dem Mikroskop betrachten. Einige Kristalle auf dem Objektträger über kleiner Flamme vorsichtig auf 100° C erhitzen (evtl. heizbarer Mikroskoptisch!), bis sich Tröpfchen bilden. Nach dem Abkühlen einen Tropfen Wasser zu den Asparagintröpfchen geben, danach das Wasser bei Zimmertemperatur verdunsten lassen. Die Asparaginkristalle treten wieder auf, wenn vorher nicht über 100° erhitzt worden war. Bei höheren Temperaturen zersetzt sich das Asparagin. — Wenn reines Asparagin zur Verfügung steht, kann man zur Identifizierung noch folgende Probe anstellen. Eine kleine Menge, etwa 1 cm³ gesättigte Asparaginlösung (bei Zimmertemperatur ungefähr 4proz.) herstellen. In einige Tropfen dieser Lösung auf einem ausgeschliffenen Objektträger einige der aus Lupinen gewonnenen Kristalle einbringen und unter dem Mikroskop beobachten, daß sich darin die Kristalle nicht lösen, während sie sich in einer Parallelprobe mit reinem Wasser lösen.

Auswertung: Unter dem Mikroskop erscheinen die Asparaginkristalle als rhombische (trikline) Tafeln mit einem großen Winkel von ungefähr 130°. Die übrigen ausgeführten Proben dienen der Identifizierung des Asparagins.

Versuch 132.

Eiweißabbau im verdunkelten Blatt.

(KJELDAHL-Methode).

Versuchsmaterial: Primärblätter oder Folgeblätter von *Phaseolus multiflorus* oder Blättchen von Weizenkeimpflanzen (2 bis 3 Wochen in Kästen bei Zimmertemperatur im Winter am Südfenster gezogen).

Geräte und Reagenzien: Reibschale, kleine Saugflasche mit Nutsche und aschearmem bzw. N-freiem Filter, 3 Erlenmeyer 100 cm³, Meßzylinder 50 cm³, 2 Meßkolben 100 cm³, Glocke mit Glasunterlage oder Schale mit Deckel, in der 2—3 Blatthälften Platz finden, Pilzbrenner und Brenner mit Sparflamme, Wasserbad, 10 cm³-Bürette, Destillationsapparatur (s. u., Abb. 28), Waage.

10proz. Trichloressigsäure, Magnesiumaufschwemmung 5proz., 1proz. Phenolphthaleinlösung (alkoholisch), gesättigte Methylrotlösung (alkoholisch) n/50 H_2SO_4, n/50 NaOH, Eis, KJELDAHL-Schwefelsäure (konz. $H_2SO_4 + 7\%$ SO_3); $CuSO_4$.

Zeitbedarf: Vorbereitung 2—3 Wochen; Ausführung an 2 Tagen je 4 Std.

Ausführung: Von 2—4 Blättern von *Phaseolus* je eine Hälfte (ohne Blattstiel) zur Kontroll- und Versuchsportion nehmen (etwa je 10 g Frischgewicht); von *Triticum* ebenfalls 10 g aus ungefähr gleich alten Blättern zusammenstellen. Das Gewicht rasch bestimmen! Die Versuchsportion unter eine Glasglocke, die mit feuchtem Fließpapier ausgekleidet ist und auf einer Glasplatte steht, oder in eine Schale, die mit feuchtem Fließpapier ausgelegt ist und bedeckt wird, legen und an einem dunklen Platz (Dunkelkammer, dicht geschlossenen Schrank, Dunkelsturz) bei Zimmertemperatur aufstellen! — Die Kontrollportion grob zerreißen und mit wenig aqua dest. in der Reibschale zu feiner Paste zerreiben, dann mit etwa 20 cm³ aqua dest. in einen Erlenmeyer spülen und auf dem Wasserbad 5 Min. kochen. Nach dem Abkühlen unter der Wasserleitung mit 30 cm³ 10proz. Trichloressigsäure gut vermischen und über Nacht (möglichst im Eisschrank) stehen lassen. Dann ohne den Bodensatz aufzurühren, auf einer Nutsche mit N-freiem Filter absaugen und den Rückstand auf dem Filter mit wenig 5proz. Trichloressigsäure waschen.

KJELDAHL-Methode. Sowohl das Filter mit dem Rückstand (Eiweiß-N) quantitativ als auch das Filtrat (Saugflasche mit wenig Wasser ausspülen), in je einen KJELDAHL-Versuchskolben geben. Wenn das Filtrat („löslicher N") mehr als die Hälfte des Kolbens füllt, dann zunächst nur einen Teil einfüllen und nach Verdampfen von genügend Wasser und Erkalten den Rest nachgeben. Zum Filter etwa 20 cm³ aqua dest. gießen (dabei den Hals des Kolbens sauber spülen!) und zu jedem der beiden Kolben 20 cm³ „KJELDAHL-Schwefelsäure" (konz. Schwefelsäure $+ 7\%$ SO_3) geben (in Ermangelung der KJELDAHL-Säure wird konz. Schwefelsäure genommen) und ein erbsengroßes Stück Kupfersulfat als Katalysator zufügen. Beim Einfüllen und Umschütteln der Säure in die Kolben den Kolbenhals nicht auf Personen richten! Beim Arbeiten mit konz. Schwefelsäure größte Vorsicht walten lassen, um Spritzer auf die Kleidung zu vermeiden! Die Veraschung über Pilzbrenner oder starkem Bunsenbrenner muß unter gut ziehendem Abzug erfolgen (wegen der entweichenden SO_2-Dämpfe). Zunächst langsam erhitzen, dann kräftig weiter kochen lassen. Zuckerreiches Material schäumt und muß dauernd überwacht werden. In manchen Fällen „stößt" die Flüssigkeit. Sichere Mittel dagegen gibt es nicht, man kann einige rauhe Glasperlen in den Veraschungskolben geben. Das Wasser verdunstet bald. Die zunächst durch Verkohlung schwarz gefärbte Flüssigkeit klärt sich allmählich. Nach dem Klarwerden muß noch ungefähr 1 Std. weiter erhitzt werden, damit auch der N, der in heterocyklischer Bindung vorliegt, z. B. im Pyridin, vollständig aufgeschlossen wird. Nach dem Abkühlen den Inhalt des Kolbens vorsichtig mit aqua dest. verdünnen (starke Erwärmung!) und in einen 100 cm³ Meßkolben spülen und auffüllen. — Aus dieser Lösung, die den gesamten im ursprünglichen Filtrat bzw. Niederschlag vorhandenen N (mit Ausnahme des NO_3) als Ammoniumsulfat enthält, wird durch Alkalischmachen der NH_3 ausgetrieben, in verdünnter H_2SO_4 von bekanntem Titer aufgefangen und gemessen. Die dazu erforderliche Apparatur (s. Abb. 28) muß ein Kühlrohr aus Silber oder Quarzglas enthalten, damit keine alkalischen Bestandteile ausgelaugt werden.

In die eisgekühlte Vorlage C (100 cm³ Erlenmeyer) 10 bzw. bei hohem N-Gehalt nach Probetitration 20 oder mehr cm³ n/50 Schwefelsäure

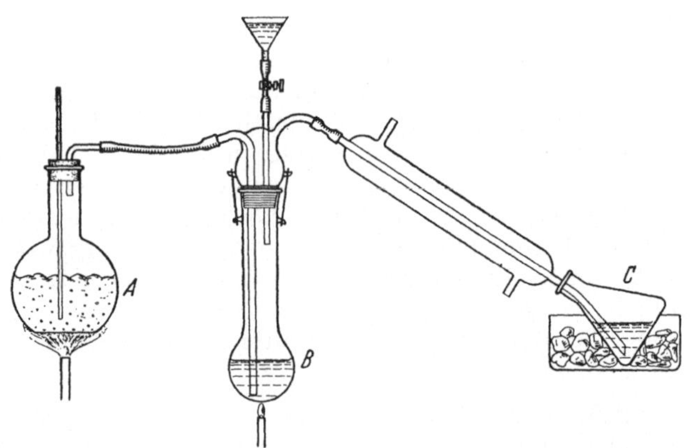

Abb. 28. Destillationsvorrichtung für die KJELDAHL-Analyse. (Das Kühlrohr aus Silber oder Quarz ist hier schematisch in den Kühlmantel eingezeichnet).

geben. (Die Säure kann auch während der Destillation nachgegeben werden, wenn der Indikator in der Vorlage umschlägt). Der Vorrat an Natronlauge und Schwefelsäure für die Vorlage und Titration wird durch Zugabe einiger Tropfen der Methylrotlösung gelb bzw. rot angefärbt (Umschlag bei p_H 5,4).

Von der in dem Meßkolben aufgefüllten Flüssigkeit 10 cm³ in den Kolben B geben, einen Tropfen Phenolphthaleinlösung zusetzen, den Kolben mit den durch 2 Federn gehaltenen Aufsatz verschließen und aus dem aufgesetzten Trichter soviel Magnesiumaufschwemmung zugeben, daß der Kolbeninhalt alkalisch wird (Phenolphthaleinfärbung muß auftreten!). Dann sofort den „Dampfschlauch", der Dampf aus dem Kolben A einleitet, ansetzen und kräftig Dampf einleiten. Destillation 10 Min. fortsetzen, dabei unter den Kolben B eine Mikroflamme setzen, so daß der Kolbeninhalt von B während der ganzen Dauer ungefähr gleich bleibt. Nach Beendigung der Destillation den Kolben B lösen, ausspülen und mit einer gleichen Menge aus dem gleichen Meßkolben ansetzen (Doppelbestimmung!). Die Vorlage wird mit n/50 NaOH zurücktitriert. Anschließend den Inhalt des zweiten Meßkolbens in der gleichen Weise destillieren!

Die Versuchsportionen werden nach 3—4 Tagen Verdunklung, ehe die Blätter merklich vergilben, auf die gleiche Weise verarbeitet, wie die Kontrollportionen.

Auswertung: Unter „Eiweiß-N" wird die N-Fraktion zusammengefaßt, die mit Trichloressigsäure gefällt wird. Mit verschiedenen Fällungsmitteln werden nicht immer die gleichen N-Körper erfaßt. Trichloressigsäure fällt Peptide von ungefähr 7—8 Aminosäuren an aufwärts und bereitet bei der KJELDAHL-Methode keine Schwierigkeiten.

Berechnung des N-Gehaltes. Titration der vorgelegten Säure mit der auf n/50 verdünnten Lauge, wobei als der stabilere Titer derjenige der Natronlauge jedenfalls für Praktikumszwecke angesehen werden darf. Für exakte Bestimmungen muß der Titer mit einer eingewogenen Menge von NH_4Cl geeicht werden. Vorgelegt zur Destillation seien 20 cm³ Säure mit dem Titer 0,0214 n, zurücktitriert wurden 7,2 bzw. 7,4 cm³ n/50 = 0,02 n. Der Verbrauch für 10 cm³ von den 100 cm³ in den Meßkolben betrug $20 \times 0,0214 - 7,3 \times 0,02 = 0,4280 - 0,146 = 0,282$ n und für die gesamten 100 cm³ 2,82 cm³ n Säure. Somit waren in der nach Veraschung erhaltenen Lösung 2,82 cm³ n Ammoniumsulfat enthalten. 1 cm³ n Ammoniumsalz-Lösung enthält 14 mg N. Die aufgearbeitete Portion (*a* g Frischgewicht) enthielt also in der einen Fraktion („Eiweiß-N" bzw. „löslicher N") $2,82 \times 14$ mg N.

Mögliche Werte: in *Phaseolus*-Fiederblättchen in 10 g Frischgewicht 42—45 mg „Eiweiß-N" und 4—5 mg „löslicher N", so daß der „Eiweiß-N" der frischen Blätter ungefähr 88% vom Gesamt-N ausmacht.

Für *Triticum*-Pflänzchen gelten ungefähr die gleichen Werte. Nach 3—4 tägiger Verdunklung hat sich der Gesamt-N nicht verändert (N wird nicht abgegeben!), aber der Anteil des „Eiweiß-N" ist auf 65—70% vom Gesamt-N zurückgegangen.

B. Sekundäre Pflanzenstoffe.

Grundlagen: Außer den in allen Pflanzen und Pflanzenorganen vorhandenen Grundstoffen jeder lebenden Zelle (Eiweißen, Kohlenhydraten, Nucleinsäuren, Phosphatiden, Mineralstoffen) findet man im Pflanzenreich in unübersehbarer Mannigfaltigkeit die sog. sekundären Pflanzenstoffe, zu denen viele technisch genutzte Produkte gehören (z. B. ätherische Öle, Gerbstoffe, Kautschuk, Farbstoffe usw.). Eine scharfe Abgrenzung dieser Substanzen gegen die „primären", d. h. für das Leben einer Zelle unerläßlichen Verbindungen läßt sich kaum finden. Manche von ihnen, z. B. Fette und viele organische Säuren, stehen ohne Zweifel auf der Grenze zwischen diesen beiden Gruppen von Inhaltsstoffen der Pflanzen. Verschiedene von ihnen sind noch am Stoffumsatz beteiligt, z. B. Fette, organische Säuren, Ascorbinsäure, viele der sekundären Stoffe erfüllen wichtige ökologische Funktionen, z. B. die Farbstoffe in Blüten und Früchten oder gewisse Alkaloide als Schutzstoffe, andere stellen unter gewissen Bedingungen Reservestoffe dar, z. B. Fette und gewisse Glykoside, wieder andere dienen der Ausscheidung von schädlichen Mineralstoffen, z. B. Calciumoxalat, und schließlich erscheinen viele als Exkrete, für die wir bisher noch keinen Zweck ausfindig machen konnten.

Einheitliche Gesichtspunkte für ihre Genese im Stoffwechsel sind bisher kaum bekannt, wenn auch begründete Vermutungen bestehen, daß die sekundären Stoffe aus den Spaltprodukten des normalen Kohlenhydratabbaues und aus den gleichen Bausteinen wie die Aminosäuren zusammengesetzt werden und daß sie den gleichen allgemeinen Umwandlungen des Zellstoffwechsels wie die primären Stoffe unterliegen (Kondensationen, Hydrierungen, Dehydrierungen usw.).

Das Fett bzw. fette Öl, das bei sehr vielen Samen einen beträchtlichen Teil der Energie- und Kohlenstoffreserve ausmacht, wird meist nicht sogleich mit Beginn der Keimung, sondern erst vom 2. bis 4. Keimungstag ab mobilisiert, nachdem die fettspaltenden Enzyme (Lipasen) aktiviert worden sind (vgl. Vers. 137).

Die Ascorbinsäure (= Vitamin C), die vielleicht in manchen Organen eine Rolle im Atmungsprozeß spielt, wird hier eingereiht, weil sie sich physiologisch in verschiedener Hinsicht nicht wie die Kohlenhydrate, sondern wie typische sekundäre Stoffe verhält. Sie ist sowohl in grünen als auch in nichtgrünen Organen sehr weit verbreitet, wobei im allgemeinen die grünen einen höheren Ascorbinsäuregehalt aufweisen. Ausnahmen von dieser Regel sind nicht selten (s. Vers. 140). Die Ascorbinsäure hat keine freie Carboxylgruppe, sie ist ein Lacton, ihre sauren Eigenschaften beruhen auf den beiden enolischen Hydroxylgruppen. Sie ist eine kräftig reduzierend wirkende Substanz und legt Zeugnis ab von dem hochreduzierten Zustand des *lebenden* Plasmas auch in der aeroben Zelle. In geschädigten Zellen bei freiem Luftzutritt wird die Ascorbinsäure sehr rasch oxydiert. In neutraler oder alkalischer Lösung an der Luft findet ebenfalls Oxydation statt, sofern nicht gewisse Schutzstoffe (Antioxydantien, z. B. Glutathion) zugegen sind. Saure Reaktion hemmt die Oxydation stark und inaktiviert bei pflanzlichen Extrakten gleichzeitig die Ascorbinsäureoxydase. Der erste Schritt der Oxydation, der durch Metallionen (Fe, Cu, Sn usw.) und durch die Ascorbinsäureoxydase beschleunigt wird, führt zur Dehydroascorbinsäure. Die weitere Oxydation zerbricht die Kohlenstoffkette. Mit der Dehydroform stellt die Ascorbinsäure ein reversibles Redoxsystem dar, dessen Gleichgewicht im neutralen Medium ungefähr bei r_H 16 liegt. Bei der Aufarbeitung von Pflanzenmaterial wird häufig auch ein geringer Prozentsatz der reversibel oxydierten Form, die noch als Vitamin C wirksam ist, gefunden. In manchen Fällen scheint es sich aber dabei um ein Kunstprodukt zu handeln, das durch ungenügenden Ausschluß des Sauerstoffs (Interzellularensauerstoff!) bei der Extraktion der Ascorbinsäure entsteht.

Der Ascorbinsäuregehalt der verschiedenen Organe einer Pflanze ist sehr unterschiedlich. Die Wurzeln enthalten sehr wenig, in den Laubblättern ist der Gehalt meist höher als in den Blütenblättern, aber auch das Gegenteil kommt vor, z. B. bei *Cyclamen* (Gartenform), *Convallaria* u. a. Häufig sind die Früchte besonders reich an Ascorbinsäure, von den einheimischen z. B. Sanddornbeeren, schwarze Johannisbeeren, Hagebutten, aber Birnen und Kirschen enthalten nur sehr wenig. Die Verteilung in einem Organ ist oft ebenfalls recht ungleichmäßig. Bei Äpfeln haben die Schalen einen höheren Gehalt (auf Frischgewicht bezogen) als das „Fleisch" und bei den Schalen sind die roten Seiten den nicht ausgefärbten grünen oder gelben überlegen, jedoch besteht keine Proportionalität zwischen Anthocyangehalt und Ascorbinsäuregehalt.

Sehr auffallende, weitverbreitete und ökologisch besonders bedeutungsvolle sekundäre Pflanzenstoffe sind die Blütenfarbstoffe, die z. T. als Plastidenfarbstoffe zu den Carotinoiden (s. S. 143) gehören und z. T. im Vakuolensaft gelöste Anthocyane und Flavone sind. Die beiden zuletzt genannten und eine Gruppe von Gerbstoffen, nämlich die Katechine, sind chemisch eng verwandt. Ihnen allen ist das Flavangerüst gemeinsam. Durch Oxydoreduktionen lassen sie sich ineinander überführen. Vermöge ihrer chemischen Konstitution, in der ein zur Salzbildung neigendes vierwertiges Sauerstoffatom mit mehr oder weniger zahlreichen phenolischen OH-Gruppen vereint ist, bilden die Anthocyane sowohl in saurer Lösung gefärbte Salze (mit Äpfelsäure und anderen Pflanzensäuren) als auch in alkalischer Lösung gefärbte Salze mit Metallionen (z. B. K und Na), wobei jene meist rot und diese im allgemeinen blau aussehen. An der Ausbildung der natürlichen Farbtönungen sind noch verschiedene andere Faktoren in recht komplizierter Weise beteiligt und oft spielt die Azidität des Zellsaftes gar nicht die Hauptrolle dabei, z. B. bleibt der tiefblaue Farbton der Kornblume bei einem p_H 4,9 des Zellsaftes bestehen.

Vgl. PAECH, K.: Biochemie und Physiologie der sekundären Pflanzenstoffe. Springer, Berlin-Göttingen-Heidelberg 1950.

1. Fett und Fettstoffwechsel.

Prinzip der Methode. Zur Gewinnung von Fetten bzw. fetten Ölen extrahiert man die Pflanzenteile mit fettlösenden Flüssigkeiten (Äther, Chloroform, Tetrachlorkohlenstoff). Das Öl von *Ricinus*-Samen wird schon von kaltem Alkohol gelöst. Das durch Extraktion abgetrennte „Rohfett" kann noch verschiedene andere Pflanzenstoffe enthalten, die keine fetten Öle sind, z. B. Carotinoide, ätherische Öle, Sterine, Benzolderivate usw. Der Nachweis, daß wirklich Fette, also Ester aus Glycerin und Fettsäuren, vorliegen, muß durch spezifische Reaktionen auf diese Komponenten geführt werden. Die Beimengungen sind nicht „verseifbar", d. h. nicht durch Alkali- oder Säurehydrolyse in Glycerin und Fettsäuren zu zerlegen. Aus den bei der Alkalihydrolyse der Fette freigesetzten Fettsäuren bilden sich Seifen, die stark schäumen („Verseifung" der Fette). Glycerin läßt sich durch die Acroleinprobe nachweisen. Der histochemische Nachweis der Fette mit Sudan III oder Alkanna sei hier nur erwähnt. Wegen der in allen Pflanzenfetten anwesenden ungesättigten Fettsäuren, wird „Osmiumsäure" (= Osmiumtetroxyd) von Fetttröpfchen durch Abscheidung von Osmium geschwärzt. An die Doppelbindungen der ungesättigten Fettsäuren wird Jod addiert (Jodzahl des Öls).

Als „Jodzahl" bezeichnet man die Anzahl von g Jod, die von 100 g Fett aufgenommen werden können. Sie ist ein außerordentlich wertvolles Charakteristikum für eine bestimmte Fettart. Sie ist z. B. bei der gleichen Pflanzenart starken Veränderungen durch Umweltbedingungen unterworfen.

Versuch 133.

Extraktion des Fettes.

Versuchsmaterial: Samen von *Ricinus*, Mohn, Raps (*Brassica Napus*), *Helianthus* u. ä.

Geräte und Reagenzien: Reibschale, Erlenmeyer 250 cm³, Wasserbad, Abdampfschale, Trichter, Faltenfilter.

50 cm³ Äthyläther oder Petroläther, etwas Quarzsand oder gereinigten Seesand.

Zeitbedarf: 1 Std.

Ausführung: Die Samen, wenn nötig, grob zerkleinern, dann in der Reibschale mit etwas Sand zerreiben, den Brei in den Erlenmeyer einbringen, mit 50 cm³ Äther übergießen und in einem vorher angewärmten Wasserbad bis zum Sieden des Äthers erwärmen! Nach einigen Minuten durch Faltenfilter in Abdampfschale filtrieren und auf dem vorgewärmten höchstens durch geschlossene Kochplatte warm gehaltenen Wasserbad (keine Flamme wegen des Äthers!) unter dem Abzug, am offenen Fenster oder in großem Saal den Äther abdampfen, bis der Geruch nach dem Lösungsmittel verschwunden ist! Der Rückstand ist gelbliches fettes Öl, das auf Schreibpapier getupft, Fettflecke gibt.

Quantitative Bestimmung des Fettgehaltes wird durch Extraktion am Rückflußkühler (Soxhlet-Apparatur) vorgenommen.

Versuch 134.

Verseifung des Fettes.

Versuchsmaterial: Öl, das nach dem vorhergehenden Versuch gewonnen wurde, Olivenöl oder anderes käufliches Pflanzenfett.

Geräte und Reagenzien: Erlenmeyer 250 cm³, Wasserbad, Reagenzgläser, Abdampfschale, Trichter, Filter.

10proz. NaOH oder KOH (wäßrige Lösung), Natriumsulfat (Na_2SO_4), 10proz. Schwefelsäure, Lackmuspapier.

Zeitbedarf: 2 Std.

Ausführung: Etwa 50 g Öl bzw. Fett werden mit der doppelten Menge Lauge in den Erlenmeyer zusammengebracht und 1 Std. auf dem Wasserbad bei 80°—100° gehalten. Nach dem Erkalten (Abkühlen unter Leitungswasser) ein wenig der entstandenen Flüssigkeit zu etwas Wasser in ein Reagenzglas geben und gut schütteln. Starke Schaumbildung! Zu dem Rest der Flüssigkeit mit dem hydrolysierten Fett reichlich Natriumsulfat zusetzen, wodurch sich die Seife (Na- bzw. K-Salz der Fettsäuren) abscheidet, da sie zwar in Wasser aber nicht in gesättigter Sulfatlösung löslich ist. Von der ausgeschiedenen Seife abfiltrieren, das Filtrat mit Schwefelsäure gegen Lackmuspapier neutralisieren und die Lösung auf kleiner Flamme vorsichtig eindampfen, bis kein Wasser mehr entweicht! Den Rückstand mit 50 cm³ Alkohol (wasserfrei!) aufnehmen, vom zurückbleibenden Sulfat abfiltrieren und den Alkohol aus dem Filtrat auf dem Wasserbad abdampfen! Die wasserklare Flüssigkeit, die zurückbleibt, ist Glycerin (süßer Geschmack!).

Versuch 135.

Glycerinnachweis.

Versuchsmaterial: Glycerin aus dem vorhergehenden Versuch, Pflanzenöl.

Geräte und Reagenzien: Reagenzgläser.

5proz. Kupfersulfatlösung, 10proz. KOH, K-Bisulfat ($KHSO_4$). Konz. Ammoniak, Silbernitratlösung.

Zeitbedarf: 1 Std.

Ausführung: In Reagenzglas 2 cm³ Kupfersulfatlösung und 10 cm³ Wasser geben, dann durch Zugabe einiger Tropfen verd. KOH einen Niederschlag von Kupferhydroxyd herstellen! Etwas Glycerin zugeben und gut umschütteln. Der Niederschlag wird zu einem Komplexsalz zwischen Kupferhydroxyd und Glycerin gelöst. Die Acroleinprobe auf Glycerin kann mit Glycerin, dem Fett oder dem fetthaltigen Pflanzenmaterial durchgeführt werden. Den Rückstand aus dem vorhergehenden Versuch oder fetthaltiges Pflanzenmaterial im Reagenzglas mit der gleichen Menge fein gepulvertem Kaliumbisulfat vermengen und auf kleiner Flamme vorsichtig erhitzen. Liegt Glycerin frei oder gebunden vor, so entsteht durch Abspaltung von 2 Molekülen Wasser ($KHSO_4$ wirkt wasserentziehend) aus einem Molekül Glycerin Acrolein[1], das sich durch scharfen, brenzlichen Geruch verrät. Parallele mit Weizenmehl oder Erbsenmehl durchführen, die kein Acrolein geben.

Zum Nachweis des Acroleins wird über die Öffnung des Reagenzglases ein Streifen Filtrierpapier gehalten, der mit einer ammoniakalischen Silbernitratlösung getränkt ist (im Reagenzglas konz. Ammoniak mit einigen Tropfen Silbernitratlösung mischen und das Filtrierpapier damit befeuchten). Der Aldehyd Acrolein reduziert das Silberhydroxyd zu schwarzbraunem Silber.

Versuch 136.

Jodzahlbestimmung eines Öles.

Versuchsmaterial: Pflanzenöl (Fett aus Vers. 133).

Geräte und Reagenzien: 500 cm³-Flasche mit eingeschliffenem Stopfen, Bürette 25 cm³, Reagenzgläser, Schälchen, Erlenmeyer 200 cm³.

Chloroform, „Jodlösung" (2,5 g Jod in 50 cm³ 95proz. Alkohol lösen, 3 g Sublimat in 50 cm³ 95proz. Alkohol lösen, die beiden Lösungen dann vereinigen), Natrium-Thiosulfatlösung etwa 12,5 g in 500 cm³, 10proz. Jodkaliumlösung, 0,5—1,0proz. Stärkelösung, Salzsäure 10proz., K-Bichromatlösung 1,933 g in 500 cm³.

Zeitbedarf: 24 Std. vorher Lösung. Ausführung: 1 Std. und 2 Std., dazwischen 6 Std. stehen lassen.

Ausführung: Qualitativer Nachweis der Jodanlagerung: einige Tropfen Öl im Reagenzglas in Chloroform lösen und einige Tropfen der „Jodlösung", in der sich Quecksilberchlorid (Sublimat!) als Katalysator befindet, zugeben! Die Braunfärbung der ersten Tropfen verschwindet, da das Jod an die ungesättigten Fettsäuren angelagert wird.

Bestimmung der Jodzahl: etwa 0,5 g Öl in kleinem Schälchen oder Tiegelchen abwägen, mit ungefähr 15 cm³ Chloroform quantitativ in die 500 cm³-Flasche spülen und dazu 25 cm³ „Jodlösung" geben! Ist die Lösung nach Umschwenken nicht völlig klar, noch etwas Chloroform zusetzen! Tritt nach kurzer Zeit fast völlige Entfärbung der Lösung ein, so werden weitere 15 cm³ „Jodlösung" zugesetzt. Die Lösung muß nach 2 Std. noch stark braun gefärbt sein. Nach 6 Std. 20 cm³ Jodkaliumlösung und 150 cm³ destilliertes Wasser zugeben (sollte sich rotes Quecksilberjodid abscheiden, dann muß noch mehr Jodkaliumlösung zugemessen werden!) Unter Umschwenken der Flasche aus der Bürette so-

---

[1] Acrylaldehyd $CH_2 = CH—CHO$.

lange Thiosulfatlösung zulaufen lassen, bis die wäßrige und die Chloroformlösung nur noch schwach bräunlich gefärbt sind, dann einige Tropfen Stärkelösung zugeben und mit Thiosulfat weiter titrieren, bis die Blaufärbung verschwindet! Verbrauch an Thiosulfatlösung notieren! Um den Titer der „Jodlösung" festzustellen, wird der Versuch mit den gleichen Mengen der Reagenzien aber ohne Fett durchgeführt (Blindversuch). Die „Jodlösung" muß mindestens 24 Std. gealtert sein, ehe man sie das erste Mal gebraucht. Der Titer muß vor jeder Versuchsserie neu bestimmt werden.

Auswertung: Zunächst muß die Thiosulfatlösung geeicht werden. 15 cm³ Jodkalilösung mit 5 cm³ Salzsäure und 20 cm³ Bichromatlösung versetzen, dann aus der Bürette Thiosulfat solange zugeben, bis die Farbe weingelb ist, dann 2 Tropfen Stärkelösung zusetzen und langsam weiter Thiosulfat zutropfen lassen, bis die Blaufärbung verschwindet. Die Menge der im ganzen zugegebenen Thiosulfatlösung entspricht 0,2 g Jod, denn soviel wird durch 20 cm³ der Bichromatlösung freigemacht.

Berechnung: 1 cm³ Thiosulfatlösung entspricht 0,2 g Jod dividiert durch die Anzahl der für die Eichung verbrauchten cm³ Thiosulfatlösung. Daraus die Menge Jod berechnen, die sich in der beim Versuch zugesetzten Jodlösung im ganzen befand! Ebenso aus dem Thiosulfatverbrauch am Ende der Jodbindung berechnen, wieviel Jod übrig geblieben ist. Die Differenz ergibt die für die Jodierung von der untersuchten Fettmenge (etwa 0,5 g) nötige Jodmenge, die auf 100 g Fett umgerechnet (also mit etwa 200 multipliziert) werden muß, um die „Jodzahl" zu erhalten.

Jodzahlen einiger Pflanzenfette: Leinöl 156—205, Rüböl 92—106, Mohnöl 131—158, Olivenöl 75—95.

Versuch 137.

Fettabbau bei der Keimung.

Versuchsmaterial: Kürbis-Samen und Kürbis-Keimlinge (je 50 Stück 2, 4 und 8 Tage bei ungefähr 25° im Dunklen angezogen).

Geräte und Reagenzien: Extraktionsapparat (s. u.), Reibschale, Erlenmeyer 100 cm³, Kühler.

Tetrachlorkohlenstoff („Tetra"), Natriumsulfat oder Gips wasserfrei, Quarz- oder Seesand.

Zeitbedarf: Vorbereitung 2, 4, 8 Tage, Aufarbeitung an verschiedenen Tagen je 8 Std.

Ausführung: Stets etwas mehr als 50 Samen zum Keimen auslegen, um zurückgebliebene und verkrüppelte ausscheiden zu können! (Anzucht von Keimlingen s. S. 4). 50 Samen ohne Samenschale und von 50 Keimlingen die Kotyledonen werden jeweils als eine Portion verarbeitet. Eine Portion in der Reibschale mit einem kleinen Löffel Quarz- oder Seesand und bei den ältesten Kotyledonen mit etwas wasserfreiem

Natriumsulfat oder Gips zerreiben. Da zerkleinertes fetthaltiges Material an der Luft rasch Veränderungen erleidet, z. B. durch hydrolytische Spaltung oder durch Oxydation, muß die Extraktion sofort durchgeführt werden.

Extraktionsapparat. Ist ein Soxhletscher Extraktionsapparat vorhanden, so wird dieser benutzt. Die Papphülse so füllen, daß mindestens 1—2 cm oben freibleiben, die Reibschale mit einem kleinen durch Äther befeuchteten Wattebausch auswischen und den Wattebausch oben auf die Hülse zur Extraktion legen. Der obere Rand der Hülse muß knapp über dem obersten Punkt des Hebers am Aufsatz des Soxhlet zu liegen kommen. Nötigenfalls Watte oder Glasperlen unter die Hülse legen! Das Extraktionsmittel bis knapp unter den oberen Rand des Aufsatzes einfüllen, dann noch ungefähr 50 cm³ in den Kolben gießen, den Apparat zusammensetzen und im Wasserbad oder auf dem elektrischen Sandbad zum Erhitzen ansetzen! Als Extraktionsmittel kommt Petroläther (Siedepunkt 45—55°) oder besser Tetrachlorkohlenstoff, der nicht brennbar ist, in Frage. Ist kein Soxhletscher Apparat vorhanden, so kann man sich ohne große Mühe einen zusammenstellen, der zudem noch den Vorteil hat, daß das Extraktionsgut durch die Dämpfe des Extraktionsmittels erwärmt wird. Entsprechend den beiden Abbildungen läßt sich aus einem weithalsigen Erlenmeyer 300 cm³ und im einfachsten Falle mit einer Papphülse, wie sie für den Soxhlet

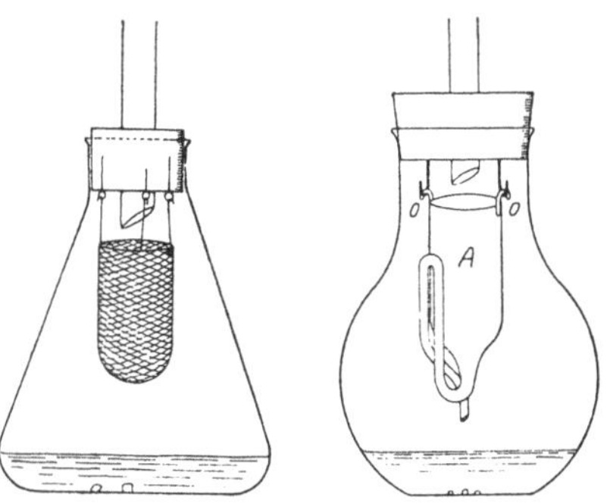

Abb. 29/30. Zwei einfache Gefäße zur Extraktion am Rückflußkühler (Aus G. KLEIN, Handb. der Pflanzenanalyse, Bd. II S. 603).

gebräuchlich sind und die man entsprechend der Menge des zu extrahierenden Materials kürzen kann, und einem durchbohrten Korkstopfen (nicht Gummi wegen der quellenden Wirkung der Fettextraktionsmittel!) ein zweckmäßiger Extraktionsapparat für Fette herstellen. Als Aufsatz einen Kugelkühler oder einen einfachen Liebigkühler verwenden, den man in ein Stativ einspannt, um nicht das Gewicht auf dem Erlenmeyer lasten zu haben. Das in Abb. 30 eingehängte Glasgefäß stellt jeder Glasbläser her. Dadurch wird das Soxhletsche Prinzip (Überstehen der Extraktionsflüssigkeit und Abhebern) mit der Erwärmung des Extraktionsgutes vereint. In den Kolben mit Tetrachlorkohlenstoff kommen einige Kugeln oder Glassplitter als Siedesteinchen. Den Kolben in ein Wasserbad einhängen und das Extraktionsmittel 2—4 Std. siedend erhalten (Siedepunkt von „Tetra" 77° C). Danach wird das Extraktionsmittel nötigenfalls ablaufen gelassen. Die Hülse bei 100° ungefähr ½ Std. trocknen, den Inhalt in der Reibschale erneut zerreiben und sofort wieder einfüllen zur weiteren Extraktion 2—4 Std. Bei zu langem Stehen an der Luft nehmen trocknende Öle Sauerstoff auf. Für exakte qualitative Bestimmungen des Öles müssen die Manipulationen der Extraktion usw. unter inertem Gas, z. B. N_2 oder CO_2 vorgenommen werden. Die Extraktionszeit im Soxhlet muß eher etwas länger sein, aber auch dort muß zwischendurch einmal erneut zerrieben werden.

Nach Beendigung der Extraktion den Inhalt des Kolbens in einen gewogenen Erlenmeyer (100 cm³) notfalls in Portionen nacheinander gießen und das Extraktionsmittel abdestillieren. Gebogenes Glasrohr vom Kölbchen zum Kühler mit Korkstopfen verbinden. Nach Abdampfen des Extraktionsmittels werden die Kolben bei 80° bis zur Gewichtskonstanz getrocknet. Die Differenz zwischen Leergewicht und Gewicht des Kölbchens mit dem Öl gibt die Ölmenge von 50 Samen bzw. Keimlingen, genauer gesagt das, was in Tetrachlorkohlenstoff löslich ist.

Bei Benützung von Äther bzw. Petroläther zur Extraktion müssen offene Flammen und offene Heizplatten in der Nähe der Extraktionsapparatur vermieden werden. Geschlossene Heizplatten sind zu empfehlen, im übrigen ist nach Möglichkeit mit dem unbrennbaren „Tetra" zu arbeiten.

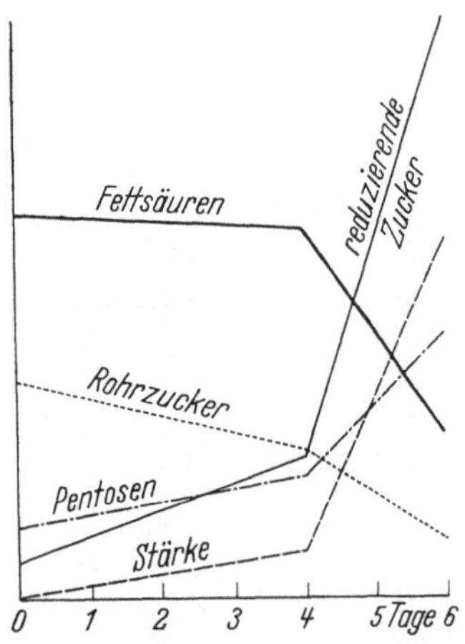

Abb. 31. Kohlenhydrat- und Fettumwandlungen in Kürbis-Kotyledonen bei 24° im Dunklen. (Ordinate: willkürliche Einheiten bezogen auf einen Keimling. Nach A. ZELLER, Jahrb. wiss. Bot. 82, 141, 1936).

Auswertung: Der Fettgehalt in den ersten 2—3 Keimungstagen nimmt kaum ab, erst dann setzt ein rascher Fettschwund und eine Zunahme der fettfreien Trockensubstanz durch Überführung von Fett in Kohlenhydrate ein (s. folgenden Versuch!).

Versuch 138.

Umwandlung des Fettes in Zucker.

Versuchsmaterial: *Ricinus*-Samen und etiolierte Keimlinge (8 Tage bei etwa 25° gezogen).

Geräte und Reagenzien: 2 Kölbchen 100 cm³, Reibschale, kleiner Trichter, Filter, Reagenzgläser, Wasserbad.

FEHLINGsche Lösung (s. Vers. 111).

Zeitbedarf: 1—1½ Std.

Ausführung: Etwa 5 geschälte Samen in der Reibschale zerdrücken, den Brei im Kölbchen mit ungefähr 50 cm³ Wasser aufkochen und auf dem Faltenfilter einige cm³ in ein Reagenzglas ablaufen lassen! Dazu 2—3 cm³ FEHLINGsche Lösung (I + II zu gleichen Teilen gemischt!) zusetzen und im Wasserbad einige Minuten erhitzen. Einige

Keimpflanzen ebenso zerreiben und mit heißem Wasser extrahieren!
Mit dem Filtrat ebenfalls die FEHLINGsche Probe anstellen!

Auswertung: Im Samenextrakt fällt die Probe negativ aus. Die
Samen enthalten keine reduzierenden Zucker, auch keinen Rohrzucker,
wie eine besondere Analyse ergeben würde. In den Keimlingen ist hingegen reduzierender Zucker nachweisbar, der sich auf Kosten des
Fettes gebildet haben muß, denn Photosynthese hat nicht stattgefunden
und der ruhende Samen enthielt keine Stärke, wovon man sich durch
Jodfärbung von Schnitten im Mikroskop überzeugen kann.

2. Die Ascorbinsäure (Vitamin C).

Prinzip der Methode. Die Ascorbinsäure ist nur in saurer Lösung hinreichend stabil, sie wird deshalb mit Säurelösungen aus dem Pflanzenmaterial extrahiert. Am besten dafür hat sich 2—5proz. Metaphosphorsäure oder Trichloressigsäure erwiesen. Für die meisten Zwecke leistet
aber ein Gemisch, das 10proz. Essigsäure und 0,5proz. Oxalsäure enthält, ebenso gute Dienste. Die chemischen Bestimmungsmethoden der
Ascorbinsäure stützen sich auf ihr kräftiges Reduktionsvermögen. Durch
Titration mit einem Redoxfarbstoff geeigneten Redoxpotentials wird
die Ascorbinsäure oxydiert und der Farbstoff zu seiner farblosen Form
reduziert. Besser als Jod, das von anderen Pflanzenstoffen auch reduziert wird, und Methylenblau ist 2,6-Dichlorphenol-Indophenol für
diesen Zweck geeignet (TILLMANSche Methode). Mit seltenen Ausnahmen,
z. B. bei fermentierten Teeblättern, erfaßt dieser Farbstoff nur die reduzierte Ascorbinsäure. Die der Ascorbinsäure entzogenen 2 H-Atome
werden auf den im Alkalischen (oberhalb p_H 6) blauen und im sauren
roten Farbstoff übertragen, der dadurch in seine reduzierte Leukoform
übergeht.

Ascorbinsäure — Dehydro-Ascorbinsäure — 2,6-Dichlorphenol-Indophenol (rot bzw. blau) — farblos

Die im Pflanzenmaterial reversibel oxydierte Ascorbinsäure müßte
vor der Titration erst durch H_2S reduziert werden. Da dieser Anteil in
der Regel aber verschwindend gering ist und da die Behandlung mit
Schwefelwasserstoff im Praktikumsbetrieb recht umständlich ist und
meist neue Fehler einschleppt, soll hier nur die reduzierte Form der
Ascorbinsäure titriert werden.

Zur Herstellung der Farbstoff- und Säurelösungen sollte Wasser, das aus Glas destilliert wurde, verwendet werden, weil die Metallspuren in dem aus einer Kupfer- oder verzinnten Blase destillierten Wasser die Oxydation der Ascorbinsäure durch den Luftsauerstoff beschleunigen. Ebenso dürfen die Pflanzenteile nur mit rostfreien Messern zerkleinert werden. Für die Praktikumszwecke genügt im allgemeinen allerdings das übliche destillierte Wasser. Der Farbstoff, der als Titerlösung dient, kann nicht exakt eingewogen werden, weil immer ein geringer Teil ungelöst bleibt (abhängig vom Alter und der Qualität des Farbstoffes). Der Farbstoff wird deshalb mit einer bekannten Menge reiner Ascorbinsäure eingestellt. Für die Praktikumszwecke eignen sich dazu die „Cebion‘‘-Tabletten (MERCK), das bekannte, in Apotheken erhältliche Vitamin C-Präparat.

Versuch 139.

Einstellung des Farbstoffes für die Ascorbinsäurebestimmung.

Geräte und Reagenzien: 2 Erlenmeyerkolben 50 cm³ (oder 100 cm³), Bürette 10 oder 25 cm³, Pipette 2 cm³, 1 Erlenmeyer 500 cm³, 1 Becherglas 500 cm³, Trichter, Filter, braune Vorratsflasche 250 cm³.

50 mg 2,6-Dichlorphenol-Indophenol, 50 mg l-Ascorbinsäure MERCK oder Cebion-Tabletten, 100 cm³ 2proz. Metaphosphorsäure oder 100 cm³ „Säuregemisch‘‘ (10 g Eisessig + 0,5 g Oxalsäure mit dest. Wasser auf 100 cm³ auffüllen).

Zeitbedarf: 1—1½ Std.

Ausführung: Ungefähr 50 mg des Farbstoffes im Becherglas mit 250 cm³ heißem destilliertem Wasser (im Erlenmeyer erhitzen!) auflösen und heiß in die Vorratsflasche filtrieren! Aufbewahrung im Kühlschrank, Haltbarkeit 1—2 Wochen, deshalb nur kleine Mengen und immer wieder frisch ansetzen! 50 mg Ascorbinsäure (genau eingewogen!) oder eine Tablette „Cebion‘‘ in 100 cm³ des „Säuregemisches‘‘ lösen (bei den Tabletten bleiben geringe ungelöste Reste, die nicht stören). 2 cm³ dieser Ascorbinsäurelösung in einen kleinen Erlenmeyer geben und aus einer möglichst fein geteilten Bürette den ausgekühlten Farbstoff zunächst in feinem Strahl später, wenn die Entfärbung nur zögernd vor sich geht, tropfenweise zusetzen, bis eine schwache Rosafärbung mindestens ½ Min. bestehen bleibt. Werden schon die ersten cm³ des Farbstoffes nicht völlig entfärbt, sondern bleibt eine schwache Rosafärbung von Anfang an bestehen, so ist der Farbstoff gealtert und untauglich. Der Farbstoff ist also Titerlösung und wegen seiner Entfärbung nach der Reduktion gleichzeitig auch Indikator für das Ende der Reaktion. Die Titration von 2 cm³ Ascorbinsäurelösung wird mehrmals wiederholt, aus den verbrauchten Mengen von Farbstofflösung wird das Mittel gebildet.

Auswertung: Die Berechnung des Farbstofftiters: in 2 cm³ Ascorbinsäurelösung sind 1 mg Ascorbinsäure enthalten. Zu deren Titrierung seien im Mittel x cm³ Farbstofflösung verbraucht worden (bei

Einhaltung der angegebenen Verhältnisse ungefähr 10 cm³). Dann entspricht 1 cm³ der Farbstofflösung $\frac{1}{x}$ mg Ascorbinsäure. Dies ist der Titer des betreffenden Farbstoffes für den betreffenden Tag. Die Einstellung muß bei Versuchen über mehrere Tage jeden Tag wiederholt werden.

Versuch 140.

Ascorbinsäure in grünen und nichtgrünen Organen.

Versuchsmaterial: Laubblätter und Blütenblätter bzw. Blüten von Löwenzahn (*Taraxacum off.*), Maiglöckchen (*Convallaria majalis*), weißblütigem *Cyclamen* o. ä. Es können auch grüne und etiolierte Keimpflanzen von Getreide (etwa 14 Tage alt) verglichen werden.

Geräte und Reagenzien: 2 Reibschalen etwa 10 cm ⌀, 2 Meßkolben oder Meßzylinder 100 cm³, 2 kleine Trichter, Spatel oder Glasstab, Pipette 10 cm³, 2 Erlenmeyer 100 cm³, Zentrifuge mit großen Gläsern oder Saugflasche mit Nutsche.

„Säuregemisch" 200 ccm und Farbstofflösung (s. vorhergehenden Versuch!), Quarzsand.

Zeitbedarf: 2—3 Std.

Ausführung: a) 10 g Blütenblätter bzw. Blüten grob zerreißen, in der Reibschale mit 10 cm³ Säuregemisch übergießen, eine Messerspitze Quarzsand zugeben und zu *feiner Paste* zerreiben. Erst dann mit weiteren 40 cm³ Säuregemisch gut verrühren und quantitativ in Zentrifugengläser überführen oder nach kurzem Absetzenlassen auf die Nutsche zum Absaugen bringen (s. S. 7 und Anmerkung!). Das Zentrifugat bzw. Filtrat in 100 cm³ Meßkolben, zur Not im Meßzylinder sammeln. Den Rückstand in den Zentrifugenröhrchen noch zweimal mit je 20 cm³ Säuregemisch aufrühren und jeweils zentrifugieren. Das Zentrifugat in den Meßkolben vereinigen. Auf der Nutsche ebenfalls zweimal mit je 20 cm³ Säuregemisch nachwaschen. Die Filtrate vereinigen. Die Ascorbinsäureextrakte in den Meßkolben bzw. Zylindern mit Säuregemisch auf 100 cm³ auffüllen und davon zweimal je 10 cm³ (bei sehr geringem Ascorbinsäuregehalt 25 cm³) mit dem eingestellten Farbstoff (s. vorhergehenden Versuch!) bis zur schwachen Rosafärbung titrieren. Man läßt eine unveränderte Portion des Extraktes in einem Kölbchen neben dem Titriergefäß stehen und kann dann den Farbumschlag nach rötlich auch bei schwach gelb oder grünlich gefärbten Extrakten bei einiger Übung sicher erkennen.

b) 10 g Laubblätter der gleichen Pflanze ebenso verarbeiten wie unter a). Bei Laubblättern von *Cyclamen* u. a. darauf achten, daß die untere Epidermis kein Anthocyan enthält, das die Titration erschweren würde (vgl. Versuch 142).

Auswertung: Der Mittelwert des Farbstoffverbrauches aus den beiden (oder mehreren) Titrationen einer Portion (z. B. von a) sei x cm³. x mal 4 (wenn 25 cm³ vorgelegt wurden, bei 10 cm³ Vorlage x mal 10) gibt die Menge Farbstofflösung, die verbraucht worden wäre, um den Gesamtextrakt zu titrieren. Dieser Wert mit dem Titer des Farbstoffes

(s. vorhergehenden Versuch) multipliziert, gibt mg Ascorbinsäure in 10 g Frischgewicht. Wenn andere Mengen Material als genau 10 g verwendet wurden, muß durch Division durch g Frischgewicht und Multiplikation mit 10 auf 10 g umgerechnet werden.

A n m e r k u n g: Wenn es nicht darauf ankommt, den Extrakt quantitativ zu gewinnen, sondern wenn ein aliquoter Teil von ihm titriert wird, wie in den Versuchen hier, so kann man sich das Abtrennen mit hinreichender Genauigkeit so vereinfachen, daß man mit der gesamten Extraktionsflüssigkeit, hier also für 10 g Blattmaterial mit 90 cm³, den fein zerriebenen Brei gut verrührt und in einem hohen Gefäß (Meßzylinder) etwa eine halbe Stunde absitzen läßt. Dann dekantiert man durch ein Faltenfilter und gewinnt so meist ohne zu langes Warten die für die beiden Paralleltitrationen erforderlichen 20—30 cm³ Extrakt. Bei der Umrechnung muß hier berücksichtigt werden, daß ungefähr 20% des Pflanzenmaterials als Trockensubstanz nichtlösenden Raum einnehmen, daß also nur auf 98 cm³ als Gesamtextraktmenge umgerechnet werden muß.

<h3 align="center">Versuch 141.</h3>

<h2 align="center">Ascorbinsäureschwund nach Zerstören der Zellen.</h2>

V e r s u c h s m a t e r i a l: junge Birkenblätter, Spinat oder andere Blätter, die sich nach dem Zerreiben an der Luft nicht zu stark bräunen. Im Winter Weizenkeimpflanzen etwa 20 Tage in Kästen in hellem Gewächshaus angezogen oder *Lepidium sativum* von 5—8 cm Höhe.

Geräte und Reagenzien: wie im vorhergehenden Versuch!

Z e i t b e d a r f: 2—3 Std.

A u s f ü h r u n g: Die Blätter halbieren und jeweils die eine Hälfte zur Portion a, die andere Hälfte zur Portion b, bis 10 g Frischmaterial für jede Portion beisammen. Bei Kresse- und Weizenkeimpflanzen aus der gut gemischten Menge 2 Portionen zu 10 g bilden.

Die Portion a) wird in einer Reibschale mit 10 cm³ ,,Säuregemisch‘‘ übergossen, fein zerrieben und wie im vorhergehenden Versuch aufgearbeitet.

Die Portion b) wird *ohne* Zugabe von Säure nur mit einigen cm³ dest. Wasser zum besseren Zerreiben versetzt und mit einer Messerspitze Quarzsand zu einer feinen Paste verrieben, so daß keine Blattstücke makroskopisch mehr sichtbar sind. Unter gelegentlichem Umrühren 5—10 Min. stehen lassen (meist ist die Zeit des Zerreibens allerdings schon ausreichend) und erst dann mit 50 cm³ Säuregemisch gut verrühren und aufarbeiten wie im vorhergehenden Versuch!

A u s w e r t u n g: Berechnung des Ascorbinsäuregehaltes für 10 g Frischgewicht der beiden verschieden verarbeiteten Portionen wie im vorhergehenden Versuch. Ein Vergleich der Werte für a und b ergibt, daß beim Zerreiben an der Luft sofort ein beträchtlicher Teil (50—80%) der Ascorbinsäure oxydiert wird. Die über das Pflanzenmaterial gegossene Säure tritt im Augenblick des Zerstörens zu den Zellen und fixiert die Ascorbinsäure. Bei exakten Messungen muß auch die mögliche Wirkung des Interzellularensauerstoffs dadurch ausgeschlossen werden, daß die Interzellularen vorher mit der Säurelösung oder mit einem inerten Gas (N_2) infiltriert werden.

Dieser Nachweis des Schwundes an reduzierter Ascorbinsäure ist einer der einfachsten Versuche, um quantitativ zu zeigen, daß unmittelbar nach dem Zerstören der lebenden Zelle bedeutende chemische Veränderungen durch den freien Zutritt des Sauerstoffes vor sich gehen. Das harmonische Zusammenspiel der chemischen Reaktionen in der lebenden Zelle hält einen hohen reduzierten Zustand aufrecht.

Versuch 142.

Verteilung der Ascorbinsäure im Apfel.

Versuchsmaterial: einige deutlich rotbäckige Äpfel.

Geräte und Reagenzien: 4 Meßkolben bzw. Meßzylinder 100 cm³, sonst wie Versuch 140, dazu etwas Nitrobenzol.

Zeitbedarf: 3 Std.

Ausführung: 2 Äpfel (bei kleinen Äpfeln mehrere) so halbieren, daß die eine Hälfte die ganze rote Seite umfaßt. Die Hälften getrennt schälen und 8—10 g der roten bzw. gelben oder grünen Schalen abwägen (Portion a und b). Aus dem Fleisch der roten und gelben Seiten je 15 g Portionen herausschneiden (Portion c und d). Die Schalen vor dem Zerreiben grob zerreißen und die Stücke des Fleisches in grobe Stücke mit nichtrostendem Messer zerschneiden, dann mit je 10 cm³ Säuregemisch übergießen und wie in Versuch 140 aufarbeiten.

Der Extrakt aus den roten Schalen ist natürlich tiefrot gefärbt, so daß die Entfärbung des zur Titration verwendeten Farbstoffes nicht ohne weiteres sichtbar ist. Man gibt zur Titration solcher stark gefärbten Extrakte einen Tropfen Nitrobenzol zu der im Kölbchen vorzulegenden Portion des Extraktes. Der Tropfen erhält sich als Kugel am Boden des Gefäßes. Zunächst wird der aus der Bürette zulaufende Farbstoff durch vorsichtiges Umschwenken verteilt. Erst wenn die Titration dem Ende zu geht, was man trotz der roten Grundfarbe meist ganz gut bemerkt, wird kräftig umgeschüttelt. Sobald nicht reduzierter Farbstoff im Extrakt erhalten bleibt, färbt sich der Nitrobenzoltropfen rötlich. Das Anthocyan wird vom Nitrobenzol nicht gelöst, aber der Titerfarbstoff wird von ihm begierig aufgenommen. Bei einiger Übung gelingt es, auch bei sehr stark gefärbten Extrakten auf diese Weise gut übereinstimmende Werte der Paralleltitrationen zu erhalten.

Auswertung: Nach Umrechnung des für die Titration einer Portion verbrauchten Farbstoffes auf mg Ascorbinsäure je 10 g Frischgewicht (vgl. Vers. 140; hier besonders die Umrechnung von tatsächlich eingewogenem Frischgewicht auf 10 g Bezugsgewicht nicht vergessen!) ergibt sich, daß die roten Schalen deutlich mehr Ascorbinsäure enthalten als die gelben und daß die Schalen einen höheren Gehalt haben als das darunter liegende Fleisch. Wenn man die Ascorbinsäure nicht auf Frischgewicht, sondern auf Trockengewicht oder auf Eiweißgehalt (als annäherndes Maß für die Zellzahl bzw. Plasmamenge) bezieht, ergeben sich prinzipiell noch ähnliche, aber wesentlich geringere Unterschiede. Als Beispiel folgende Versuchsergebnisse, die für die Sorte „Wiltshire" gelten.

| Teil des Apfels | In 100 g Frischgewicht | | Auf 100 mg Eiweiß-N |
	Ascorbinsäure mg	Eiweiß-N mg	Ascorbinsäure mg
Rote Schalen	50,6	87,0	58,2
Fleisch der roten Seite . .	7,3	17,7	41,2
Gelbe Schalen	28,9	88,8	32,6
Fleisch der gelben Seite . .	4,4	17,0	25,9

Versuch 143.

Ascorbinsäureoxydase.

Versuchsmaterial: 5 g getrocknete Früchte von *Rosa canina* (Hagebutten).

Geräte und Reagenzien: Reibschale, Erlenmeyer 100 cm³, Reagenzgläser, 1 Pipette 5 cm³, mehrere Pipetten 2 cm³, Wasserbad, Bürette 10 oder 25 cm³.

Farbstofflösung und Säuregemisch wie in Vers. 139, 33proz. Alkohol, Phosphatpuffer p_H 5,7 (s. S. 239), 25 mg Ascorbinsäure oder eine Tablette „Cebion".

Zeitbedarf: 3 Std. Extraktion, 2 Std. Versuchsdauer, 1 Std. Aufarbeitung.

Ausführung: 5 g getrocknete Hagebutten[1] werden grob zerkleinert und in der Reibschale zerdrückt[2]. Es kann auch Hagebuttenpulver (Droge) verwendet werden. Die zerkleinerten Hagebutten im Erlenmeyer mit 25 cm³ 33proz. Alkohol übergießen, 3 Std. unter gelegentlichem Umschütteln stehen lassen und dann filtrieren. 25 mg Ascorbinsäure („Cebion"-MERCK) auf 100 cm³ oder eine Tablette „Cebion" (s. S. 188) auf 200 cm³ mit doppeltdestilliertem Wasser auffüllen. 5 cm³ vom Hagebuttenauszug im Reagenzglas im kochenden Wasserbad 5 Minuten erhitzen. Weitere 5 cm³ in ein anderes Reagenzglas geben. In jedes Reagenzglas noch 1 cm³ Phosphatpuffer p_H 5,7 und 2 cm³ der Ascorbinsäurelösung geben und umschütteln!

Von jedem Ansatz sofort 2 cm³ mit 4 cm³ Säuregemisch versetzen, mit 10 cm³ doppelt destilliertem Wasser in kleines Kölbchen spülen und mit Dichlorphenol-Indophenol titrieren (s. Vers. 139). Die Ansätze bei 37° in den Thermostat stellen oder bei Zimmertemperatur stehen lassen. Nach 1 Std. und nach 2 Std. wiederum je 2 cm³ entnehmen, mit 4 cm³ Säuregemisch versetzen und mit 10 cm³ doppelt destilliertem Wasser in kleines Kölbchen spülen und mit Farbstoff titrieren.

Auswertung: In dem Ansatz mit dem ungekochten Extrakt nimmt der Gehalt an titrierbarer (reduzierter) Ascorbinsäure ab, mit gekochtem Extrakt bleibt er während der Versuchszeit nahezu konstant. In dem Hagebuttenauszug befindet sich also ein thermolabiles Prinzip, das Ascorbinsäure oxydiert, die Ascorbinsäureoxydase.

(Nach W. PEYER, Einfache Nachweise von Pflanzeninhalts- und Heilstoffen Stuttgart 1947).

---

[1] Ohne die „Kerne". — [2] Evtl. in der Kaffeemühle mahlen.

3. Einige weitere sekundäre Pflanzenstoffe.

Prinzip der Methode. Einige Glykoside mit Aglykonen, die Oxyderivate des Cumarins sind, zeichnen sich unter den Pflanzenstoffen durch charakteristische starke Fluoreszenz aus und können deshalb ohne weitere Analyse sichtbar gemacht werden. Fluoreszenz besteht bekanntlich darin, daß die betreffenden Substanzen kurzwellige Strahlen, z.T. aus dem unsichtbaren Teil des Spektrums, in langwelligere, dem Auge sichtbare umwandeln (vgl. STRUGGER, Pflanzenphysiol. Praktika, Bd. II, S. 15). Andere Pflanzenstoffe, z.B. der weiße Farbstoff der Birkenrinde, das Betulin, oder das Coffein, lassen sich aus ihren natürlichen Quellen durch Sublimation abtrennen und kristallisieren dann in charakteristischen Formen aus.

Versuch 144.

Nachweis des Äsculins.

Versuchsmaterial: 1—2jährige Zweige von der Roßkastanie (*Aesculus Hippocastanum*) bzw. von Esche (*Fraxinus excelsior*).

Geräte und Reagenzien: Becherglas 400 bis 800 cm³ zur Hälfte gefüllt mit dest. Wasser oder Leitungswasser, Messer.

Zeitbedarf: ¼ Std.

Ausführung: Die Rinde von dem Zweig bis aufs Holz abschaben und in das Wasser des Becherglases fallen lassen! Becherglas in das direkte Sonnenlicht oder ans Fenster mit hellem Licht möglichst auf dunklen Untergrund stellen. Aus der Rinde löst sich das Glykosid Äsculin schon nach wenigen Sekunden und erzeugt kräftige azurblaue Wolken und Schlieren. Allmählich wird die blaue Farbe durch die braunen Gerbstoffe, die sich aus der Rinde lösen, überdeckt. Sehr schöne Fluoreszenz zeigt auch das Fraxetin, das unter den gleichen Bedingungen sich aus Eschenzweigen (*Fraxinus excelsior*) löst. Die Fluoreszenzfarbe ist mehr blaugrün und länger zu beobachten, da hier weniger Gerbstoffe austreten.

Literatur: MOLISCH H.: Mikrochemie der Pflanzen. 3. Aufl. Jena 1923.

Versuch 145.

Nachweis des Betulins.

Versuchsmaterial: einige Streifen weißer Birkenrinde.

Geräte und Reagenzien: Bunsenbrenner, mehrere kleine Uhrgläser oder Objektträger, Mikroskop, Asbestdrahtnetz.

Zeitbedarf: ½ Std.

Ausführung: Etwa 1 g weiße Birkenrinde in feinste Streifen schneiden und aus diesen zwischen zwei Uhrgläsern oder Objektträgern (Abstand 3—5 mm) durch vorsichtiges Erhitzen auf dem Asbestnetz mit kleiner Bunsenflamme das Betulin sublimieren. Sollte sich zunächst viel Wasser auf dem oberen Uhrglas kondensieren, dann ein neues trokkenes Uhrglas darüber decken, auf dessen konvexe Außenseite man als

Kühler eine doppelte Lage feuchten Fließpapiers in Größe einer Briefmarke aufkleben kann. Die farblosen feinen prismatischen Kristalle von Betulin scheiden sich manchmal an den Rändern der Rindenstreifchen ab, im übrigen an der gekühlten Stelle des übergedeckten Glases. (Unter dem Mikroskop zu prüfen!) Im Polarisationsmikroskop leuchten sie hell auf. Betulin oder Birkenkampher ist ein Triterpen, das dem Periderm die weiße Farbe und seine leichte Brennbarkeit auch im frischen Zustand verleiht. Es sublimiert bei 230°.

Größere Mengen Betulin kann man gewinnen, indem man 10 g frische weiße Birkenrinde zerschneidet, dreimal mit ungefähr 100 cm³ Wasser auskocht, um vor allem die Gerbstoffe zu entfernen, den Rückstand trocknet und am Rückflußkühler zweimal mit je 60—80 cm³ Alkohol auskocht. Die alkoholischen Extrakte werden filtriert und eingedampft. Das Betulin bleibt als weißgrünliche Masse zurück. Der grüne Stich der Farbe ist durch etwas beigemengtes Chlorophyll verursacht.

Versuch 146.

Nachweis des Coffeins.

Versuchsmaterial: schwarzer Tee, Kaffeebohnen.

Geräte und Reagenzien: Bunsenbrenner, mehrere kleine Uhrgläser oder Objektträger, Chloroform, Ammoniak (10%), Asbestdrahtnetz, Mikroskop.

Zeitbedarf: ½ Std., dazwischen 1 Std. stehen lassen.

Ausführung: Etwa 0,5—1 g schwarzen Tee zerreiben, auf ein Uhrglas von ungefähr 8 cm ⌀ bringen und mit Uhrglas gleicher Größe bedecken, auf dessen konvexe Außenseite man ein Stück feuchtes Fließpapier als Kühler kleben kann. Das untere Uhrglas auf dem Asbestdrahtnetz vorsichtig erhitzen. Unter der gekühlten Stelle finden sich nach wenigen Minuten schöne Coffeinnadeln.

Dieses Verfahren dient in der Nahrungsmittelchemie zur raschen Unterrichtung, ob ausgekochter Tee vorliegt, aus dem kein Coffein mehr sublimiert.

Kaffeebohnen, Tee oder Kolanüsse kann man pulverisiert mit der zehnfachen Menge Chloroform ausschütteln. Je cm³ der Lösung einen Tropfen 10proz. Ammoniak zufügen, eine Stunde stehen lassen und dann filtrieren! Wenige Tropfen des Filtrates auf einem Uhrglas oder Objektträger eingedampft lassen schöne Coffeinnädelchen erkennen.

Literatur: PEYER, W.: Einfache Nachweise von Pflanzeninhalts- und Heilstoffen. Stuttgart 1947.

Versuch 147.

Berberin.

Versuchsmaterial: Rinde von einem mindestens fingerdicken Ast von der Berberitze (*Berberis vulgaris*).

Geräte und Reagenzien: 2 Erlenmeyer 100 cm³, Reagenzgläser, Trichter, Uhrglas, Filter, Mikroskop.

Salpetersäure (Dichte 1,185), 10proz. Salzsäure, Chlorkalk, Jodjodkaliumlösung (LUGOLsche Lösung s. S. 8), Aceton, Natronlauge 20%

Zeitbedarf: ½—1 Std.

Ausführung: Ungefähr 10 g Rinde mit etwa 50 cm³ Wasser
auskochen und den Extrakt filtrieren! Etwa 3 cm³ des schön gelb gefärbten Filtrates mit einigen Tropfen „Jodlösung" versetzen. Es bildet
sich fast augenblicklich ein gelber Niederschlag, der sich bald absetzt.
Das Berberinperjodid $C_{20}H_{17}O_4N \cdot HJ \cdot J_2$ bildet Nadeln, die oft zu
Doppelbüscheln vereinigt sind.

Einige cm³ des Filtrates mit 1 cm³ Aceton im Reagenzglas vermischen und 1—2 cm³ Natronlauge zugeben. Es entsteht alsbald ein
orange bis rotbrauner Niederschlag der charakteristischen Aceton-
verbindung des Berberins, der sich in einer Stunde abgesetzt hat. Unter
dem Mikroskop bei stärkerer Vergrößerung zeigen sich langgestreckte
flachtreppenförmige Kristalle.

Einige cm³ des Filtrates mit 2 cm³ der konz. Salpetersäure versetzen.
Zunächst tritt eine weinrote Färbung und Trübung auf. Nach etwa
1 Std. hat sich der Niederschlag abgesetzt, der aus langen nadelför-
migen, oft gabeligen Kristallen des Berberin-Nitrates besteht. Das Nitrat
erhält man auch schön, wenn einige cm³ des Filtrates auf einem kleinen
Uhrschälchen eingedampft werden und am Rande des Rückstandes ein
Tropfen konz. HNO_3 zugefügt wird. Neben der tief weinroten Färbung
erscheinen am Rand des Tropfens sternförmige Büschel aus kurzen kräftigen, an den Enden nicht zugespitzten stäbchenartigen Kristallen.

Einige cm³ des Filtrates mit einigen Tropfen Salzsäure und einer
kleinen Messerspitze Chlorkalk versetzt, ergibt rote Färbung!

Auswertung: Berberin, ein Alkaloid mit dem Isochinolinring-
system, ist eines der sehr wenigen N-haltigen Pflanzenpigmente. Es
wird wie die übrigen basischen Pflanzenstoffe (alle Alkaloide) leicht in
Form seiner Salze mit den verschiedenen anorganischen und organischen
Säuren sowie durch andere charakteristische Verbindungen identifiziert,
die es vermöge seiner Konfiguration als Aldehyd- oder Ammoniumform
eingeht.

4. Einige Flechtenfarbstoffe.

Prinzip der Methode. Die Flechtenfarbstoffe sind keine chemisch einheitliche Gruppe. Sie stehen zu anderen sekundären Pflanzenstoffen in
naher Verwandtschaft. Dioxybenzolderivate liegen im Orcin und seinen
Abkömmlingen vor, die die Muttersubstanz für den gebräuchlichen Farbstoff Lackmus bilden. Eng verwandt mit den Anthrachinonderivaten
des Rhabarberrhizoms ist das Physcion, der Farbstoff der verbreiteten
Wandflechte *Xanthoria parietina*. Andere Flechtenfarbstoffe sind ali-
phatisch gebaut. Der Nachweis und die Identifizierung der Flechtenfarbstoffe gründen sich in erster Linie auf die Farbnüancen, die durch
Zusatz von Alkalien, Säuren und Eisensalzen entstehen.

Versuch 148.
Die Usninsäure.

Versuchsmaterial: Thallusstücke der Bartflechte (*Usnea barbata*).

Geräte und Reagenzien: Reagenzgläser, Abdampfschale, Uhrglas, Erlenmeyer 100 cm³, Mikroskop.

Aceton, 1proz. Ferrichlorid, 10proz. Kalilauge.

Zeitbedarf: ½ Std.

Ausführung: Die Flechten in kleine Stücke schneiden, im Erlenmeyer mit Aceton extrahieren, die Hälfte dieser gelben Flüssigkeit in Abdampfschale filtrieren und *langsam* eindunsten lassen. Die konzentrierte Lösung auf ein Uhrglas bringen und dort weiterhin langsam abdunsten lassen. Die Usninsäure kristallisiert in Form rhombischer Plättchen aus. Im Mikroskop anschauen. — Zu einem Teil der acetonischen Lösung im Reagenzglas einige Tropfen FeCl₃-Lösung zufügen. Es entsteht eine intensiv violette Färbung. Während die Säure selbst in Wasser völlig unlöslich ist, wird sie durch wäßrige Kalilauge leicht als Kalisalz extrahiert. Einige Stückchen von *Usnea* im Reagenzglas mit 10proz. Kalilauge übergießen und schütteln. Es entsteht eine gelbliche Lösung, die beim Erwärmen braun wird.

Versuch 149.
Das Physcion.

Versuchsmaterial: Thalli von der Wandflechte (*Xanthoria parietina*).

Geräte und Reagenzien: Reagenzgläser.

. Aceton, verd. Ammoniak, 10proz. Kalilauge, konz. Schwefelsäure.

Zeitbedarf: ¼ Std.

Ausführung: Thallusstücke der Wandflechte werden von ihrer Unterlage abgehoben, etwas zerkleinert in ein Reagenzglas gegeben und mit Aceton extrahiert. Es entsteht eine zitronengelb gefärbte Lösung von Physcion. Den Extrakt in 3 Teile teilen (etwa je 2 cm³), den ersten mit einem Tropfen Ammoniaklösung, den zweiten mit einigen Tropfen Kalilauge und den dritten mit der gleichen Volumenmenge konz. Schwefelsäure versetzen. Die ammoniakalische Probe färbt sich rosa, die KOH-haltige blutrot und die saure tief rotbraun. Die saure Probe vorsichtig mit Wasser verdünnen. Die Farbe wird trüb und schlägt in prächtiges Orangegelb um.

(Diese beiden Versuche sind entnommen aus: BRAUNER, L.: Das kleine pflanzenphysiologische Praktikum. I. Teil. Jena 1929).

5. Flavone und Leukoanthocyane.

Prinzip der Methode. In Säuren lösen sich alle natürlich vorkommenden Flavon- und Anthocyan-Derivate. Flavone bzw. Flavonole sind im Gegensatz zu den salzbildenden Anthocyanen und Leukoanthocyanen leicht ätherlöslich und lassen sich deshalb durch Ausschütteln mit Äther aus der sauren Lösung abtrennen. Flavone und Flavonole nehmen in schwach alkalischer Lösung gelbliche bis tiefgelbe Farbe an, die beim Stehen nachdunkelt. Viele weiße Blüten werden wegen der Anwesenheit von Flavonen in Ammoniakdampf gelb. Die Leukoanthocyane, deren genaue chemische Struktur noch nicht geklärt ist, werden durch Kochen mit verdünnten Mineralsäuren in Anthocyane übergeführt. Wenn eine wäßrige angesäuerte Anthocyanlösung mit n-Butylalkohol geschüttelt wird, verteilen sich die Anthocyane so, daß sie fast völlig vom Butylalkohol aufgenommen werden. Von dieser Eigenschaft wird auch bei der Trennung der Anthocyane, Flavone usw. durch Papierchromatographie Gebrauch gemacht[1].

Versuch 150.

Nachweis von Flavonen und Leukoanthocyanen.

Versuchsmaterial: Laubblätter von *Viburnum tomentosum* (viel Leukoanthocyan, wenig Flavon), *Rhus typhina* (fast kein Leukoanthocyan, reichlich Flavon), *Populus nigra* (reichlich Leukoanthocyan und Flavon), Quitten, gelbe Äpfel.

Geräte und Reagenzien: Reagenzgläser, kleiner Trichter, kleiner Scheidetrichter, 50 cm³ Erlenmeyerkolben, 10 cm³ Pipette graduiert, Wasserbad.

10proz. Ameisensäurelösung, wäßrige Ammoniaklösung oder 10proz. Sodalösung, 20proz. Schwefelsäure, Äther, n-Butylalkohol (5 cm³).

Zeitbedarf: 12—24 Std. stehen lassen; 1½ Std.

Ausführung: Ungefähr 2 g frisches Pflanzenmaterial grob zerkleinern und in einem kleinen Erlenmeyer (oder großem Reagenzglas) mit 20 cm³ 10 proz. Ameisensäure übergießen. Das Glas verkorken und 12—24 Std. bei Zimmertemperatur stehen lassen, dann haben sich Flavone, Leukoanthocyane und Anthocyane gleichmäßig in der Flüssigkeit verteilt. Abfiltrieren des Extraktes durch ein möglichst kleines Filter! Wenn die Blätter frei von Anthocyanen und Anthocyanidinen waren, ist der Extrakt farblos oder schwach gelblich gefärbt. Er wird in 2 Portionen geteilt.

a) Leukoanthocyan-Nachweis. Die eine Hälfte des Ameisensäureextraktes wird mit 1 cm³ 20proz. Schwefelsäure versetzt (das Gemisch soll 2% H_2SO_4 enthalten). Das Gemisch auf 2 Reagenzgläser verteilen, davon das eine ½ Std. ins kochende Wasserbad stellen, das andere als Kontrolle aufheben! Ist der Extrakt nach dem Kochen rosa, rot oder braunrot (falls vorher schon Anthocyane vorhanden waren, muß sich die Farbe verstärkt oder vertieft haben), dann waren Leukoanthocyane vorhanden. In Zweifelsfällen wird der Extrakt mit 1 cm³ Butylalkohol ausgeschüttelt. Der Farbstoff geht fast quantitativ in die alkoholische Schicht, die bei positivem Ausfall der Reaktion rötlich, rot oder braunrot, bei negativem Ausfall gelb oder gelbbraun gefärbt ist. Bei Anwesenheit von Anthocyanen hat das Ausschütteln mit Butylalkohol natürlich keinen Sinn!

---

[1] Bate-Smith, E.C., u. R. G. Westall, Biochim. et Biophys. Acta 4, 427 (1950).

b) Flavon-Nachweis. Wenn der Extrakt mit Ameisensäure farblos oder geblich ist, wird die 2. Portion mit 2—3 cm³ Ammoniak- oder Sodalösung versetzt. Bei Anwesenheit von Flavonen tritt eine deutliche, meist sehr intensive Gelbfärbung auf, die nach einiger Zeit ins Bräunliche umschlägt. Wenn der Ameisensäureextrakt rosa oder rötlich gefärbt war (Anwesenheit von Anthocyanen), wird er mit dem gleichen Volumen Äther ausgeschüttelt. Die ätherische Schicht abtrennen (Scheidetrichter!) und mit 1—2 cm³ wäßriger Ammoniak- oder Sodalösung durchschütteln (Vorsicht beim Öffnen des Reagenzglases, die Mischung schäumt leicht über!). Eine deutliche Gelbfärbung der wäßrigen Schicht zeigt die Anwesenheit von Flavonen an.

Literatur: BANCROFT u. RUTZLER: Journ. Am. Chem. Soc. **60,** 2945 (1938); **61,** 1160 (1939).

6. Anthocyane.

Prinzip der Methode. Zu Gewinnung einer Anthocyanlösung kann nur abgetötetes Pflanzenmaterial verwendet werden, weil erst nach Zerstörung der Semipermeabilität die im Zellsaft gelösten Anthocyane austreten können. Mit der gewonnenen wäßrigen Anthocyanlösung läßt sich die Umfärbung der Anthocyane durch Zugabe von verdünnter Salzsäure bzw. von NH_4OH oder Sodalösung leicht zeigen. Bei Säurezugabe entsteht das rot gefärbte Anthocyanidinchlorid, bei Basenzugabe tritt zunächst Blaufärbung, bei weiteren vorsichtigen Alkaligaben blaugrüne, schließlich grüne oder sogar gelbe Färbung auf. Die gelbe Farbe entsteht bei stark alkalischer Reaktion, wenn neben Anthocyanen auch Flavone bzw. Flavonole in den Extrakten vorhanden sind. (Vers. 151). Zur Untersuchung der Farbumschlagspunkte verschiedener Anthocyane, Vers. 152, aber auch zur Bestimmung des Absorptionsspektrums, Versuch 108, werden die Extrakte in Pufferlösungen von unterschiedlichem p_H beobachtet. Da der Farbumschlag bei verschiedenen Anthocyanen nicht beim gleichen p_H erfolgt, kann aus deren Farbe die Azidität des Zellsaftes nicht erschlossen werden. Die Umfärbung des Anthocyans läßt sich auch an lebenden Blütenblättern durch Einwirkung von Eisessig- oder Ammoniakdämpfen zeigen. Auch auf Säuren oder basischen Flüssigkeiten schwimmende lebende Blätter sind zur Demonstration der Umfärbung geeignet (Versuch 153).

Versuch 151.

Umfärbung von Anthocyanen durch Säuren und Basen.

Versuchsmaterial: Blütenblätter von *Paeonia*, Glockenblumen, dunkelroten Rosen, *Clematis*. Laubblätter von der Bluthasel oder Blutbuche, rote *Coleus*-Blätter. Im Winter Rotkohl oder rote Rüben.

Geräte und Reagenzien: Schere oder Messer, Becherglas, 3 Reagenzgläser für jeden zu untersuchenden Farbstoff, Trichter, Faltenfilter, einige Erlenmeyer.

Aqua dest., 0,1 n Essigsäure, 0,1 n NH_4OH, 0,1 n Na OH.

Zeitbedarf: ½ Std.

Ausführung: Blüten- oder Blattmaterial zerkleinern und mit reichlich destilliertem Wasser einmal aufkochen. Nach Filtration zu einem Teil der Anthocyanlösung tropfenweise 0,1 n Essigsäure hinzufügen: es entsteht das rotgefärbte Anthocyanidinchlorid. Zu einem anderen, gleichen Teil (vorsichtig und tropfenweise) 0,1 n NaOH geben. Der Auszug wird zunächst blau, bei weiterer Zugabe über blaugrüne Farbtöne schließlich gelb.

Versuch 152.

Umfärbung von Anthocyan bei verschiedenem p_H.

Versuchsmaterial: Rote Rüben, Zinnerarien-Blüten, Cichorien-Blüten.

Geräte und Reagenzien: 2mal 9 Reagenzgläser, Faltenfilter, Trichter, Erlenmeyer.

p_H-Reihe für p_H-Werte von 3—11. Geeignete Pufferlösungen im Anhang S. 239, Tab. 6.

Zeitbedarf: 2—3 Std.

Ausführung: Zur Untersuchung der Umschlagspunkte von Anthocyanen, aber auch zur Bestimmung der Absorptionsspektren (Vers. 108,

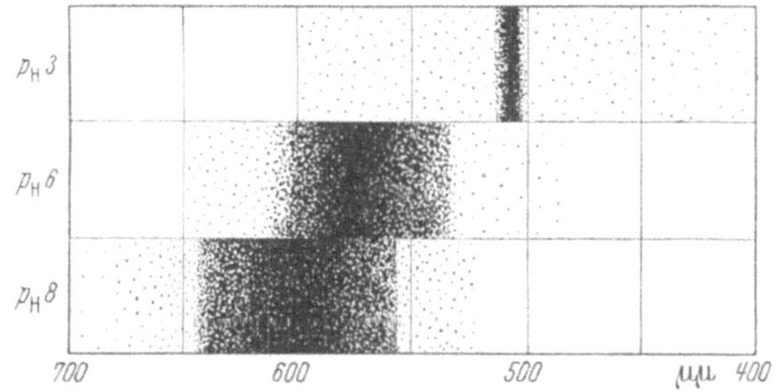

Abb. 32, Absorptionsspektrum des Anthocyans (Rotkohl) bei verschiedenem p_H-Wert. Die Einheit der Abscisse ist $m\mu$.

109) konzentrierte Extrakte, einmal von zerkleinerten roten Rüben und zum anderen von blauen Zinnerarien oder von Blüten der Cichorie wie in Vers. 151 herstellen. Für jeden der beiden Extrakte 9 gleiche Reagenzgläser mit 5 cm³ von den bereits vorbereiteten, oben angegebenen verschiedenen Pufferlösungen von bestimmtem p_H füllen. Dazu werden in jedes Reagenzglas 2 cm³ des Farbextraktes gegeben und die entstehenden Färbungen beobachtet.

Auswertung: Bei der roten Rübe tritt die Umfärbung von Rot nach Violett bei einem p_H von etwa 10, bei der Cichorie bereits zwischen 2 und 3 ein. Beim Rotkohl liegt das Umschlagsgebiet zwischen 5 und 6. Wird für die rote Rübe noch ein höheres p_H benötigt, so kann für p_H 12 1 cm³ Extrakt + 5 cm³ 0,01 n NaOH, für p_H 13 1 cm³ Extrakt + 5 cm³ 0,1 n NaOH benutzt werden. Die bei unterschiedlichem p_H-Wert verschieden gefärbten Anthocyane wie in Vers. 108 mit dem Spektroskop betrachten und die Absorptionsgrenzen bestimmen oder das Absorptionsspektrum, wie in Vers. 109, ausmessen (vgl. Abb. 32).

Versuch 153.

Umfärbung von anthocyanhaltigen Blüten.

Versuchsmaterial: Blaue *Clematis*-Blüten, blaue Stiefmütterchen. Rote Blüten von Geranien oder Päonien.

Geräte und Reagenzien: 2 Glasglocken, 2 Erlenmeyer, 2 Petrischalen.

Eisessig (100 cm³), Ammoniak (100 cm³), verdünnte Salzsäure, Natrium-Bikarbonatlösung 3proz. bzw. Phosphatpufferlösung von $p_H 9$, vgl. S. 239.

Zeitbedarf: ¼ Std., Nachbeobachten nach 3 Std.

Ausführung: Unter eine Glasglocke werden blaue *Clematis*- oder Stiefmütterchenblüten in Erlenmeyer mit Wasser zusammen mit einer Schale Eisessig gestellt, desgleichen rote Geranien oder Päonien unter eine Glocke zusammen mit Ammoniak. Nach 3 Std. sind die Blüten umgefärbt. Die roten werden blau-grün, die blauen rot. Die Umfärbung läßt sich auch durch Schwimmenlassen von blauen Stiefmütterchen auf verdünnter Salzsäure, 4 Tropfen auf eine Petrischale, erzielen. Die Umfärbung roter Blüten auf Natrium-Bikarbonatlösung ist hier wesentlich schwieriger.

Versuch 154.

Abhängigkeit der Anthocyanbildung von der Belichtung.

Prinzip der Methode. Daß die Anthocyanbildung in bestimmten Fällen von der Belichtung abhängt und daß dann zwischen Lichteinwirkung und Anthocyanentstehung noch eine beträchtliche Zeit verstreicht, läßt sich am einfachsten mit etiolierten Buchweizen-Keimlingen zeigen, die für einige Stunden diffusem Sonnenlicht ausgesetzt werden.

Versuchsmaterial: *Fagopyrum*-Keimlinge (4—6 Tage bei etwa 20°).

Geräte und Reagenzien: Einige Blumentöpfe, Dunkelsturz.

Zeitbedarf: Anzucht 4—6 Tage; Versuch 1 Tag.

Ausführung: Buchweizen-Samen in einigen Blumentöpfen aussäen und etwa 4—6 Tage bei 20—25° im Dunkeln (Dunkelsturz oder Dunkelkammer) kultivieren. Zum Versuch soll die Höhe der etiolierten Keimlinge etwa 6—8 cm betragen. Einen Teil der Keimlinge für etwa 4 Stunden zerstreutem Sonnenlicht aussetzen und sie dann wieder ins Dunkle zurückbringen. Die Kontrollen bleiben im Dunkeln. Die dem Licht ausgesetzten Keimpflanzen zeigen nach 12 Std. aber nicht unmittelbar nach der Belichtung, eine deutliche Anthocyanbildung. Die Kontrollen bleiben natürlich farblos.

C. Die Enzyme.

Grundlagen. Die Enzyme haben die Funktionen von Katalysatoren. Bei weitem die meisten chemischen Reaktionen der Zelle werden durch Enzyme in Gang gebracht und in Gang gehalten. Häufig wird bei mehreren möglichen Reaktionen mit dem gleichen Ausgangsstoff der tatsächliche Verlauf durch das anwesende aktive Enzym ausgewählt. Die Enzyme werden von den Zellen gebildet, ihre Tätigkeit ist jedoch nicht an die l e b e n d e Zelle gebunden, sie können deren Tod überdauern (Autolyse). Sehr viele der bisher genauer bekannten Enzyme (Ausnahmen: die Glykosidasen, die Häminproteine) lassen sich in zwei fundamental verschiedene Komponenten zerlegen, in einen Eiweißanteil als Träger oder Apoenzym und in einen niedermolekularen Teil, das Coenzym (= die prosthetische Gruppe). Soweit die Coenzyme genauer chemisch bekannt sind, stehen sie meist in enger Beziehung zu einem Vitamin bzw. Wuchsstoff der Heterotrophen. Zur vollen Aktivität sind außer diesen beiden Komponenten bei vielen Enzymen noch bestimmte Metallionen, z. B. Mangan, Magnesium, Kalzium oder Kupfer erforderlich, die jedoch in den natürlichen Extrakten gewöhnlich in hinreichend hoher Konzentration vorhanden sind. Das Apoenzym, der Eiweißteil, bedingt die hohe Empfindlichkeit aller Enzyme gegen Agenzien, die Eiweiß denaturieren, vor allem also gegen Hitze. Immer wenn man bei einem biochemischen Vorgang nachweisen kann, daß er nach einem meist ganz kurzfristigen Erhitzen auf 80° bis 100° ausbleibt, muß auf die Beteiligung eines Enzyms geschlossen werden. Die Enzyme sind mehr oder weniger streng auf einen bestimmten Stoff, den sie umsetzen können, auf das Substrat, abgestimmt. Diese Substratspezifität ist fast stets an den Eiweißteil geknüpft. Oxydasen, Dehydrasen u. a. sind Überträgerenzyme, die gewisse Radikale oder Gruppen von einer Verbindung, dem Donator, auf eine andere, den Akzeptor, übertragen. Bei ihnen kann auch eine ausgeprägte Akzeptorspezifität vorkommen.

Die genaue Erforschung der Enzyme setzt im allgemeinen ihre Abtrennung von der Zelle voraus. Das Zusammenspiel verschiedener Enzyme in der Zelle zum harmonischen Stoffwechsel wird durch die im Versuch in vitro meist nicht ersetzbare Plasmastruktur bewirkt. In der Zymase, dem Enzymkomplex, der ohne lebende Zellen Zucker zu Alkohol vergärt, behält eine Gruppe hintereinander geschalteter Enzyme trotz Isolierung aus der Hefezelle ihre harmonische Funktion bei. Manche Enzyme weisen im isolierten Zustand Eigentümlichkeiten auf, die ihnen in vivo nicht anhaften. Von der Amylase werden intakte Stärkekörner in vitro nicht angegriffen, die Stärke muß erst verquollen werden, während in der Zelle die Reservestärke durch Korrosion (Weizen) oder durch Abschmelzen (Kartoffel) abgebaut wird.

Man hat allen Grund anzunehmen, daß das gleiche Enzym sowohl die Synthese als auch den Abbau eines bestimmten Stoffes katalysiert, soweit die thermodynamischen Bedingungen das zulassen (Ausnahmen machen viele Hydrolasen).

Die Enzymtätigkeit ist von einer ganzen Reihe von Außenfaktoren abhängig.

1. Anwesenheit von Wasser. Weitaus die meisten Enzymreaktionen verlaufen in wäßrigem Medium und meist in sehr verdünnten Lösungen. Ausnahmen: die Chlorophyllase, die den Austausch des Phytols gegen Äthylalkohol auch in alkoholischer Lösung bewirkt, und die Lipasen, die noch im gefrorenen Medium tätig sind.

2. Enzymkonzentration. In gewissen Grenzen ist der Umsatz proportional der Enzymkonzentration.

3. Substratkonzentration. Wenn bei einer bestimmten Enzymmenge die Substratkonzentration von sehr geringen Werten angefangen gesteigert wird, so ist die maximale Wirksamkeit bald erreicht Man muß annehmen, daß dann alle Reaktionsoberflächen des Enzymmoleküls stets besetzt sind, so daß durch erhöhte Substratkonzentration keine Beschleunigung des Umsatzes mehr erzielt werden kann. Die den ersten Schritt der Enzymtätigkeit bildende Adsorptionsbindung von Substrat an das Enzymmolekül wird durch die sog. MichaelisKonstante ausgedrückt.

4. Temperaturbedingungen. Die Wirksamkeit der Enzyme weist ein ausgesprochenes für die einzelnen Enzyme allerdings bei recht verschiedenen Temperaturen gelegenes Temperaturoptimum auf, Lipasen bei etwa 40° C, Amylase bei etwa 70°. Das Optimum kommt so zustande, daß einerseits höhere Temperatur die Molekülbewegung beschleunigt und damit die Zahl der Zusammenstöße erhöht, die zur Adsorptionsbindung führen. Auf der anderen Seite begünstigt aber höhere Temperatur die Dissoziation des Substrates vom Enzym, und schließlich tritt bei noch höheren Temperaturen Denaturierung des Eiweißanteils und damit Inaktivierung des Enzyms ein.

5. Acidität. Jedes Enzym zeigt ein mehr oder weniger ausgesprochenes p_H-Optimum seiner Wirksamkeit, das seine Erklärung in einer von der H·-Konzentration abhängigen Größe der elektrischen Ladung der Enzymoberfläche findet, die ihrerseits für die Adsorptionsbindung maßgebend ist. Das p_H-Optimum ist manchmal von der Art des Puffers abhängig, ebenso wie der isoelektrische Punkt von Eiweißen nicht nur vom p_H-Wert, sondern auch von der Qualität des anwesenden Puffers abhängt.

6. Das Redoxpotential. Auch hierfür ist häufig ein ausgesprochenes Optimum nachweisbar, vor allem, wenn durch Oxydation bestimmte Gruppen des Enzyms verändert werden, z. B. die SH-Gruppen der proteolytischen Enzyme oder die für viele Enzymwirkungen nötigen Metallionen.

7. Gegenwart von Hemmstoffen. Man kann unspezifische Enzymhemmstoffe von spezifischen trennen. Jene wirken hemmend auf eine ganze Reihe von verschiedenen Enzymen, z. B. Quecksilbersalze wegen ihrer Wirkung auf die Eiweiße, oder HCN und H_2S, die mit den Schwermetallanteilen der Enzyme unlösliche Verbindungen bilden. Die spezifischen Hemmstoffe, deren Funktion noch wenig aufgeklärt ist, wirken z. T. so, daß sie wegen großer chemischer Ähnlichkeit mit dem Substrat des Enzyms zwar eine Adsorptionsbindung eingehen können, ohne dann umgesetzt zu werden (konkurrierende Hemmung), z. B. Malonsäure, die mit Bernstein- bzw. Fumarsäure konkurriert. Über die Funktion von Hemmstoffen im normalen Geschehen der Zelle kann im allgemeinen noch nichts gesagt werden. Sie liefern aber sehr wichtige Kunstgriffe, um die Art und Wirkungsweise der Enzyme aufzuklären.

Die Nomenklatur der Enzyme ist heute so geregelt, daß der Name des Enzyms durch Anhängung des Suffixes ase an das umgesetzte Substrat gebildet wird. Außer den alten Bezeichnungen, z. B. Invertin = Saccharase oder Diastase = Amylase, kommen auch noch andere Abweichungen vor, z.B. Dehydrase, Desaminase, bei denen die Funktion bezeichnet wird.

Außer den nachstehend behandelten Enzymen sind weitere in folgenden Versuchen beschrieben: Vers. 175 Zitronensäure-Dehydrase, Vers. 177 Polyphenolasen, Vers. 178 Peroxydase, Vers. 143 Ascorbinsäure-Oxydase.

1. Die Amylase.

(Beispiel für die allgemeinen Eigenschaften der Enzyme.)

Prinzip der Methode. Die Amylase (genauer das Gemisch von α- und β-Amylase) läßt sich leicht durch Wasser aus gekeimtem Getreide extrahieren. Das Fortschreiten des Stärkeabbaues wird entweder durch das Auftreten reduzierender Zucker (FEHLINGsche Reaktion!) oder durch die Veränderung bzw. das Verschwinden der Jod-Stärke-Reaktion verfolgt. Da im gekeimten Getreide beide Amylasen vorhanden sind, die α-Amylase, die in erster Linie das Stärkemolekül in größere Bruchstücke, Dextrine, zerlegt, und die β-Amylase, die von den nicht reduzierenden Enden her Maltosen abspaltet, wird die Stärke bis zur Maltose zerlegt. Die Jodfärbung geht schließlich in reines Braun über, das nur durch die Anwesenheit des Eiweißes der Enzyme etwas dunkler erscheint als die reine Jod-Jodkaliumlösung[1]. Die allgemeine Auffassung ist, daß Dextrine mit weniger als 6 oder 7 Glucoseresten keine Verfärbung der Jodlösung mehr ergeben.

Für die Technik der Enzymversuche ist zu beachten, daß, wie bei allen exakten Experimenten, in einem Enzymansatz stets nur ein Faktor variiert und daß stets eine Kontrolle angesetzt wird. Die Ansätze sollen außer in bezug auf den studierten Faktor möglichst unter optimalen Bedingungen stehen. Bei der Zusammenstellung von Enzymansätzen muß darauf geachtet werden, daß bei Zugabe von Flüssigkeiten oder Lösungen zu einem der Ansätze, auch bei den Parallelen und in der Kontrolle durch Zugabe einer entsprechenden Menge Wasser oder einer indifferenten Flüssigkeit das gleiche Gesamtvolumen hergestellt wird, damit die Konzentration der Reaktionspartner in allen Ansätzen die gleiche ist. Das Enzym wird zu den Ansätzen stets als das letzte zugegeben, weil sonst vor Versuchsbeginn schon unbestimmbare Veränderungen durch das Enzym vorgegangen sein können. Der Zeitpunkt der Enzymzugabe rechnet als Versuchsbeginn. In allen Fällen sollte man sich durch eine Kontrolle, die aufgekocht wird, davon überzeugen, daß der beobachtete Effekt tatsächlich einem thermolabilen Faktor, also einem Enzym, zuzuschreiben ist.

Versuch 155.

Gewinnung der Amylase und Bestimmung ihrer Aktivität.

Versuchsmaterial: 100 Weizenkeimlinge, 4—5 Tage bei 20° bis 25° in bedeckten Schalen auf feuchtem Fließpapier gewachsen (die Körner vorher 4—6 Std. in Wasser von 25° bis 30° einquellen!)

Um genügend Material für die folgenden Versuche und für Wiederholungen zu haben, empfiehlt es sich, die mehrfache Menge von Keimlingen anzuziehen.

Geräte und Reagenzien: Reibschale, 1 Kölbchen 100 cm³, Trichter, Faltenfilter, mehrere 10 cm³-Pipetten graduiert, Wasserbad bzw. großes Becherglas, Brenner, Stativ, Dreifuß, Objektträger, einige Glasstabe, 4 graduierte Pipetten 1 cm³ oder Glasröhrchen mit Marken (s. u.), normale Reagenzgläser, nach Möglichkeit eine größere Anzahl kleiner Reagenzgläser (70 × 8 mm), die in medizinischen Laboratorien gebräuchlich sind. (Behelfsweise herzustellen durch einseitiges Zuschmelzen von 6—7 cm langen Stücken Glasrohr vom lichten Durchmesser 7 mm.)

200 cm³ 1proz. Stärkelösung (Stärkekleister), (Stärke kalt mit wenig Wasser anrühren, in kochendes Wasser eingießen, nach dem Verquellen abkühlen), Jod-Jodkaliumlösung („LUGOLsche Lösung", s. S. 8) 20 cm³, Quarzsand oder gereinigten Seesand.

Zeitbedarf: Vorbereitung 4—5 Tage; Ausführung 2 Std.

---

[1] Die Trennung der α- und β-Amylase aus keimenden Getreidekörnern durch Diffusion in Stärke-Agar ist bei U. RUGE, Pflanzenphysiol. Praktika Bd. 4, 3. Aufl. S. 9 beschrieben.

Ausführung: Ungefähr 100 Weizenkeimlinge mit 10 cm³ Wasser unter Zugabe von wenig Sand *fein* zerreiben, dann mit weiteren 80 cm³ Wasser verrühren und filtrieren. Das leicht getrübte Filtrat ist die Amylaselösung. Sollen damit auch die folgenden Versuche angestellt werden, so ist zweckmäßig gleich die doppelte Menge herzustellen. In 4 bezeichnete Reagenzgläser je 2 cm³ Stärkelösung geben, dann in die einzelnen Gläser der Reihe nach 0—2—3 bzw. 3,5 cm³ Wasser und in der gleichen Reihenfolge 4—2—1 bzw. 0,5 cm³ Amylaselösung, damit jeder Ansatz das gleiche Volumen erhält! Nach Zugabe der Enzymlösung sofort umschütteln und die Zeit als Versuchsbeginn notieren. Bei Zimmertemperatur stehen lassen oder in Wasserbad bzw. großes Becherglas bei 40° einstellen. Das Fortschreiten der Stärkespaltung zunächst durch „Tüpfeln" verfolgen, das bei minimalem Verbrauch an Versuchslösung durchführbar ist. Zu diesem Zweck auf Objektträger (weiße Unterlage) jeweils 1 Tropfen Jodlösung geben, zu bestimmten Zeiten mit einem Glasstab aus dem Versuchsansatz einen Tropfen entnehmen und mit der Jodlösung vermischen. Wenn die violette Färbung nach dieser Probe nicht mehr auftritt, ist die Stärkespaltung noch nicht beendet. Es werden vorher noch eine Reihe der kleinen Reagenzgläser mit der gleichen geringen Menge Jodlösung (etwa 0,1 cm³) vorbereitet und in sie wird, sobald mit dem Tüpfeln kein Fortschreiten der Reaktion mehr bemerkbar ist, in bestimmten Zeitabständen die gleiche kleine Menge (0,3—0,5 cm³) der Versuchslösungen gegeben. In jeden Versuchsansatz steht dazu eine kleine graduierte Pipette oder ein Glasröhrchen, auf dem durch zwei mit einer Feile angebrachten Marken das für alle Röhrchen gleiche Volumen angezeichnet ist. Als Versuchsende bei den verschiedenen Ansätzen die Zeit notieren, nach der die reine braune, nur etwas vertiefte Jodfarbe nach Vermischen von Jodlösung und Versuchsprobe bestehen bleibt. Probeentnahme etwa alle 2 Min. bei den Ansätzen mit geringen Enzymmengen genügt alle 5 Min.

Auswertung: Im Ansatz mit dem höchsten Verhältnis Amylase zu Stärke ist die Spaltung zuerst beendet. Die Zeiten bei den anderen Ansätzen verhalten sich bei gleicher Menge Substrat nicht ganz umgekehrt wie die Enzymmengen. Es soll für die nächsten Versuche ein Mischungsverhältnis Stärkelösung zu Enzymlösung gewählt werden (wenn nötig, durch Inter- oder Extrapolation), bei dem die Stärkespaltung etwa in 10—12 Min. beendet ist.

Versuch 156.

Verhalten der Amylase nach Erhitzen und Gefrieren.

Versuchsmaterial: Amylaselösung aus dem vorhergehenden Versuch.

Geräte und Reagenzien: Reagenzgläser, kleine Reagenzgläser, Wasserbad oder Becherglas mit kochendem Wasser, Gefriermischung (1 kg zerkleinertes Eis mit 100—150 g Kochsalz in einem Glasstutzen oder Topf vermischen).

1proz. Stärkekleister (s. vorhergehenden Vers.), Jod-Jodkaliumlösung.

Zeitbedarf: Vorbereitung s. vorhergehenden Versuch; Ausführung 1 Std.

Ausführung: In 2 Reagenzgläser je 2 cm³ Amylaselösung geben. Das eine unter gelegentlichem Umschütteln etwa 5 Min. in kochendes Wasser halten, dann auf Zimmertemperatur abkühlen. Das andere Reagenzglas in die Gefriermischung halten, bis die Amylaselösung fest gefroren ist, nach einiger Zeit auftauen und auf Zimmertemperatur aufwärmen. Ein drittes Reagenzglas mit frischer Amylaselösung beschicken und in alle 3 Röhrchen die nach dem vorhergehenden Versuch errechnete Menge Stärkekleister zugeben, umschütteln und die Röhrchen bei Zimmertemperatur oder im Wasserbad bei 40° halten. Die Dauer bis zur Beendigung der Stärkespaltung wie im vorhergehenden Versuch bestimmen!

Auswertung: Die Amylase spaltet nach dem Gefrieren in der gleichen Zeit wie die frische, während das aufgekochte Enzym die Fähigkeit zur Stärkespaltung ganz verloren hat. Unter Umständen wird die Wirksamkeit von Enzymlösungen (Zymase) durch Gefrieren sogar erhöht (vgl. F. F. NORD, Ergeb. Enzymforschg. 2, 23, 1933).

Versuch 157.

Temperaturoptimum der Amylase.

Versuchsmaterial: Amylaselösung aus Vers. 155.

Geräte und Reagenzien: normale Reagenzgläser, kleine Reagenzgläser, 6 Bechergläser etwa 600 cm³ oder Weithalsstandkolben oder Wasserbäder, ein oder mehrere Thermometer 20° bis 100°, mehrere (am besten 4) Heizplatten oder Brenner.

1proz. Stärkekleister und Jodlösung wie in Vers. 155.

Zeitbedarf: Vorbereitung s. Vers. 155; Ausführung 2 Std.

Ausführung: Die 6 Bechergläser oder Kolben zur Hälfte mit Wasser füllen und auf die Temperaturen 20°, 40°, 60°, 70°, 80° bzw. 90° bringen und bei diesen Temperaturen erhalten. Bei den niederen Temperaturen geschieht das durch Zugießen von kochendem bzw. kaltem (im Sommer bei 20°) Leitungswasser. Die Bäder für höhere Temperaturen werden je auf eine Heizplatte oder über einen Brenner gestellt und durch Regulieren wird dafür gesorgt, daß die Temperatur möglichst konstant bleibt. Ist nur eine Heizplatte vorhanden, können die verschiedenen Temperaturen zur Not hintereinander geprüft werden. In 6 Reagenzgläser je 2 cm³ Stärkekleister geben und je 1 Glas auf die genannten Temperaturen vorwärmen, dann die in Vers. 155 ermittelte Amylasemenge zugeben, umschütteln und Versuchsbeginn notieren! Bei den mittleren Temperaturen von 2 zu 2 Min. Proben nehmen und in der gleichen Weise wie in Vers. 155 prüfen (anfangs tüpfeln!). Bei den extremen Temperaturen genügen Proben in Abständen von 5 Minuten. Zeit bis zur vollständigen Spaltung bei den verschiedenen Temperaturen feststellen.

Auswertung: Am raschesten ist die Stärkespaltung bei 60° und beendet (in 2—6 Min.), bei 90° ist meist innerhalb einer Stunde noch ıe Änderung der Jodstärkefarbe feststellbar. Um ein anschauliches l der Abhängigkeit der Wirksamkeit des Enzyms von der Temperatur ɔekommen, werden die Werte in ein Diagramm eingetragen. Abse: Temperatur; Ordinate: Aktivität des Enzyms. Als Maß für die ymaktivität wird der reziproke Wert der Reaktionszeit ($100/t$) bei ltung der gleichen Menge Substrat aufgetragen. Es erscheint ein ılich scharfes Optimum bei ungefähr 65°. Die Stärkespaltung durch ylase wird also nicht wie diejenige durch Säure bei Temperaturen in Nähe des Kochpunktes beschleunigt, sondern nach Überschreiten ·r optimalen Temperatur bis zum völligen Stillstand verzögert.

Versuch 158.

p_H-Optimum der Amylase.

Versuchsmaterial: Amylaselösung aus Vers. 155.

Geräte und Reagenzien: normale Reagenzgläser, kleine ,genzgläser, Stärke- und Jodlösung wie in Vers. 155. Puffergemische von p_H 3—8 (Herstellung s. S. 239)[1].

Zeitbedarf: Vorbereitung s. Vers. 155; Ausführung 2 Std. (dazu ·etzen der Puffermischungen).

Ausführung: In bezeichnete Reagenzgläser (am besten Schilan den oberen Rand kleben und mit Bleistift beschriften) je 1 cm³ Puffergemische von p_H 3,2; 4,1; 5,0; 5,9; 6,1; 7,0; 8,0 geben, dazu cm³ Stärkekleister und als letztes die im Vers. 155 ermittelte Amymenge, umschütteln und bei Zimmertemperatur oder im Wasserbad 40° aufstellen. Zeit als Versuchsbeginn notieren! Bei den extremen Werten von 2 zu 2 Min., bei den mittleren jede Minute, zunächst ch Tüpfeln und dann weiter wie in Vers. 155 auf Veränderung der farbe prüfen! Zeit bis zur völligen Spaltung der Stärke feststellen!

Auswertung: Bei p_H 5 ist die Reaktion zuerst beendet. Der all bei höheren p_H-Werten ist so steil, daß sich meist schon erhebe Verlängerungen der Reaktionszeiten zwischen p_H 5,9 und 6,1 eren. Die Ergebnisse werden wieder ähnlich wie im vorhergehenden such in ein Diagramm eingetragen. Abszisse: p_H-Werte, Ordinate: ·ymaktivität, ausgedrückt durch den reziproken Wert der Zeit bis vollständigen Stärkespaltung in den Ansätzen bei verschiedenem Die Enzymaktivität (= Umsatzgeschwindigkeit) steigt nicht, wie lleicht im Hinblick auf die *Säure*hydrolyse der Stärke erwartet den könnte, mit zunehmender Acidität (= fallendem p_H!) des liums an, sondern sie erreicht bei einer mittleren Acidität ihr ;imum und läßt bei niederem p_H wieder stark nach. Ein Beispiel:

---

[1] Erfahrungsmäßig kann bei Weizenextrakten Phosphatpuffer verwendet den. Eine beschleunigende Wirkung auf die Stärkespaltung durch Phosphoro: tritt hier nicht auf.

Ansätze: 2 cm³ 1proz. Stärkekleister + 2 cm³ Pufferlösung (von p_H 3,2—5,9 Acetatpuffer, von p_H 6,1—8,0 Phosphatpuffer) + 1 cm³ Enzymlösung. Zimmertemperatur. Probeentnahme jede Minute (s. Abb. 33).

p_H	Zeit bis zum Ende der Reaktion (t)	Aktivität $= \dfrac{100}{t}$
3,2	7 Min.	14
4,1	5 ,,	20
5,0	4 ,,	25
5,9	6 ,,	16
6,1	9 ,,	11
7,0	18 ,,	5,5
8,0	25 ,,	4

Versuch 159.

Substratspezifität der Amylase.

Versuchsmaterial: Amylaselösung aus Vers. 155.

Geräte und Reagenzien: Reagenzgläser, Wasserbad.

Stärkelösung wie in Vers. 155. 1proz. Glykogenlösung, 1proz. Inulinlösung (s. S. 169), FEHLINGsche Lösung (s. S. 8).

Zeitbedarf: Vorbereitung s. Vers. 155; Ausführung 1 Std.

Ausführung: In 3 bezeichneten Reagenzgläsern je 2 cm³ der Stärke-, Glykogen- bzw. Inulinlösung mit der in Vers. 155 berechneten Amylaselösung versetzen, umschütteln und ungefähr 15 Min. bei Zimmertemperatur stehen lassen. Darauf die Ansätze mit FEHLINGscher Lösung (s. S. 157) auf die Entstehung von reduzierenden Zuckern prüfen.

Auswertung: Ein kräftiger Niederschlag von Kupferoxydul entsteht nur in dem Ansatz mit Stärke, bei Glykogen entsteht sehr wenig und mit Inulin gar nichts, wenn die Inulinlösung selbst frei von reduzierenden Substanzen gewesen

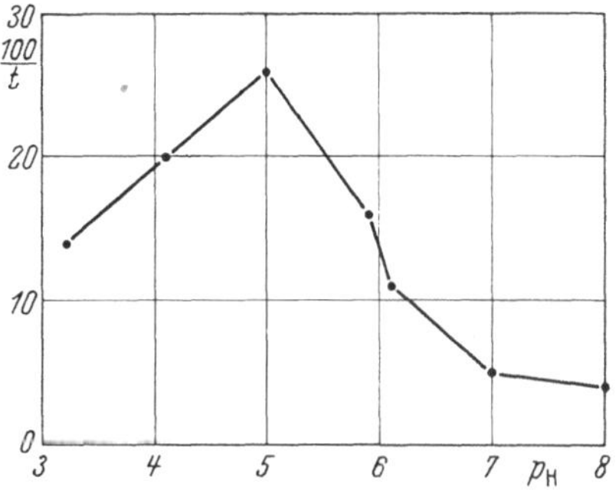

Abb. 33. p_H-Abhängigkeit der Aktivität von Amylase aus gekeimten Weizenkörnern (Praktikumsversuch).

ist. Inulin, ein Fructose-Polysaccharid, das bei der Säurehydrolyse reduzierende Fructose liefert (s. S. 169), wird durch Amylase nicht angegriffen. Glykogen wird von der Malzamylase nur schwer angegriffen, da es zwar ein Glucosepolysaccharid von sehr ähnlichem Bau wie die Stärke ist, aber doch Abweichungen in seinem Molekülbau von dem der Stärke aufweist.

Versuch 160.

Zellgifte, Enzymgifte.

Versuchsmaterial: Amylaselösung aus Versuch 155.

Geräte und Reagenzien: Reagenzgläser.

Stärke- und Jodlösung wie in Vers. 155. Kupfersulfat, Toluol, Thymol, Na-Benzoat, Na-Salicylat.

Zeitbedarf: Vorbereitung zu Vers. 155; Ausführung 1½ Std.

Ausführung: In 7 bezeichnete Reagenzgläser je 2 cm³ Stärkelösung geben, dazu entweder ein Kriställchen Thymol, 1 Tropfen Toluol, 1 Kriställchen Kupfersulfat (bzw. ein paar Tropfen FEHLINGsche Lösung II), eine kleine Messerspitze Benzoat, Salicylat oder ein paar Tropfen Jodlösung geben und das letzte zur Kontrolle ohne Zusatz lassen. Dann zu jedem Röhrchen die in Vers. 155 berechnete Menge Amylaselösung zusetzen, umschütteln und ungefähr 20 Min. bei Zimmertemperatur stehen lassen, bis in der Kontrolle keine Jodstärkefarbe mehr auftritt (Prüfen durch Entnahme kleiner Proben, s. S. 204). Dann zu allen Ansätzen einige Tropfen Jodlösung zusetzen! Mit Ausnahme der Ansätze mit Kupfersulfatzusatz und Jodlösung von Anfang an ist in allen anderen Ansätzen am Ende die Jodstärkefarbe verschwunden.

Auswertung: Alle verwendeten Zusätze sind Zellgifte. Toluol und Thymol wird zum Sterilhalten in der Enzymtechnik und Benzoat und Salicylat zum Sterilhalten von Lebensmitteln benutzt. Diese Substanzen vergiften zwar die Zellen, aber lassen die Tätigkeit der Enzyme im allgemeinen unbeeinträchtigt (*Zellgifte*). Einige Enzyme können allerdings auch schon durch Toluol beeinträchtigt werden. Kupfersulfat und Jod-Jodkaliumlösung, dazu auch Natriumfluorid, wirken auf die Amylase als *Enzymgifte*.

2. Die Saccharase.

Prinzip der Methode. Saccharase (alte Bezeichnung Invertin bzw. Invertase) ist leicht durch Wasser aus den Zellen herauszulösen. Hefezellen brauchen deshalb nur abgetötet (Toluol!), aber nicht zerrissen zu werden, was recht schwer gelänge. Die Anwesenheit bzw. Tätigkeit der Saccharase wird durch die Zunahme des Reduktionswertes einer Rohrzuckerlösung nachgewiesen. Die rohen Enzymextrakte üben selbst eine gewisse Reduktion aus und scheiden also etwas Kupferoxydul aus FEHLINGscher Lösung ab (Blindwert). (Reduzierende und nichtreduzierende Zucker s. S. 157.)

Versuch 161.

Enzymatische Rohrzuckerspaltung.

Versuchsmaterial: Zuckerrübenkeimlinge (8—10 Tage bei 20° in Töpfen angezogen) oder etwa 10 g Bäckerhefe.

Geräte und Reagenzien: Eine Reibschale, 4 Kölbchen 100 cm³, 2 Trichter und Faltenfilter, Reagenzgläser, Wasserbad, 3 Pipetten 10 cm³ graduiert.

Quarzsand oder gereinigten Seesand, 1proz. Rohrzuckerlösung (50 cm³), FEHLINGsche Lösungen (s. S. 8), etwas Toluol.

Zeitbedarf: Vorbereitung 8—10 Tage und 1 Tag vorher; Ausführung: 1½ Std.

Ausführung: 10 g Bäckerhefe nach Zugabe von 2 Messerspitzen Sand und einigen Tropfen Toluol in der Reibschale zerreiben, dann mit

50 cm³ Wasser gut verrühren, in einen Kolben umgießen und über Nacht im Eisschrank oder an kühlem Platz stehen lassen! Danach die überstehende Flüssigkeit ohne Umschütteln abfiltrieren (Enzymextrakt). Von den Zuckerrübenkeimlingen etwa 20 g ebenfalls mit etwas Sand zerreiben, mit 50 cm³ Wasser aufnehmen und sofort filtrieren! Versuchsansätze in Reagenzgläsern: 1. 5 cm³ Extrakt +5 cm³ destilliertes Wasser, 2. 5 cm³ Extrakt aufkochen, abkühlen, dann 5 cm³ Rohrzuckerlösung zugeben, 3. 5 cm³ frischen Extrakt + 5 cm³ Rohrzuckerlösung, 4. 5 cm³ Rohrzuckerlösung + 5 cm³ destilliertes Wasser.

Alle Reagenzgläser etwa 30 Min. bei Zimmertemperatur stehen lassen, dann mit FEHLINGscher Lösung prüfen (s. S. 157).

Man kann auch einen besonderen Ansatz mit frischem Extrakt und Rohrzucker nach Abschluß des Versuches mit dem BARFOEDschen Reagens prüfen, um festzustellen, daß tatsächlich reduzierende *Monosen* entstanden sind (s. S. 158).

Auswertung: Nur der Ansatz, der ungekochten Extrakt und Rohrzucker enthält (3), gibt einen kräftigen roten Niederschlag mit FEHLINGschem Reagens als Zeichen der Entstehung reduzierender Zucker aus dem nicht reduzierenden Rohrzucker nach Einwirkung des Extraktes. Da Erhitzen des Extraktes die Rohrzuckerspaltung verhindert, ist auf die Tätigkeit eines Enzyms zu schließen.

3. Die Lipase, eine Esterase.

Prinzip der Methode. Die in *Ricinus*-Samen und anderen ölhaltigen Samen (*Chelidonium majus* und *Linaria vulgaris* sind auch untersucht) vorhandene Lipase spaltet die Glyceride in Fettsäuren und Glycerin. Ebenso kann sie aber aus den beiden Komponenten die Glyceride (Ester) zusammenfügen. Die Bildung von Fetten aus Fettsäuren und Glycerin mit Hilfe von Lipase ist eine der ältesten enzymatischen Synthesen in vitro. Das Fortschreiten sowohl der Fettspaltung als auch der Veresterung der Fettsäuren kann durch Titration der zu- bzw. abnehmenden Menge der Carboxylgruppen der Fettsäuren leicht verfolgt werden. Die Lipase hat ein relativ niedriges Temperaturoptimum (etwa 40° C), so daß durch Temperaturerhöhung keine bemerkenswerte Beschleunigung der Reaktion zu erzielen ist. Die Lipase ruhender *Ricinus*-Samen ist noch nicht vollaktiv. Die Fettspaltung wird deshalb durch Zugabe von etwas wasserlöslicher Säure (Butter- oder Essigsäure) bedeutend rascher in Gang gebracht. Für die Synthese ist die aktive „Keimungslipase" besser geeignet. Ihr p_H-Optimum ist ungefähr 5, eine Pufferung ist jedoch nicht unbedingt erforderlich, durch sie würde die einfache Verfolgung der Reaktion mit Hilfe der Titration erschwert.

Versuch 162.

Fettspaltung durch Ricinus-Lipase.

Versuchsmaterial: 15 g geschälte *Ricinus*-Samen (nur gesunde Samen mit weißem Endosperm).

Geräte und Reagenzien: Reibschale, 3 Kölbchen 100 cm³, Reagenzgläser, Wasserbad, Bürette (10 oder 25 cm³), 1 Pipette 10 cm³ graduiert und 1 Pipette 1 cm³ graduiert.

10proz. Essigsäure (5 cm³), 1proz. Chloralhydratlösung (40 cm³), 200 cm³ Alkohol-Äther (3 : 1), 0,5 oder 0,1 n KOH (250 cm³), Phenolphthalein als Indikator (1proz. in Alkohol).

Zeitbedarf: Ausführung 4 Std., Nachbeobachtung 3 Tage.

Ausführung: 15 g geschälte *Ricinus*-Samen zu einer salbenartigen Masse fein zerreiben und mit 30 cm³ Chloralhydratlösung, die sich im Gegensatz zu reinem Wasser mit der Fettemulsion leicht mischt, gut verrühren! 15 cm³ davon in Reagenzglas abfüllen, etwa 5 Min. im kochenden Wasserbad unter Umschütteln oder Umrühren erhitzen, wieder abkühlen und mit 1—2 cm³ Chloralhydratlösung gut emulgieren. Von der *frischen* Emulsion je 3 cm³ in 8 bezeichnete Reagenzgläser füllen! Zu 4 dieser Gläser je 0,3 cm³ Essigsäure (10proz.), zu den anderen 4 je 0,3 cm³ dest. Wasser zugeben und umschütteln. Von der *erhitzten* Emulsion ebenfalls viermal je 3 cm³ + je 0,3 cm³ Essigsäure in Reagenzgläser füllen. Je ein Reagenzglas der 3 verschiedenen Ansätze (Emulsion+Wasser, Emulsion+Essigsäure, erhitzte Emulsion+Essigsäure) mit 10 cm³ Alkohol-Äthergemisch in ein Kölbchen spülen, mit einem Tropfen Phenolphthaleinlösung versetzen und mit 0,1 oder 0,5 n KOH titrieren! Das gibt die Ausgangswerte! Weiterhin 0,3 cm³ der verwendeten Essigsäure ebenfalls gegen Phenolphthalein mit KOH titrieren! In die übrigen Reagenzgläser je einen Tropfen Toluol geben, sie dann mit Korkstopfen versehen und bei Zimmertemperatur oder im Thermostaten bei 35°—40° aufbewahren, dabei gelegentlich umschütteln. Nach 1, 2 und 3 Tagen wird je ein Röhrchen der verschiedenen Ansätze entnommen und wie die Ausgangsproben titriert.

Auswertung. Ein Beispiel:

	sofort	nach 1 Tag	nach 2 Tagen	nach 3 Tagen
Emulsion erhitzt + Essigsäure . .	7,4	7,3	7,5	—
Emulsion frisch + Essigsäure . .	7,7	25,0	27,1	26,9
Emulsion frisch + Wasser	1,5	4,7	17,5	21,5
0,3 cm³ Essigsäure	6,1	—	—	—

Ansätze bei Zimmertemperatur; Zahlen bedeuten cm³ n KOH.

In den zerriebenen *Ricinus*-Endospermen ist sowohl Enzym (Lipase) als auch Substrat (Öl) enthalten. Die Zunahme der Säure (= Säurewert nach 1, 2 bzw. 3 Tagen minus Anfangswert der betr. Gruppe) zeigt, daß die Lipase ohne Zugabe von Essigsäure langsam in Gang kommt. Später, wenn sich freie Fettsäuren ansammeln, steigt die Geschwindigkeit auch in diesen Ansätzen. Daß Säure allein unter diesen Umständen keine Verseifung ausführt, geht aus dem Ansatz mit erhitzter Emulsion (Zerstören des Enzyms!) hervor, wo die Fettspaltung trotz Säurezugabe ausbleibt.

Die *Ricinus*-Lipase vermag auch artfremde Fette und Öle zu spalten. Sie ist spezifisch auf Glyceride ohne Rücksicht auf die Fettsäuren eingestellt.

Versuch 163.

Fettsynthese durch Ricinus-Lipase.

Versuchsmaterial: 10 g *Ricinus*-Samen 4—5 Tage bei 20° bis 25° gekeimt.

Geräte und Reagenzien: Reibschale, 3 kurze Reagenzgläser, Bürette (10 oder 25 cm³), 3 Erlenmeyer 50 cm³, 1 Pipette graduiert in 1 cm³, 1 Pipette graduiert in 0,1 cm³.

2 cm³ Ölsäure, 10 cm³ Glycerin reinst, 0,1 n KOH (100 cm³), 100 cm³ Alkohol-Äther (3 : 1), Phenolphthalein (1proz. in Alkohol).

Zeitbedarf: Vorbereitung 4—5 Tage; Ausführung 2 Std.

Ausführung: Die Reste des Endosperms ohne Achsenorgane zu feiner Paste zerreiben und die Paste in 3 gleiche Portionen teilen (abwägen!) und in je eines der Reagenzgläser füllen! Portion 1 und 2 in kochendem Wasserbad 5 Min. erhitzen und wieder abkühlen! Zu jeder Portion 0,4 cm³ Ölsäure, 2 cm³ Glycerin und 2 cm³ dest. Wasser zugeben und gut mit Glasstab verrühren! Ansatz 2 und 3 etwa 30 Min. bei Zimmertemperatur stehen lassen! Ansatz 1 nach Zugabe von 20 cm³ Alkohol-Äther und einem Tropfen Phenolphthaleinlösung und gutem Umschütteln sofort mit 0,1 n Natron- oder Kalilauge titrieren. Die Versuchsansätze nach 30 Min. ebenfalls mit je 20 cm³ Alkohol-Äther und Phenolphthalein versetzen, umschütteln und titrieren!

Auswertung: Der sofort titrierte Ansatz verbraucht ungefähr 14 cm³ 0,1 n KOH (Ausgangswert). Der Ansatz mit dem erhitzten Enzym verbraucht am Ende des Versuchs praktisch die gleiche Menge Lauge. Der Ansatz mit aktivem Enzym verbraucht etwa 12—12,5 cm³ 0,1 n Lauge, d. h. ungefähr 10—15 % der Ölsäure ist verestert worden.

Literatur: WILLSTÄTTER, R. u. E. WALDSCHMIDT-LEITZ: Hoppe Seylers Z. **134,** 161 (1924). — BAMANN, E. u. K. MYRBÄCK: Methoden der Fermentforschung, Bd. 3. Leipzig 1943.

4. Die Stärke-Phosphorylase.

Grundlage und Prinzip der Methode. Die Stärke wird in den Zellen nicht nur von der hydrolytisch wirkenden Amylase angegriffen, sondern sie wird auch durch einen Enzymtyp umgesetzt, der durch Einlagerung eines Moleküls Phosphorsäure in jede glucosidische Bindung das Stärkemolekül in Glucose-1-Phosphorsäure (Cori-Ester) zerlegt. An Stelle der Hydrolyse durch Amylase findet also eine Phosphorolyse statt. Und diese Reaktion ist in vitro umkehrbar. Wenn Glucose-1-Phosphat zur Verfügung steht, kann mit Hilfe einer aus *frischen* Kartoffeln abtrennbaren Phosphorylase Stärke aufgebaut werden. Dies ist die erste in vitro durchführbare enzymatische Synthese eines polymeren Naturstoffes. Eine Acidität des Mediums von p_H 5—6 begünstigt die Synthese, bei neutraler Reaktion ist das Gleichgewicht mehr nach der Spaltung verschoben.

Versuch 164.

Spaltung von Stärke zu Glucose-1-Phosphat.

Versuchsmaterial: 500 g Kartoffeln, 15 g Kartoffelstärke.

Geräte und Reagenzien: Becherglas oder Stutzen 1 Liter, je ein Becherglas 800 cm³, 400 cm³ und 100 cm³, Erlenmeyer oder Standkolben 1½ Liter, Zentrifuge, Saugflasche mit Büchnertrichter, Vakuum-Destillationsapparatur mit etwa 500 cm³-Kolben, Thermostat 37°, Kühlschrank, Reibeisen, Preßtuch, größeren Trichter mit Filter, Kieselgur-Filter (Schleicher und Schüll Nr. 287). Tierkohle (Carbo medicinalis Merck), 5 g Kaolin, 51 g KH_2PO_4, 12,2 g KOH, 100 cm³ 10proz. Essigsäure, 100 cm³ n/1 Ammoniak, konz. Ammoniak, Toluol oder Thymol, Diastase, Indikator-Papier zur p_H-Bestimmung (p_H-Bereich 6,8 bis 8,2), Thymolblau (alkoholische Lösung), Jodlösung (s. S. 8), 75 g Magnesium-Acetat, 50 cm³ 25proz. Kaliumacetat, vergällten Alkohol (96proz.), Aceton.

Zeitbedarf: 4 Tage.

Ausführung: 1. Kartoffelsaft. 500 g Kartoffeln waschen, auf dem Reibeisen zerkleinern (wo ein hochtouriger Zerkleinerungsapparat für feuchtes Material, z. B. „Multimix", vorhanden ist, diesen zum Herstellen des Breies benutzen!), den Brei durch ein nicht zu engmaschiges Tuch pressen, zu je 200 cm³ Saft 5 g Kaolin hinzufügen, gut verrühren, 10—15 Min. zentrifugieren und den Saft dekantieren. 2. Pufferlösung. 51 g KH_2PO_4 und 12,2 g KOH in 250 cm³ Wasser lösen. Mit Indikatorpapier das p_H prüfen und nötigenfalls mit Phosphorsäure oder KOH auf p_H 6,8 einstellen. 3. Stärkekleister. 15 g rohe Kartoffelstärke in 50 cm³ kaltes Wasser einrühren und diese Suspension zu 500 cm³ kochendem Wasser unter Umrühren zufügen. Das Becherglas der Stärkeaufschwemmung mit 50 cm³ kaltem Wasser ausspülen, das zur kochenden Lösung zugegeben wird. 3 Min. weiterkochen, das Becherglas zudecken, 20 Min. heiß stehen lassen, dann auf Zimmertemperatur abkühlen.

Ansatz. 150 cm³ vorbereiteten Kartoffelsaft mit Lösung (2) und (3) in großem Erlenmeyer oder Standkolben gut mischen, das p_H der Mischung prüfen und falls nötig, mit Essigsäure oder n/1 Ammoniak unter Umschütteln auf 6,8 einstellen (Thymolblau muß gerade blau werden!). Einige Tropfen Toluol, oder eine Messerspitze Thymol zugeben, gut durchschütteln und bei 37° C aufstellen. Nach 6—8 Std. das p_H prüfen und falls nötig wieder auf p_H 6,8 mit Ammoniak einstellen. Nach 24 Std. mit Ammoniak neutralisieren, aufkochen und rasch auf 35° abkühlen. 25 mg gereinigte Amylase (Diastase), die in einer kleinen Menge des Ansatzes gelöst wurde, zum Ansatz hinzufügen und gut durchschütteln, um die restliche Stärke bzw. die Dextrine zu spalten. Den Kolben wieder bei 37° aufstellen, nach 2 Std. eine kleine Probe mit Jodlösung auf die Anwesenheit von Dextrinen prüfen (rotviolette Farbe!). Falls nicht die braune Jodfarbe bestehen bleibt, den Ansatz solange bei 37° stehen lassen, bis alle Dextrine verschwunden sind. 75 g Magnesiumacetat, die in ungefähr 50 cm³ Wasser gelöst sind, zu dem Ansatz hinzufügen und gut verrühren, um das überschüssige Phosphat auszufällen. Das p_H

mit Ammoniak auf 8,2 bringen und den Kolben über Nacht im Eisschrank stehen lassen. Vom Magnesium-Ammoniumphosphat-Niederschlag abfiltrieren und den Niederschlag mit ein wenig Wasser waschen. Das Filtrat im Vakuum bei ungefähr 45° auf etwa 175 cm³ einengen. Das Kaliumsalz der Glucose-1-Phosphorsäure beginnt dann bereits auszukristallisieren. Das p_H wenn nötig, mit KOH auf 8,2 einstellen, die Lösung auf 80—90° erwärmen, einen Löffel voll Tierkohle hinzufügen und durch ein Kieselgurfilter filtrieren. Das Filtrat in Becherglas (400 cm³) sammeln, die Lösung auf 50° erwärmen und ein gleiches Volumen warmen vergällten Alkohol hinzufügen. Zunächst bei Zimmertemperatur, dann im Kühlschrank kristallisieren lassen. Die Kristalle auf einem kleinen Büchnertrichter absaugen, mit einer Mischung von gleichen Volumina 25proz. Kaliumacetat-Lösung und 96proz. Alkohol waschen, dann mit 70proz. Alkohol, danach mit 96proz. Alkohol und schließlich mit Aceton waschen. Scharf absaugen, die Kristalle in eine flache Schale übertragen und bei 30—40° trocknen, bis der Acetongeruch verschwunden ist. Die Ausbeute ist 10—15 g an Kaliumsalz der Glucose-1-Phosphorsäure.

Das Salz darf FEHLINGsche Lösung nicht reduzieren (s. S. 157) und darf keine Phosphorsäurereaktion geben (s. S. 22). Da die Molybdatprobe in stark saurer Lösung ausgeführt wird, fällt sie besonders nach Erhitzen auch mit Glucose-1-Phosphat positiv aus, weil in saurer Lösung das Phosphat leicht abgespalten wird. Die Molybdatprobe in der Kälte darf mit dem Salz keinen Niederschlag geben. Sie muß aber nach kurzem Aufkochen einer Lösung des Salzes mit 1 cm³ Salpetersäure sofort einen gelben Niederschlag geben. Ebenso muß die FEHLINGsche Probe nach dem Abspalten der Glucose nach Erhitzen mit Salzsäure und Abstumpfen der Säure positiv ausfallen.

(Dieser Versuch ist nach einer unveröffentlichten Methode von C. S. HANES und R. HILL, Cambridge, zusammengestellt worden.)

Versuch 165.

Synthese von Stärke aus Glucose-1-Phosphat.

Versuchsmaterial: 100 g Kartoffeln, 100 mg Glucose-1-Phosphat (als Kaliumsalz, s. Vers. 164).

Geräte und Reagenzien: Reibeisen, Reibschale, Preßtuch, Reagenzgläser, Quarz- oder gereinigten Seesand, Kaolin, Jod-Jodkaliumlösung (s. S. 8), 10proz. Essigsäure, Indikatorpapier zur p_H-Bestimmung.

Zeitbedarf: 2 Std.

Ausführung: Ungefähr 100 g gewaschene Kartoffeln auf dem Reibeisen zerkleinern, in der Reibschale mit etwas Sand weiter zerreiben, den Brei durch ein nicht zu dichtes Preßtuch auspressen, den Saft mit einem halben Teelöffel voll Kaolin verrühren, zentrifugieren und die überstehende Lösung dekantieren. Diese Enzymlösung sollte am besten immer frisch verwendet werden, sie hält sich im Kühlschrank jedoch 24 bis

48 Std. 5 cm³ der Enzymlösung mit 5 cm³ 1proz. Glucose-1-Phosphat-Lösung mischen; einen Parallelansatz mit Enzymlösung herstellen, die kurz aufgekocht worden ist. Die Ansätze mit verdünnter Essigsäure tropfenweise versetzen, bis p_H 6 erreicht ist. Die Ansätze 30 Min. bei Zimmertemperatur stehen lassen, dann je eine kleine Probe entnehmen und mit Jod-Jodkalium-Lösung versetzen. Im Ansatz mit ungekochter Enzymlösung ist meist schon nach dieser Zeit eine blaue oder blauviolette Jodstärkefarbe zu beobachten. Sollte die Stärkereaktion erst undeutlich sein, den Ansatz länger stehen lassen. Im Ansatz gekochter Enzymlösung bleibt die braune Jodfarbe auch bei Proben, die nach längerem Stehen entnommen werden, erhalten. Wenn die Probe aus dem Ansatz mit der aktiven Enzymlösung eine kräftige Jodstärkefarbe zeigt, zum ganzen Ansatz Jodlösung zugeben, absitzen lassen und in einer Probe des Bodensatzes unter dem Mikroskop prüfen, ob die Stärke in „Stärkekörnern" gebildet worden ist.

(Vgl. C. S. HANES, Proc. Roy. Soc. London, **129 B**, 174 (1940); S. PEAT, Ann. Rev. of Biochem. **15**, 75 (1946).)

5. Das Emulsin, eine β-Glucosidase.

Versuch 166.

Glucosidspaltung durch Emulsin.

Versuchsmaterial: bittere Mandeln.

Geräte und Reagenzien: Reibschale, Becherglas mit kochendem Wasser.

Ausführung: Eine bittere Mandel mit etwas Wasser im Mörser zerreiben. Es entsteht der Geruch nach bitteren Mandeln (Blausäure und Benzaldehyd). Die Mandel zuvor in kochendes Wasser für 5 Min. halten und dann mit etwas Wasser zerreiben! Der Geruch entsteht nicht, da durch die Erhitzung die Enzyme zerstört worden sind. Die Spaltung des geruchlosen Substrates bleibt aus.

Auswertung: In den bitteren Mandeln wie in den meisten Rosaceen-Samen ist das Glucosid Amygdalin enthalten. Das Enzym, das dieses Glucosid spaltet, das Emulsin, ist von ihm getrennt vorhanden. Erst beim Zerreiben kommen Enzym und Substrat zusammen, und die Spaltung nach folgender Gleichung setzt ein.

$$C_6H_5 \cdot CH \cdot CN \cdot O \cdot C_{12}H_{21}O_{10} + 2\,H_2O \rightarrow C_6H_5CHO + HCN + 2\,Glucose$$

Amygdalin   Benzaldehyd   Blausäure.

D. Atmung und Gärung.

Grundlagen: Am Vorgang der Atmung im weiteren Sinne, am Betriebsstoffwechsel, sind bei den Pflanzen ebenso wie bei den Tieren zwei wesentlich verschiedene Komponenten beteiligt: erstens der Gasaustausch mit der Umwelt und zweitens der Vorgang der Oxydation des Atmungsmaterials in den lebenden Zellen. Der Gasaustausch ist bei den Landpflanzen notwendigerweise aus physikalischen Gründen eng mit der Transpiration gekoppelt, und der Bau der Organe sowie die Funktion der Spaltöffnungen stellen meist einen Kompromiß zwischen den oft gegensätzlichen Anforderungen der in ihrem Wesen voneinander unabhängigen Prozesse der Photosynthese, der Atmung und der Transpiration dar (vgl. Durchlüftungssystem S. 105). Der eigentümliche diurnale Säureumsatz der Sukkulenten mag der Anpassung des Gaswechsels an eine eingeschränkte Transpiration entspringen.

Für die sichere Beurteilung der Atmungs- bzw. Gärungsumsätze ist weder die Kenntnis der O_2-Aufnahme noch der CO_2-Abgabe allein ausreichend, das Verhältnis beider, der Atmungsquotient RQ $(= CO_2 : O_2)$, gibt oft wertvollen Aufschluß über den Chemismus des Betriebsstoffwechsels, z. B. über das Atmungsmaterial. Der RQ ist jedoch nicht eindeutig, da die abgeschiedene CO_2-Menge verschiedener Herkunft sein kann und oxydative Umwandlungen nicht ohne weiteres von anaeroben abgetrennt werden können. Pflanzenteile, die gewöhnlich aerob atmen, stellen die CO_2-Abgabe bei Ausschluß des Sauerstoffes nicht sofort ein, sondern fahren für einige Zeit fort, CO_2 abzugeben, das aus einem der alkoholischen Gärung der Hefe ähnlichen Prozeß (intramolekulare Atmung) stammt. Diese und andere Beobachtungen sprachen schon frühzeitig für einen inzwischen bewiesenen Zusammenhang zwischen anaeroben Spaltungen als einleitenden Schritten und anschließender oxydativer Weiterverarbeitung der Spaltprodukte in der eigentlichen Atmung. Die Zwischenprodukte sind labile rasch durchlaufene Stufen der Stoffumwandlungen, die nur durch besondere experimentelle Kunstgriffe erfaßt und nachgewiesen werden können. Acetaldehyd ist eine dieser intermediären Verbindungen, die im pflanzlichen Kohlenhydratumsatz und Fettstoffwechsel eine zentrale Stellung einnimmt oder wenigstens einem zentralen Spaltprodukt chemisch sehr nahe steht. In gesundem Pflanzengewebe tritt er jedoch nie in merklichen Mengen in Erscheinung, weil er ebenso schnell, wie er entsteht, weiter verwandelt wird.

Die durch Spaltung und Oxydation des Atmungsmaterials freigesetzte Energie durchläuft im allgemeinen verschiedene noch nicht genau geklärte Stufen der chemischen Energie, wobei Phosphorsäureverbindungen eine unerläßliche Rolle spielen, und erscheint schließlich als Wärme. Die bei der Atmung produzierte Wärme dürfte nur in seltenen Fällen, z. B. in Blütenknospen und dichten Blütenständen, biologisch von Bedeutung sein.

Die chemischen Schritte der Atmung und Gärung bestehen auf weite Strecken aus Wasserstoffabspaltungen und Übertragungen (Dehydrierungen). Dehydrasen, die auf die verschiedensten Verbindungen spezifisch eingestellt sind, spielen dabei eine hervorragende Rolle. Bei den Gärungen bleibt der Wasserstoff an organischen Zwischenprodukten hängen, (wobei z. B. Acetaldehyd zu Äthylalkohol, Brenztraubensäure zu Milchsäure hydriert werden), oder er wird als molekularer H_2 abgegeben (Buttersäuregärung). Bei der Atmung wird er über absteigende Stufen des Energiepotentials schließlich auf den aktivierten Sauerstoff übertragen. Wasser ist also das eigentliche Oxydationsprodukt der Atmung. CO_2 wird aus verschiedenen Ketosäuren durch Decarboxylierung abgespalten.

In vielen pflanzlichen Organismen ebenso wie in den Tieren werden Decarboxylierungen und Dehydrierungen an einer Reihe von Zwischenprodukten ausgeführt, die zu einem reversiblen Kreislauf angeordnet zu sein scheinen, in dem die Zitronensäure eine bemerkenswerte Rolle spielt (Zitronensäurekreislauf). Sie wird an Aconitsäure vorbei zu Isozitronensäure umgewandelt und dann zur Oxalbernsteinsäure dehydriert. Das ursprünglich als Zitronensäuredehydrase bezeichnete Enzym hat sich als eine Isocitrico-Dehydrase herausgestellt.

Im tierischen Körper wird der Sauerstoff allein durch das System Cytochrom-Cytochromoxydase (WARBURGS Atmungsferment) aktiviert und dem Wasserstoff gewissermaßen entgegengebracht. Die Endstufe der pflanzlichen Atmung ist nicht so einheitlich. An Stelle des Cytochromsystems oder mit diesem vergesellschaftet dienen in vielen Pflanzen die Polyphenolasen dem gleichen Zweck der Einbeziehung des atmosphärischen Sauerstoffes, den sie auf die in Pflanzen weitverbreiteten Polyphenole übertragen. Diese Zwischenkörper der Atmung werden abwechselnd von dem Wasserstoff der Dehydrasen bzw. der an diesen angreifenden Flavinenzyme reduziert und durch die Polyphenolasen zu chinoiden Körpern oxydiert. Fällt nach Zerstörung der Zellen die Wasserstoffübertragung aus, dann bilden die Chinone mit Aminosäuren bzw. Eiweißen dunkelbraune bis schwarze Pigmente, die viele Pflanzenzellen nach dem Verletzen dunkel verfärben.

Die gleichen Polyphenole können auch von einem anderen Enzym oxydiert werden, allerdings nur bei Anwesenheit von Peroxyden, z. B. von H_2O_2, nämlich von den Peroxydasen, die atmosphärischen Sauerstoff nicht zur Oxydation benutzen können. Solche Pflanzen dunkeln deshalb nach dem Zerstören der Zellen an der Luft nicht. Die wirksame Gruppe der Peroxydasen ist ein Hämineisen. Die bestuntersuchte pflanzliche Peroxydase ist die des Meerrettichs, der kaum Polyphenolasen enthält. Möglicherweise stellt im normalen Geschehen der Zelle die Ascorbinsäure (s. S. 187) eine Art Reduktionsreserve dar, die beim Nachhinken der Wasserstofflieferung gegenüber der Sauerstoffaktivierung durch Polyphenolasen die oxydierten Phenole regeneriert und dadurch eine Ansammlung der für das lebende Plasma toxischen Chinone verhindert.

Das für die Funktion der Peroxydasen unerläßliche Peroxyd wird durch die Tätigkeit des Cytochromsystems bei Vereinigung von H_2 mit einem Molekül Sauerstoff gebildet. Cytochrome sind Hämatin-Eiweißverbindungen, die ihre Funktion der Sauerstoffübertragung durch einen Valenzwechsel von Ferri $\rightleftharpoons$ Ferro ausüben. Bei Sättigung der Zellen mit Sauerstoff liegt das Cytochrom im wesentlichen in der oxydierten Form vor.

Als notwendigen Begleiter des Cytochromsystems zur Zerlegung des von diesem gebildeten zellgiftigen H_2O_2, darüber hinaus aber fast in allen Zellarten trifft man die Katalase an, deren Tätigkeit sich auf folgende Reaktion erstreckt: $H_2O_2 \rightarrow H_2O + O$. Es ist nicht immer klar zu entscheiden, in welchem Ausmaß diese Reaktion in der Zelle tatsächlich zustande kommt. Die aktive Gruppe der Katalase ist ebenfalls ein Hämatin.

1. Gaswechsel und Wärmeabgabe.

Prinzip der Methode. Der Sauerstoffverbrauch durch atmende Pflanzenteile läßt sich durch die Volumenabnahme eines abgeschlossenen Raumes, in welchem das abgegebene CO_2 aus der Atmosphäre entfernt wird, sichtbar machen bzw. messen. Wenn als Absorptionsflüssigkeit in den Raum mit atmenden Pflanzenorganen Kalkwasser oder Barytlauge eingestellt wird, demonstriert die zunehmende Trübung der Lauge die CO_2-Bildung.

Die Atmungsintensität durch den Sauerstoffverbrauch zu messen ist für Praktikumsverhältnisse nur bei Submersen mit der WINKLER-schen Methode (s. S. 129) leicht durchführbar. Die Menge des in die Atmosphäre abgegebenen CO_2 wird durch Abfangen in Barytlauge $(Ba(OH)_2)$ bekannter Konzentration (Normalität) bestimmt. Für kurze Zeiten und bei geringer Atmungsintensität kann dies im abgeschlossenen Raum geschehen. Für längere Dauer und bei hoher Atmungsintensität wird im Luftstrom gearbeitet, damit ungehemmte Sauerstoffzufuhr gewährleistet ist. Der Luftstrom wird vor Eintritt in das Versuchsgefäß durch Lauge vom CO_2 befreit, so daß alles hinter dem Versuchsgefäß absorbierte Kohlendioxyd tatsächlich aus der Atmung der Pflanzenteile stammt. Bei der Wahl der Gefäße und der Führung des Luftstromes muß darauf geachtet werden, daß keine toten Räume bleiben, in denen sich CO_2 ansammelt. Der Luftstrom muß so rasch eingestellt werden, daß alles CO_2, das die Pflanzen abgeben, herausgespült wird, andererseits darf die Luft nur so rasch strömen, daß alles mitgeführte CO_2 von der Lauge restlos absorbiert wird (mehrere Gefäße hintereinander schalten und die absorbierende Flüssigkeitssäule möglichst hoch wählen!).

Die anaerobe CO_2-Abgabe wird dadurch nachgewiesen, daß die Pflanzenteile ohne Luft durch Quecksilber abgeschlossen werden, das bei Gasabscheidung zurücktritt. Die Absorbierbarkeit des Gases durch Lauge zeigt, daß es tatsächlich CO_2 war. Man kann die anaerob gebildete CO_2-Menge im Strom eines inerten Gases (N_2 oder H_2) analog dem soeben für aerobe Verhältnissse geschilderten Verfahren messen. Durch alkalische Pyrogallol-Lösung oder durch Überleiten über eine glühende Kupferspirale im Porzellanrohr müssen dabei die letzten Reste von Sauerstoff entfernt werden.

Über die Lage des RQ($CO_2 : O_2$) orientiert die Veränderung eines mit den atmenden Pflanzenteilen abgeschlossenen Luftvolumens, in welchem das CO_2 *nicht* absorbiert wird. Die Temperatur zu Beginn und Ende des Versuches beim Ablesen der Volumina muß genau die gleiche sein. Ein Thermostat ist dafür unerläßlich. Die durch unvermeidliche Temperaturschwankungen bewirkten geringen Volumenveränderungen zeigt ein Kontrollgefäß ohne Pflanzen an. Die Volumenänderung in den Atmungsgefäßen wird durch ein einfaches U-Rohr mit Wasser als Manometerflüssigkeit angezeigt. Bei $RQ>1$ entsteht ein Überdruck, bei $RQ<1$ ein Unterdruck. Mit einer solchen einfachen Manometertechnik kann zwar der Wert des RQ nicht zahlenmäßig angegeben, aber doch festgestellt werden, ob er gleich 1 ist oder ob er nach unten oder oben abweicht.

Das gleiche Prinzip liegt auch der WARBURG-BARCROFTschen Manometertechnik zugrunde. Das genaue Verhältnis $CO_2 : O_2$ läßt sich erst errechnen, wenn zu jedem Gefäß, das wie hier beschickt und behandelt wird, ein Parallelgefäß mit vergleichbarem Pflanzenmaterial unter Absorption des CO_2 läuft, dessen Manometerveränderung (stets Unterdruck!) ein Maß für die Menge des verbrauchten Sauerstoffs ist.

Die mit der Atmung und Gärung einhergehende Wärmeproduktion führt bei Pflanzen mit ihrer großen Oberflächenentwicklung im allgemeinen erst zu einer leicht meßbaren Temperaturerhöhung der Pflanzenteile, wenn die Wärmeabgabe durch Leitung und Strahlung verhindert wird wie in einem Dewar-Gefäß (Thermosflasche).

Versuch 167.

Sauerstoffverbrauch bei der Atmung.

(Demonstrationsversuch.)

Versuchsmaterial: keimende Erbsen, Maiskörner oder Sonnenblumenkerne (2 Tage bei 25° in feuchten Sägespänen angekeimt), Blüten bzw. Blütenstände von *Paeonia, Taraxacum, Dahlia* o.ä.

Geräte und Reagenzien: 1 Standzylinder (etwa 30—40 cm hoch und 8—10 cm im Durchmesser), der durch eine aufgeschliffene Glasplatte abzudecken ist, ein zweiter ähnlicher Zylinder, Schale oder Wanne aus Glas, Steingut oder Blech, kleines Schälchen von geringerem Durchmesser als der Zylinder, Zwischenwand aus Kork in dem Zylinder (s. Abb. 34) Draht mit Kerze, Vaseline. — Konz. Kalilauge.

Zeitbedarf: a) 2 Tage und 6—8 Std. vorher ansetzen; b) 4—8 Std. nach Ansatz beobachten.

Ausführung: a) In den abgeschliffenen Standzylinder ungefähr 10 cm hoch die keimenden Samen einfüllen, den Glasdeckel auflegen, evtl. vorher die Ränder des Zylinders zur besseren Abdichtung mit etwas Vaseline einfetten und den Zylinder im Thermostaten bei 30° 6—8 Std. oder bei Zimmertemperatur über Nacht stehen lassen! Danach den Deckel bis zur halben Öffnung zur Seite schieben und die an einem umgebogenen Draht befestigte brennende Kerze in den Zylinder einführen! Wenn die Keimlinge lange genug geatmet haben, erlischt die Kerze aus Mangel an Sauerstoff, der durch die Atmung verbraucht worden ist. Zur Kontrolle führe man die brennende Kerze in einen leeren Zylinder ein, um zu zeigen, daß darin genügend Sauerstoff zur Unterhaltung der Flamme vorhanden ist.

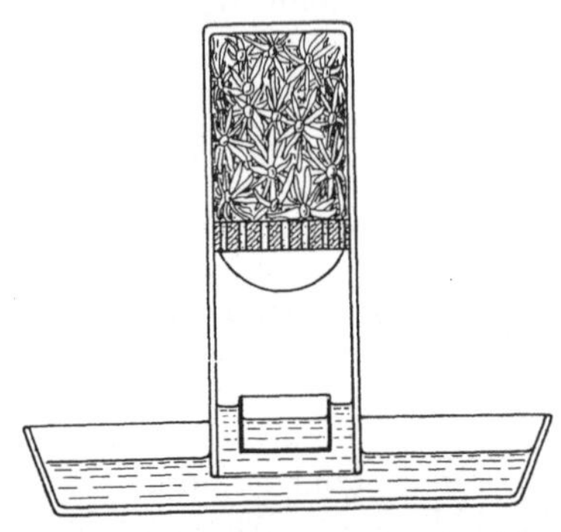

Abb. 34. Anordnung zur Demonstration des Sauerstoffverbrauches bei der Atmung. (Aus W. OELS, Pflanzenphysiologische Übungen. Braunschweig 1907.)

b) Den Zylinder zu einem Drittel bis zur Hälfte mit den Blüten füllen. Einen vielfach durchbohrten Korken entsprechender Größe, der so fest sitzen muß, daß er beim Umstürzen dem Druck der Blüten nicht nachgibt, einführen (s. Abb. 34). Den umgestürzten Zylinder in die zur Hälfte mit Wasser gefüllte Wanne über das mit Kalilauge beschickte Schälchen, das schwimmt, stülpen! Wenn die Gefäße so aufgestellt werden, daß stärkere Temperaturschwankungen, die eine Veränderung des Luftvolumens im Zylinder bewirken würden, vermieden werden, dann sieht man dem Verbrauch des Sauerstoffs entsprechend das Wasser im Zylinder ansteigen, weil das gleichzeitig gebildete Kohlendioxyd von der Kalilauge aus der Atmosphäre entnommen wird.

Eine andere Versuchsanordnung, die auf dem gleichen Prinzip beruht und auch den Sauerstoffverbrauch durch Atmung demonstriert,

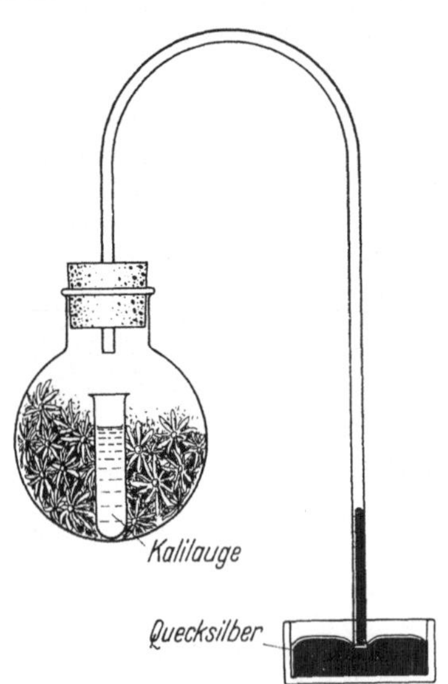

Abb. 35. Gefäß zur Demonstration des Sauerstoff-Verbrauches bei der Atmung.

ist in Abb. 35 dargestellt. Sie hat den Vorteil, daß ein Ausschlag rascher sichtbar wird, wenn auch hierbei auf möglichste Temperaturkonstanz in der Umgebung geachtet wird (Aufstellung in einem Thermostaten oder in einem größeren Aquariumgefäß!).

Der Sauerstoffverbrauch submerser Pflanzen kann leicht mit Hilfe der WINKLERschen Sauerstoffbestimmung quantitativ verfolgt werden (s. S. 129).

Versuch 168.

Nachweis der CO_2-Bildung ohne Sauerstoffaufnahme.

(Intramolekulare Atmung).

Versuchsmaterial: keimende Erbsen (2—3 Tage bei 20 bis 25° in feuchten Sägespänen gekeimt).

Geräte und Reagenzien: dickwandiges Reagenzglas, starkwandige Schale, Stativ mit Klammer, Pipette mit umgebogener Spitze. Quecksilber, Kalilauge (25proz.).

Zeitbedarf: Vorbereitung 2 Tage, ½ Std. zum Ansetzen, nach 10—12 Std. beobachten.

Ausführung: Das Reagenzglas mit Quecksilber füllen, mit dem Daumen sicher verschließen, umdrehen und in die mit Quecksilber halb gefüllte Schale eintauchen! Das Röhrchen so in ein Stativ einspannen, daß es mit seinem Rand so weit über dem Boden des Schälchens steht, daß 5—6 Erbsen in das Röhrchen eingeführt werden können. Sie steigen im Hg hoch und sind dann von jeder Luftzufuhr abgeschnitten. Nach einigen Stunden zeigen sich um die Erbsen Gasblasen. Über Nacht ist ein großer Teil des Röhrchens mit Gas gefüllt. Mit der Pipette oder mit einem umgebogenen Glasrohr wird etwas Kalilauge durch das Quecksilber in das Röhrchen gebracht, die das Gas fast vollständig absorbiert, womit nachgewiesen wird, daß es Kohlendioxyd ist.

Versuch 169.

Nachweis der Wärmeentwicklung bei der Atmung.

Versuchsmaterial: *Paeonia-* oder Rosenblüten, Blütenstände von *Achillea millefolium*, *Chrysanthemum leucanthemum*, *Trifolium pratense*, oder Getreidekeimlinge (2—4 Tage angekeimt).

Geräte und Reagenzien: Dewargefäß oder Thermosflasche, Kiste mit Packwatte oder trockenen Sägespänen zur Aufnahme des Thermosgefäßes, Thermometer (lange Form) 0°—50° C.

Zeitbedarf: Ansetzen ½ Std., Beobachten über 10—12 Std.

Ausführung: Von den genannten Blüten, die eine besonders hohe Atmungsintensität und eine dementsprechende Wärmeabgabe aufweisen, ungefähr 150 g in ein Dewargefäß einfüllen, Thermometer einführen und das Gefäß in einer Kiste oder einem Karton mit Watte, Zellstoff oder trocknen Sägespänen umhüllen und mit einer Schicht Watte überdecken, so daß das Thermometer von außen abzulesen ist. Neben die Kiste ein Thermometer zur Registrierung der Umgebungstemperatur hängen. Von Stunde zu Stunde beide Thermometer ablesen und die

Temperaturdifferenz berechnen! In günstigen Fällen steigt die Temperatur innerhalb der Blüten oder Keimlinge in 12—15 Std. auf 15° bis 20° über die Umgebungstemperatur. Zur Kontrolle kann ein Gefäß auf ähnliche Art hergerichtet, aber an Stelle der Blüten mit feuchtem Filtrierpapier gefüllt werden.

Zur Not genügt zum Nachweis der Temperatursteigerung in atmenden Pflanzenteilen ein Glasstutzen oder ein Becherglas, das dicht mit Watte umhüllt und mit einem Wattebausch verschlossen wird. Ohne besondere Vorkehrungen kann man in gewissen Blüten und Blütenständen recht bemerkenswerte Übertemperaturen nachweisen. Besonders günstig sind verschiedene Araceen, z. B. *Arum italicum* oder *Sauromatum guttatum*, auch die Blüten von *Victoria regia* (vgl. Vers. 89).

Mit Laubblättern kann man eine stärkere Temperaturerhöhung erzielen, wenn man 2—4 kg davon in einen Kasten dicht packt. Die sehr bald einsetzende Temperatursteigerung ist auf die Atmung der Blätter zurückzuführen. Erst nach 24—36 Std., wenn durch die Erhitzung die Blätter abgestorben sind, vermehren sich die Bakterien und Pilze und die Wärmeproduktion der Mikroorganismen bringt dann einen erneuten Temperaturanstieg zustande.

Versuch 170.

Atmungsintensität durch Messung des abgegebenen Kohlendioxyds.

Versuchsmaterial: Weizen- oder Maiskeimlinge, 2 und 4 Tage bei 25° gekeimt (je nach Größe der Gefäße 25—100 Körner je Versuch).

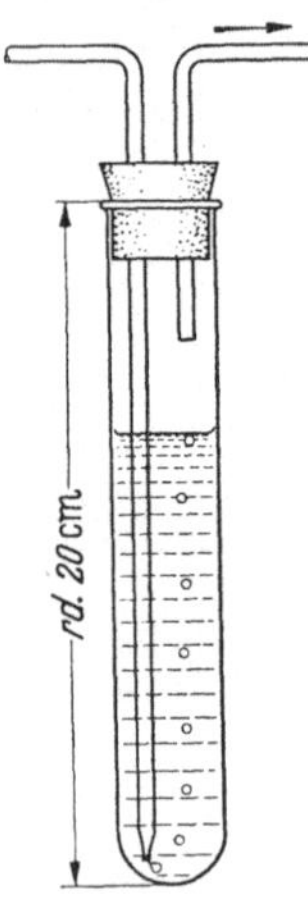

Abb. 36. Röhrchen zur Absorption von CO_2 aus einem Gasstrom (Füllung: $Ba(OH)_2$- oder $Ca(OH)_2$-Lösung).

Geräte und Reagenzien: 5 Waschflaschen und/oder lange Röhren mit Einsatz (s. Abb. 36, soweit vorhanden, können auch „PETTENKOFERsche Röhren" zur Absorption des CO_2 verwendet werden); Gummischlauch; 2 Erlenmeyer 100 cm³, Bürette 25 cm³, Pipette 25 cm³, 10 cm³; Wasserstrahlpumpe.

Kalilauge 25proz., Barytlauge (s. u.), 0,1 n Salzsäure, Phenolphthalein 1proz. (alkoholisch).

Zeitbedarf: 4 und 2 Tage Vorbereitung; 3—4 Std.

Ausführung: *Ansetzen der Barytlauge*: in eine 1 Liter-Flasche einige Löffel Bariumhydroxyd einbringen, destilliertes Wasser übergießen, verstöpseln und öfter umschütteln! Absitzen lassen! In einer neuen Literflasche 200 cm³ der gesättigten Barytlauge mit der dreifachen Menge destillierten Wassers mischen, umschütteln und absitzen lassen! Gesättigte Lösung ist für quantitative Bestimmungen nicht verwendbar, weil sich bei Temperaturschwankungen eine Schichtung im $Ba(OH)_2$-Gehalt ausbildet.

Eine Waschflasche bzw. ein Röhrchen mit Kalilauge zu 2 Dritteln füllen! Eine andere Waschflasche dient als Versuchsgefäß. Den Einsatz soweit herausziehen, daß man die Keimlinge gerade einführen kann.

Die Keimlinge um das Einsatzrohr herum locker verteilen. Zwei weitere Waschflaschen oder Röhrchen zu 2 Drittel (d. i. mit 20, 25 oder 30 cm³ je nach Größe der Gefäße) mit Barytlauge füllen! Die Menge muß genau abgemessen werden. Die 4 Gefäße so hintereinander schalten, daß der Luftstrom zunächst durch das mit Kalilauge gefüllte zur Entfernung des CO_2 der Atmosphäre, dann durch das Versuchsgefäß und schließlich durch die beiden mit Bariumhydroxyd zur Absorption des gebildeten CO_2 gesaugt wird! Obacht auf die Strömungsrichtung! Bei falscher Schaltung wird die Flüssigkeit aus den Gefäßen gesaugt (s. Abb. 36). Die mit möglichst kurzen Gummischläuchen (Gummi läßt CO_2 durchtreten!) in der genannten Reihenfolge verbundenen Gefäße in einen Stutzen, eine Konservendose, ein Kistchen oder einen Pappkarton entsprechender Größe einstellen! Vor Beginn des Versuches vor den beiden Barytröhrchen die Schlauchverbindung lösen und das Versuchsgefäß mit den Keimlingen zur Entfernung der angesammelten CO_2 ungefähr 1 Min. scharf durchsaugen, dann die beiden Barytröhrchen wieder einschalten und vorsichtig zu saugen beginnen. Der Luftstrom soll so rasch sein, daß man die Blasen in den Flüssigkeitssäulen gerade noch einzeln sehen kann. Den Augenblick des Ansaugens als Versuchsbeginn und dazu die Umgebungstemperatur der Röhrchen notieren! Da die Keimlinge noch kein Chlorophyll enthalten, braucht nicht verdunkelt zu werden. Bei der Untersuchung der Atmung grüner Organe muß das Versuchsgefäß dicht in schwarzes Papier eingehüllt werden. Bei längerer Dauer des Versuchs muß zwischen dem Gefäß mit Kalilauge und dem Versuchsgefäß noch ein Röhrchen mit destilliertem Wasser eingeschaltet werden, da durch die starke Kalilauge die Luft auch getrocknet wird. Die Keimlinge im Versuchsgefäß würden stark austrocknen. Auch zur Abscheidung mitgerissener Tröpfchen von Kalilauge ist ein solches Zwischengefäß nützlich.

Im 2. Röhrchen mit Baryt tritt im allgemeinen nur eine schwache Trübung auf. Eine Stunde nach Versuchsbeginn werden die beiden Röhrchen mit Baryt gegen zwei neue ebenso beschickte ausgetauscht und es wird noch eine weitere Stunde durchgesaugt.

Während der Versuch läuft, wird der Titer der Barytlösung bestimmt. Aus dem Vorratsgefäß zweimal je 10 cm³ in kleine Erlenmeyer pipettieren, mit einem Tropfen Phenolphthaleinlösung versetzen und mit 0,1 n HCl titrieren. Nach Abschalten der beiden vorgelegten Röhrchen mit Baryt daraus zweimal je 10 cm³ entnehmen und ebenfalls titrieren. Vor der Probenahme etwas absitzen lassen. Das Bariumkarbonat stört die Titration jedoch nicht, weil Phenolphthalein den Umschlag schon am Neutralpunkt anzeigt, während sich Bariumkarbonat erst bei p_H 4—5 merklich löst.

Auswertung: Der Säureverbrauch der Vorratslösung sei im Mittel 11,2 cm³ 0,1 n HCl je 10 cm³ Barytlauge, dann ist der Titer der Lösung 0,112. Nach Absorption von CO_2 sei der Säureverbrauch in den beiden vorgelegten Röhrchen 6,4 bzw. 10,9 cm³ n HCl, der Titer beträgt dann 0,064 bzw. 0,109 und die Titerdifferenz 0,048 bzw. 0,003. Dieser Titerunterschied ist zu multiplizieren mit der Menge vorgelegter Lauge.

Diese sei in jedem Röhrchen 30 cm³. Der Rückgang wäre sodann 1,440 $+ 0,09$ cm³ n Lauge, d. i. 1,53 cm³. In den entsprechend absorbierten 1,53 cm³ n Kohlensäure sind $1,53 \cdot 22$ mg CO_2 enthalten. (Kohlensäure ist zweibasisch, 1 cm³ n Kohlensäure enthält also das halbe Molekulargewicht in mg. Ein Molekül H_2CO_3 entspricht einem Molekül CO_2, also 1 cm³ n Säure $\frac{CO_2}{2}$, d. i. 22 mg.)

Wenn der Versuch nicht genau eine Stunde gelaufen ist, wäre noch auf eine Stunde umzurechnen (den errechneten Wert in mg CO_2 durch die Zahl der Minuten, während der durchströmt wurde, dividieren und mit 60 multiplizieren). Schließlich ist der Wert noch auf 1 oder auf 100 Keimlinge umzurechnen (durch die Anzahl der verwendeten Keimlinge dividieren und mit 100 multiplizieren!).

Einige gefundene Werte.

100 Maiskeimlinge bei 24°		100 Weizenkeimlinge bei 21°	
2 Tage alt	19,1 mg CO_2/Std.	2 Tage alt	2,1 mg CO_2/Std.
5 Tage alt	52,3 mg CO_2/Std.	4 Tage alt	4,0 mg CO_2/Std.
		6 Tage alt	4,6 mg CO_2/Std.

Versuch 171.

Der Atmungsquotient.

Versuchsmaterial: Weizenkeimlinge (3—5 Tage bei 20 bis 25° in feuchten Sägespänen gezogen), Sonnenblumen- oder Kürbiskeimlinge (4—5 Tage bei 20—25° in feuchten Sägespänen gezogen), Blätter von *Bryophyllum calycinum* oder einer anderen *Crassulacee* 24 Std. vor Versuchsbeginn bei möglichst niedriger Temperatur, jedoch oberhalb des Nullpunktes verdunkeln).

Geräte und Reagenzien: 4 Erlenmeyer oder Standkolben mit weitem Hals mit Manometeraufsatz (Abb. 37), Dunkelthermostat 25°, Methylenblau.

Zeitbedarf: Vorbereitung 5 Tage und 3 Tage und 24 Std.; Ausführung 1 Std., nach 2 Std. ablesen.

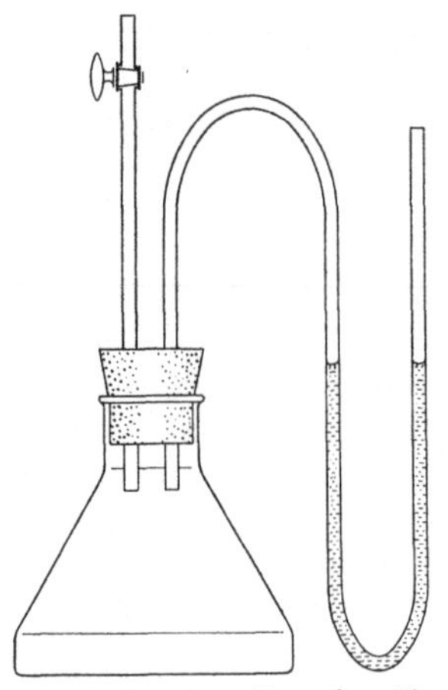

Abb. 37. Gefäß zu Versuchen über die Höhe des Atmungsquotienten.

Ausführung: (Für die Aufsätze müssen Gummistopfen verwendet werden. An Stelle des eingeschliffenen Hahnes können auch kurze Gummischläuche und Schraubquetschhähne benutzt werden.) Die Versuchsobjekte ungefähr 1 Std. vor Versuchsbeginn in einer feuchten Schale o. ä. in den Thermostaten zum Vorwärmen einstellen! In je einen der Kolben eine reichliche Menge Weizenkeimlinge, *Helianthus*-Keimlinge bzw. *Crassulaceen*-Blätter, diese nötigenfalls zerteilt, einfüllen! Das vierte Gefäß bleibt leer, um später die eventuell durch Temperaturschwankungen bedingten Druckänderungen anzuzeigen. Die Manometer sind bis zur Hälfte mit Wasser, das durch etwas Methylenblau angefärbt sein kann, gefüllt und die Hähne sind offen. Festes Aufsetzen der Stopfen, die mit ein paar Tropfen Wasser befeuchtet werden, und Einstellen der Gefäße zunächst mit geöffneten Hähnen in den Thermostaten möglichst so, daß später mit einem Blick beim Öffnen der Tür die Manometer überblickt werden können. Besonders geeignet sind Thermostaten, die eine Glaszwischentür haben. Nach Temperaturangleichung der Gefäße (etwa nach einer halben Stunde) die Hähne schließen, ohne durch Anfassen der Kolben mit den Händen die Temperatur zu verändern! Schon nach einer halben bis einer Stunde, je nachdem, wie groß die Menge des atmenden Materials im Vergleich zum Volumen des Kolbens ist, sind deutliche Unterschiede im Stand der Manometerflüssigkeit der einzelnen Kolben zu beobachten.

Auswertung: Wenn das Manometer am leeren Kolben ausgeglichen steht (sonst muß der Unter- oder Überdruck des Leergefäßes von der Druckdifferenz jedes anderen Manometers abgezogen werden, um den wahren durch den Gasumsatz hervorgerufenen Druckunterschied zu erhalten), so zeigt auch der Kolben mit den Weizenkeimlingen keinen bemerkenswerten Druckunterschied. Das Manometer am Kolben mit Sonnenblumen- bzw. Kürbiskeimlingen, die vom 4. Tage an vor allem Fett veratmen, zeigt einen Unterdruck im Gefäß an, also ein $CO_2 : O_2$-Verhältnis kleiner als eins. Der Kolben mit den *Crassulaceen*-Blättern weist einen Überdruck auf, da diese Blätter bei höheren Temperaturen auch im Dunklen die vorher angehäuften Säuren (s. Vers. 173) veratmen und dabei relativ weniger Sauerstoff aufnehmen müssen, als CO_2 frei wird. Der Quotient $CO_2 : O_2$ für die totale Oxydation von Äpfelsäure ist 1,33. Die tatsächliche Größe des Atmungsquotienten kann bei dieser Versuchsanordnung nicht bestimmt werden, dazu müßte neben dem Volumen der Gefäße und der Manometerröhre vor allem die Menge des umgesetzten Gases bekannt sein.

2. Chemismus der Atmung und Gärung.

(Das Prinzip der Methode wird in diesem Abschnitt wegen der Verschiedenartigkeit der Untersuchungsprinzipien jedem einzelnen Versuch beigefügt.)

Versuch 172.

Abfangen von Acetaldehyd bei der alkoholischen Gärung.

Versuchsmaterial: 10 g Bäckerhefe.

Geräte und Reagenzien: 2 Gärröhrchen, 2 Bechergläser 100 cm³, Bürette 10 oder 25 cm³, graduierte Pipette 10 cm³, graduierte Pipette 1 cm³, Reagenzgläser, Lackmuspapier. Thermostat zwischen

35° und 40° oder großes Becherglas und dann Schlauchansätze für die Gärröhrchen (s. Abb. 27 S. 160).

10proz. Rohrzuckerlösung 50 cm³, 3proz. Piperidinlösung 10 cm³, 4proz. Natriumnitroprussidlösung 10 cm³, Kalziumsulfit (CaSO$_3$ · 2 H$_2$O) oder Natriumsulfit (Na$_2$SO$_3$) und Kalziumchlorid, Lackmuspapier.

Zeitbedarf: 2 Std.

Prinzip der Methode. Der als Durchgangsstufe zwischen Brenztraubensäure und Äthylalkohol entstehende Acetaldehyd kann mit neutralem Sulfit abgefangen werden, ohne daß der übrige zymatische Enzymkomplex geschädigt wird. Der Nachweis des Aldehyds erfolgt mit Piperidin und Natriumnitroprussid (Na$_2$[Fe(CN)$_5$NO] · 2 H$_2$O). Das Piperidin bewirkt dabei gleichzeitig die Spaltung der Acetaldehyd-Sulfit-Verbindung.

Ausführung. In 20 cm³ einer 10proz. Rohrzuckerlösung, die sich in einem kleinen Becherglas befindet, 2 g Kalziumsulfit und 2 g Bäckerhefe durch Schütteln und Rühren gleichmäßig verteilen! Das Gemisch in ein Gärröhrchen einfüllen. Ein Kontrollröhrchen ansetzen, das nur Rohrzuckerlösung + Hefe (ohne Sulfit) enthält! Wenn kein Thermostat mit einer Temperatur zwischen 35° und 40° zur Verfügung steht, wird über die kurzen offenen Schenkel der Gärröhrchen ein Stück weiten Schlauchs gezogen, das höher ragt als die langen Schenkel. Die so vorbereiteten Gärröhrchen in ein grcßes Becherglas versenken, das mit Wasser von 38°—40° gefüllt ist. Die Temperatur durch Zugießen von heißem Wasser oder durch Unterstellen einer kleinen Flamme halten. Wenn sich in beiden Gefäßen reichlich CO$_2$ entwickelt hat (nach ½—1 Std.), mit einer Pipette aus jedem der beiden Göransätze ungefähr 3 cm³ entnehmen und ohne Filtration in je ein bezeichnetes Reagenzglas mit je 0,5 cm³ Na-Nitroprussidlösung und 3 cm³ Piperidinlösung vermengen. Die Probe aus dem Kontrollröhrchen bleibt farblos, die aus dem Abfangversuch färbt sich in der für Acetaldehyd charakteristischen Weise kräftig blauviolett. Die Färbung ist manchmal nicht anhaltend, sondern verschwindet nach Umschütteln alsbald. Gegenprobe anstellen, daß sich Kalziumsulfit allein mit den beiden Reagenzien nicht färbt.

Da das käufliche Kalziumsulfit manchmal nicht brauchbar ist, weil es bei zu hoher Temperatur getrocknet wurde, kann der Ansatz ebenso bequem auf folgende Art zusammengestellt werden. 2 g Rohrzucker in 10 cm³ Natriumsulfitlösung (1,26 g Na$_2$SO$_3$ in 10 cm³ Wasser) in der Wärme auflösen, dann aus einer Bürette oder einer Pipette Kalziumchloridlösung (2,19 g CaCl$_2$ · 6 H$_2$O in 10 cm$_2$ Wasser) zutropfen, bis die ursprünglich alkalische Reaktion gegen Lackmuspapier neutralisiert ist. Nach dem Abkühlen 2 g Hefe hinzufügen und zur gleichmäßigen Verteilung gut durchschütteln. Nach Einfüllen in die Gärröhrchen diese in Thermostat oder Wasserbad stellen.

Wegen der höheren Salzkonzentration tritt die Gärung etwas langsamer ein, aber die für einen kräftigen Nachweis erforderliche Aldehydmenge ist im allgemeinen nach einer Stunde gebildet. Als Anhaltspunkt für das Fortschreiten der Gärung dient das im geschlossenen Schenkel aufgefangene CO_2.

An Stelle von Hefe kann auch ein Brei, der durch Zerreiben von keimenden Erbsen gewonnen wird, verwendet werden. Der Versuch muß dann aber im allgemeinen einige Stunden laufen, ehe genügend Acetaldehyd für einen Nachweis gebildet worden ist.

Auswertung: Die Decarboxylierung der Brenztraubensäure geht trotz des Sulfitzusatzes weiter, CO_2 wird ausgeschieden. Im normalen Gäransatz läßt sich Acetaldehyd nicht nachweisen, weil er restlos zum Äthylalkohol hydriert wird. Daß er tatsächlich als Intermediärsubstanz auftritt, läßt sich nachweisen, wenn man ihn mit geeigneten Stoffen (Kalziumsulfit oder Dimedon) abfängt. In einem solchen Ansatz entsteht dann natürlich kein Äthylalkohol, sondern es sammelt sich eine äquivalente Menge Glycerin an, das sich aber nicht so leicht nachweisen läßt.

Literatur: NEUBERG, C.: Zeitschr. f. Botanik **11**, 180 (1919).

Versuch 173.

Der diurnale Säurerhythmus bei Sukkulenten.

Versuchsmaterial: Blätter von *Bryophyllum calycinum, Br. crenatum* oder einer anderen *Crassulacee,* auch *Kleinia*-Art.

Geräte und Reagenzien: Handpresse[1] mit kleinem Leinentuch dazu, weites Reagenzglas oder weithalsiger Erlenmeyer 100 oder 200 cm³, Wasserbad oder großes Becherglas, Bürette 25 cm³, Pipette 10 cm³, einige Kölbchen 100 cm³.

0,1 n Kalilauge, 1proz. Phenolphthalein (alkoholische Lösung), Indikatoren für p_H-Bestimmung oder Chinhydron-Elektrode und elektrometrische Apparatur (s. S. 6).

Zeitbedarf: 24 Std. Vorbereitung; Ausführung 3—4 Std.

Prinzip der Methode. Um aus den zu untersuchenden Organen den Saft möglichst vollständig und unverändert zu gewinnen, müssen die Zellen abgetötet werden, ohne daß die Saftkonzentration dabei verändert wird. Die Blätter können durch Gefrieren oder durch Erhitzen im abgeschlossenen Luftraum für die Saftgewinnung vorbereitet werden (vgl. S. 54). Im ausgepreßten Saft wird durch Titration mit Kalilauge die Titrationsazidität (potentielle Azidität) und durch Indikatoren für die p_H-Bestimmung im Bereich von p_H 3—6 (oder mit Hilfe der Chinhydronelektrode) das p_H (die aktuelle Azidität) gemessen.

Ausführung: Von zwei möglichst gleichartigen Pflanzen wird die eine 24 Std. vor Versuchsbeginn (an kühlem Ort bis herab zu 8° bis 4° C) verdunkelt. Die Andere soll wenigstens 6 Std. gutes Licht erhalten haben. Die Untersuchung wird also zweckmäßigerweise am Nachmittag vorgenommen. Man kann auch von gegenständigen Blättern je eines 24 Std. vorher entnehmen und an möglichst kühlem Platz

---

[1] Vgl. Abb. 5 S. 54.

verdunkeln. Von der hellen und verdunkelten Pflanze ähnliche Blätter
entnehmen oder die abgeschnittenen verdunkelten und die an der
Pflanze belassenen gegenständigen Blätter zu Portionen von ungefähr
50 g in ein kleines Stück Preßtuch (Leinen- oder Baumwolltuch) einwickeln und nacheinander in einem dünnwandigen verschließbaren
Glasgefäß (weithalsiger Erlenmeyer oder weites Reagenzglas, Stopfen
locker aufsetzen) 15—20 Min. in kochendes Wasserbad einstellen, ohne
daß Wasser zu den Blättern hinzutritt oder aus ihnen verdampfen kann.
Die Portionen getrennt auspressen. Der Saft ist meist unmittelbar zum
Titrieren geeignet, sonst muß er noch filtriert werden. Zu 10 cm³ des
Saftes jeder Portion (der hellen und der dunklen) einige Tropfen Phenol-
phthaleinlösung zugeben und mit 0,1 n Kalilauge bis zur schwachen
Rosafärbung titrieren. Wenn genügend Saft vorhanden, die Titration
mit der gleichen Saftmenge wiederholen! Im Rest des Saftes durch
Farbindikatoren oder mit der Chinhydronelektrode das p_H ermitteln!

Auswertung: Durch Multiplikation des Titers der Kalilauge
(0,1) mit der Anzahl verbrauchter cm³ beim Titrieren von 10 cm³ Saft

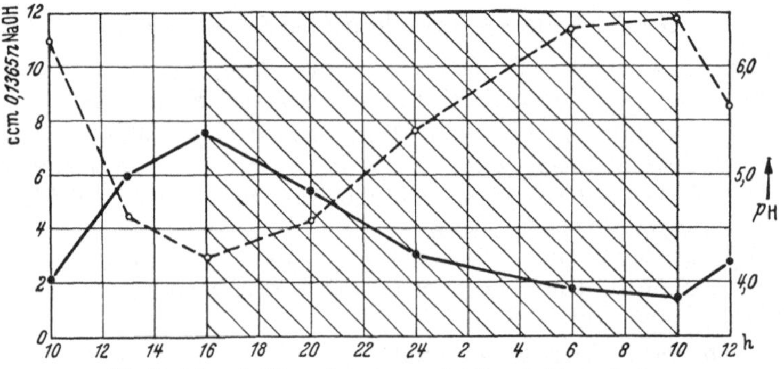

Abb. 38. Diurnale Säureschwankungen bei Bryophyllum calycinum.
•———• p_H o——————o Titrationsazidität (10 cm³ Preßsaft).
Pflanzen an einem sonnigen Wintertag im „Warmhaus" — Sonnenuntergang 17 Uhr.
Ab 16 Uhr erhielten die Pflanzen keine direkte Sonne mehr.
(Nach F.G GUSTAFSON, Journ. Gen. Physiol. 7, 719. 1925.)

den Verbrauch in cm³ n Lauge ausdrücken. 10 cm³ Saft (eine andere
Bezugsgröße erübrigt sich hier, da die Säureproduktion nicht in Beziehung zu anderen Stoffwechselvorgängen gebracht werden soll) aus
belichteten Blättern enthalten weniger titrierbare Säure, als 10 cm³ aus
verdunkelten Blättern (etwa 0,5 cm³ n Säure gegen 1,5 cm³ n Säure).
Durch Titration werden nur die freien Säuren und sauren Salze erfaßt.
Um die Gesamtmenge der im Stoffumsatz produzierten bzw. abgebau-
ten Säureanionen kennen zu lernen, müssen auch noch die durch Neutralisation mit zelleigenen Kationen der Titration entzogenen Säure-
reste bestimmt werden („Gesamtsäure"), aber der sehr stark pendelnde
Säuregehalt in Sukkulenten nach Belichtung und Verdunklung tritt auch
schon in der Titrationsazidität und im p_H deutlich hervor (s. Abb. 38).

Literatur: WOLF, J.: Planta **37**, 510 (1949.) — PAECH, K.: Biochemie und
Physiologie der sekundären Pflanzenstoffe. Heidelberg-Göttingen-Berlin 1950.

Versuch 174.

Die Aconitsäure.

Versuchsmaterial: Kraut oder Wurzeln von *Aconitum napellus*, *Adonis vernalis*, Kraut von *Equisetum arvensis* oder die entsprechenden Drogen.

Geräte und Reagenzien: Reagenzgläser, dabei ein dickwandiges, kochendes Wasserbad (großes Becherglas!), Reibschale, Trichter mit Filter, Wasserstrahlpumpe.

Äthyläther 20 cm³, 10proz. Salzsäure, 10proz. Natronlauge, etwas pulverisierte Holzkohle, etwas Traganthpulver, einige Tropfen Essigsäureanhydrid.

Zeitbedarf: Vorbereitung 3—4 Std. zum Trocknen des Materials, Ausführung 1 Std.

Prinzip der Methode. Die im Zusammenhang mit dem natürlichen Zitronensäureabbau wichtig gewordene Aconitsäure wird wie alle „Pflanzensäuren" durch Mineralsäuren aus ihren Salzen freigesetzt und kann dann zusammen mit den meisten zwei- und dreibasischen Säuren durch Äther extrahiert werden. Der Nachweis erfolgt durch eine spezifische Färbung der Aconitsäure mit Essigsäureanhydrid.

$$HOOC-CH_2-C=CH-COOH \qquad \text{Aconitsäure}$$
$$\hphantom{HOOC-CH_2-}\overset{|}{C}OOH$$

Ausführung: Das frische Material trocknen und zerreiben! 1 g davon mit etwa 10 cm³ Äther durchschütteln, mit 4 Tropfen Salzsäure versetzen, unter mehrmaligem Umschütteln 15 Min. stehen lassen. Dann die ätherische Schicht klar abgießen (evtl. durch Watte filtrieren) und mit 20 Tropfen Wasser und 3 Tropfen Natronlauge ausschütteln! Die wäßrige alkalische Lösung mit etwa 5 Tropfen Salzsäure ansäuern, eine Messerspitze Entfärbungskohle (Carbo medicinalis Merck) hinzufügen und durchschütteln! Unter Umschütteln 3 Min. im kochenden Wasserbad erhitzen, abkühlen lassen, filtrieren und das Filtrat mit dem dreifachen Volumen Äther 1 Min. schütteln! Dann eine Messerspitze Traganthpulver zusetzen und bis zum Verkleben der wäßrigen Phase schütteln! Den ätherischen Auszug in ein trockenes, dickwandiges Reagenzglas gießen, im heißen Wasserbad (ohne Flamme!) den Äther verjagen und die letzten Feuchtigkeitsreste unter schwachem Erwärmen des Reagenzglases durch Evakuieren an der Wasserstrahlpumpe absaugen. Zum trocknen Rückstand 6 Tropfen Essigsäureanhydrid zugeben und 3 Min. im siedenden Wasserbad erhitzen. Es entsteht bald eine fuchsinrote Färbung. Bei etwas mehr Säure tritt die Färbung rascher ein und die Farbe geht dann in violett und grün über. Zur Kontrolle einige Kriställchen reiner Zitronensäure im Reagenzglas mit Essigsäureanhydrid wie vorstehend behandeln. Die Färbung bleibt aus

Literatur: PEYER, W.: Einfache Nachweise von Pflanzeninhalts- und Heilstoffen. Stuttgart 1947.

15*

Versuch 175.

„Zitronensäure"-Dehydrase.

Versuchsmaterial: 10 g geschälte Gurkensamen (beliebige Handelssorte), (die Samen von *Ecballium elaterium* sollen noch besser geeignet sein als manche Gurkensamen).

Geräte und Reagenzien: 6 Thunberg-Röhrchen (s. Abb. 39a) oder Ersatzgefäße (s. Abb. 39b), Reibschale, 1 Kölbchen 100 cm³,

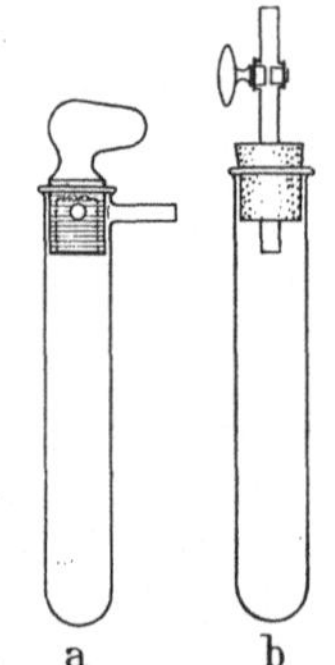

a   b

Abb. 39a. THUNBERG-Röhrchen.
b) Behelfsröhrchen, das für Versuchsansätze im Vakuum verwendet werden kann. (dickwandiges Reagenzglas)

Pipette 10 cm³, Pipetten 1 cm³ graduiert in 0,1 cm³ (möglichst mehrere davon), Wasserbad bei 35—40° (großes Becherglas auf Brenner oder Heizplatte), Zentrifuge, Wasserstrahlpumpe.

Methylenblaulösung 1 : 10 000 (etwa 10 cm³), K_2HPO_4-Lösung 0,87 proz. (etwa 50 cm³), 0,1 m Lösungen von Glucose und von neutralen Kaliumsalzen von Zitronensäure, Essigsäure, Milchsäure und evtl. anderen Pflanzensäuren, auch Äthylalkohol.

Zeitbedarf: Vorbereitung 1 Std. zum Schälen der Samen, 4—6 Std. Stehenlassen, 2 Std. Ausführung.

Prinzip der Methode. Der durch die Dehydrase dem Donator entnommene Wasserstoff wird auf Methylenblau (Mb), das als Akzeptor wirkt, übertragen, indem er dieses zum farblosen Leukomethylenblau reduziert. Damit dient es gleichzeitig als Indikator für das Fortschreiten der Wasserstoffübertragung (THUN-BERG-Methode). Durch Ausschluß des Luftsauerstoffs (Evakuieren) muß dafür gesorgt werden, daß sich das reduzierte Mb nicht sofort wieder oxydiert. Der hier benutzte Rohextrakt enthält neben der meist vorherrschenden „Zitronensäure"-Dehydrase auch stets noch andere Dehydrasen, so daß auch andere Substanzen Donatorfunktion ausüben. Der Samenextrakt wiederum enthält noch soviel Donatoren, daß meist schon in relativ kurzer Zeit auch ohne Zugabe von irgendwelchen Substanzen eine Entfärbung erfolgt (Blindwert!).

Ausführung: Die sorgfältig von Samenschalen befreiten Gurkensamen (Samenschalen hemmen die Dehydrase!) in der Reibschale grob zerreißen, dann mit der fünffachen Menge einer 0,87 proz. K_2HPO_4-Lösung ungefähr 30 Min. gut verreiben! Anschließend am besten mit einer elektrischen Zentrifuge (zur Not mit einer Handzentrifuge) 5 Min. abschleudern. Es entstehen 3 Schichten: der feste Rückstand, eine wäßrige Mittelschicht und eine rahmartige Oberschicht. Die Mittelschicht in ein Kölbchen abpipettieren! Der Samenextrakt muß jeweils am Praktikumstage frisch hergestellt werden, er kann jedoch zur Verarmung an eigenen Donatoren 4—6 Std. vor Versuchsbeginn stehen.

Die THUNBERG-Röhrchen (oder Ersatzgefäße) zunächst sicher markieren, z. B. Papieretiketten am oberen Rand. Fettstift wird vor allem beim Erwärmen leicht verwischt! In jedes Röhrchen 0,3 cm³ Mb-Lö-

sung $+ 0{,}3$ cm³ dest. Wasser pipettieren und dann in je ein Röhrchen
0,2 cm³ einer Donatorlösung geben (Zitronensäure, Essigsäure und Glucose sollten auf alle Fälle nebeneinander verglichen werden, die übrigen
Säuren und Mannit, Sorbit oder andere wasserstoffreiche Pflanzenstoffe
können nach Belieben und Vorrat zum Vergleich herangezogen werden).
In ein weiteres Röhrchen an Stelle der Donatorlösung 0,2 cm³ dest.
Wasser (Kontrolle!). Schließlich in jedes Röhrchen, auch in die Kontrolle!), 0,5 cm³ Enzymlösung (Samenextrakt) geben, nach Einfetten
der Schliffe bzw. Gummistopfen sorgfältig verschließen und an der
Wasserstrahlpumpe ungefähr 3 Min. evakuieren! Die Stopfen bzw. die
Hähne durch Drehen verschließen und diesen Zeitpunkt als Versuchsbeginn notieren! Die Röhrchen ins Wasserbad von ungefähr 37° einstellen. Die Zeit bis zur völligen Entfärbung bei jedem Röhrchen bestimmen.

Auswertung. Ein Beispiel:

Röhrchen Nr.	Donator	Entfär-bungszeit	$\dfrac{1}{A}$
I.	—	18 min	0,0555(1/B)
II.	Zitronensäure	10 ,,	0,10
III.	Glucose	16 ,,	0,062
IV.	Milchsäure	25 ,,	0,040

Als Maß für die Verwendbarkeit eines Donators kann man folgende
Größe heranziehen:

$$ J = 100\left(\frac{1}{A} - \frac{1}{B}\right) $$

A — Entfärbungszeit mit der zu prüfenden Substanz

B = Entfärbungszeit der Kontrolle (ohne Donator).

In diesem Beispiel ergibt sich also: Zitronensäure . . . $J = 4{,}45$
Glucose . . . . . . $J = 0{,}65$
Milchsäure . . . $J = -1{,}55$.

Die Zitronensäure ist in ihrer Donatorwirkung also weit überlegen,
was eben auf die Anwesenheit einer spezifisch auf Zitronen- bzw. Isozitronensäure eingestellten Dehydrase hinweist. Der negative Wert mit
Milchsäure entspricht einer Hemmung, denn die Streuung der Kontroll-
werte ist nie so stark. Glucose kann nicht unmittelbar als Wasserstoffdonator fungieren, obwohl sie ja das Ausgangsmaterial für alle in der
Zelle der Dehydrierung anheim fallenden Zwischenkörper bildet.

Gelegentlich kommt es mit dem Rohextrakt, der hier verwendet werden muß, vor, daß die Kontrolle schneller entfärbt ist, als der Ansatz,
der Zitronensäure oder einen anderen Donator enthält. Dann hilft
nichts anderes, als es mit einer anderen Gurkensorte zu versuchen. Eine
Reinigung der Dehydrase ist für Praktikumsverhältnisse zu schwierig.

Anhang. Zur Herstellung der in Abb. 39b gezeigten Behelfsgefäße müssen
gute weiche Gummistopfen verwendet werden. Das Rohr mit dem eingeschliffenen Hahnen muß mit etwas Vaseline in dem Stopfen gedichtet werden. Der
Stopfen muß mit festem Fett in das Rohr eingedichtet werden. Fett für die

THUNBERG-Schliffe und zum Dichten der Stopfen: 2 Teile Vaseline, 3 Teile Adeps Lanae und 3 Teile Bienenwachs zusammenschmelzen.

Literatur: THUNBERG, T.: Bioch. Zeitschr. **206**, 109 (1929). — BAMANN, E. u. K. MYRBÄCK: Die Methoden der Fermentforschung. Bd. 3. Leipzig 1941.

Versuch 176.

Bernsteinsäure — Dehydrase[1].

Versuchsmaterial: Stück einer Sellerieknolle; 10 g Bäckerhefe.

Geräte und Reagenzien: Reibeisen, Reibschale, Saugflasche mit Büchnertrichter, Wasserstrahlpumpe, 3 bzw. 6 Thunbergröhrchen (s. S. 228), Trichter mit Filter, Becherglas 200 cm³, Wasserbad oder großes Becherglas, kleiner Erlenmeyer, Reagenzgläser, 4 Pipetten 1 cm³ graduiert, 1 Pipette 10 cm³, Methylenblaulösung 1 : 10 000, 2,6-Dichlorphenol-Indophenol-Lösung 1 : 5000, 0,1 m Na-Succinat, 1% K_2HPO_4-Lösung, Phosphatpuffer p_H 6,0 (s. S. 239), Quarzsand.

Zeitbedarf: a) 1 Std. — Nachbeobachten bis 3 Std. b) 1 Std., bis mehrere Stdn. nachbeobachten.

Prinzip der Methode. Vgl. vorhergehenden Versuch!

Ausführung: a) Sellerieknolle. Ungefähr 50 g von einer Sellerieknolle auf dem Reibeisen zerkleinern, in der Reibschale mit etwas Sand gut zerreiben, mit der doppelten Menge 1proz. K_2HPO_4-Lösung verrühren, in ein Becherglas überführen, absitzen lassen und filtrieren. 10 cm³ Filtrat genügen (= Enzymextrakt). Die Hälfte davon im kochenden Wasserband für 10 Min. erhitzen.

Ansätze: Thunbergröhrchen sicher bezeichnen (mit Etiketten am oberen Rand). In die einzelnen Röhrchen die folgenden Flüssigkeiten einpipettieren, umschütteln!

	Versuch	Blindwert	Kontrolle
Sellerie-Extrakt	0,5 cm³	0,5 cm³	0,5 cm³ *
Dichlorphenol-Indophenol-Lösung .	0,5 ,,	0,5 ,,	0,5 ,,
Na-Succinat	0,5 ,,	—	0,5
Wasser	—	0,5 ,,	—
Phosphatpuffer p_H 6	0,5 ,,	0,5 ,,	0,5 ,,

* Gekochter Extrakt.

Nach dem Umschütteln die Röhrchen an der Wasserstrahlpumpe evakuieren, die Hähne verschließen und die Röhrchen in ein Wasserbad (evtl. großes Becherglas) von 35° C hängen. Entfärbungszeit feststellen!

b) Hefe. Die Hefe in Leitungswasser (nicht gechlort!), Quellwasser oder aqua dest. mehrmals gut waschen und jedesmal auf dem Büchnertrichter absaugen. 10 g Hefe in 50 cm³ Leitungswasser oder, falls dieses gechlort ist, in aqua dest. aufschwemmen. 10 cm³ im Reagenzglas kurz aufkochen. Thunbergröhrchen gut bezeichnen (Etiketten!) und folgende Ansätze zusammenstellen, die wie unter a) weiter behandelt werden.

---

[1] HASSE, K., und W. FRUHSTORFER, Naturwissenschaften **37**, 399 (1950).

	Versuch	Blindwert	Kontrolle
Hefesuspension	1 cm³	1 cm³	1 cm³ *
Methylenblaulösung	0,5 cm³	0,5 cm³	0,5 cm³
Na-Succinat-Lösung	1 „	—	1 „
Wasser	—	1 „	—
Phosphatpuffer p_H 6	1 „	1 „	1 „

* Hefesuspension gekocht.

Auswertung: a) Die Entfärbungszeit für das Röhrchen „Versuch" kann z. B. 12 Min. betragen, für den Ansatz „Blindwert" 130 Min., während „Kontrolle" mit dem inaktivierten Enzym praktisch gar keine Farbveränderung zeigen soll. Bernsteinsäure bzw. bernsteinsaure Salze dienen dem Enzymextrakt also als Wasserstoff-Donatoren, von denen H_2 auf den reduzierbaren Farbstoff übertragen wird (s. S. 187). Die Entfärbung im „Blindwert" geschieht mit Hilfe zelleigener H_2-Donatoren und anderer vorhandener Dehydrasen.

b) Je nach der Art und Aktivität der verwendeten Hefe wird der Inhalt des Röhrchens „Versuch" in 20 Min. oder längerer Zeit (bis zu mehreren Stdn.) entfärbt. Der Inhalt von „Blindwert" wird sehr viel später als das „Versuchs"-Röhrchen entfärbt. Die Reduktion des Methylenblaus geschieht im „Blindwert" mit Wasserstoff, der durch andere in der Hefe vorhandene Dehydrasen den zelleigenen Donatoren entnommen wird. Der Inhalt vom „Kontroll"-Röhrchen entfärbt sich nicht, da das übertragende Enzym zerstört ist. In der lebenden Zelle wird der Wasserstoff, den die Bernsteinsäure-Dehydrase entnimmt, auf das Cytochromsystem übertragen.

Wenn die Röhrchen mit dem entfärbten Inhalt geöffnet und an der Luft geschüttelt werden, färbt sich die Flüssigkeit rasch wieder blau. Das Leukomethylenblau ist autoxydabel.

Versuch 177.

Die Polyphenolasen.

Versuchsmaterial: Blätter von *Syringa, Ligustrum, Sambucus* (im Winter *Sparmannia, Peperomia*) als Vergleich *Iris, Vanilla*.

Geräte und Reagenzien: Nadel, kleine Münze, Pinzette, Flamme oder Heizplatte.

Zeitbedarf: ¼ Std.

Prinzip der Methode. Ein lokalisierter Bereich von frischem lebendem Gewebe wird so stark erhitzt (auf 100°), daß die Enzyme rasch inaktiviert werden. Die anschließende Gewebszone erwärmt sich dabei nur so hoch (50—60°), daß zwar die Zellen abgetötet, aber die Enzyme noch nicht geschädigt sind. Die weitere Umgebung bleibt unversehrt lebend.

Ausführung: Die Blätter entweder mit einer glühenden Nadel durchbohren und die Nadel kurze Zeit darin belassen, oder die erhitzte, aber nicht glühende Münze etwa eine halbe Minute auf eine Stelle des

Blattes legen, oder eine glimmende Zigarette 3—5 Sek. auf das Blatt halten. An der heißesten Stelle bleibt stets die grüne Farbe, manchmal etwas mißfarbig geworden, erhalten. Um diese Stelle bildet sich bald eine dunkelblaue bis schwarze Zone aus, während die weitere Umgebung unverändert grün bleibt („Todesringe"). Bei den Vergleichsblättern bleibt die Bildung der dunklen Zonen aus.

A u s w e r t u n g : Diese kleine Spielerei läßt augenfällig zwei wichtige Dinge ablesen. *Einmal* daß die Zellschädigung und Enzymschädigung durch Hitze zwei verschiedene Dinge sind. An der heißesten Stelle sind nicht nur die Zellen abgetötet, sondern auch die Enzyme zerstört. Die enzymatische Bräunung bleibt aus. In der Zone geringerer Erwärmung sind die Zellen abgetötet, aber die Enzyme bleiben noch vollaktiv. Bei der Temperatur des Hitzetodes der Zellen entfalten viele Enzyme ihre höchste Wirksamkeit (s. Vers. 157). *Zweitens* zeigt dieser kleine Versuch, daß es in vielen Pflanzenzellen Enzyme gibt, die aus sog. Chromogenen, d.h. ungefärbten Verbindungen, nach Zerstörung der Zellen bei Zutritt von Sauerstoff (in einem sauerstofffreien Raum würden diese Todesringe nicht entstehen), Pigmente bilden. Die Störung des normalen Zellgeschehens liegt darin, daß die Reduktion dieser gefärbten Verbindungen, die in der lebenden Zelle durch Wasserstoffübertragung der Dehydrasen stets vor sich geht, mit der Vernichtung der Zellstruktur ausbleibt, so daß die dehydrierten Phenole in ihrer chinoiden Form unmittelbar oder nach Verbindung mit zelleigenen Aminosäuren und Eiweißen zu Melaninen sichtbar werden. Die Verfärbung von angeschnittenen Äpfeln, Kartoffeln und vielen anderen Pflanzenteilen, auch von Pilzen, beruht auf diesem Vorgang.

$$\text{Polyphenol} + \tfrac{O_2}{2} \longrightarrow \text{chinoide Verbindung} + H_2O \qquad \text{Funktion der Polyphenolasen}$$

Literatur: MOLISCH, H.: Botanische Versuche ohne Apparate. Jena 1949. — Methoden zur quantitativen Bestimmung von Polyphenolasen: SMITH, F. G. und Mitarb.: Journ. of Biol. Chem. **179,** 865 (1949).

V e r s u c h 178.

Peroxydase-Nachweis.

V e r s u c h s m a t e r i a l : Meerrettich-Wurzel, Weizenkeime, unreife Maiskörner, Maiskeime, etiolierte Kartoffelkeime.

G e r ä t e u n d R e a g e n z i e n : Reibschale, Reagenzgläser, Wasserbad, einige Kölbchen 100 cm³, Pipetten 10 cm³ graduiert.

Quarzsand, 0,5proz. Wasserstoffsuperoxydlösung, 1proz. Guajakol in Alkohol gelöst (oder „Doppelreagenz: 1 g p-Phenylendiaminchlorhydrat in 15 cm³ Wasser lösen und zu einer Lösung von 2 g Guajakol in 135 cm³ Alkohol geben).

Zeitbedarf: 1 Std.

Prinzip der Methode. Die Peroxydase bedarf zu ihrer Funktion des Sauerstoffs aus Peroxyden im Gegensatz zu den Polyphenolasen, die auf Luftsauerstoff eingestellt sind. Da die Zellen keine bemerkenswerten Mengen von Peroxyden enthalten, die starke Zellgifte sind, muß man zum Fermentansatz H_2O_2 zugeben. Die Peroxydasen sind ähnlich den Polyphenolasen ebenfalls auf Polyphenole, z. B. Guajakol, als Wasserstoffdonatoren eingestellt. Die Peroxydasen sind besonders hitzeresistente Enzyme. Die Erhitzung auf 100° muß 5—10 Min. aufrecht erhalten werden, ehe das Enzym völlig inaktiviert ist. Und trotzdem zeigen sie gelegentlich die Erscheinung der Regeneration der Aktivität, so daß sich auch die Probe mit erhitztem Enzym schwach zu bräunen beginnt.

Ausführung: Ungefähr 10 g des zu untersuchenden Materials mit einer Messerspitze Sand zerreiben (Meerrettich vorher auf dem Reibeisen raspeln), etwa mit der doppelten Menge Wasser verrühren, absitzen lassen oder Zentrifugieren und die überstehende Lösung abgießen (Enzymextrakt). 2 cm³ des Extraktes im Reagenzglas, auf dem locker ein Stopfen sitzt, 5—10 Min. im kochenden Wasserbad erhitzen und wieder abkühlen lassen.

Ansätze Nr.	Enzymextrakt	H_2O_2-Lösung	Guajakol- bzw. Doppelreagenzlösung
1	2 cm³	3 Tropfen	3 Tropfen
2	2 cm³	—	3 Tropfen
3	2 cm³	3 Tropfen	—
4	—	3 Tropfen	3 Tropfen (Blindwert)
5	aufgekocht	3 Tropfen	3 Tropfen (Kontrolle)

Auswertung: Der Ansatz 1 färbt sich sofort intensiv braunrot bei Guajakol bzw. violett beim „Doppelreagenz" an, weil hier aktives Enzym, Phenol und Wasserstoffperoxyd anwesend sind. Wenn genügend zelleigenes Substrat an Phenolen vorhanden ist, macht sich eine schwache Reaktion im Ansatz 3 bemerkbar. Eine Reaktion zwischen Phenol und H_2O_2 ohne Mitwirkung des Enzyms müßte sich als „Blindwert" in Ansatz 4 zeigen. Das aktivste Enzym liefert Meerrettichwurzel.

Literatur für quantitative Peroxydasebestimmung: BAMANN, E. und K. MYRBÄCK: Methoden der Fermentforschung. Bd. 3. Leipzig 1941. — ALTSCHUL, A. M. u. M. L. KARON: Arch. of Biochem. **13**, 161 (1947); SMITH, F. G. u. Mitarb., Journ. of Biol. Chem. **179**, 881 (1949).

Versuch 179.

Das Cytochrom-Spektrum.

Versuchsmaterial: 50 g Bäckerhefe.

Geräte und Reagenzien: Saugflasche mit Nutsche und Filter, Wasserstrahlpumpe, planparallele Küvette (möglichst 2 cm Schichtdicke), oder Glasflasche mit planparallelen Seitenwänden, einfaches Spektroskop, kräftige Lichtquelle (kleiner Projektionsapparat oder starke Glühfadenlampe), Stickstoffbombe, Sauerstoffbombe bzw. kleines Luft-Gebläse.

Natriumhydrosulfit, Wasserstoffperoxyd.

Zeitbedarf: ½ Std., 1—2 Std. stehen lassen.

Prinzip der Methode. Die oxydierte Form der Cytochrome hat im sichtbaren Bereich kein deutliches Absorptionsmaximum, aber der reduzierte (Ferro-)Zustand ist durch charakteristische Banden ausgezeichnet. Die Cytochrome sind mit unlöslichen Zellbestandteilen besonders fest verbunden, sie können deshalb in der intakten Zelle gerade durch die Spektroskopie gut studiert werden, soweit keine anderen gefärbten Substanzen stören. In anaerober Kultur der Hefe ist die reduzierte und in aerober Kultur die oxydierte Form im Überschuß vorhanden. Mit der gleichen Hefeportion gelingt die Überführung der einen in die andere Form des Cytochroms leicht.

Ausführung: Die Hefe in reichlich Leitungswasser (nicht gechlort!) aufschwemmen und auf der Nutsche absaugen! In die Küvette bzw. Flasche eine 20proz. Hefesuspension einfüllen und durch gelegentliches Umrühren in der Schwebe halten! Auf die Wand der Küvette mit einer einfachen Linse den Glühfaden der Lampe projizieren oder die Küvette in den Strahlenkegel der Projektionslampe bringen! Auf der entgegengesetzten Seite der Küvette den Spalt eines Spektroskops (Taschenspektroskop genügt, s. S. 11) ansetzen! Hat man die Flasche luftblasenfrei mit einem Stopfen verschlossen oder die Küvette gestrichen gefüllt mit einem Deckglas bedeckt 1—2 Std. stehen gelassen oder hat man noch besser die Hefesuspension vorher 1 Std. mit Stickstoff durchblasen, so erscheinen am deutlichsten bei engem Spalt die Cytochrombanden. Am deutlichsten sind 3 vom Gelbgrün bis zum nahen Rot zu unterscheiden. Die Banden im Blau heben sich nicht deutlich ab. Um den Vergleich mit einem bandenfreien, aber im ganzen geschwächten Spektrum zu haben, halte man eine Küvette mit einer Stärkemehlsuspension, die ungefähr die gleiche Lichtschwächung verursacht, in den Strahlenkegel. Das Spektrum bleibt frei von jedem Schatten. Leitet man Luft durch die Hefesuspension, die das Bandenspektrum zeigt, oder schüttelt man sie einige Zeit kräftig durch und stellt sie dann wieder vors Spektroskop, so sind die Banden verblaßt oder verschwunden. Rasch und vollständig kann man sie löschen, wenn man etwas Wasserstoffsuperoxyd zur Hefesuspension gibt, wodurch das Cytochrom oxydiert wird. Die Banden des reduzierten Cytochroms können durch Zugabe von etwas Na-Hydrosulfit deutlicher hervorgehoben werden. Eine Oxydation mit Luftsauerstoff ist dann allerdings nicht mehr möglich.

Auswertung: Die Hauptbande für alle Cytochrome liegt im Blau zwischen 417 und 449 mμ, die Nebenbanden der verschiedenen Komponenten (Cytochrom a, b und c) liegen voneinander getrennt zwischen 550 und 605 mμ, sogar bei 640 mμ läßt sich bei genauer Beobachtung noch eine Bande bei der Hefe finden.

Mit dem Spektroskop kann man im übrigen sichtbar machen, wie das Cytochrom in atmenden Zellen aus der reduzierten in die oxydierte Stufe und umgekehrt übergeht. Die spektroskopische Methode spielt bei der Erforschung aller häminhaltigen Zellsubstanzen eine hervorragende Rolle.

Literatur: Warburg, O.: Schwermetalle als Wirkungsgruppen von Fermenten. Berlin 1948.

E. Ernährung der Heterotrophen.

Grundlagen: Die heterotrophen Pflanzen benötigen außer Nährsalzen zu ihrem Wachstum noch organisches Material. Ein Teil der niederen Organismen ist nur in bezug auf die Kohlenhydrate heterotroph, während der Stickstoff in anorganischer Form aufgenommen werden kann. Die Wirksamkeit der verschiedenen Kohlenhydratquellen läßt sich z. B. an Schimmelpilzen gut zeigen. Ihre Fähigkeit auf bestimmten C-haltigen Stoffen zu gedeihen, ist dabei sehr verschieden. Am besten werden im allgemeinen viele Zucker, Bruchstücke der Zucker, niedere zwei- und dreiwertige Carbonsäuren sowie verschiedene Alkohole ausgenutzt. Von optisch aktiven Substanzen ist oft nur die rechtsdrehende Form für einen bestimmten Organismus verwertbar. Aromatische Stoffe werden im allgemeinen weniger als aliphatische angegriffen.

Prinzip der Methode. Die Ausnutzung bestimmter Stoffe ergibt sich aus dem Wachstum eines Testpilzes (*Penicillium* oder *Aspergillus*) nach Zusatz der zu prüfenden C-Quellen zu einer anorganischen Nährlösung. Die Trockengewichtszunahme des Pilzmyzels wird als Maß für das Wachstum benutzt.

In ähnlicher Weise kann die Verwendbarkeit von anorganischem und organischem Stickstoff geprüft werden.

Versuch 180.

Die C-Quellen der Heterotrophen.

Versuchsmaterial: *Aspergillus-* oder *Penicillium*-Arten.

Geräte und Reagenzien: 12 Erlenmeyer (100 cm³).

Nährlösung: 0,5proz. NH_4NO_3, 0,1proz. $MgSO_4$, 0,1proz. KH_2PO_4, dazu als C-Quelle jeweils ein Polysaccharid (Stärke) bzw. eine Biose (Rohrzucker), eine Monose (Traubenzucker), einen Alkohol (Äthylalkohol bzw. Glycerin als ein- bzw. mehrwertigen Alkohol, u. U. nebeneinander) und eine organische Säure (Citronensäure oder auch weinsaures Ammonium).

Zeitbedarf: Vorbereitung: 3—5 Tage — Ansetzen 2—3 Std., Sterilisieren 3 Tage, Beimpfen 30 Min., Kultur je nach Temperatur 2—3 Wochen.

Ausführung: Einen Liter der oben angegebenen Nährlösung ansetzen und in jeden Erlenmeyer 50 cm³ davon einfüllen. Abgesehen von 2 Kontrollen in je 2 der Erlenmeyer 2,5 g einer der gewählten

C-Quellen geben. Jedoch zunächst keinen Äthylalkohol! Kölbchen gut mit *Wattestopfen* verschließen und sterilisieren (vgl. S. 6).

Nach dem Abkühlen einen Tag bis zum Beimpfen warten. Vorher noch den Äthylalkohol in die 2 restlichen Erlenmeyer geben. Sporen einer vorbereiteten Schimmelpilzkultur mit der Platinöse in Wasser bringen, gut durchschütteln und dann die sterilisierten Kulturen mit je einer Öse beimpfen. Zur Kultur von Schimmelpilzen wird etwas Weißbrot angefeuchtet und in einer Schale verschlossen aufbewahrt. Nach kurzer Zeit bilden sich konidientragende Schimmelpilzrasen, *Penicillium-* oder *Aspergillus*-Arten aussuchen. Noch besser Reinkulturen verwenden. Bei Zimmertemperatur nach 3 Wochen, im Thermostaten bei 28—30° nach 8—14 Tagen Wachstum und Aussehen der Kulturen protokollieren und Trockengewicht der inzwischen mehr oder weniger gewachsenen Pilze feststellen: Pilzhyphen aus den Erlenmeyerkolben auf vorher getrocknetes (Trockenschrank — Exsiccator) und gewogenes, rundes Filtrierpapier übertragen. Mit dem Filtrierpapier bei 105° trocknen und erneut wiegen.

Versuch 181.

Die Ausnutzung von N-Quellen.

Versuchsmaterial: Vgl. vorhergehenden Versuch.

Geräte und Reagenzien: 10 Erlenmeyer je 100 cm³, 0,1 proz. $MgSO_4$ und 0,1 proz. KH_2PO_4 gemeinsam lösen; dazu als C-Quelle: 2,5 g Rohrzucker auf 50 cm³ Nährlösung. Als N-Quelle 0,25 g folgender Stoffe: $(NH_4)_2SO_4$ (N als Kation), KNO_3 (N als Anion), Pepton (Polypeptid), Asparagin (Aminosäure).

Zeitbedarf: Wie vorstehender Versuch.

Ausführung: Wie in Vers. 180 werden die Erlenmeyer mit 50 cm³ Nährlösung beschickt und in je 2 Erlenmeyer die gleichen N-Verbindungen gegeben. Dazu 2 Kontrollen ohne N. Sterilisieren und beimpfen wie in Vers. 180. Unterschiede in der Menge des gebildeten Pilzmyzels stellen sich rasch ein. Die Anzahl der übergeimpften Sporen darf aber nicht zu gering sein. Vor allem auf das Trocknen des Filtrierpapiers vor der Gewichtsbestimmung des Myzels achten.

VIII. Anhang.

Tabelle 1. *Einige p_H-Indikatoren.*

p_H-Bereich	Indikator	Farbumschlag	Zusammensetzung [1]
1,2— 2,8	Thymolblau	rot-gelb	0,1 g + 21,5 cm³ n/100 NaOH + Wasser auf 250 cm³
1,9— 3,3	Benzylorange	rotgelb	0,1 g in 1 Liter Wasser
3,0— 4,6	Bromphenolblau	gelb-violett	0,1 g + 14,9 cm³ n/100 NaOH + Wasser auf 250 cm³
4,4— 6,2	Methylrot	rot-gelb	0,1 g in 300 cm³ Alkohol (95proz.) + 200 cm³ Wasser
5,2— 6,8	Bromkresolpurpur	gelb-purpur	0,1 g + 18,5 cm³ n/100 NaOH + Wasser auf 250 cm³
6,0— 7,6	Bromthymolblau	gelb-blau	0,1 g + 16,0 cm³ n/100 NaOH + Wasser auf 250 cm³
6,4— 8,2	Phenolrot	gelb-rot	0,1 g + 28,2 cm³ n/100 NaOH + Wasser auf 250 cm³
7,0— 8,8	Kresolrot	gelb-purpur	0,1 g + 26,2 cm³ n/100 NaOH + Wasser auf 250 cm³
8,0— 9,6	Thymolblau	gelb-blau	0,1 g + 21,5 cm³ n/100 NaOH + Wasser auf 250 cm³
9,3—10,5	Thymolphthalein	farblos-blau	0,1 g + 125 cm³ Alkohol + Wasser auf 250 cm³
10,0—12,1	Alizaringelb R	hellgelb-rot-braun	0,025 g in 250 cm³ Wasser

Indikatoren nach Angaben von SÖRENSEN, CLARK, LUBS und COHEN; zu beziehen z. B. von Merck, Darmstadt, oder Riedel de Haën, Seelze b. Hannover.

Tabelle 2—6. *Pufferlösungen [2].*

Tabelle 2. *Citratpuffer nach Sörensen.*

I Citronensäure, reinst 21,0 g + 200 cm³ 1 n NaOH mit Aqua dest. auf 1 Liter
II 0,1 n HCl.
III 0,1 n NaOH (CO_2 frei).

Die Zahlen bedeuten cm³ der betreffenden Stammlösung.

p_H	I	II	III	p_H	I	II	III
1,4	2,0	8,0	—	4,7	8,0	2,0	—
1,9	3,0	7,0	—	5,2	8,5	--	1,5
2,4	3,5	6,5	—	5,6	7,0	—	3,0
2,9	4,0	6,0	—	6,0	6,0	—	4,0
3,7	5,0	5,0	—	6,8	5,2	—	4,8
4,2	6,0	4,0	—				

Weitere Mischungsverhältnisse ergeben schlecht reproduzierbare p_H-Werte. Für den alkalischen Teil ist Boratpuffer geeignet.

---

[1] Zusammensetzung der Indikatorlösung nach Angaben von A. JANKE, s. S. 6.

[2] Nach MICHAELIS, SÖRENSEN, CLARK. Vgl. auch J. D'ANS u. E. LAX: Taschenbuch für Chemiker und Physiker. Springer, Berlin 1943.

Tabelle 3. *Boratpuffer I.*

Bereich 7.6—10.0.

Stammlösungen: „Borat" $= 12,4$ g Borsäure pro analysi $+$ 100 cm³ n NaOH mit Aqua dest. auf 1 Liter auffüllen. „Salzsäure" $= 0,1$ n HCl. „Natronlauge" $= 0,1$ n NaOH.

5,2 cm³ Borat	4,8 cm³ Salzsäure	p_H 7,6
5,6 ,, ,,	4,4 ,, ,,	,, 8,0
6,4 ,, ,,	3,6 ,, ,,	,, 8,5
8,4 ,, ,,	1,6 ,, ,,	,, 9,0
6 ,, ,,	4,0 ,, Natronlauge	,, 10,0

Tabelle 4. *Boratpuffer II.*

Bereich 7,0—9,0.

a) m/20 Borax (19,108 g $Na_2B_4O_7 \cdot 10 H_2O$ im Liter).

b) m/5 Borsäure $+$ m/20 NaCl (12,45 g $H_3BO_3 +$ 2,925 g NaCl im Liter).

p_H	a cm³	b cm³	p_H	a cm³	b cm³
7,0	0,45	9,55	8,2	3,5	6,5
7,2	0,75	9,25	8,4	4,45	5,55
7,4	1,10	8,9	8,6	5,5	4,5
7,6	1,50	8,5	8,8	6,7	3,3
7,8	2,05	7,95	9,0	8,2	1,8
8,0	2,70	7,3			

Tabelle 5. *Acetatpuffer.*

Stammlösungen: 0,1 n Essigsäure;

0,1 n Na-Acetat (4,1 g Na-Acetat auf 500 cm³ auffüllen).

p_H	cm³ 0,1 n Essigsäure	cm³ 0,1 n Na-Acetat	p_H	cm³ 0,1 n Essigsäure	cm³ 0,1 n Na-Acetat
3,19	9,7	0,3	5,0	3,3	6,7
3,3	9,4	0,6	5,3	2,0	8,0
3,8	8,9	1,1	5,6	1,1	8,9
4,1	8,0	2,0	5,9	0,6	9,4
4,4	6,7	3,3	6,2	0,3	9,7
4,7	5,0	5,0			

Tabelle 6. *Phosphatpuffer* [1].

Stammlösungen: 0,1 n HCl

              0,15 m KH_2PO_4 (9,078 g im Liter)

              0,15 m $Na_2HPO_4 \cdot 2 H_2O$ (11,876 g im Liter)

              0,15 m K_3PO_4 (14,156 g im Liter)

Die Zahlen bedeuten cm^3 der betreffenden Stamm-lösung.

p_H	0,1n HCl	0,15 m KH_2PO_4	0,15 m Na_2HPO_4	0,15 m K_3PO_4
2,1	9,5	0,5	—	—
3,6	0,5	9,5	—	—
4,7	—	10,0	—	—
5,6	—	9,5	0,5	—
5,9	—	9,0	1,0	—
6,2	—	8,0	2,0	—
6,5	—	7,0	3,0	—
6,6	—	6,0	4,0	—
6,8	—	5,0	5,0	—
7,0	—	4,0	6,0	—
7,2	—	3,0	7,0	—
7,4	—	2,0	8,0	—
7,7	—	1,0	9,0	—
8,0	—	4,5	—	5,5
9,8	—	5,0	—	5,0
10,7	—	3,0	—	7,0
11,2	—	—	3,0	7,0

Tabelle 7. p_H-*Werte einer* $n/1000$ $NaHCO_3$-*Lösung in Abhängigkeit von* CO_2-*Gehalt der umgebenden Luft bei verschiedener Temperatur* [2]. CO_2-*Gehalt in 1 Liter Luft.*

p_H	mg CO_2/Liter			
	0°	10°	20°	30° C.
7,2	2,51	2,90	3,33	3,73
7,3	1,97	2,27	2,60	2,96
7,4	1,55	1,78	2,05	2,36
7,5	1,21	1,40	1,60	1,80
7,6	0,94	1,10	1,26	1,42
7,7	0,74	0,85	0,98	1,10
7,8	0,58	0,66	0,77	0,87
7,9	0,45	0,52	0,60	0,68
8,0	0,35	0,41	0,46	0,51
8,1	0,28	0,32	0,37	0,42
8,2	0,22	0,25	0,29	0,33
8,3	0,17	0,20	0,22	0,25
8,4	0,13	0,15	0,18	0,20
8,5	0,10	0,12	0,14	0,16

0,001 n $NaHCO_3$ enthält 42 mg/Liter.

[1] Vgl. auch STRUGGER, S., Praktikum. S. 134 f.

[2] Nach O. ZELLER, Diss. T. H. Stuttgart 1948.

Tabelle 8. *Redoxindikatoren zur r_H-Bestimmung.*

Substanz	E_0 bei p_H 7 Volt	r_H Bereich	Farbe der oxydierten Form
Neutralrot	−0,32	2—4,5	rot
Safranin T	−0,29	4—7,5	rot [1]
Brillant Alizarin Blau	−0,16	6,9—9,2	blau
Indigodisulfonat (Kaliumsalz)	−0,11	8,5—10,5	blau
Indigotrisulfonat (Kaliumsalz)	−0,07	9,5—12	blau
Indigotetrasulfonat	−0,03	11,5—13,5	blau
Methylenblau	+0,01	13,5—15,5	blau
Thionin	+0,06	15—17	violett
Toluylenblau	+0,11	16—18	blauviolett
Thymol-Indophenol	+0,18	17,5—20	rötlich [2]
m-Kresol-Indophenol	+0,21	19—21,5	rötlich [3]
2.6-Dichlorphenol-Indophenol	+0,23	20—22,5	blau [4]
K-Ferricyanat	+0,43	—	—
Diphenylamin-Sulfonsäure (Natriumsalz) E_0 in molarer Schwefelsäure $p_H = 0$	+0,83	27—29	violett
Ferroinlösung 1/40 molar (Tri-o-phenanthrolin-Eisen II-Salz) E_0 in 1 m Schwefelsäure $p_H = 0$	+1,14	—	—

Tabelle 9. *Durchlässigkeit und optischer Schwerpunkt einiger Farbgläser* [5].

Glasart	Bezeichnung des Glases	Durchlässigkeit $m\mu$	optischer Schwerpunkt $m\mu$	Bemerkungen
infrarot	RG 7	> 850	> 1050	
fast farblos	BG 21	302—775	—	bedeutende Absorption der Wärmestrahlung
dunkel rot	RG 5	> 660	> 700	
rot	RG 1	> 644	> 644	
orange	OG 1	> 520	> 578	
gelb	GG 7	> 450	> 509	
grün	VG 9	440—644 > 1050	509—546	
blau	BG 12	334—509 > 775	366—436	
ultraviolett	UG 2	300—400 700—1050 > 2200	334—366	

[1] „Safranin" bedeutet: Mischung gleicher Mengen Safranin + Leukosafranin; ebenso bei den anderen Substanzen.

[2] Nur oberhalb p_H 9 blau, sonst rötlich.

[3] Nur oberhalb p_H 8,5 blau, sonst rötlich.

[4] Nur oberhalb p_H 6 blau, sonst rötlich.

[5] Hersteller: Schott und Gen., Jena bzw. Landshut.

Tabelle 10. *Einige Flüssigkeitsfilter.*

Spektral-bereich	Durchlässigkeit $m\mu$	Optischer Schwerpunkt $m\mu$	Zusammensetzung der Farblösung
rot	570—920	750	0,036% Safranin T Lösung
grün . . .	470—625	540	20% $CuSO_4 \cdot 5\,H_2O$ + 0,025% Akridingelb
blau . . .	380—540	490	54,2 g Kupferacetat + 1,8 cm³ 0,2% Gentianaviolett + 1000 cm³ H_2O

Tabelle 11. *Zusammenstellung einiger gebräuchlicher Nährlösungen.*

1. Nährlösung von ZINZADZE:

NH_4NO_3 . . . . . 0,396 g		$MgSO_4 \cdot 7\,H_2O$. . . 0,500 g	
$Ca_3(PO_4)_2$ . . . . 0,464 g		KCl . . . . 0,737 g	
$Fe_2(SO_4)_3 \cdot 7\,H_2O$. 0,417 g		$CaSO_4 \cdot 2\,H_2O$ . . 0,500 g	
H_2O . . . . . . 1000 cm³			

Geeignet für höhere Pflanzen, die besonders eisenbedürftig sind (z.B. Mais).

2. Nährlösung nach KNOP vgl. S. 14.

3. Nährlösung nach VAN DER CRONE:

KNO_3 . . . . 1,00 g	$CaSO_4 \cdot 2\,H_2O$ . . . 0,50 g
$Ca_3(PO_4)_2$ . . . . . 0,25 g	$MgSO_4 \cdot 7\,H_2O$ . . . 0,50 g
$Fe_3(PO_4)_2$ . . . . . 0,25 g	H_2O . . . . . . 1000 cm³

4. SHIVEsche Dreisalzlösung:

KH_2PO_4 . . . . . 0,27 g	dazu etwas $Fe_3(PO_4)_2$
$Ca(NO_3)_2$ . . . . . 0,82 g	H_2O. . . . . . 1000 cm³
$MgSO_4 \cdot 7\,H_2O$. . . 0,24 g	

5. Nährlösung für NH_4^+ ausnutzende Pflanzen (auch für Nährsalzgaben in humosen Böden); nach BJÖRKMAN:

NH_4NO_3 . . . . . 0,276 g	$CaCl_2$ . . . . . . 1,335 g
KH_2PO_4 . . . . . 1,112 g	Ferricitrat . . . . 0,020 g
$MgSO_4 \cdot 7\,H_2O$ . . 1,780 g	H_2O . . . . . . 1000 cm³

6. Nährlösung für Mangelkulturen nach VAN DER CRONE:

(cm³ der Stammlösungen)

	normal	—N	—P	—K	—Ca	—Mg
KNO_3 (10%)	10,0	10,0 KCl	10,0	10,0 NaNO₃	10,0	10,0
$Ca_3(PO_4)_2$ (2,5%)	10,0	10,0	—	10,0	10,0 K_2HPO_4	10,0
$Fe_3(PO_4)_2$ (2,5%)	10,0	10,0	1 Tropfen FeCl₃	10,0	10,0	10,0
$CaSO_4$ (5%) . .	10,0	10,0	15,0	10,0	—	20,0
$MgSO_4$ (5%) . .	10,0	10,0	10,0	10,0	15,0	—
H_2O	950,0	950,0	965,0	950,0	955,0	950,0

7. Nährlösungen für Algen. a) BENECKE:

H_2O	1000 cm³	K_2HPO_4	0,2 g
$Ca(NO_3)_2 \cdot 4\,H_2O$ . .	0,5 g	$FeCl_3 \cdot 6\,H_2O$	Spur
$MgSO_4 \cdot 7\,H_2O$ . . .	0,1 g		

Verdünnung in jedem Fall erproben; für fast alle Algen geeignet.

b) VAN DEN HONERT:

$FeSO_4$ 0,1%	5 cm³	KNO_3 5%	10 cm³
$MgSO_4$ 1%	5 cm³	KH_2PO_4 2%	5 cm³
$CaSO_4$ gesättigt . . .	10 cm³		
(0,2 g auf 100 cm³)			

In der angegebenen Reihenfolge mischen, mit Aqua dest. auf 500 cm³ bringen.

c) Kulturmedium mit Spurenelementen für Algen (z.B. *Chlorella pyrenoidosa* und *Scenedesmus*); (nach BENSON und CALVIN).

A.

KNO_3	0,506 g	$MnSO_4 \cdot H_2O$	1,05 mg
KH_2PO_4	0,136 g	$ZnCl_2$	0,05 mg
$MgSO_4 \cdot 7\,H_2O$ . .	0,493 g	$CuSO_4 \cdot 5\,H_2O$ . . .	0,04 mg
$Ca(NO_3)_2$	0,041 g	$H_2MoO_4 \cdot H_2O$ . . .	0,01 mg
H_3BO_3	1,43 mg		

nacheinander in 1000 cm³ glasdestilliertem H_2O lösen und mischen und 20 Min. sterilisieren.

B.

$Fe(NH_4)_2(SO_4)_2 \cdot 6\,H_2O$; hiervon 5,6 g zu 1 Liter kochendem Wasser geben, das zuvor mit 6 n H_2SO_4 auf p_H 2 gebracht worden war. Dann sofort sterilisieren (das saure p_H und das zuvor entfernte O_2 verhindern die Oxydation des Fe-Ions). 1 cm³ dieser Lösung zu 1 Liter von A hinzufügen.

d) Nährlösung für Süßwasserdiatomeen (nach MOLISCH bzw. O. RICHTER)[1]:

H_2O	1000 g	$MgSO_4$	0,05 g
KNO_3	0,2 g	$FeSO_4$	Spur
$Ca(NO_3)_2$	0,5 g	werden keine Glasgefäße benutzt, ist	
K_2HPO_4	0,2 g	Zugabe von Si nötig (0,01 % $CaSi_2O_5$).	

Eine Nährlösung für Süßwasserdiatomeen soll Na nicht in größeren Mengen enthalten, da diese im Gegensatz zu Meeresdiatomeen z.T. sehr Na-empfindlich sind.

8. Nährboden für Schimmelpilze:

H_2O	1000 cm³	Saccharose	50,0 g
$MgSO_4 \cdot 7\,H_2O$ . . .	1,0 g	Asparagin	5,0 g.
KH_2PO_4	1,0 g		

Dazu Spuren (je 2 mg) der Salze: $FeCl_3$; $MnSO_4$; $ZnSO_4$; $CuSO_4$.

Für auxoheterotrophe (vitaminbedürftige) Pilze ist ein Zusatz von 1—5% Malzextrakt erforderlich.

---

[1] Herrn Prof. Dr. O. RICHTER sind wir für die Überlassung des Rezeptes und der Literatur dankbar.

Tabelle 12. *Spurenelemente.*

1. Spurenelementlösungen nach HOAGLAND:

A—Z Lösung a 18 000 cm³ H$_2$O	A—Z Lösung b 18 000 cm³ H$_2$O
1,0 g $Al_2(SO_4)_3$	0,1 g As_2O_3
0,5 g KJ	0,5 g $BaCl_2$
0,5 g KBr	0,1 g $CdCl_2$
1,0 g TiO_2	0,1 g $Bi(NO_3)_3$
0,5 g $SnCl_2 \cdot 2\,H_2O$	0,1 g Rb_2SO_4
0,5 g LiCl	0,5 g K_2CrO_4
7,0 g $MnCl_2 \cdot 4\,H_2O$	0,1 g KF
11,0 g H_3BO_3	0,1 g $PbCl_2$
1,0 g $ZnSO_4$	0,1 g $HgCl_2$
1,0 g $CuSO_4 \cdot 5\,H_2O$	0,5 g MoO_3
1,0 g $NiSO_4 \cdot 6\,H_2O$	0,1 g H_2SeO_4
1,0 g $Co(NO_3)_2 \cdot 6\,H_2O$	0,5 g $SrSO_4$
	0,1 g H_2WO_4
	0,1 g VCl_2

Lösung a enthält die wichtigeren Elemente.

2. Die wichtigsten Spurenelemente:

1,5 mg H_3BO_3 0,3 mg $CuSO_4 \cdot 5\,H_2O$

3,0 mg $MnSO_4 \cdot 4\,H_2O$ 0,3 mg $Co(NO_3)_2 \cdot 6\,H_2O$

0,3 mg $ZnSO_4$

auf 1 Liter Nährlösung.

Tabelle 13. *Osmotische Werte (20° C) von Rohrzuckerlösungen* [1].
Umrechnung mol. Rohrzuckerlösungen in Atm.-Werte.

	0	1	2	3	4	5	6	7	8	9
0,0	0	0,26	0,53	0,79	1,06	1,32	1,59	1,85	2,11	2,38
0,1	2,64	2,91	3,17	3,43	3,70	3,96	4,22	4,48	4,75	5,01
0,2	5,29	5,57	5,86	6,14	6,42	6,70	6,98	7,27	7,55	7,84
0,3	8,13	8,42	8,71	9,00	9,29	9,58	9,87	10,17	10,48	10,80
0,4	11,11	11,43	11,74	12,06	12,37	12,69	13,01	13,33	13,66	13,99
0,5	14,31	14,64	14,96	15,29	15,64	15,99	16,35	16,71	17,06	17,42
0,6	17,77	18,13	18,50	18,87	19,24	19,61	19,98	20,35	20,72	21,10
0,7	21,49	21,88	22,27	22,66	23,05	23,44	23,84	24,27	24,69	25,11
0,8	25,54	25,96	26,38	26,8	27,2	27,6	28,0	28,4	28,8	29,3
0,9	29,7	30,2	30,7	31,1	31,6	32,1	32,6	33,1	33,6	34,1
1,0	34,6	35,1	35,7	36,2	36,7	37,2	37,7	38,2	38,8	39,3
1,1	39,8	40,4	40,9	41,5	42,0	42,5	43,1	43,7	44,2	44,8
1,2	45,4	46,0	46,6	47,2	47,8	48,4	49,0	49,6	50,3	50,9
1,3	51,6	52,2	52,9	53,6	54,3	54,9	55,6	56,3	57,0	57,7
1,4	58,4	59,1	59,9	60,6	61,3	62,1	62,8	63,6	64,3	65,0
1,5	65,8	66,5	67,3	68,1	68,9	69,7	70,6	71,5	72,5	73,1
1,6	73,9	74,8	75,7	76,5	77,4	78,3	79,2	80,2	81,2	82,1
1,7	83,0	84,0	85,0	86,0	87,0	88,0	89,0	90,1	91,1	92,2
1,8	93,2	94,3	95,4	96,5	97,6	98,7	99,9	101,0	102,2	103,3
1,9	104,5	105,7	106,9	108,1	109,2	110,3	111,5	112,7	114,0	115,2
2,0	116,6	117,8	119,1	120,5	121,8	123,1	124,4	125,8	127,2	128,7
2,1	130,1	131,5	133,0	134,4	135,9	137,3	138,7	139,8	141,3	142,8

[1] Nach H. WALTER.

Tabelle 14. *Osmotischer Wert und relative Dampfspannung von Kochsalzlösungen.*

Mol NaCl pro Liter Lösung	Osmotischer Wert in Atm. bei 20° C	Relative Feuchtigkeit in %	Mol NaCl pro Liter Lösung	Osmotischer Wert in Atm. bei 20 °C	Relative Feuchtigkeit in %
0,1	4,33	99,68	0,9	38,56	97,14
0,2	8,39	99,37	1,0	43,2	96,8
0,3	12,48	99,07	2,0	96,4	93,0
0,4	16,57	98,77	3,0	166	88,3
0,5	20,96	98,44	4,0	249	83,0
0,6	25,66	98,10	5,0	323	78,4
0,7	29,65	97,89	gesättigt	369	75,8
0,8	34,24	97,47			

Nach MÄGDEFRAU aus H. WALTER: Die Hydratur der Pflanze. Jena: Fischer 1931.

Tabelle 15. *Osmotische Werte in Atm. für Gefrierpunktserniedrigungen zwischen 0° C und −5,98° C*

°C	,00	,02	,04	,06	,08	°C	,00	,02	,04	,06	,08
0,0	0,000	0,241	0,482	0,724	0,965	3,0	35,99	36,23	36,47	36,71	36,95
0,1	1,206	1,447	1,688	1,930	2,171	3,1	37,18	37,42	37,66	37,90	38,14
0,2	2,412	2,652	2,893	3,134	3,375	3,2	38,38	38,62	38,85	39,09	39,33
0,3	3,616	3,857	4,098	4,339	4,580	3,3	39,57	39,81	40,05	40,28	40,52
0,4	4,821	5,062	5,302	5,543	5,784	3,4	40,76	41,00	41,24	41,48	41,71
0,5	6,025	6,266	6,506	6,747	6,988	3,5	41,95	42,19	42,43	42,67	42,91
0,6	7,229	7,469	7,710	7,951	8,191	3,6	43,14	43,38	43,62	43,86	44,10
0,7	8,432	8,672	8,913	9,154	9,394	3,7	44,33	44,57	44,81	45,05	45,29
0,8	9,635	9,875	10,12	10,36	10,60	3,8	45,52	45,76	46,00	46,24	46,48
0,9	10,84	11,08	11,32	11,56	11,80	3,9	46,71	46,95	47,19	47,43	47,67
1,0	12,04	12,28	12,52	12,76	13,00	4,0	47,90	48,14	48,38	48,62	48,86
1,1	13,24	13,48	13,72	13,96	14,20	4,1	49,09	49,33	49,57	49,81	50,04
1,2	14,44	14,68	14,92	15,16	15,40	4,2	50,28	50,52	50,76	50,99	51,23
1,3	15,64	15,88	16,12	16,36	16,60	4,3	51,47	51,71	51,94	52,18	52,42
1,4	16,84	17,08	17,32	17,56	17,80	4,4	52,66	52,89	53,13	53,37	53,61
1,5	18,04	18,28	18,52	18,76	19,00	4,5	53,84	54,08	54,32	54,56	54,79
1,6	19,24	19,48	19,72	19,96	20,20	4,6	55,03	55,27	55,51	55,74	55,98
1,7	20,44	20,68	20,92	21,16	21,40	4,7	56,22	56,46	56,69	56,93	57,17
1,8	21,64	21,88	22,12	22,36	22,60	4,8	57,40	57,64	57,88	58,12	58,35
1,9	22,84	23,08	23,32	23,56	23,80	4,9	58,59	58,83	59,06	59,30	59,54
2,0	24,04	24,28	24,52	24,75	24,99	5,0	59,78	60,01	60,25	60,49	60,72
2,1	25,23	25,47	25,71	25,95	26,19	5,1	60,96	61,20	61,43	61,67	61,91
2,2	26,43	26,67	26,91	27,15	27,39	5,2	62,14	62,38	62,62	62,85	63,09
2,3	27,63	27,87	28,11	28,34	28,58	5,3	63,33	63,56	63,80	64,04	64,27
2,4	28,82	29,06	29,30	29,54	29,78	5,4	64,51	64,75	64,98	65,22	65,46
2,5	30,02	30,26	30,50	30,74	30,98	5,5	65,69	65,93	66,17	66,40	66,64
2,6	31,21	31,45	31,69	31,93	32,17	5,6	66,88	67,11	67,35	67,59	67,82
2,7	32,41	32,65	32,89	33,13	33,36	5,7	68,06	68,30	68,53	68,77	69,01
2,8	33,60	33,84	34,08	34,32	34,56	5,8	69,24	69,48	69,71	69,95	70,19
2,9	34,79	35,03	35,27	35,51	35,75	5,9	70,42	70,66	70,90	71,13	71,37

Nach H. WALTER, Ber. dtsch. bot. Ges. **54**, 328 (1936).

Tabelle 16. *Unterkühlungskorrektur für die Gefrierpunkte von Lösungen mit Δ' von 0,5° C bis 5,9° C.*

Die Korrekturwerte sind vom gefundenen Gefrierpunkt abzuziehen.

°C	,0	,1	,2	,3	,4	,5	,6	,7	,8	,9
0,	—	—	—	—	—	,063	,067	,071	,074	,078
1,	,082	,086	,090	,093	,097	,101	,105	,109	,112	,116
2,	,120	,124	,128	,132	,135	,139	,143	,147	,150	,154
3,	,158	,162	,166	,169	,173	,177	,181	,185	,188	,192
4,	,196	,200	,204	,207	,211	,215	,219	,223	,227	,230
5,	,234	,238	,242	,246	,249	,253	,257	,260	,264	,268

Nach H. WALTER: Ber. dtsch. bot. Ges. **54**, 328 (1936).

Tabelle 17. *Sättigungsdruck des Wasserdampfes in mm und Gewicht von gesättigtem Wasserdampf in g/m^3 bei verschiedenen Temperaturen $(t° C)$*[1].

t°	mm	g/m³	t°	mm	g/m³
0	4,58	4,8	21	18,65	18,3
5	6,54	6,8	22	19,83	19,4
7,5	7,77	8,1	23	21,07	20,6
10	9,21	9,4	24	22,38	21,8
11	9,84	10,1	25	23,76	23,0
12	10,52	10,7	26	25,21	24,5
13	11,23	11,4	27	26,74	25,8
14	11,99	12,1	28	28,35	27,2
15	12,79	12,8	29	30,04	28,7
16	13,63	13,7	30	31,84	30,4
17	14,53	14,6	32,5	36,68	35,0
18	15,48	15,5	35	42,17	39,6
19	16,48	16,4	37,5	48,36	45,4
20	17,53	17,3	40	55,32	51,1
			45	71,88	65,4

Einige Kältemischungen[2].

Salzgemisch	t° C
33 g $NaCl$ + 100 g Schnee oder Eis (fein (zerkleinert)	− 21,2
30 g KCl + 100 g Schnee oder Eis (fein zerkleinert)	− 11,1
29 g NH_4Cl + 18 g KNO_3 + 100 g H_2O (15° C)	− 10,6

---

[1] Entnommen und interpoliert aus J. D'ANS und E. LAX, Taschenbuch für Chemiker und Physiker, Berlin: Springer 1943 und Chemiker-Taschenbuch, Springer 1937.

[2] Nach I. Koppel, Chemikertaschenbuch, Berlin 1937.

Sachverzeichnis.